# Principes et Applications de Mécanique Analytique

## cours, exercices corrigés, planches de synthèse

Catherine POTEL

CÉPADUÈS-ÉDITIONS
111, rue Nicolas-Vauquelin
31100 TOULOUSE – France
Tél. : 05 61 40 57 36 – Fax : 05 61 41 79 89
(de l'étranger ) + 33 5 61 40 57 36 – Fax : + 33 5 61 41 79 89
www.cepadues.com
Courriel : cepadues@cepadues.com

# CHEZ LE MÊME ÉDITEUR



| | |
|---|---|
| Le GRAFCET | ADEPA/AFCET |
| Optimisations en fabrication | Agullo M. |
| Robustesse et commande optimale | Alazard D. et al. |
| Cours de mécanique générale | Bellet D. |
| Problèmes de mécanique rationnelle | Bellet D. |
| Problèmes de mécanique des solides | Bellet D. |
| Problèmes d'élasticité | Bellet D. |
| Cours d'élasticité | Bellet D., Barrau J.-J. |
| Comprendre, maîtriser et appliquer le GRAFCET | Blanchard M. |
| Tables de détente ou compression isentropique de choc m = 1,400 | Bonnet A., Luneau J. |
| Vous avez dit « Résistance des matériaux " ? Qu'en savez-vous ? | Boudet R., Stephan P. |
| Que faut-il savoir en mécanique ? | Boudet R., Sudre M. |
| La stratégie productique | Brzakowski S., Delamalmaison R. |
| Produits et analyse de la valeur | Chevallier J. |
| Conduite et gestion de projets | Chvidchenko I., Chevallier J. |
| Elasticité linéaire | Dartus D. |
| Précis de résistance des matériaux | Datas J.-M. |
| 7 facettes du GRAFCET | Gendreau et al. |
| Introduction à la dynamique des structures | Gourinat Y. |
| Le GRAFCET : de nouveaux concepts | GREPA (ADEPA) |
| Concepts et outils pour les systèmes de production | Hennet J.-C. et al. |
| Optimisation des structures et d'éléments mécaniques | Marcelin J.-L.. |
| Optimisation des vibrations des structures mécaniques | Marcelin J.-L.. |
| Conception optimale des engrenages cylindriques | Marcelin J.-L.. |
| Mécanique des structures (6 tomes ) | Laroze S. et al. |
| Mécanique générale | Laroze S. |
| Mécanique élastoplastique de la rupture | Pluvinage G. |
| 120 exercices de Mécanique élastoplastique de la rupture | Pluvinage G. |
| La rupture du bois et de ses composites | Pluvinage G. |
| Fuite et rupture des tubes endommagés | Pluvinage G., Sapunov V.-T. |
| Résistance des matériaux – Exercices & solutions | Pluvinage G., Sapunov V.-T. |
| Prévision statistique de la résistance | Pluvinage G., Sapunov V.-T. |
| Ingénierie & Ergonomie | Pomian J.-L., Pradère T., Gaillard I. |
| Leçons sur les grandes déformations | Souchet R. |
| Les Nouvelles rationalisations de la production | de Terssac G., Dubois P. et al. |



ISBN : 2.85428.742.8



Dépôt légal : juillet 2006

N° éditeur : 742

# Principes et Applications de Mécanique Analytique

## cours, exercices corrigés, planches de synthèse

Catherine Potel

**Téléchargez les planches résumées de cet ouvrage sur notre site www.cepadues.com référence 742 - mot de passe : cepad742**

CÉPADUÈS-ÉDITIONS

# PREFACE

L'ouvrage « Principes et applications de mécanique analytique » est le fruit d'une expérience d'enseignement de plusieurs années. Il a exigé de son auteur, Catherine Potel, des compétences certaines en mécanique, physique et mathématiques, mais aussi en innovations pédagogiques afin de capter l'attention des étudiants de Licence et de Master très sensibles à l'introduction de supports visuels dans les cours et travaux dirigés ; étudiants qui apprécient aussi vivement que les applications deviennent la justification de cours magistraux traditionnels consacrés à l'exposé des concepts et notions fondamentales.
Pour les raisons évoquées ci-dessus l'ouvrage proposé vient compléter avec pertinence les ouvrages de collègues français cités en bibliographie en insistant sur l'importance pédagogique de la résolution de nombreux problèmes de statique et dynamique de solides (en majorité rigides), à une, deux ou trois dimensions, en adoptant différentes démarches aboutissant aux mêmes résultats. L'auteur insiste ainsi avec raison sur « l'équivalence » entre les formulations dites « fortes », basées sur la manipulation d'équations différentielles (Lagrange, Euler) et les formulations « faibles » ou variationnelles pour caractériser l'équilibre ou le mouvement des systèmes mécaniques. L'ouvrage n'inclut pas la résolution numérique des problèmes posés mais il est fondamental que nos étudiants soient initiés aux formulations intégrales ou variationnelles telles que les principes généraux des travaux virtuels et des puissances virtuelles, le principe variationnel d'Hamilton, et en maîtrisent l'usage. En effet ces principes sont devenus de fait les bases actuelles pour la résolution numérique de problèmes de mécanique des solides rigides et déformables, en présence de forces d'inertie, d'amortissement et de contact.
Je sais combien d'heures doivent être consacrées à la finalisation d'ouvrages résultant de contacts multiples avec des collègues et étudiants. Catherine Potel doit être félicitée pour avoir mené avec rigueur et détermination la rédaction de son document, tout en restant par ailleurs très active en recherche et en administration au sein de l'Université du Maine et du Laboratoire d'Acoustique de l'Université du Maine (LAUM).
J'apprécie l'occasion supplémentaire qui m'est donnée de porter un jugement sur la qualité constante du travail effectué par Catherine Potel comme Professeur des Universités et je souhaite un grand succès à son premier ouvrage.

Le 2 mai 2006

Jean-Louis Batoz
Professeur à l'Institut Polytechnique de Lorraine
Ecole des Mines de Nancy
Directeur de la Recherche de l'Institut Supérieur d'Ingénierie de la Conception à Saint-Dié des Vosges

# AVANT-PROPOS

Au début de cet ouvrage de mécanique analytique, le principe des puissances virtuelles, le principe variationnel de Hamilton et par suite le formalisme de Lagrange sont présentés sur des exemples simples de manière à permettre au lecteur débutant dans le domaine d'entrer dans l'intelligence des concepts sur lesquels repose la mécanique analytique, de commencer à maîtriser son usage en pratique et d'en mesurer l'intérêt. Ainsi la première partie de l'ouvrage se présente-t-elle plus sous la forme de travaux dirigés (elle pourrait être traitée comme telle même s'il elle n'en a pas du tout la forme ici), forme et contenu qui non seulement ont pour objectif d'amener le lecteur à suivre de manière simple (et donc réductrice certes) le parcours de pensée nécessaire à la compréhension en profondeur, mais encore de l'amener à se poser les questions dont les réponses sont apportées dans la suite.

L'exposé détaillé du formalisme de Lagrange (l'objectif principal de l'ouvrage) vient ensuite, présenté d'abord comme la projection des relations fondamentales de la dynamique sur un champ de vecteurs arbitraires, puis comme une conséquence du principe variationnel de Hamilton, en faisant tout au long référence aux applications traitées au début de l'ouvrage et en nourrissant le propos d'exemples plus complexes, le lien entre les deux présentations étant bien entendu assuré pour une meilleure compréhension de l'ensemble. Le tout est complété par un chapitre d'exercices résolus qui mettent en application le cours de manière détaillée, et par une annexe comportant des tableaux résumés qui peuvent être vus comme un jeu de "diapositives" qui peuvent être utilisées sous forme de projection par un enseignant ou être vues comme un mémento de cours au sens où les points clés (formules, idées) y sont consignés.

Cet ouvrage doit beaucoup aux nombreuses discussions avec ceux qui furent et restent mes "maîtres" : Philippe Gatignol, Professeur à l'Université de Technologie de Compiègne, qui fût un "patron" d'enseignement pédagogue, rigoureux, minutieux, précis, patient, et à qui je dois l'apprentissage de la mécanique générale et le "décryptage" des équations de Lagrange ; Michel Bruneau, Professeur Emérite à l'Université du Maine, qui m'a fait partager son enthousiasme pour le principe variationnel de Hamilton (dans le cadre de la mécanique classique mais aussi bien au-delà), qui a relu avec attention ce document, et qui, par ses questions, remarques et suggestions judicieuses, a grandement contribué à l'améliorer. Qu'ils en soient tous les deux infiniment remerciés.

Je tiens ici à exprimer toute ma gratitude à Jean-Louis Batoz (Professeur à l'Institut Polytechnique de Lorraine), qui m'a fait l'honneur de rédiger la préface de cet ouvrage, me témoignant ainsi à nouveau sa bienveillante attention.

C.P.

# TABLE DES MATIERES

## Chapitre IV



## Chapitre V

## Chapitre VI
## EXERCICES RESOLUS .......... 115

# Chapitre I

# INTRODUCTION A LA MECANIQUE ANALYTIQUE

## 1. HISTORIQUE

### 1.1. Cadre de la mécanique classique

La Mécanique, dans le cadre de ce cours, peut être définie comme la science de l'équilibre et du mouvement. Certes, le terme Mécanique intervient dans diverses branches de la Physique : mécanique quantique, mécanique statistique, mécanique relativiste. Il s'agit alors de domaines concernés par des situations extrêmes : l'infiniment petit et la structure intime de la matière, ou les grandes échelles d'espace et de temps. Nous nous intéresserons pour notre part aux phénomènes qui se produisent à l'échelle humaine. On parle alors de mécanique classique. Son champ d'application est cependant encore très vaste puisqu'il s'adresse aussi bien au mouvement des petites particules qu'à celui des astres du système solaire, en passant par l'étude des objets terrestres, qu'ils soient naturels (le corps humain par exemple) ou fabriqués par l'homme (tels que les machines).

La mécanique classique couvre plusieurs domaines d'études : la statique, la cinématique et la dynamique. Chacun de ces domaines peut être abordé selon trois approches différentes : newtonienne, analytique ou relativiste. Ainsi, la mécanique classique exige des définitions précises de grandeurs telles que la quantité de mouvement, le temps, la vitesse, l'énergie, l'accélération, la masse ou la force.

### 1.2. Le Principe Fondamental de la Dynamique

✓ Jusqu'au XVIIème siècle, les théories d'**Aristote** (-384/-322 avant JC, philosophe grec) sont encore en vigueur : la Terre est immobile, les corps lourds sont naturellement attirés par la Terre et les corps légers (tels les astres) flottent dans le ciel. La notion de force est vague, vitesse et variation de vitesse (c'est-à-dire accélération) sont confondues.

✓ Il faut attendre Galileo Galilée (1564-1642, physicien, astronome et ingénieur italien) pour que les bases de la dynamique soient posées : il découvre les lois de la pesanteur en étudiant la chute des corps sur un plan incliné, énonce le principe de la résultante des forces appliquées à un point ou à un solide, découvre les lois régissant le pendule, invente le thermomètre (1592) et sa célèbre lunette astronomique (1609).

En faisant des expériences avec des billes qui roulent sur des plans (horizontaux, ...) de différentes natures, Galilée observe que si le plan est très rugueux, la bille s'arrête rapidement, par contre, si le plan est très lisse ou recouvert d'huile par exemple, la bille parcourt une distance beaucoup plus grande avant de s'arrêter. Il a alors l'idée de *forces de frottement* : le plan rugueux frotte très fortement sur la bille et l'oblige à s'arrêter rapidement, en revanche, sur le plan lisse les forces de frottement sont très faibles et n'empêchent pas la bille de rouler.

Si ces forces de frottement pouvaient être réduite à zéro, alors, le corps conserverait son mouvement indéfiniment. C'est en faisant une telle extrapolation que Galilée donne une première formulation du principe d'inertie en 1638 :
"*Tout corps possède une certaine "inertie" qui l'oblige à conserver sa vitesse, à moins qu'une force extérieure, une force de frottement par exemple, ne l'oblige à arrêter ce mouvement, i.e. à modifier cette vitesse*"

En hommage à ce grand savant, le qualificatif de **galiléen** est donné à un repère dans lequel s'applique la relation fondamentale de la dynamique F = m g

✓ A partir du principe d'inertie énoncé par Galilée, Isaac Newton (1642-1727, physicien, philosophe, mathématicien anglais), comprend le caractère vectoriel des notions de vitesse et d'accélération et introduit en 1687 dans son ouvrage principal "*Philosophiae naturalis principia mathematica*" des définitions rigoureuses de la force et de la masse (grandeurs qu'il relie à l'accélération), et de la quantité de mouvement. Newton introduit un espace et un temps absolus, et énonce les principes fondamentaux de l'inertie, de l'égalité des actions réciproques ainsi que la "**relation fondamentale de la dynamique**" exprimant chez lui l'égalité entre force et dérivée de la quantité de mouvement.

✓ En 1743, Jean le Rond d'Alembert (1717-1783, philosophe, mathématicien et physicien, français) énonce le célèbre **principe de la quantité de mouvement**, ou **principe de la conservation des forces vives** dit principe de d'Alembert dans son "Traité de dynamique".

L'énoncé du principe de d'Alembert est le suivant :

*« Si l'on imagine un système de corps en mouvement, liés entre eux d'une manière quelconque, et réagissant les uns sur les autres au moyen de ces liaisons, de manière à modifier les mouvements que chaque corps isolé prendrait en vertu des seules forces qui l'animent, on pourra considérer ces mouvements comme composés :*

*1° des mouvements que les corps prennent effectivement, en vertu des forces qui les animent séparément, combinées avec les réactions du système,*

*2° d'autres mouvements qui sont détruits par suite des liaisons du système,*

*d'où il résulte que les mouvements ainsi détruits doivent être tels, que les corps animés de ces seuls mouvements se feraient équilibre au moyen des liaisons du système ».*

Par rapport au principe fondamental de la dynamique de Newton, l'objet du traité de dynamique de d'Alembert est le comportement de systèmes de solides présentant des liaisons ou en contact mutuel.

## 1.3. L'aube du calcul de variations

✓ Pierre Simon de Fermat (1601-1665, philologue, administrateur puis Conseiller du Roi au Parlement de Toulouse, mathématicien français), énonce que la lumière fait toujours en sorte de parcourir le "minimum de chemin" et appelle cette assertion **principe d'économie naturelle** (minimisation du temps de parcours). Une formulation mathématique de ce principe est aujourd'hui la suivante :

Le trajet, noté [AB], passant par un point M, suivi par la lumière entre deux points A et B est celui qui rend stationnaire (extrémal) l'intégrale curviligne :

$$[AB] = \int_{\Gamma} \frac{1}{V} d\ell = \frac{1}{c} \int_{\Gamma} n\, d\ell \ ,$$

où $\Gamma$ est un chemin d'origine A, d'extrémité B, contenant M, n est l'indice (de réfraction) du milieu, c la vitesse de la lumière, V la vitesse de la lumière dans ce milieu (transparent) considéré ( $n = c/V$ ). Le trajet [AB] est appelé chemin optique.

*Jacques Bernoulli*

✓ Jean (1667-1748) et Jacques Bernoulli (1654-1705, suisses) énoncent et résolvent le célèbre problème de la **brachistochrone** (du grec brakhus = court et khronos = le temps), dont la solution est un **arc de cycloïde** (un demi-siècle auparavant, Galilée, dans l'étude des plans inclinés, étudia ce problème et pensa que la solution était un arc de cercle) : étant donné deux points $M_1$ et $M_2$ de hauteurs différentes, non situés sur une même verticale, rechercher la trajectoire permettant la descente la plus rapide de $M_1$ et $M_2$ d'un point M soumis à la seule pesanteur (sorte de toboggan).

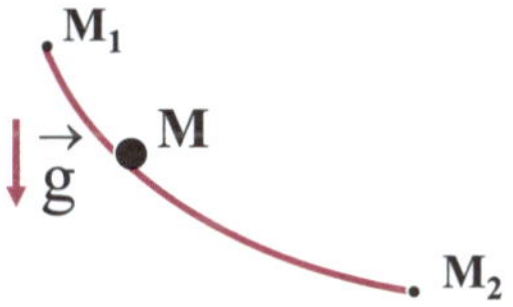

*Jean Bernoulli*

La solution des frères Bernoulli est basée sur le principe de Fermat par analogie avec les lois de la réfraction.

Notons que ce problème fut aussi résolu par Leibniz, Newton et L'Hospital en réponse à un défi de Jean, solution que Euler et Lagrange affineront. D'une façon générale, la difficulté dans ce type de problème est de savoir minimiser (ou maximiser) non pas une fonction mais une intégrale dont on ne connaît pas de primitive.

✓ C'est dans le cadre de travaux en optique, que Pierre Louis Moreau de Maupertuis (1698-1759, mousquetaire, mathématicien, physicien français), énonce en 1744 le célèbre **principe de moindre action** que Fermat, Koenig et Leibniz avaient (indépendamment) avancé sous l'appellation "principe d'économie naturelle", et qui deviendra avec les travaux d'Euler, Lagrange, Jacobi et surtout de von Helmholtz le principe de la conservation de l'énergie : "*lorsqu'il arrive quelque changement dans la Nature, la quantité d'action nécessaire pour ce changement est la plus petite qu'il soit possible*".

En particulier, le chemin parcouru par la lumière (et plus généralement par tout point subissant un champ de forces), est celui qui minimise sa quantité d'action. Maupertuis en déduit alors une formule erronée des lois de la réfraction.

L'évolution observée d'un système physique quelconque est celle qui minimise une grandeur physique appelée "**action**". En optique, l'action n'est autre que le chemin optique. Si l'on considère le mouvement d'un corps entre deux points A (à $t = t_A$) et B (à $t = t_B$), pour une énergie totale E donnée, la trajectoire sélectionnée par la nature est celle pour laquelle l'action

$$A_A^B = \int_{A,t_A}^{B,t_B} m\vec{v}\cdot d\vec{r} = \int_A^B 2T(\vec{r};t)dt$$

est minimale, où T est l'**énergie cinétique**. La trajectoire physique entre deux points A et B aux instants $t_A$ et $t_B$ est celle pour laquelle l'**action est minimale**.

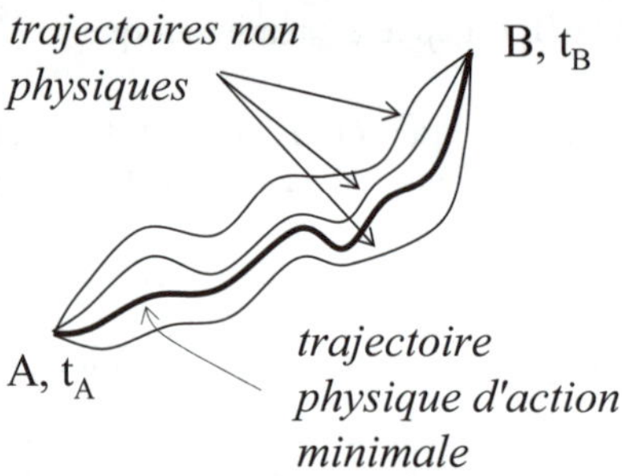


✓ Quelques années plus tard, à partir d'une intuition semblable à celle de Maupertuis, Leonhard Euler (1707-1783, mathématicien suisse, élève de Jean Bernoulli) parvient à un énoncé très similaire de l'action mais en partant du constat que les corps tendent à adopter un état où l'énergie potentielle est minimale. L'action d'Euler s'exprime en fonction de l'**énergie potentielle** au lieu de l'énergie cinétique. Euler intervient dans les trois domaines fondamentaux de la science de son époque : l'astronomie (orbites planétaires, trajectoires des comètes), les sciences physiques (champs magnétiques, hydrodynamique, optique, nature ondulatoire de la lumière,...), et les mathématiques, dans toutes ses branches, de l'arithmétique à la géométrie différentielle en passant par l'analyse numérique et fonctionnelle, le calcul des variations, les courbes et les surfaces algébriques, le calcul des probabilités et les premiers aspects de la théorie des graphes et de la topologie.

Prolongeant les travaux des Bernoulli, Euler affine ainsi la notion de fonction dérivée, crée la notion d'équation aux dérivées partielles (1734) et le calcul des variations (1744) qui consiste en la recherche d'extremums sur les surfaces, une des branches les plus fécondes de l'analyse. L'**équation d'Euler** énonce, sous la forme d'une équation différentielle, une condition nécessaire d'extremum de la fonctionnelle F, fonction de fonctions, régissant le phénomène étudié.

*Si le problème revient à étudier les variations d'une fonction y de la variable x sur un intervalle [a,b], on est généralement conduit à minimiser (ou maximiser selon le phénomène étudié) une intégrale, appelée fonctionnelle, de la forme :*

$$U = \int_a^b F(x, y, y')dx \quad ,$$

*et on montre qu'il y aura extremum si*

$$F'_y - \frac{d}{dx} F'_{y'} = 0 \quad ,$$

où, $F'_y$ et $F'_{y'}$ désignent ici respectivement les dérivées partielles de F par rapport à y et y' : $\partial F/\partial y$ et $\partial F/\partial y'$.

✓ En 1788, Joseph Louis Lagrange (Comte de-) (1736-1813, mathématicien français) publie la « *Méchanique analitique* », qui est fondée sur un **nouveau principe variationnel**, issu de l'association du principe des vitesses virtuelles et de celui de d'Alembert. Lagrange écrit que le travail total des forces appliquées et des forces d'inertie est nul pour tout déplacement virtuel compatible avec les liaisons. Lagrange aboutit ainsi, pour les systèmes conservatifs, à un système d'équations

différentielles universel liant les dérivées de la «force vive» (assimilable à notre énergie cinétique) et celles de la fonction de force (qui joue le même rôle que l'énergie potentielle).

Le principe de moindre action exprime alors que pour passer d'un état à l'instant $t_1$ à un état à l'instant $t_2$, la "nature" emprunte le chemin rendant minimale l'intégrale S

$$S = \int_{t_1}^{t_2} \mathscr{L}(t)\,dt \quad ,$$

où $\mathscr{L}$ est le **lagrangien du système**, défini par

$$\mathscr{L} = T - V \quad ,$$

où T est l'énergie cinétique et V l'énergie potentielle. Il s'agit donc de rechercher les valeurs stationnaires de S (extrema) : c'est un problème variationnel.

✓ Le calcul variationnel est un procédé consistant à calculer la différence entre l'action du chemin physique et celle d'un chemin infiniment proche (variation du premier ordre), puis à annuler cette différence afin d'exprimer le fait que l'action est minimale sur le chemin physique.

✓ En 1834, William Rowan Hamilton, (1805-1865, mathématicien irlandais) publie "On a General Method in Dynamics" et rénove la mécanique analytique. Il introduit l'opérateur de dérivation nabla

$$\vec{\nabla} = \frac{\partial}{\partial x}\vec{e}_x + \frac{\partial}{\partial y}\vec{e}_y + \frac{\partial}{\partial z}\vec{e}_z \quad ,$$

le terme "vecteur" (du latin *vector*, qui transporte) et le Hamiltonien d'un système :

$$H = T + V \quad .$$

La traduction mathématique du principe de moindre action donne naissance à l'**équation de Lagrange** ou aux **équations de Hamilton** si l'on utilise l'hamiltonien au lieu du lagrangien. C'est sur la mécanique hamiltonienne qu'est fondée la mécanique quantique.

# 2. PLAN DE L'OUVRAGE

## 2.1. La mécanique classique

Un système de solides, liés entre eux par un certain nombre de liaisons, est souvent étudié pour connaître son mouvement par rapport à un certain repère. Chaque objet du système étant défini géométriquement, son repérage dans l'espace étant précisé, le calcul de ses éléments cinématiques étant prêt, celui de ses éléments cinétiques étant rendu possible par la donnée des répartitions de masse, l'inventaire des efforts appliqués étant fait soigneusement, il reste alors à franchir l'étape ultime : établir le lien entre ces efforts et le mouvement qu'ils provoquent. Tel est l'objet du Principe Fondamental de la Dynamique (PFD) qui constitue la clé de voûte de la mécanique classique. On aboutit ainsi au modèle final qui fournit dans les cas usuels le nombre d'équations nécessaires à la détermination des mouvements et au calcul de ceux des efforts qui étaient demeurés a priori inconnus.

## 2.2. La mécanique analytique

Le PFD fournit donc, en une seule fois, non seulement l'équation du mouvement mais également les actions mécaniques d'un solide $(S_1)$ sur un solide $(S_2)$ par l'intermédiaire d'une liaison par exemple. La connaissance de ces actions, qui seront appelées dans la suite du cours **actions ou efforts de liaison**, n'est pas toujours utile, et, dans un certain nombre de problèmes de l'ingénieur, seule la connaissance de l'équation du mouvement d'un système est utile.

La **mécanique analytique** permet, par l'application de méthodes adaptées (dont les équations de Lagrange et le principe variationnel de Hamilton), d'**obtenir les équations du mouvement, de manière systématique**, en s'évitant certaines difficultés qui apparaissent dans l'usage du PFD.

Avant d'établir les équations de Lagrange et d'utiliser le principe variationnel de Hamilton, voyons tout d'abord sur un exemple simple la mise en oeuvre de chacune des trois méthodes d'obtention des équations du mouvement : l'application du PFD, l'utilisation des équations de Lagrange et celle du principe variationnel de Hamilton.

## 2.3. Exemple d'un système à 1 degré de liberté : le système masse-ressort

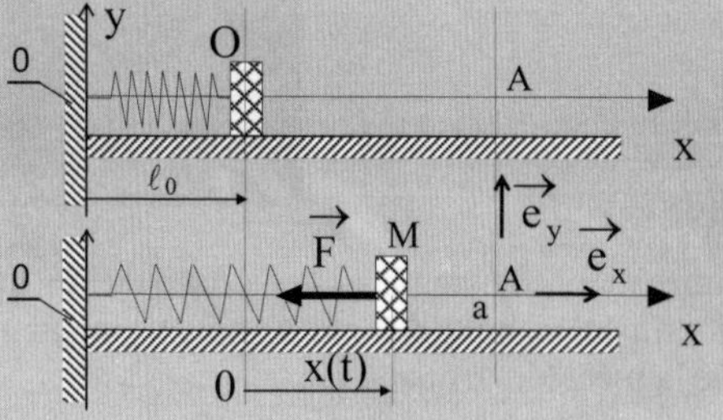


*Figure 1.1*

Un cube assimilé à un point matériel M de masse m est relié à un bâti ⓪ par un ressort horizontal de raideur k et de longueur à vide $\ell_0$ (figure 1.1). Le contact entre le point M et le bâti ⓪ est supposé sans frottements. La position du point M par rapport au point O est repérée par son abscisse notée x(t). Lorsque $x(t)=0$, le ressort n'est ni tendu, ni comprimé.

L'ensemble est soumis au champ de pesanteur terrestre $\vec{g}=-g\,\vec{e}_y$, le repère $\mathscr{R}=(O,\vec{e}_x,\vec{e}_y)$ étant supposé galiléen. A $t=0$, le point M est écarté de sa position d'équilibre de $OA=a$ $(a>0)$ et lâché à vitesse nulle. <u>Déterminer</u> l'équation du mouvement.

### *2.3.1. Application du Principe Fondamental de la Dynamique*

✓ Système étudié : point matériel M

✓ Inventaire des actions mécaniques extérieures

- Action de la gravité $\varpi$ : $\{\varpi \to M\} = (M, \vec{P})$ avec $\vec{P} = -m\,g\,\vec{e}_y$
- Action du bâti ⓪ : $\{0 \to M\} = (M, \vec{N})$ avec $\vec{N} = N\,\vec{e}_y$
- Action du ressort R : $\{R \to M\} = (M, \vec{F})$ avec $\vec{F} = -k\,x\,\vec{e}_x$

✓ Accélération du point M par rapport au repère $\mathcal{R}$

$\overrightarrow{OM} = x(t)\vec{e}_x$ donc $\vec{\Gamma}(M/\mathcal{R}) = \ddot{x}(t)\vec{e}_x$ .

✓ Principe Fondamental de la Dynamique appliqué au point M

La résultante de tous les efforts extérieurs exercés sur le point M, notée $\vec{\mathfrak{R}}(\text{ext} \to M)$ est égale à la masse de ce point multipliée par l'accélération du point par rapport à un repère galiléen. Le PFD pour les résultantes s'écrit donc

$$\vec{\mathfrak{R}}(\text{ext} \to M) = m\,\vec{\Gamma}(M/\mathcal{R}) \, , \tag{1.1}$$

soit

$$\vec{P} + \vec{N} + \vec{F} = m\,\vec{\Gamma}(M/\mathcal{R}) \, ,$$

$$-k\,x = m\,\ddot{x} \, ,$$

et

$$-m\,g + N = 0 \, .$$

L'équation du mouvement s'écrit donc

$$\boxed{m\,\ddot{x} + k\,x = 0} \, . \tag{1.2}$$

Le PFD donne par ailleurs l'action du bâti ⓪ sur le point M :

$$N = m\,g \, . \tag{1.3}$$

### *2.3.2. Multiplication scalaire de la relation fondamentale de la dynamique par un vecteur arbitraire*

Le PFD pour les résultantes s'écrit, d'après l'équation (1.1)

$$\boxed{m\,\vec{\Gamma}(M/\mathcal{R}) - \vec{\mathfrak{R}}(\text{ext} \to M) = \vec{0}} \, . \tag{1.4}$$

La multiplication scalaire des deux membres de l'équation (1.4) par un vecteur $\vec{u}$ **arbitraire** s'écrit

$$\boxed{\left(m\,\vec{\Gamma}(M/\mathcal{R}) - \vec{\mathfrak{R}}(\text{ext} \to M)\right) \cdot \vec{u} = 0 \, , \quad \forall \; \vec{u} \in \mathbb{R}^3} \, . \tag{1.5}$$

a) cas où $\boxed{\vec{u} = \vec{V}(M/\mathcal{R}) = \dot{x}\,\vec{e}_x}$

Lorsque le vecteur $\vec{u}$ s'identifie au vecteur vitesse du point M par rapport au repère $\mathcal{R}$, **chaque terme de l'équation (1.5) est alors homogène à une puissance**, et l'équation (1.5) n'est autre que la traduction du théorème de l'énergie cinétique, puisqu'elle s'écrit

$$m\,\ddot{x}\,\dot{x} + k\,x\,\dot{x} = 0 \, , \tag{1.6}$$

ou encore

$$\frac{d}{dt}\left(\frac{1}{2} m\,\dot{x}^2\right) = -k\,x\,\dot{x} \, ,$$

soit
$$\frac{d}{dt}[T(M/\mathcal{R})]=\mathcal{P}(ext \to M/\mathcal{R}) , \tag{1.7}$$

où $T(M/\mathcal{R})$ est l'énergie cinétique du point M par rapport au repère $\mathcal{R}$, $\mathcal{P}(ext \to M/\mathcal{R})$ la puissance par rapport au repère $\mathcal{R}$ de toutes les actions extérieures exercées sur M (et $\mathcal{R}$ un repère galiléen). Le système étant conservatif, la puissance $\mathcal{P}(ext \to M/\mathcal{R})$ s'écrit

$$\mathcal{P}(ext \to M/\mathcal{R})=-\frac{d}{dt}[V(M)] , \tag{1.8}$$

où $V(M)$ est l'énergie potentielle de toutes les forces conservatives : $V=\frac{1}{2}k\,x^2$

L'équation (1.6) n'est autre que l'équation du mouvement déjà écrite avec l'équation (1.2) en utilisant le PFD ; par contre, l'effort de liaison $\vec{N}$ n'est pas déterminé.

Il est à noter que si l'équation (1.4) implique l'équation (1.5) avec ici $\vec{u}=\vec{V}(M/\mathcal{R})$, et donc l'équation (1.6), la réciproque est fausse : l'équation (1.6) ne permet pas d'obtenir l'équation (1.4) (du fait de sa nature vectorielle).

b) cas où $\boxed{\vec{u}=d\overrightarrow{OM}_{/\mathcal{R}}=dx\,\vec{e}_x}$

Lorsque le vecteur $\vec{u}$ s'identifie au vecteur déplacement du point M par rapport au repère $\mathcal{R}$, **chaque terme de l'équation (1.5) est alors homogène à un travail**, et l'équation (1.5) n'est autre, comme dans le cas a), que la traduction du théorème de l'énergie cinétique, puisqu'elle s'écrit

$$m\ddot{x}\,dx+k\,x\,dx=0 , \tag{1.9}$$

ou encore
$$\int_a^x m\ddot{x}\,dx=-\int_a^x k\,x\,dx ,$$

soit
$$\frac{1}{2}m\left[\vec{V}(M/\mathcal{R})\right]^2-\frac{1}{2}m\left[\vec{V}(A/\mathcal{R})\right]^2=-\left(\frac{1}{2}k\,x^2-\frac{1}{2}k\,a^2\right) ,$$

soit
$$T(M/\mathcal{R})-T(A/\mathcal{R})=\mathcal{W}_{A\to M}(ext \to M/\mathcal{R}) , \tag{1.10}$$

où $T(M/\mathcal{R})$ est l'énergie cinétique du point M par rapport au repère $\mathcal{R}$, $\mathcal{W}_{A\to M}(ext \to M/\mathcal{R})$ le travail pour aller du point A au point M, par rapport au repère $\mathcal{R}$, de toutes les actions extérieures exercées sur M, et $\mathcal{R}$ un repère galiléen.

Le système étant conservatif, le travail $\mathcal{W}_{A\to M}(ext \to M/\mathcal{R})$ s'écrit

$$\mathcal{W}_{A\to M}(ext \to M/\mathcal{R})=-[V(M)-V(A)] , \tag{1.11}$$

où $V(M)$ est l'énergie potentielle de toutes les forces conservatives.

L'équation (1.9) n'est autre que l'équation du mouvement déjà écrite avec l'équation (1.2) en utilisant le PFD, et l'effort de liaison $\vec{N}$ n'est pas déterminé.

Comme précédemment, il convient de noter que si l'équation (1.4) implique l'équation (1.5) avec ici $\vec{u}=d\overrightarrow{OM}_{/\mathcal{R}}$, et donc l'équation (1.9), la réciproque est fausse : l'équation (1.9) ne permet pas d'obtenir l'équation vectorielle (1.4).

c) cas où $\vec{u}$ est un vecteur arbitraire, tel que $\boxed{\vec{u} = C\vec{e}_x ,\ \forall\ C \in \mathbb{R}}$

Le vecteur $\vec{u} = C\vec{e}_x$ est un vecteur arbitraire puisque C est un réel quelconque, mais il respecte le fait que le point M est astreint à se déplacer suivant la direction x, en raison de la liaison ponctuelle entre le point M et le bâti ⓪. Un tel vecteur, tout en étant arbitraire, est dit **compatible avec les liaisons** ou encore **respectant les liaisons**.

L'équation (1.5) s'écrit alors

$$(m\ddot{x} + kx)C = 0,\ \forall\ C \in \mathbb{R}\ , \tag{1.12}$$

d'où

$$m\ddot{x} + kx = 0\ . \tag{1.13}$$

d) cas où $\vec{u}$ est un vecteur arbitraire, tel que $\boxed{\vec{u} = C\vec{e}_x + D\vec{e}_y ,\ \forall\ (C,D) \in \mathbb{R}^2}$

Le vecteur $\vec{u} = C\vec{e}_x + D\vec{e}_y$ est un vecteur arbitraire puisque C et D sont des réels quelconques, mais cette fois, il ne respecte pas le fait que le point M est astreint à se déplacer suivant la direction x, en raison de la liaison ponctuelle entre le point M et le bâti ⓪. Un tel vecteur, n'est donc pas compatible avec les liaisons, mais offre l'avantage de permettre la détermination de l'action de liaison $\vec{N}$. On dit alors que l'on a "**cassé la liaison**".

L'équation (1.5) s'écrit en effet

$$(m\ddot{x} + kx)C + (mg - N)D = 0,\ \forall\ (C,D) \in \mathbb{R}^2\ , \tag{1.14}$$

d'où

$$m\ddot{x} + kx = 0\ , \tag{1.15-a}$$

et

$$mg - N = 0\ . \tag{1.15-b}$$

Par ailleurs, il convient de noter que si l'équation (1.4) implique l'équation (1.5) avec ici $\vec{u} = C\vec{e}_x + D\vec{e}_y$, et donc l'équation (1.14), la **réciproque est maintenant vraie** : l'équation (1.14) permet d'obtenir l'équation vectorielle (1.4) puisque C et D sont des réels quelconques.

Remarque : il convient également de noter que la multiplication scalaire de la résultante dynamique $m\vec{\Gamma}(M/\mathscr{R})$ par le vecteur arbitraire $\vec{u} = C\vec{e}_x + D\vec{e}_y$ peut se mettre sous la forme

$$m\vec{\Gamma}(M/\mathscr{R})\cdot\vec{u} = m\ddot{x}C = \frac{d}{dt}(m\dot{x})C = \left\{\frac{d}{dt}\left(\frac{\partial T}{\partial \dot{x}}\right) - \frac{\partial T}{\partial x}\right\}C\ .$$

Lorsque le système étudié possède un seul degré de liberté noté x, le terme $\frac{d}{dt}\left(\frac{\partial T}{\partial \dot{x}}\right) - \frac{\partial T}{\partial x}$ est le premier membre de ce que l'on appelle les **équations de Lagrange** (les variables $\dot{x}$ et x sont ici considérées comme indépendantes).

### *2.3.3. Interprétation physique du vecteur arbitraire*

D'après ce qui précède, multiplier scalairement la relation fondamentale de la dynamique par un vecteur arbitraire $\vec{u}$ permet d'obtenir directement l'équation du mouvement et elle seule si le vecteur $\vec{u}$ "respecte les liaisons", et permet de plus d'obtenir les actions de liaison si le vecteur $\vec{u}$ "casse les liaisons".

✓ La représentation de l'ensemble des ***trajectoires "possibles a priori"*** d'un point M pour aller du point A au point B (figure 1.2), montre que le passage d'un point de la trajectoire réelle à un point de la trajectoire "possible a priori", à un instant fixé, se fait par l'intermédiaire d'un déplacement purement géométrique noté $\delta x$, que l'on peut appeler

***déplacement virtuel***. Chaque terme de l'équation (1.5) est alors homogène à un travail, **que l'on peut qualifier de travail virtuel**.

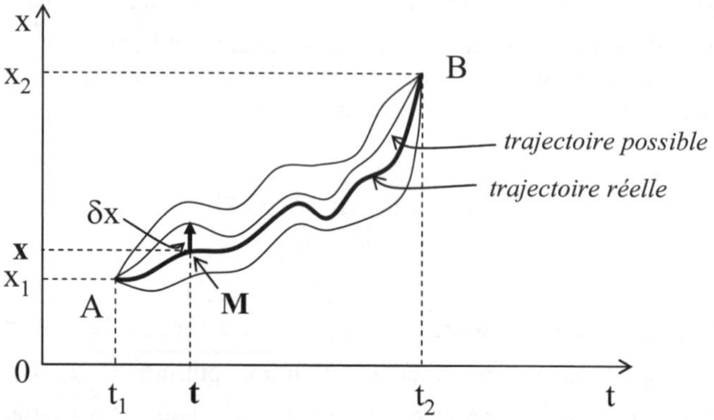


*Figure 1.2 : Ensemble de toutes les trajectoires* $x(t)$ *"possibles a priori" du point M, entre deux points* A *et B de coordonnées respectives* $x_1(t_1)$ *et* $x_2(t_2)$. *A un instant* t *fixé, la variation de la coordonnée réelle* $x(t)$ *du point M qui le fait passer de la trajectoire réelle à une trajectoire possible est notée* $\delta x$ *et peut être appelée "**déplacement virtuel**".*

✓ De la même manière, la représentation de l'ensemble des ***hodographes "possibles a priori"*** du point M entre deux instants $t_1$ et $t_2$ (figure 1.3), montre que la vitesse possible du point M, à un instant fixé, est une vitesse arbitraire notée $\dot{x}^*$, que l'on peut appeler **vitesse virtuelle**. Chaque terme de l'équation (1.5) est alors homogène à une puissance, **que l'on peut qualifier de puissance virtuelle**.

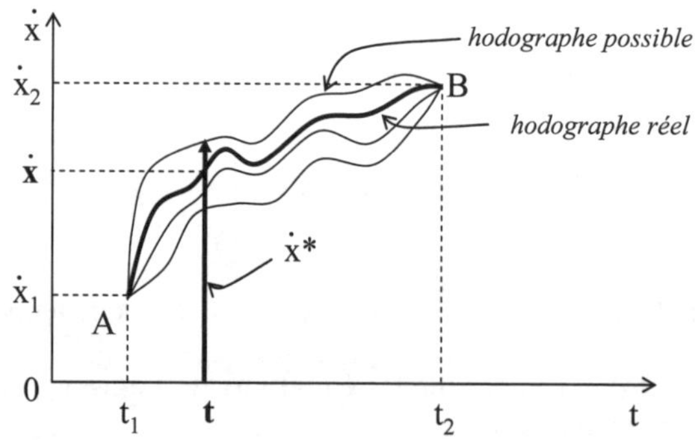


*Figure 1.3 : Ensemble de tous les hodographes* $\dot{x}(t)$ *"possibles a priori" du point M, entre deux points* A *et B de vitesses respectives* $\dot{x}_1(t_1)$ *et* $\dot{x}_2(t_2)$. *A un instant* t *fixé, la vitesse réelle du point M est* $\dot{x}(t)$ *tandis que celle sur l'hodographe possible est notée* $\dot{x}^*$ *et peut être appelée "**vitesse virtuelle**".*

✓ Notons que ces dénominations de déplacement virtuel ou de vitesse virtuelle ne sont rien d'autre que des dénominations et des essais d'interprétation physique d'un vecteur $\vec{u}$ qui est seulement un **vecteur arbitraire** sur lequel la relation fondamentale de la dynamique est projetée, et qui n'est, en règle générale, égal ni au déplacement réel, ni à la vitesse réelle du point M. Il eût peut-être été préférable d'appeler ce vecteur par exemple "vecteur de Lagrange" et ne pas chercher une interprétation en termes de puissance ou de travail. Par suite, raisonner en termes de puissances virtuelles ou de travaux virtuels est tout à fait équivalent.

### 2.3.4. *Utilisation du principe variationnel de Hamilton*

D'après le rappel historique (voir § I-1.3.), le principe variationnel de Hamilton exprime que pour passer d'un état à l'instant $t_1$ à un état à l'instant $t_2$, la "nature" emprunte le chemin rendant minimale l'intégrale définie S telle que

$$S = \int_1^2 \mathscr{L}(x, \dot{x}, t)\, dt \quad , \tag{1.16}$$

où $\mathscr{L}$ est le **Lagrangien d'un système conservatif**, défini par

$$\mathscr{L} = T - V \quad , \tag{1.17}$$

et où T désigne l'énergie cinétique et V l'énergie potentielle. Rechercher ce minimum revient donc à rechercher les valeurs stationnaires de S (extrema) : c'est un problème de calcul de variations. En effet, en imposant des variations arbitraires notées $\delta x$ lorsque la trajectoire varie entre $x_1(t_1)$ et $x_2(t_2)$ (figure 1.2), il en résulte pour S une **variation** $\delta S$ **qui doit être nulle** :

$$\delta S = \int_1^2 \delta \mathscr{L}(x, \dot{x}, t)\, dt = \int_1^2 [\delta T(x, \dot{x}, t) - \delta V(x, \dot{x}, t)]\, dt = 0 \quad , \quad \forall\ \delta x \quad , \tag{1.18}$$

avec dans l'exemple envisagé ici

$$T = \frac{1}{2} m \dot{x}^2 \quad , \tag{1.19}$$

et

$$V = \frac{1}{2} k x^2 \quad . \tag{1.20}$$

$\delta$ n'est autre qu'un opérateur qui peut s'identifier à un opérateur différentiel, du fait que les trajectoires considérées sont voisines.

Une variation $\delta T$ de T est donc donnée par

$$\delta T = \frac{1}{2} m \delta(\dot{x}^2) = \frac{1}{2} m \frac{\partial(\dot{x}^2)}{\partial \dot{x}} \delta(\dot{x}) = m \dot{x}\, \delta(\dot{x}) \ .$$

Or, du fait que l'opérateur $\delta$, qui agit à un instant donné est indépendant de l'opérateur d qui est associé à une variation $dt$ du temps,

$$\delta\left(\frac{dx}{dt}\right) = \frac{d}{dt}(\delta x) \quad , \tag{1.21}$$

donc

$$\delta T = m \frac{d}{dt}(\delta x) \frac{dx}{dt} \quad . \tag{1.22}$$

De même,

$$\delta V = \frac{1}{2} k \delta(x^2) = \frac{1}{2} k \frac{\partial(x^2)}{\partial x} \delta(x) \quad ,$$

d'où

$$\delta V = k x \delta x \quad . \tag{1.23}$$

L'intégrale (1.18) s'écrit donc, en remplaçant $\delta T$ et $\delta V$ par leurs expressions (1.22) et (1.23)

$$\delta S = \int_{t_1}^{t_2} \left[ m \frac{d}{dt}(\delta x) \frac{dx}{dt} - k x \delta x \right] dt = 0 \quad , \quad \forall\ \delta x \quad . \tag{1.24}$$

L'intégration par partie du premier terme de l'intégrale conduit à

$$\delta S = \left[ m \frac{dx}{dt} \delta x \right]_{t_1}^{t_2} - \int_{t_1}^{t_2} m \frac{d^2x}{dt^2} \delta x\, dt - \int_1^2 k x \delta x\, dt = 0 \quad , \quad \forall\ \delta x \quad . \tag{1.25}$$

Les variations $\delta x(t_1)$ et $\delta x(t_2)$ sont nulles, car, par construction du principe au départ, les points de départ et d'arrivée choisis sont des points réels (appartenant à la trajectoire). Le premier terme entre crochets de l'équation (1.25) est donc nul. La variation $\delta S$ de S se réduit donc à

$$\delta S = -\int_{t_1}^{t_2} \left[ m \frac{d^2x}{dt^2} + k\,x \right] \delta x\, dt = 0 \ , \ \forall \ \delta x \ . \tag{1.26}$$

Pour que cette intégrale (1.26) soit nulle quel que soit $\delta x$, il faut que le crochet soit nul, ce qui conduit à l'équation du mouvement déjà obtenue par ailleurs :

$$m \frac{d^2x}{dt^2} + k\,x = 0 \ .$$

Cette méthode peut paraître lourde à mettre en oeuvre dans le cas d'un système masse-ressort aussi simple, mais, dans le cas de systèmes plus complexes ou de systèmes continus, elle offre l'avantage notamment de permettre l'obtention, en une seule opération, des équations du mouvement et des conditions aux limites (voir chapitre V).

### 2.4. Plan de l'ouvrage

D'après ce que l'on vient de voir sur un exemple simple, la projection de la relation fondamentale de la dynamique sur un champ de vecteurs arbitraires permet d'obtenir les équations du mouvement sans nécessairement avoir besoin de déterminer les actions de liaison. Pour pouvoir écrire correctement les équations de Lagrange, il est donc nécessaire de
- déterminer ce que l'on appelle les paramètres de configuration du système, qui correspondent à ses degrés de liberté,
- répertorier les différents types de liaisons qui introduisent des conditions dites holonomes, non holonomes ou semi holonomes, selon que ces conditions dépendent des paramètres de configuration et/ou de leurs dérivées et/ou du temps,
- choisir judicieusement un champ de vecteurs arbitraires sur lesquels projeter la relation fondamentale de la dynamique,
- appliquer le principe des puissances virtuelles ou des travaux virtuels, ce qui conduit aux équations de Lagrange. Selon le type de liaison entre les différents constituants du système et le type de contraintes (roulement avec ou sans glissement par exemple), il sera parfois nécessaire d'introduire ce que l'on appelle les multiplicateurs de Lagrange.

La méthode des équations de Lagrange est en réalité une conséquence d'un principe beaucoup plus général de la physique (incluant électromagnétisme, mécanique relativiste, optique, ...) qui est le principe variationnel de Hamilton (ou principe de moindre action) : les équations du mouvement et les conditions aux limites sont obtenues à partir de la minimisation d'une intégrale dite "action de Hamilton".

Le tour d'horizon global de ce premier chapitre doit permettre, à partir de l'exemple simple d'un système masse-ressort, de mettre en oeuvre ces techniques en travaux dirigés dès le début du cours, en les acceptant comme des méthodes "qui fonctionnent". L'objet des chapitres suivants est bien sur de reprendre tout cela, point par point.

# Chapitre II

# VARIABLES DE SITUATION - LIAISONS

Ainsi qu'il a été vu dans le chapitre introductif I sur l'exemple simple du système masse-ressort, la mise en oeuvre du Principe Fondamental de la Dynamique (PFD), de la méthode des équations de Lagrange ou encore du Principe variationnel de Hamilton, nécessite la connaissance a priori des mouvements autorisés du système de solides étudié, et des solides les uns par rapport aux autres. L'objet de ce chapitre et des suivants est de reprendre, point par point, le tour d'horizon présenté au premier chapitre, en traitant d'abord le cas des systèmes de solides indéformables aux chapitres II et III, puis, celui des solides déformables au chapitre V, le principe variationnel de Hamilton étant un principe très général, valable à la fois en mécanique des solides déformables, en mécanique des fluides, en optique, en électricité, ou en électrodynamique quantique, ...

## 1. COORDONNEES GENERALISEES OU VARIABLES DE SITUATION

### 1.1. Degrés de liberté d'une liaison

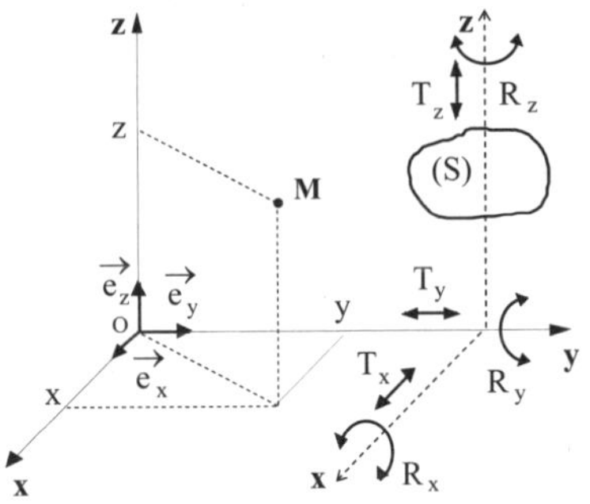


*Figure 2.1*

Dans un repère $\mathscr{R}=\left(O,\vec{e}_x,\vec{e}_y,\vec{e}_z\right)$ donné (figure 2.1), la position d'un point matériel M dépend de trois paramètres (ses coordonnées x, y et z) tandis que la position d'un solide rigide $(S)$ dans l'espace dépend de six paramètres (les coordonnées d'un point, les angles d'Euler (voir Annexe A1).

✓ A un instant t, le déplacement du solide $(S)$ <u>libre dans l'espace</u> (resp. dans le plan), peut se décomposer, dans un ordre quelconque, en ***six*** (resp. trois) ***déplacements élémentaires***, appelés ***degrés de liberté*** : trois rotations $R_i$ et trois translations $T_i$ $(i=x,y,z)$ (resp. une rotation et deux translations).

✓ Une liaison élémentaire entre deux solides $(S_1)$ et $(S_2)$ est créée par le ***contact*** d'une surface associée au solide $(S_1)$ sur une surface associée au solide $(S_2)$. Pour caractériser la nature de leur liaison, il faut étudier les ***mouvements relatifs de*** $(S_1)$ ***par rapport à*** $(S_2)$. Par définition, les ***degrés de liberté (ddl)*** d'une liaison sont les ***déplacements élémentaires*** ***<u>indépendants</u>*** autorisés par cette liaison.

La figure 2.2 présente un récapitulatif des onze liaisons binaires usuelles, avec
- la forme du torseur distributeur des vitesses (ou torseur cinématique) du repère $\mathcal{R}_2$, lié à $(S_2)$, dans son mouvement par rapport au repère $\mathcal{R}_1$, lié à $(S_1)$, noté $\mathcal{V}(\mathcal{R}_2/\mathcal{R}_1)$ ;
- la forme du torseur des actions de $(S_1)$ sur $(S_2)$, noté $\{S_1 \rightarrow S_2\}$, lorsque la liaison est parfaite (sans frottements).

| Nom de la liaison | Représentation générale | Torseur cinématique $\mathcal{V}(\mathcal{R}_2/\mathcal{R}_1)$ | Torseur transmissible $\{S_1 \rightarrow S_2\}$ | Forme particulière conservée |
|---|---|---|---|---|
| **Liaison encastrement** | 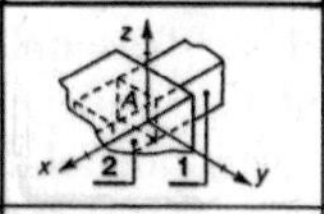 | $_A\begin{Bmatrix} 0 & 0 \\ 0 & 0 \\ 0 & 0 \end{Bmatrix}_{\mathcal{B}}$ | $_A\begin{Bmatrix} X & L \\ Y & M \\ Z & N \end{Bmatrix}_{\mathcal{B}}$ | En tout point de l'espace |
| **Liaison pivot** Centre A Axe $(A, \vec{e}_x)$ | 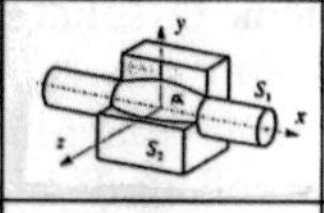 | $_A\begin{Bmatrix} \omega_x & 0 \\ 0 & 0 \\ 0 & 0 \end{Bmatrix}_{\mathcal{B}}$ | $_A\begin{Bmatrix} X & 0 \\ Y & M \\ Z & N \end{Bmatrix}_{\mathcal{B}}$ | En tout point de $(A, \vec{e}_x)$ |
| **Liaison glissière** Axe $(A, \vec{e}_x)$ | 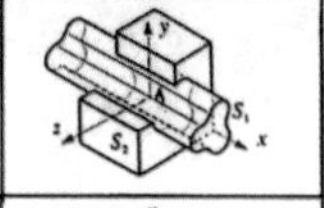 | $_A\begin{Bmatrix} 0 & v_x \\ 0 & 0 \\ 0 & 0 \end{Bmatrix}_{\mathcal{B}}$ | $_A\begin{Bmatrix} 0 & L \\ Y & M \\ Z & N \end{Bmatrix}_{\mathcal{B}}$ | En tout point de l'espace |
| **Liaison hélicoïdale** Centre A axe $(A, \vec{e}_x)$ | 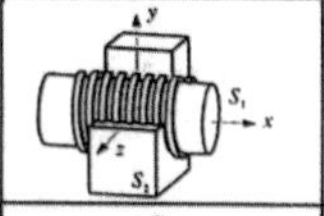 | $_A\begin{Bmatrix} \omega_x & v_x \\ 0 & 0 \\ 0 & 0 \end{Bmatrix}_{\mathcal{B}}$ | $_A\begin{Bmatrix} X & L \\ Y & M \\ Z & N \end{Bmatrix}_{\mathcal{B}}$ | En tout point de $(A, \vec{e}_x)$ $v_x = \frac{p}{2\pi}\omega_x$ $X = k L$ |
| **Liaison pivot glissant** Centre A Axe $(A, \vec{e}_x)$ | 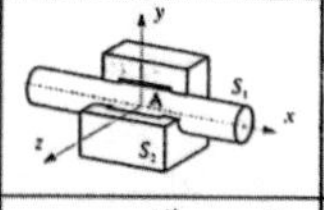 | $_A\begin{Bmatrix} \omega_x & v_x \\ 0 & 0 \\ 0 & 0 \end{Bmatrix}_{\mathcal{B}}$ | $\begin{Bmatrix} 0 & 0 \\ Y & M \\ Z & N \end{Bmatrix}_{\mathcal{B}}$ | En tout point de $(A, \vec{e}_x)$ |
| **Liaison sphérique à doigt** Axe doigt $(A, \vec{e}_y)$ Rainure dans $(A, \vec{e}_x, \vec{e}_y)$ | 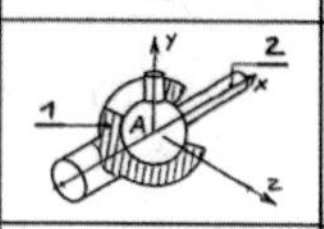 | $_A\begin{Bmatrix} 0 & 0 \\ \omega_y & 0 \\ \omega_z & 0 \end{Bmatrix}_{\mathcal{B}}$ | $_A\begin{Bmatrix} X & L \\ Y & 0 \\ Z & 0 \end{Bmatrix}_{\mathcal{B}}$ | Au point A |
| **Liaison rotule ou sphérique** Centre A | 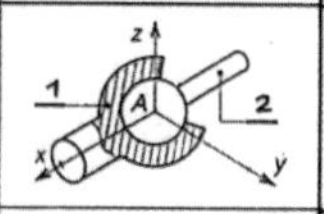 | $_A\begin{Bmatrix} \omega_x & 0 \\ \omega_y & 0 \\ \omega_z & 0 \end{Bmatrix}_{\mathcal{B}}$ | $_A\begin{Bmatrix} X & 0 \\ Y & 0 \\ Z & 0 \end{Bmatrix}_{\mathcal{B}}$ | Au point A |
| **Liaison appui plan** Normale $(A, \vec{e}_z)$ | 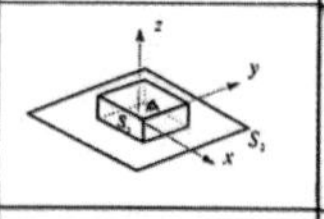 | $_A\begin{Bmatrix} 0 & v_x \\ 0 & v_y \\ \omega_z & 0 \end{Bmatrix}_{\mathcal{B}}$ | $_A\begin{Bmatrix} 0 & L \\ 0 & M \\ Z & 0 \end{Bmatrix}_{\mathcal{B}}$ | En tout point de l'espace |
| **Liaison linéaire annulaire (sphère-cylindre)** Centre A Axe $(A, \vec{e}_x)$ | 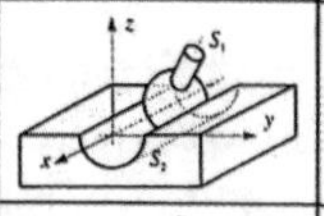 | $_A\begin{Bmatrix} \omega_x & v_x \\ \omega_y & 0 \\ \omega_z & 0 \end{Bmatrix}_{\mathcal{B}}$ | $_A\begin{Bmatrix} 0 & 0 \\ Y & 0 \\ Z & 0 \end{Bmatrix}_{\mathcal{B}}$ | Au point A |
| **Liaison linéaire rectiligne** Normale $(A, \vec{e}_y)$ Arête $(A, \vec{e}_x)$ | 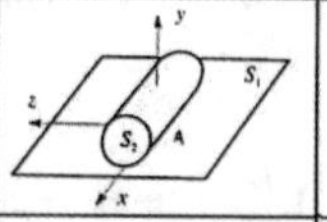 | $_A\begin{Bmatrix} \omega_x & v_x \\ \omega_y & 0 \\ 0 & v_z \end{Bmatrix}_{\mathcal{B}}$ | $_A\begin{Bmatrix} 0 & 0 \\ Y & 0 \\ 0 & N \end{Bmatrix}_{\mathcal{B}}$ | En tout point de $(A, \vec{e}_x, \vec{e}_y)$ |
| **Liaison ponctuelle (sphère-plan)** Centre A Normale $(A, \vec{e}_x)$ | 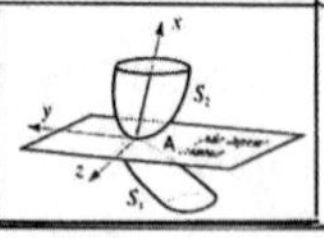 | $_A\begin{Bmatrix} \omega_x & 0 \\ \omega_y & v_y \\ \omega_z & v_z \end{Bmatrix}_{\mathcal{B}}$ | $_A\begin{Bmatrix} X & 0 \\ 0 & 0 \\ 0 & 0 \end{Bmatrix}_{\mathcal{B}}$ | En tout point de $(A, \vec{e}_x)$ |

*Figure 2.2 : Les onze liaisons binaires usuelles entre deux solides $(S_1)$ et $(S_2)$*

*Pour rappel*

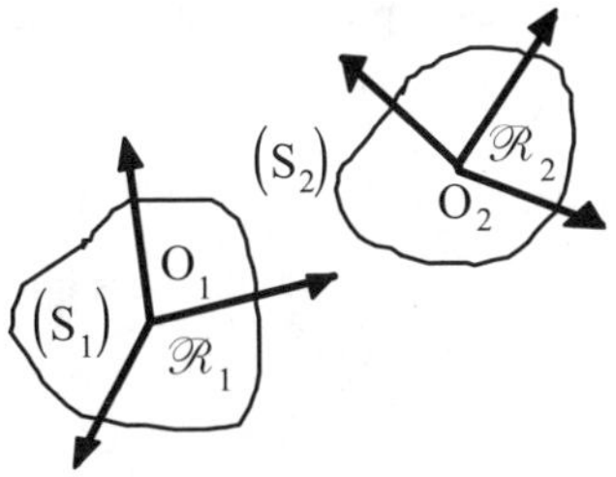


*Figure 2.3*

✓ Le ***torseur distributeur des vitesses de $\mathcal{R}_2$ dans son mouvement par rapport à $\mathcal{R}_1$ (ou $(S_2)$ par rapport à $(S_1)$)*** à l'instant t, encore appelé parfois torseur cinématique, est le torseur noté $\mathcal{V} = \mathcal{V}(\mathcal{R}_2 / \mathcal{R}_1)$ ayant pour éléments de réduction en un point $P_2 \equiv P \in \mathcal{R}_2$ :

$$\begin{cases} \vec{\mathfrak{R}}(\mathcal{V}) = \vec{\Omega}(\mathcal{B}_2 / \mathcal{B}_1) & (2.1\text{-a}) \\ \vec{\mathfrak{M}}_{P_2}(\mathcal{V}) = \vec{V}(P_2 / \mathcal{R}_1) & (2.1\text{-b}) \end{cases},$$

où $\vec{\Omega}(\mathcal{B}_2 / \mathcal{B}_1)$ est le vecteur rotation instantanée de $\mathcal{B}_2$ par rapport à $\mathcal{B}_1$ ($\mathcal{B}_1$ et $\mathcal{B}_2$ étant les bases associées respectivement aux repères $\mathcal{R}_1$ et $\mathcal{R}_2$),
et $\vec{V}(P_2 / \mathcal{R}_1)$ est le vecteur vitesse du point $P_2 \equiv P \in \mathcal{R}_2$ par rapport au repère $\mathcal{R}_1$.

✓ Si les vecteurs $\vec{\Omega}(\mathcal{B}_2 / \mathcal{B}_1)$ et $\vec{V}(P_2 / \mathcal{R}_1)$ ont pour composantes dans la même base $\mathcal{B}$

$$\vec{\Omega}(\mathcal{B}_2 / \mathcal{B}_1) \left| \begin{matrix} \omega_x \\ \omega_y \\ \omega_z \end{matrix} \right._{\mathcal{B}} \quad \text{et} \quad \vec{V}(P_2 / \mathcal{R}_1) \left| \begin{matrix} v_x \\ v_y \\ v_z \end{matrix} \right._{\mathcal{B}} ,$$

il est alors possible de noter $\mathcal{V} = \mathcal{V}(\mathcal{R}_2 / \mathcal{R}_1)$ de la manière suivante

$$\mathcal{V} = {}_{P_2}\begin{Bmatrix} \omega_x & v_x \\ \omega_y & v_y \\ \omega_z & v_z \end{Bmatrix}_{\mathcal{B}} . \tag{2.2}$$

✓ De même, si la résultante $\vec{\mathfrak{R}}(S_1 \to S_2)$ et le moment $\vec{\mathfrak{M}}_P(S_1 \to S_2)$ au point P du torseur $\{S_1 \to S_2\}$ des actions de $(S_1)$ sur $(S_2)$ ont pour composantes dans la même base $\mathcal{B}$

$$\vec{\mathfrak{R}}(S_1 \to S_2) \left| \begin{matrix} X \\ Y \\ Z \end{matrix} \right._{\mathcal{B}} \quad \text{et} \quad \vec{\mathfrak{M}}_P(S_1 \to S_2) \left| \begin{matrix} L \\ M \\ N \end{matrix} \right._{\mathcal{B}} ,$$

il est alors possible de noter $\{S_1 \to S_2\}$ de la manière suivante

$$\{S_1 \to S_2\} = {}_{P}\begin{Bmatrix} X & L \\ Y & M \\ Z & N \end{Bmatrix}_{\mathcal{B}} . \tag{2.3}$$

## 1.2. Les coordonnées généralisées

Les figures 2.4, 2.5 et 2.6 donnent des exemples de systèmes à plusieurs degrés de liberté.

- La barre en appui plan de la figure 2.4-a possède trois degrés de liberté (deux translations et une rotation autour de z), et sa position est donc connue, dès lors que les coordonnées (x,y) du centre de masse G et l'angle $\theta$ sont connus.
- Le système de la figure 2.4-b possède également trois degrés de liberté (deux translations et une rotation autour de z), et sa position est donc connue, dès lors que les déplacements $x_1$ et $x_2$ des points A et B, ainsi que l'angle $\theta$ sont connus.
- La masse m du pendule de la figure 2.5, ponctuelle au point A, est astreinte à se déplacer dans le plan (Oxy). Le fil étant supposé a priori extensible, la position du point A est connue sitôt que ses coordonnées cartésiennes (x,y) ou ses coordonnées polaires $(\rho,\theta)$ sont connues ; ce système possède deux degrés de liberté.
- La sphère de la figure 2.6 est en contact ponctuel avec le plan (Oxy) et possède donc cinq degrés de liberté (trois rotations et deux translations). Sa position est donc connue sitôt que les coordonnées (x,y,a) du centre de masse G et les trois angles d'Euler $\Psi$, $\theta$ et $\varphi$ sont connus.

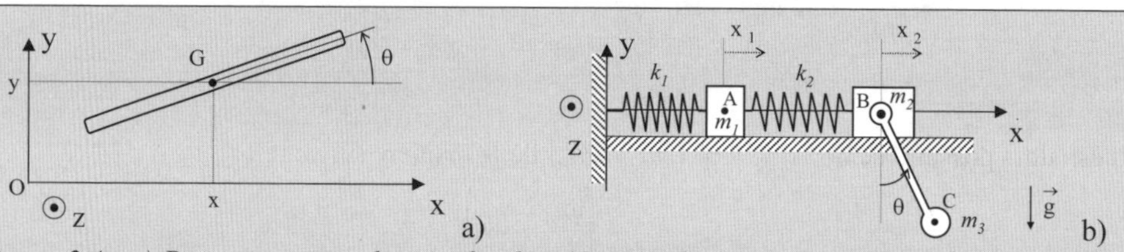


*Figure 2.4 : a) Barre en appui plan sur le plan* (Oxy). *b) Système constitué de trois masses $m_1$, $m_2$ et $m_3$, ponctuelles respectivement aux points A, B et C ; les masses $m_1$ et $m_2$ sont reliées entre elles par des ressorts de raideur $k_1$ et $k_2$, tandis que la masse ponctuelle $m_3$ est reliée à la masse $m_2$ par l'intermédiaire d'une tige supposée sans masse, en liaison pivot d'axe* (B,z) *avec elle.*

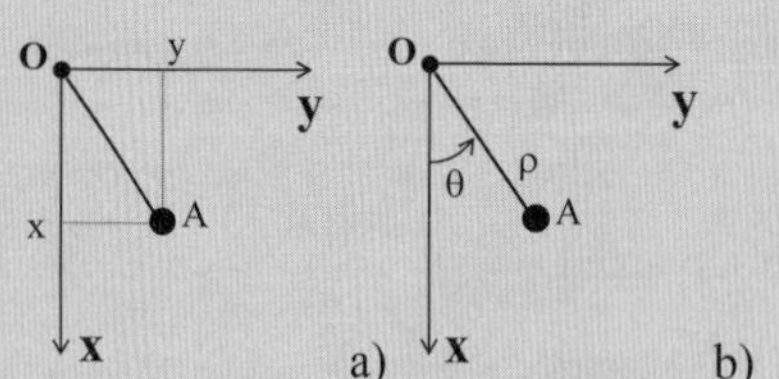


*Figure 2.5 : Pendule simple constitué d'une masse m considérée comme ponctuelle au point A, relié par un fil sans masse au point O, et se déplaçant dans un plan vertical* (Oxy).

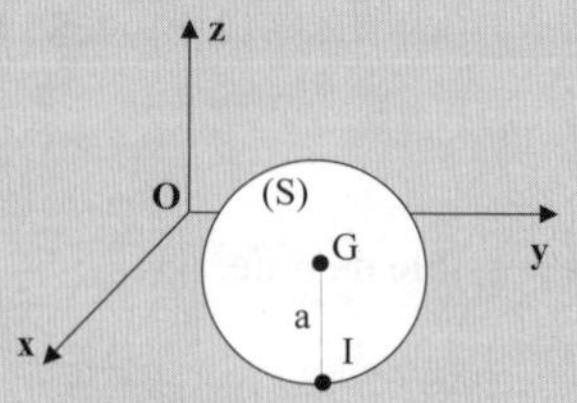


*Figure 2.6. Sphère de centre* G *et de rayon* a, *en contact ponctuel au point I avec le plan* (Oxy).

Lorsque tous les degrés de liberté d'un système sont énumérés, il est commode de ne pas préciser si la position d'un système est paramétrée par trois coordonnées cartésiennes, ou par deux coordonnées et un angle, ou encore deux coordonnées cartésiennes et trois angles d'Euler, ou par quatre coordonnées et un angle, etc...

*Si n est le nombre de degrés de liberté, la position d'un système peut ainsi être paramétrée par n coordonnées, dites **coordonnées généralisées** et notées* $q_1, q_2, \ldots, q_n$, *ces coordonnées généralisées étant **n variables indépendantes**. Par suite, les coordonnées généralisées d'un point M seront désormais notées* $q_i$ $(i = 1, \ldots, n)$.

A titre d'exemple, dans le cas de

- la figure 2.4-a, $q_1 = x$, $q_2 = y$, $q_3 = \theta$,
- la figure 2.4-b, $q_1 = x_1$, $q_2 = x_2$, $q_3 = \theta$,
- la figure 2.5, soit $q_1 = x$, $q_2 = y$ (figure 2.5-a), soit $q_1 = \rho$, $q_2 = \theta$ (figure 2.5-b),
- la figure 2.6, $q_1 = x$, $q_2 = y$, $q_3 = \Psi$, $q_4 = \theta$, $q_5 = \varphi$.

Les coordonnées généralisées $q_i$ $(i = 1, \ldots, n)$ peuvent également être appelées, suivant les auteurs, variables de situation, paramètres primitifs, paramètres de configuration ou encore paramètres de position.

# 2. LES CONDITIONS DE LIAISON

La présence d'une liaison entre deux solides impose nécessairement un certain nombre, noté m, de contraintes qui réduisent le nombre de degrés de liberté de 3 à $3 - m$ pour un point dans l'espace, et de 6 à $6 - m$ pour un solide dans l'espace.

Ces contraintes peuvent être exprimées en fonction des positions, ou des vitesses, ou des deux à la fois.

## 2.1. Liaisons unilatérales et bilatérales

### *2.1.1. Cas du point matériel*

Un point M se déplace sur une surface $\mathscr{S}$, considérée comme un solide rigide avec lequel M est en contact.

*La liaison entre M et* $\mathscr{S}$ *est dite **bilatérale** si M ne peut pas quitter la surface ; elle est dite **unilatérale** si M se trouve d'un côté de la surface et s'il peut éventuellement quitter cette surface de ce côté.*

Une liaison bilatérale peut-être imaginée comme étant assurée par deux surfaces $\mathscr{S}$ identiques parallèles et très proches qui emprisonnent le point M entre elles (exemple de deux plans sur la figure 2.7-a). Par définition d'une telle liaison, le contact entre M et $\mathscr{S}$ est toujours assuré.

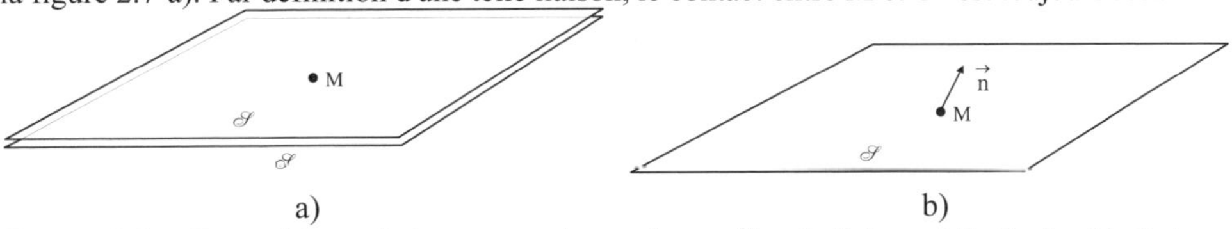


*Figure 2.7 : Point M en liaison avec la surface* $\mathscr{S}$ *a) liaison bilatérale, b) liaison unilatérale.*

✓ Dans le cas d'une liaison unilatérale (figure 2.7-b), si $\vec{n}$ désigne le vecteur unitaire normal à la surface $\mathscr{S}$ en M, dirigé vers la région de l'espace où est situé le point M, la condition assurant que le contact soit maintenu (***loi de contact***) s'écrit :

$$\vec{F}.\vec{n} = N > 0 \ , \tag{2.4}$$

où

$$\vec{F}(\mathscr{S} \to M) = \vec{N}(\mathscr{S} \to M) + \vec{T}(\mathscr{S} \to M) \tag{2.5}$$

représente l'action de $\mathscr{S}$ sur le point M.

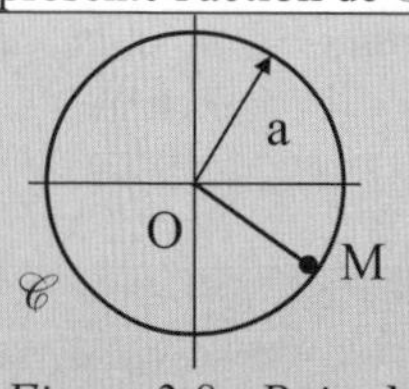


*Figure 2.8 : Point M relié au point O par un fil ; liaison unilatérale*

Dans le cas de la figure 2.8, le point M est astreint par ailleurs à se déplacer dans un plan (liaison bilatérale) dans lequel se trouve la courbe $\mathscr{C}$, et l'on peut envisager le cas où la liaison entre M et $\mathscr{C}$ est unilatérale (le point M est relié au point O par un fil souple). Si la distance OM est notée r, la ***loi de liaison unilatérale*** se traduit par l'***inéquation***

$$r \leq a \ , \tag{2.6}$$

tandis que la ***condition de contact*** se traduit par

$$r = a \ . \tag{2.7}$$

✓ Dans le cas d'une liaison bilatérale, l'action de la surface peut toujours s'écrire sous la forme (2.5) mais rien ne peut être dit a priori sur le sens du vecteur force normal $\vec{N}(\mathscr{S} \to M)$.

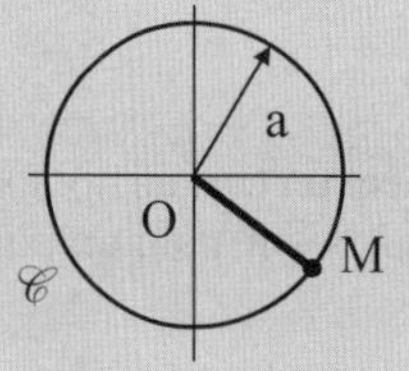


*Figure 2.9 : Point M relié au point O par une tige rigide ; liaison bilatérale*

Dans le cas de la figure 2.9, le point M est astreint par ailleurs à se déplacer dans un plan (liaison bilatérale) dans lequel se trouve la courbe $\mathscr{C}$, et le point M est relié au point O par une tige rigide. La liaison entre la courbe $\mathscr{C}$ et le point M est donc bilatérale. Si la distance OM est notée r, la ***loi de liaison bilatérale*** se traduit par l'***équation***

$$r = a \ , \tag{2.8}$$

tandis que la ***condition de contact*** se traduit, comme dans le cas de la liaison unilatérale, par

$$r = a \ . \tag{2.9}$$

Dans les deux cas (liaison unilatérale et liaison bilatérale), la ***condition de contact se traduit par l'égalité*** $r = a$ . En revanche, la loi de liaison se traduit par une inégalité dans le cas d'une liaison unilatérale, alors qu'elle se traduit par une égalité dans le cas d'une liaison bilatérale.

### *2.1.2. Cas du solide*

La nature unilatérale ou bilatérale d'une liaison dépend de sa réalisation technologique effective. La figure 2.10 présente le cas d'un disque rigide en contact ponctuel au point I avec l'axe (Ox).

Au point de contact I le sol exerce sur la roue une force $\vec{R}\,(X,Y)$. Dans le cas du contact unilatéral (figure 2.10-a), il faut vérifier à tout instant la condition de liaison unilatérale

$$Y \geq 0 . \tag{2.10}$$

Dans le cas bilatéral (figure 2.10-b), aucune condition n'est requise a priori sur cette force.

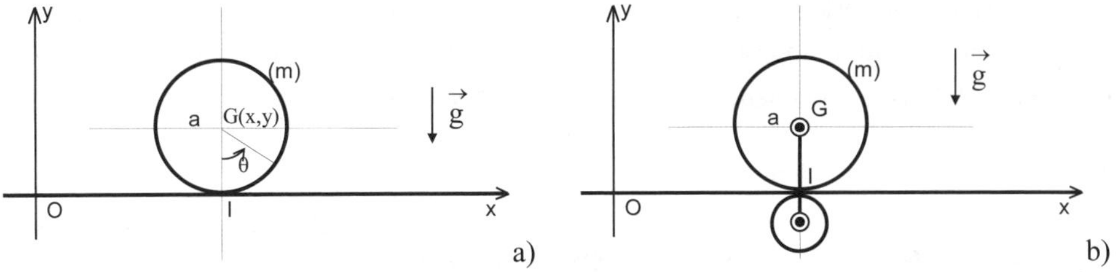


*Figure 2.10 : Disque rigide de centre de masse* $G(x,y)$ *et de rayon* $a$ *en contact ponctuel au point* $I$ *avec l'axe* $(Ox)$ *dans un champ de pesanteur* $\vec{g}=-g\vec{e}_y$. *a) contact unilatéral, b) contact bilatéral.*

Il convient de noter que la nature unilatérale ou bilatérale de la liaison n'a aucune influence sur le nombre de degrés de liberté. En effet, la liaison de contact étant supposée réalisée, d'une manière ou d'une autre, le système de la figure 2.10 dépend à présent de deux degrés de liberté et les deux variables de situation peuvent être choisies par exemple telles que $q_1 = x$ et $q_2 = \theta$. Dans les deux cas, ***la condition de contact se traduit par l'égalité***

$$y = a\,. \tag{2.11}$$

## 2.2. Liaison indépendante ou dépendante du temps

*La liaison d'un solide* $(S_2)$ *dont le mouvement est étudié, avec un solide* $(S_1)$ *(pouvant être qualifié "d'obstacle extérieur" ou de "corps étranger") est dite* ***indépendante du temps (ou scléronôme)*** *si l'obstacle* $(S_1)$ *est fixe dans un repère galiléen.*

*Dans le cas contraire, c'est-à-dire si l'obstacle* $(S_1)$ *est animé d'un* ***mouvement connu à l'avance****, la liaison est dite* ***dépendant explicitement du temps (ou rhéonôme)****.*

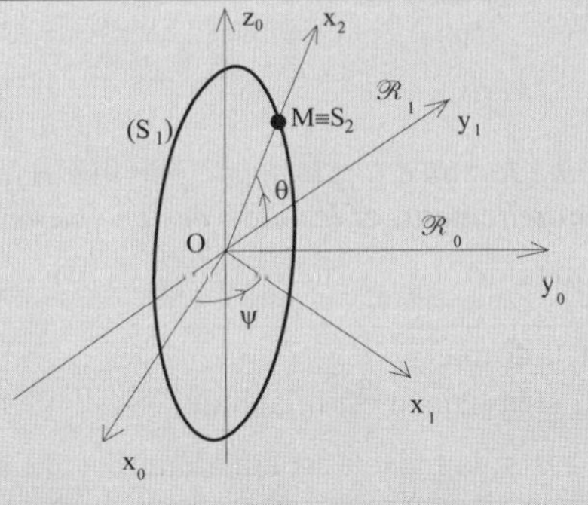


*Figure 2.11*

A titre d'exemple, l'anneau $(S_1)$ de rayon a (figure 2.11) tourne autour de l'un de ses diamètres $(Oz_0)$ par rapport à un repère $\mathscr{R}_0$ supposé galiléen. Le solide $(S_2)$, assimilé à un point matériel M se déplace sur cet anneau. L'axe $Ox_1$ coïncide avec l'axe géométrique de l'anneau $(S_1)$. La position de ce dernier est définie par l'angle $\psi$ que fait cet axe avec l'axe "fixe" $Ox_0$.

La position de $(S_2) \equiv M$ sur l'anneau $(S_1)$ est définie par la donnée de l'angle $\theta$ que fait le vecteur $\overrightarrow{OM}$ avec l'axe $Oy_1$, angle évalué algébriquement dans le plan $Oy_1z_0$ orienté par l'axe perpendiculaire $Ox_1$.

✓ Si l'angle $\psi$ est fixe, le système constitue un pendule ordinaire. Le solide $(S_1)$ est fixe par rapport au repère galiléen $\mathscr{R}_0$, et la liaison entre le solide $(S_2) \equiv M$ et l'anneau $(S_1)$ est donc indépendante du temps (donc scléronôme).

✓ Si l'angle $\psi$ varie suivant une loi imposée connue par avance ( $\psi = \omega t$ par exemple où $\dot{\psi} = \omega$ serait la rotation imposée par un moteur), alors la liaison entre le solide $(S_2) \equiv M$ et l'anneau $(S_1)$ dépend explicitement du temps (donc rhéonôme).

### 2.3. Liaison de type holonôme

*Une condition de liaison est dite* ***holonôme*** *lorsqu'elle s'exprime par une* ***relation entre les variables de situation et le temps éventuellement, ne faisant pas intervenir les dérivées par rapport au temps des variables de situation.***

Une ***condition de liaison holonôme*** est donc de la forme

$$f(q_1, q_2, \ldots, q_n, t) = 0 \text{, si la liaison est bilatérale,} \quad (2.12\text{-a})$$

ou $$f(q_1, q_2, \ldots, q_n, t) \leq 0 \text{ ou } \geq 0 \text{ si la liaison est unilatérale.} \quad (2.12\text{-a})$$

Exemple 1 : La condition d'inextensibilité du fil sans masse de longueur $\ell$ du pendule de la figure 2.5, § II-1.2., se traduit soit par

$$x^2 + y^2 = \ell^2 \ , \quad (2\text{-}13\text{-a})$$

soit par $$\rho = \ell \ , \quad (2\text{-}13\text{-b})$$

suivant le choix des variables de situation.

Exemple 2 : La condition de contact entre la sphère de rayon a et de centre de masse $G(x, y, z)$ de la figure 2.6, § II-1.2. et le plan (Oxy) se traduit par

$$z = a \ . \quad (2\text{-}14)$$

Exemple 3 : Dans un corps indéformable, la distance entre deux points $M_1(x_1, y_1, z_1)$ et $M_2(x_2, y_2, z_2)$ appartenant au même solide doit rester constante, ce qui se traduit par

$$(x_2 - x_1)^2 + (y_2 - y_1)^2 + (z_2 - z_1)^2 = \ell_{12}^2 \ . \quad (2\text{-}16)$$

### 2.4. Liaison de type non holonôme

*Une condition de liaison est dite* ***non holonôme*** *lorsqu'elle s'exprime par une* ***relation entre les variables de situation, le temps éventuellement, et les dérivées premières par rapport au temps des variables de situation.***

Une ***condition de liaison non holonôme*** est donc de la forme

$$f(q_1, q_2, \ldots, q_n, \dot{q}_1, \dot{q}_2, \ldots, \dot{q}_n, t) = 0 \text{, si la liaison est bilatérale,} \quad (2.17\text{-a})$$

ou $$f(q_1, q_2, \ldots, q_n, \dot{q}_1, \dot{q}_2, \ldots, \dot{q}_n, t) \leq 0 \text{ ou } \geq 0 \text{ si la liaison est unilatérale.} \quad (2.17\text{-a})$$

Exemple : La condition de roulement sans glissement de la sphère (S) de rayon a et de centre de masse $G(x, y, z)$ de la figure 2.6, § II-1.2. sur le plan (Oxy) s'écrit

$$\vec{V}(I \in S / \mathscr{R}) = \vec{0} \ , \quad (2\text{-}18)$$

où $\vec{V}(I \in S / \mathscr{R})$ est la vitesse de glissement de la sphère (S) par rapport au repère $\mathscr{R} = (Oxyz)$, au point I appartenant à (S).

En prenant pour variables de situation $q_1 = x$, $q_2 = y$, $q_3 = \Psi$, $q_4 = \theta$, $q_5 = \varphi$, on montre facilement que la condition (2.18) s'écrit sous forme de deux conditions non holonômes

$$\dot{x} - a(\dot{\theta} \sin \Psi - \dot{\varphi} \sin \theta \cos \Psi) = 0 \quad (2.19\text{-a})$$

et $$\dot{y} + a\left(\dot{\theta}\cos\Psi + \dot{\varphi}\sin\theta\sin\Psi\right) = 0 \quad . \tag{2-19-b}$$

Il convient de noter que dans le cas particulier où $\Psi = 0$ et $\varphi = 0$ quel que soit le temps t, le mouvement de la sphère s'apparente à celui d'un disque rigide de rayon a, astreint à se déplacer dans le plan $(Oy_0z_0)$, suivant l'axe $(Oy_0)$. La condition de roulement sans glissement s'écrit alors

$$\dot{y} + a\dot{\theta} = 0 \quad , \tag{2.20}$$

relation identique à la relation (2.22-a) du § II-2.5, y jouant ici le rôle de x.

## 2.5. Liaison de type semi holonôme

*Une condition de liaison* ***semi-holonôme*** *est une liaison non holonôme qui implique des relations donnant, soit directement, soit indirectement, des dérivées exactes par rapport au temps ; la condition peut alors être mise sous la forme* $\frac{df}{dt} = 0$ *lorsqu'elle s'exprime par une* ***relation entre les variables de situation, le temps éventuellement, et les dérivées premières par rapport au temps des variables de situation.***

Une ***condition de liaison semi-holonôme*** peut donc être mise sous la forme

$$\frac{df}{dt} = 0$$

c'est-à-dire $$f\left(q_1, q_2, \ldots, q_n, t\right) = C, \tag{2.21}$$

qui est de type holonôme, mais avec une constante C dépendant des conditions initiales.

Exemple :

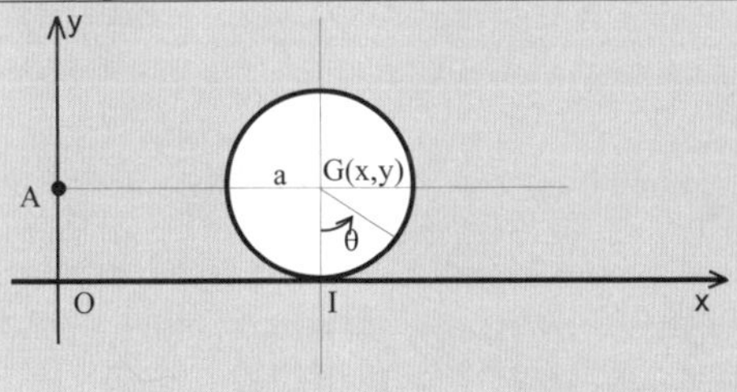


*Figure 2.12*

Le disque rigide de rayon a et de centre de masse G(x,y) de la figure 2.12 roule sans glisser sur l'axe (Ox). A l'instant $t = 0$, le centre de masse G se trouve au point A(0,a) et $\theta = \theta_0$. Les variables de situation sont $q_1 = x$ et $q_2 = \theta$.

La condition de contact est une condition holonome : $y = a$

La condition de roulement sans glissement $\left(\vec{V}(I \in S/\mathscr{R}) = \vec{0}\right)$ est a priori une condition non holonôme puisqu'elle s'écrit

$$\dot{x} + a\dot{\theta} = 0 \quad . \tag{2.22-a}$$

Or l'intégration de la condition (2.22-a) par rapport au temps, compte tenu des conditions initiales s'écrivant

$$x + a\theta = a\theta_0 \quad , \tag{2.22-b}$$

la condition de roulement sans glissement est en fait une condition de liaison semi-holonôme.

N.B. : L'une quelconque des équations (2.22-a) ou (2.22-b) prouve que la condition de liaison est semi-holonôme.

## 2.6. Un peu de grec

Les termes "holonôme", "scléronôme", et "rhéonôme" sont apparus dans ce chapitre, et trouvent leur origine en grec :

- holos : entier,
- nomos : loi,
- skléros : dur,
- rheô : couler.

# Chapitre III

# EQUATIONS DE LAGRANGE

Comme mentionné dans le chapitre introductif I sur un exemple simple, les ***équations de Lagrange résultent de la projection, sur un champ de vecteurs, arbitraires mais bien choisis, de la relation vectorielle pour les résultantes, provenant du Principe Fondamental de la Dynamique (PFD).*** Selon l'interprétation physique qui en est faite, ce champ de vecteurs peut être considéré comme un champ de déplacements virtuels, ou un champ de vitesses virtuelles (il eût peut-être été préférable d'appeler ce vecteur par exemple "vecteur de Lagrange"). Les équations de Lagrange s'obtiennent alors en appliquant le "***Principe des travaux virtuels***" (respectivement "***Principe des puissances virtuelles***") dans le cas où le vecteur arbitraire est interprété comme un déplacement virtuel (respectivement une vitesse virtuelle).

Tout l'art des équations de Lagrange est de définir un champ de vecteurs de projection, arbitraires, mais tels que les forces inconnues de liaison ne travaillent pas si elles sont parfaites, ce qui permet d'obtenir les équations du mouvement sans nécessairement avoir besoin de déterminer les actions de liaison.

## 1. INTRODUCTION AU PRINCIPE DES TRAVAUX (OU PUISSANCES) VIRTUEL(LE)S

### 1.1. Hypothèses et notations

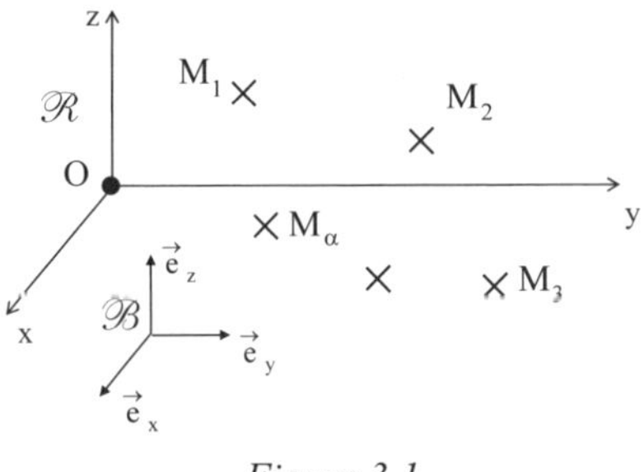


*Figure 3.1*

Le système mécanique $\Sigma$ de la figure 3.1 est constitué d'un ensemble de N points matériels (ou particules) $M_1,...,M_N$ dotés des masses $m_1,...,m_N$, et pouvant être ou non liés entre eux. Les masses $m_\alpha$ sont supposées constantes dans toute la suite, $\alpha$ désignant une particule parmi les N constituant le système. Le système $\Sigma$ est un système à répartition de masse discontinue, qui peut être noté $\Sigma = \{(M_1, m_1),...,(M_N, m_N)\} = \{(M_\alpha, m_\alpha)\}$.

- Le système $\Sigma$ est en mouvement par rapport au repère $\mathscr{R} = (O\,x\,y\,z)$, de base associée $\mathscr{B} = (\vec{e}_x, \vec{e}_y, \vec{e}_z)$, supposé galiléen. Chacun des points $M_\alpha$ du système $\Sigma$ possède donc un vecteur vitesse par rapport à $\mathscr{R}$ et un vecteur accélération par rapport à $\mathscr{R}$, notés respectivement $\vec{V}(M_\alpha / \mathscr{R})$ et $\vec{\Gamma}(M_\alpha / \mathscr{R})$, et par suite, une résultante galiléenne $m_\alpha \vec{\Gamma}(M_\alpha / \mathscr{R})$.
- Les coordonnées généralisées (ou variables de situation, voir Chapitre II, § II-1.2.) permettant de décrire le mouvement du système $\Sigma$ sont en nombre égal au nombre de degrés de liberté du système, soit n, et sont notées $q_i$ $(i = 1,\dots,n)$. Par suite, chaque

point matériel $M_\alpha$ est donc fonction des $q_i$, ce qui peut se noter $M_\alpha(q_1,\ldots,q_n)$ ou encore $M_\alpha(q_i)$.

> Il ne faut pas confondre N (nombre de particules constituant le système $\Sigma$) et n (nombre de coordonnées généralisées). Afin d'éviter la confusion, les indices grecs $(\alpha)$ sont utilisés pour caractériser une particule parmi les N constituant le système, et les indices latins $(i, j)$ pour caractériser une coordonnée généralisée parmi les n.

- Chaque vecteur position $\overrightarrow{OM_\alpha}$ est également fonction des coordonnées généralisées $q_i$ : $\overrightarrow{OM_\alpha}(q_i)$.
- Chaque particule $M_\alpha$ est soumise à des actions mécaniques extérieures, de résultante notée $\vec{\mathcal{R}}(\text{ext} \to M_\alpha)$, qui peuvent se décomposer en actions mécaniques connues ou données (l'action de la pesanteur $\varpi$ par exemple), en actions mécaniques de liaison et en actions d'interactions avec les autres particules.

> Afin de simplifier l'écriture, les notations suivantes sont adoptées :
>
> ✓ $\overrightarrow{M_\alpha}(q_i)$ au lieu de $\overrightarrow{OM_\alpha}(q_i)$, $i = 1,\ldots,n$ et $\alpha = 1,\ldots,N$,
>
> ✓ $\vec{V}_\alpha$ ou $\dfrac{d\overrightarrow{M_\alpha}}{dt}$ au lieu de $\vec{V}(M_\alpha / \mathscr{R})$,
>
> ✓ $\vec{\Gamma}_\alpha$ ou $\dfrac{d^2\overrightarrow{M_\alpha}}{dt^2}$ au lieu de $\vec{\Gamma}(M_\alpha / \mathscr{R})$,
>
> ✓ $\vec{\mathcal{R}}_\alpha$ au lieu de $\vec{\mathcal{R}}(\text{ext} \to M_\alpha)$, avec $\vec{\mathcal{R}}_\alpha = \vec{F}_{D_\alpha} + \vec{F}_{L_\alpha} + \vec{F}_{I_\alpha}$,
>
> $\vec{F}_{D_\alpha}$ représente les forces connues (ou données), $\vec{F}_{L_\alpha}$ les forces de liaison et $\vec{F}_{I_\alpha}$ les forces d'interaction entre particules.

Le cas, plus fréquent, des solides à répartition continue de masse, fait appel à la notion d'intégrale : tous les signes $\sum_{\alpha=1}^{N}$ se transforment en $\int_\Sigma$ sur une ligne, une surface ou un volume.

### 1.2. Equivalence de la relation fondamentale de la dynamique vectorielle et de sa multiplication scalaire par un vecteur arbitraire

En utilisant les notations définies au § III-1.1., le Principe Fondamental de la Dynamique (PFD), appliqué à une seule particule $M_\alpha$, permet d'énoncer que la résultante de tous les efforts extérieurs exercés sur le point $M_\alpha$, notée $\vec{\mathcal{R}}_\alpha$, est égale à la masse de ce point multipliée par l'accélération du point par rapport à un repère galiléen. Le PFD pour les résultantes s'écrit donc

$$m_\alpha \vec{\Gamma}_\alpha = \vec{\mathcal{R}}_\alpha \ . \tag{3.1}$$

La multiplication scalaire des deux membres de l'équation (3.1) par un vecteur $\vec{u}$ **arbitraire** s'écrit

$$m_\alpha \vec{\Gamma}_\alpha \cdot \vec{u}_\alpha = \vec{\mathcal{R}}_\alpha \cdot \vec{u}_\alpha, \quad \forall \ \vec{u}_\alpha \in \mathbb{R}^3. \tag{3.2}$$

L'équation vectorielle (3.1) implique donc l'équation scalaire (3.2), qui est vraie pour tout vecteur $\vec{u}_\alpha$ de $\mathbb{R}^3$. Les deux vecteurs $m_\alpha \vec{\Gamma}_\alpha$ et $\vec{\mathcal{R}}_\alpha$ ont donc même projection sur tout vecteur de $\mathbb{R}^3$, donc en particulier sur les vecteurs $(\vec{e}_x, \vec{e}_y, \vec{e}_z)$ d'une base $\mathcal{B}$. Par suite, les deux vecteurs $m_\alpha \vec{\Gamma}_\alpha$ et $\vec{\mathcal{R}}_\alpha$ ont mêmes composantes sur une base, et sont donc identiques.

Il y a donc réciprocité entre l'équation vectorielle (3.1) et l'équation scalaire (3.2), du fait du caractère arbitraire du vecteur $\vec{u}$.

### 1.3. Particularisation du champ de vecteurs arbitraire

La résultante de toutes les actions mécaniques extérieures exercées sur le système $\Sigma$ est

$$\vec{\mathcal{R}} = \sum_{\alpha=1}^{N} \vec{\mathcal{R}}_\alpha = \sum_{\alpha=1}^{N} \left( \vec{F}_{D_\alpha} + \vec{F}_{L_\alpha} + \vec{F}_{I_\alpha} \right) . \tag{3.3}$$

Dans cette somme, la somme de tous les efforts d'interaction entre particules, $\vec{F}_{I_\alpha}$, est nulle :

$$\sum_{\alpha=1}^{N} \vec{F}_{I_\alpha} = \vec{0} \ , \tag{3.4}$$

mais la somme sur toutes les particules $\alpha$ de la multiplication scalaire de chaque force $\vec{F}_{I_\alpha}$ par un vecteur arbitraire $\vec{u}_\alpha$ de $\mathbb{R}^3$ n'est pas nulle dans le cas général :

$$\sum_{\alpha=1}^{N} \left( \vec{F}_{I_\alpha} \cdot \vec{u}_\alpha \right) \neq 0, \quad \vec{u}_\alpha \in \mathbb{R}^3 \ . \tag{3.5}$$

Afin de ne pas faire intervenir les forces d'interaction entre particules (cas d'un système à répartition de masse discontinue) ou les forces intérieures de cohésion (cas d'un solide rigide), il convient d'annuler l'équation (3.5). Pour cela, il est commode de particulariser les vecteurs arbitraires $\vec{u}_\alpha$ en leur donnant la propriété de rendre nulle l'équation (3.5). Un tel champ de vecteurs est dit ***équiprojectif***.

*Pour se convaincre que, dans le cas général, l'équation (3.5) n'est pas nulle, même si l'équation (3.4) l'est, considérons le cas particulier de deux forces opposées $(M_1, \vec{F}_1)$, $(M_2, \vec{F}_2)$ telles que les lignes d'action soient confondues et les vecteurs libres soient opposés $\vec{F}_2 = -\vec{F}_1$ (Figure 3.2). Ces forces représentent les interactions entre $M_1$ et $M_2$ et sont donc les forces intérieures au système total.*

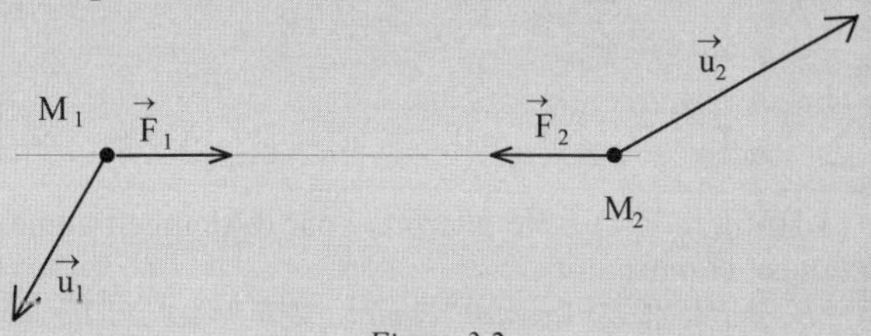


*Figure 3.2*

$$\sum_{\alpha=1}^{2}\left(\vec{F}_\alpha\cdot\vec{u}_\alpha\right)=\vec{F}_1\cdot\vec{u}_1+\vec{F}_2\cdot\vec{u}_2=\vec{F}_1\cdot\underbrace{\left(\vec{u}_1-\vec{u}_2\right)}_{\vec{U}}\ . \tag{3.6}$$

*Dans le cas général, le vecteur* $\vec{U}$ *est ni nul, ni perpendiculaire à* $\vec{F}_1$. *En revanche, si les vecteurs* $\vec{u}_1$ *et* $\vec{u}_2$ *sont tels que*

$$\vec{u}_1\cdot\overrightarrow{M_1M_2}=\vec{u}_2\cdot\overrightarrow{M_1M_2}\ , \tag{3.7}$$

*alors l'équation (3.6) est nulle. Dans le cas de deux points appartenant au même solide rigide, par exemple, si les vecteurs* $\vec{u}_1$ *et* $\vec{u}_2$ *s'identifient respectivement aux vitesses des points* $M_1$ *et* $M_2$ *par rapport au même repère, alors, le champ de vitesses étant équiprojectif, obéit à l'équation (3.7). L'équation (3.6) revient simplement à écrire que la puissance des forces d'interaction d'un solide rigide est nulle.*

Dans ce cas, la multiplication scalaire de la relation fondamentale de la dynamique du système $\Sigma$ par un champ arbitraire de vecteurs $\vec{u}_\alpha\in\mathbb{R}^3$ équiprojectifs s'écrit

$$\sum_{\alpha=1}^{N}\left(m_\alpha\vec{\Gamma}_\alpha\cdot\vec{u}_\alpha\right)=\sum_{\alpha=1}^{N}\left[\left(\vec{F}_{D_\alpha}+\vec{F}_{L_\alpha}\right)\cdot\vec{u}_\alpha\right],\quad\forall\ \vec{u}_\alpha\in\mathbb{R}^3,\ \alpha=1,\dots,N\ , \tag{3.8}$$

où seules interviennent les forces données $\vec{F}_{D_\alpha}$ et les forces de liaison $\vec{F}_{L_\alpha}$.

Dans toute la suite, le champ de vecteurs arbitraires $\vec{u}_\alpha\in\mathbb{R}^3$ $(\alpha=1,\dots,N)$ sera choisi ***équiprojectif***, ce qui n'enlève rien à son caractère arbitraire (voir § III-2.2.), mais permet de ne pas prendre en compte les forces d'interaction.

Si, de plus, le champ de vecteurs $\vec{u}_\alpha\in\mathbb{R}^3$ $(\alpha=1,\dots,N)$ est compatible avec les liaisons (supposées parfaites), la sommation sur $\alpha$ de la multiplication scalaire des forces de liaisons parfaites $\vec{F}_{L_\alpha}$ par un tel vecteur $\vec{u}_\alpha$, est nulle (se reporter au § I-2.3.2. du chapitre I pour un exemple). L'équation (3.8) s'écrit alors

$$\sum_{\alpha=1}^{N}\left(m_\alpha\vec{\Gamma}_\alpha\cdot\vec{u}_\alpha\right)=\sum_{\alpha=1}^{N}\left(\vec{F}_{D_\alpha}\cdot\vec{u}_\alpha\right),\quad\forall\ \vec{u}_\alpha\in\mathbb{R}^3,\ \alpha=1,\dots,N\ . \tag{3.9}$$

Dans cette dernière équation, seules interviennent les forces connues (ou données). C'est dans ce choix judicieux de champ de vecteurs arbitraire que réside tout l'art des équations de Lagrange.

### 1.4. Le principe de d'Alembert

Le PFD appliqué au système $\Sigma$ pour les résultantes s'écrit

$$\sum_{\alpha=1}^{N}m_\alpha\vec{\Gamma}_\alpha=\sum_{\alpha=1}^{N}\vec{\mathcal{R}}_\alpha\ , \tag{3.10-a}$$

ou

$$\sum_{\alpha=1}^{N}\left(m_\alpha\vec{\Gamma}_\alpha-\vec{\mathcal{R}}_\alpha\right)=\vec{0}\ , \tag{3.10-b}$$

ou encore

$$\sum_{\alpha=1}^{N}\left(m_\alpha\vec{\Gamma}_\alpha-\vec{\mathcal{R}}_\alpha\right)\cdot\vec{u}_\alpha=0,\quad\forall\ \vec{u}_\alpha\in\mathbb{R}^3,\ \alpha=1,\dots,N\ . \tag{3.11}$$

Ecrit sous la forme (3.10-b), le PFD a été interprété par d'Alembert comme un Principe de la Statique qui peut s'énoncer comme suit

> *Quand un système matériel est en mouvement, pour* ***toute*** *partie du système, la somme des produits scalaires par* ***tout*** *champ de vecteurs, de toutes les forces, réelles et d'inertie, appliquées à* ***toutes*** *les particules, est nulle à* ***tout*** *instant.*

## 1.5. Interprétation physique du champ de vecteurs arbitraire

Ce paragraphe reprend, en les généralisant, les propos tenus au chapitre I, § I-2.3.3.

Les lois (3.10) et (3.11) sont valables pour un instant donné, quel que soit cet instant.

✓ La représentation de l'ensemble des ***trajectoires "possibles a priori"*** d'un point M pour aller du point A au point B (figure 3.3), montre que le passage d'un point de la trajectoire réelle à un point de la trajectoire "possible a priori", à un instant fixé, se fait par l'intermédiaire d'un déplacement purement géométrique noté $\delta\overrightarrow{M}$, que l'on peut appeler ***déplacement virtuel***, auquel correspond pour chaque coordonnée généralisée, une variation arbitraire $\delta q_i$. Chaque terme de l'équation (3.11) est alors homogène à un travail, **que l'on peut qualifier de travail virtuel**.

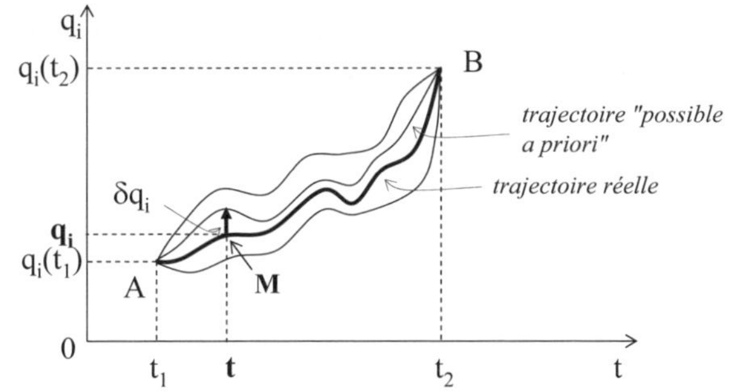


*Figure 3.3 : Pour l'une des coordonnées généralisées* $q_i$, *ensemble de toutes les trajectoires* $q_i(t)$, $i = 1,\ldots,n$, *"possibles a priori" du point M, entre deux points* A *et B de coordonnées respectives* $q_i(t_1)$ *et* $q_i(t_2)$. *A un instant* t *fixé, la variation de la coordonnée réelle* $q_i(t)$ *du point M qui le fait passer de la trajectoire réelle à une trajectoire possible est notée* $\delta M(\delta q_i)$ *et peut être appelée **"déplacement virtuel"**.*

✓ De la même manière, la représentation de l'ensemble des hodographes "possibles a priori" du point M entre deux instants $t_1$ et $t_2$ (voir figure 3.4), montre que la vitesse "possible" du point M, à un instant fixé, est une vitesse arbitraire notée $\vec{V}^*$, que l'on peut appeler **vitesse virtuelle**, à laquelle correspond pour chaque coordonnée généralisée, une variation arbitraire de $\dot{q}_i$, notée $\dot{q}_i^*$. Chaque terme de l'équation (3.9) est alors homogène à une puissance, **que l'on peut qualifier de puissance virtuelle**.

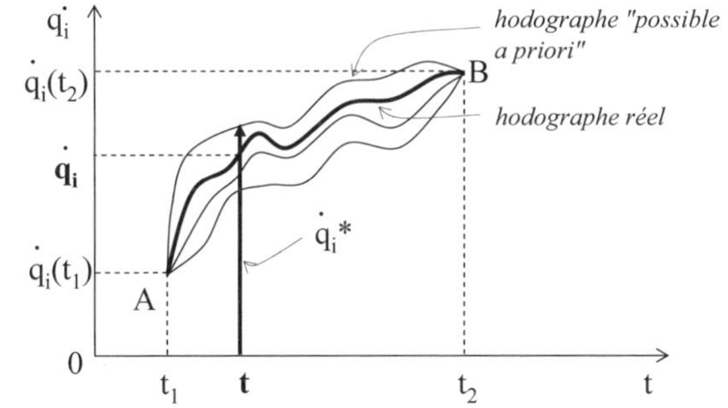


*Figure 3.4 : Pour l'une des coordonnées généralisées* $q_i$, *ensemble de tous les hodographes* $\dot{q}_i(t)$, $i = 1,\ldots,n$, *"possibles a priori" du point M, entre deux points* A *et B de coordonnées respectives* $\dot{q}_i(t_1)$ *et* $\dot{q}_i(t_2)$. *A un instant* t *fixé, la vitesse réelle du point M est* $\vec{V}(t)$ *tandis que celle sur l'hodographe possible est notée* $\vec{V}^*$, fonction des $\dot{q}_i^*$, *et peut être appelée **"vitesse virtuelle"**.*

✓ Notons que ces dénominations de déplacement virtuel ou de vitesse virtuelle ne sont rien d'autre que des dénominations et des essais d'interprétation physique d'un vecteur $\vec{u}$ qui est seulement un **vecteur arbitraire** sur lequel la relation fondamentale de la dynamique est projetée, et qui n'est, en règle générale, égal ni au déplacement réel, ni à la vitesse réelle du point M. Il eût peut-être été préférable d'appeler ce vecteur par exemple "vecteur de Lagrange" et ne pas chercher une interprétation en termes de puissance ou de travail. Par suite, raisonner en termes de puissances virtuelles ou de travaux virtuels est tout à fait équivalent.

### 1.6. Principe des travaux virtuels

Lorsque le vecteur $\vec{u}_\alpha$ est interprété comme un déplacement virtuel noté $\delta\overrightarrow{M}$, le Principe de d'Alembert, énoncé au § III-1.4., devient le Principe des travaux virtuels et peut s'énoncer de la manière suivante :

*Quand un système matériel est en mouvement, pour* ***toute*** *partie du système, la somme des travaux virtuels élémentaires dans* ***tout*** *ensemble de déplacements virtuels infinitésimaux, de* ***toutes*** *les forces réelles et d'inertie relatives au mouvement réel, appliquées à* ***toutes*** *les particules, est nulle à* ***tout*** *instant.*

L'équation (3.11) s'écrit alors

$$\sum_{\alpha=1}^{N}\left(m_\alpha\vec{\Gamma}_\alpha-\vec{\mathcal{R}}_\alpha\right)\cdot\delta\overrightarrow{M}_\alpha=0,\quad\forall\ \delta\overrightarrow{M}_\alpha\in\mathbb{R}^3,\ \alpha=1,\ldots,N\ .$$

Le Principe des Travaux Virtuels peut alors également s'écrire

$$\delta\mathcal{A}=\delta\mathcal{W},\quad\forall\ \delta\overrightarrow{M}_\alpha\in\mathbb{R}^3,\ \alpha=1,\ldots,N\ ,\tag{3.12-a}$$

où

$$\delta\mathcal{A}=\sum_{\alpha=1}^{N}m_\alpha\vec{\Gamma}_\alpha\cdot\delta\overrightarrow{M}_\alpha\tag{3.12-b}$$

est le travail virtuel des quantités d'accélération,

et où

$$\delta\mathcal{W}=\sum_{\alpha=1}^{N}\vec{\mathcal{R}}_\alpha\cdot\delta\overrightarrow{M}_\alpha\tag{3.12-c}$$

est le travail virtuel des forces extérieures et intérieures au système.

### 1.7. Principe des puissances virtuelles

De manière tout à fait analogue au § III-1.6., lorsque le vecteur $\vec{u}_\alpha$ est interprété comme une vitesse virtuelle notée $\vec{V}^*_\alpha$, le Principe de d'Alembert, énoncé au § III-1.4., devient le Principe des puissances virtuelles et peut s'énoncer de la manière suivante :

*Quand un système matériel est en mouvement, pour* ***toute*** *partie du système, la somme des puissances virtuelles élémentaires dans* ***tout*** *ensemble de vitesses virtuelles, de* ***toutes*** *les forces réelles et d'inertie relatives au mouvement réel, appliquées à* ***toutes*** *les particules, est nulle à* ***tout*** *instant.*

L'équation (3.11) s'écrit alors

$$\sum_{\alpha=1}^{N}\left(m_\alpha\vec{\Gamma}_\alpha-\vec{\mathcal{R}}_\alpha\right)\cdot\vec{V}^*_\alpha=0,\quad\forall\ \vec{V}^*_\alpha\in\mathbb{R}^3,\ \alpha=1,\ldots,N\ .$$

Le Principe des Puissances Virtuelles peut alors également s'écrire

$$\mathcal{A}^* = \mathcal{P}^*, \quad \forall\ \vec{V}^*_\alpha \in \mathbb{R}^3,\ \alpha = 1,\ldots,N\ , \tag{3.12-a}$$

où

$$\mathcal{A}^* = \sum_{\alpha=1}^{N} m_\alpha \vec{\Gamma}_\alpha \cdot \vec{V}^*_\alpha \tag{3.12-b}$$

est la puissance virtuelle des quantités d'accélération,

et où

$$\mathcal{P}^* = \sum_{\alpha=1}^{N} \vec{\mathcal{R}}_\alpha \cdot \vec{V}^*_\alpha \tag{3.12-c}$$

est la puissance virtuelle des forces extérieures et intérieures au système.

# 2. LES EQUATIONS DE LAGRANGE

Il résulte de ce qui précède que, raisonner en termes de déplacements virtuels, donc de travaux virtuels, ou en termes de vitesses virtuelles, donc de puissances virtuelles, est tout à fait équivalent, et n'est guère qu'une commodité de langage et d'interprétation. Dans la suite du chapitre, le raisonnement utilise de manière préférentielle les vitesses virtuelles et donc les puissances virtuelles, tout en donnant, en quelques endroits clés, l'équivalent en termes de déplacements et travaux virtuels.

## 2.1. Indépendance des coordonnées généralisées et de leurs dérivées

Le déplacement élémentaire du point $M_\alpha$ par rapport au repère $\mathcal{R}$, noté $d\overrightarrow{M_\alpha}$, s'écrit

$$d\overrightarrow{M_\alpha} = \frac{\partial \overrightarrow{M_\alpha}}{\partial t} dt + \sum_{i=1}^{n} \frac{\partial \overrightarrow{M_\alpha}}{\partial q_i} dq_i\ , \tag{3.13}$$

et la vitesse de ce point $M_\alpha$ par rapport au repère $\mathcal{R}$, notée $\vec{V}_\alpha$, s'écrit

$$\vec{V}_\alpha = \frac{d\overrightarrow{M_\alpha}}{dt} = \frac{\partial \overrightarrow{M_\alpha}}{\partial t} + \sum_{i=1}^{n} \frac{\partial \overrightarrow{M_\alpha}}{\partial q_i} \dot{q}_i\ . \tag{3.14}$$

Dans cette formulation, $\dot{q}_i = dq_i/dt$ : bien que cette relation de définition relie entre elles les deux quantités $q_i$ et $\dot{q}_i$, elles sont considérées ici dans la formalisme de Lagrange comme indépendantes. Ceci est à relier au fait qu'à un instant t donné arbitraire, qui peut toujours être choisi comme instant initial, l'état complet d'un système dépend des positions $q_i(t)$ et des vitesses $\dot{q}_i(t)$ **indépendamment** les unes des autres ; autrement dit, les positions $q_i(t)$ et les vitesses $\dot{q}_i(t)$ dont dépend l'état complet d'un système à un instant t (choisi éventuellement comme instant initial), sont totalement indépendantes les unes des autres, de même que l'ensemble des coordonnées spatiales $q_i(t)$ et celle de temps sont considérées comme des variables indépendantes (indépendance des coordonnées d'espace et du temps).

Pour éviter les confusions, l'écriture $M_\alpha(q_1,\ldots,q_n,t)$ est donc préférable à celle de $M_\alpha(q_1(t),\ldots,q_n(t))$.

C'est précisément l'objet des équations fondamentales de la mécanique que d'établir les relations entre tous ces paramètres (considérés comme indépendants au départ) pour obtenir les trajectoires de systèmes mécaniques donnés (systèmes masses/ressorts, mouvement des planètes, etc.), avec leurs contraintes, leurs conditions initiales,...

Par suite, au départ, les variables $q_i$ et $\dot{q}_i$ et t sont considérées comme des variables indépendantes.

## 2.2. Calcul d'une vitesse virtuelle

Le champ de vecteurs arbitraires, interprété en termes de déplacements virtuels ou de vitesses virtuelles, est toujours considéré à un instant donné, le temps t étant fixé, et les paramètres $q_i$ ayant des variations arbitraires $\delta q_i$ à cet instant.

Par conséquent, le déplacement arbitraire du point M, à un instant fixé, s'obtient à partir de l'équation (3.13), en remplaçant $dt$ par zéro, et tous les "d" droits par $\delta$ :

$$\delta \overrightarrow{M_\alpha} = \sum_{i=1}^{n} \frac{\partial \overrightarrow{M_\alpha}}{\partial q_i} \delta q_i \ , \tag{3.15}$$

où les paramètres $\delta q_i$ sont ***arbitraires***. Un raisonnement analogue, en identifiant l'opérateur $\delta$ à un opérateur différentiel, du fait que les trajectoires considérées sont voisines, conduit au même résultat.

De même, la vitesse virtuelle s'obtient à partir de l'équation (3.14), en annulant la dérivée partielle par rapport au temps (celui-ci étant fixé) et en remplaçant les $\dot{q}_i$ par des valeurs ***arbitraires*** $\dot{q}_i^*$ :

$$\vec{V}_\alpha^* = \sum_{i=1}^{n} \frac{\partial \overrightarrow{M_\alpha}}{\partial q_i} \dot{q}_i^* \ . \tag{3.16}$$

Ainsi calculé, le champ de vitesses virtuelles $\vec{V}_\alpha^*$ est le plus arbitraire possible, puisque les $\dot{q}_i^*$ sont totalement arbitraires, mais il est équiprojectif, de par sa méthode de calcul, ce qui va permettre d'éliminer la puissance virtuelle des forces internes de cohésion (voir § III-1.3.).

A titre d'exemple, le mouvement du disque rigide $(S)$ de la figure 3.5, uniquement astreint à se déplacer dans le plan $(Oxy)$, dépend des trois coordonnées généralisées $q_1 = x$, $q_2 = y$ et $q_3 = \theta$.

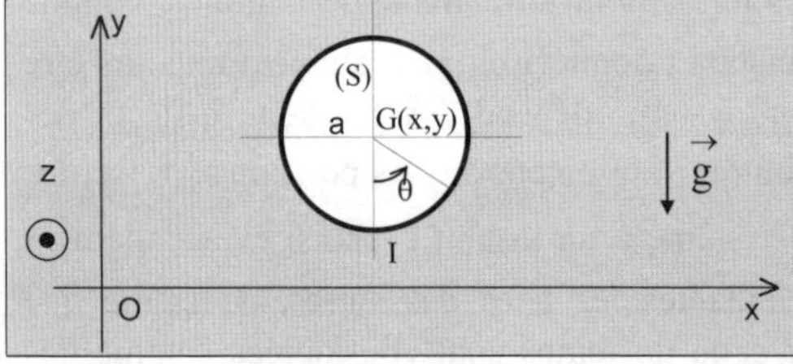


*Figure 3.5 : Disque rigide* $(S)$ *de centre* $G(x,y)$ et *de rayon a, astreint à se déplacer dans le plan* $(Oxy)$

Comme rappelé au Chapitre II, § II-1.1., le torseur distributeur des vitesses du solide $(S)$ dans son mouvement par rapport au repère $\mathscr{R} = (Oxyz)$, est représentatif des degrés de liberté du solide. Sa résultante est donnée par le vecteur rotation instantanée de la base $\mathscr{B}_s$ associée au repère lié au solide $(S)$ dans son mouvement par rapport à la base $\mathscr{B}$ associée au repère $\mathscr{R}$

$$\vec{\Omega}(\mathscr{B}_s / \mathscr{B}) = \dot{\theta} \vec{e}_z \ , \tag{3.17}$$

et son moment au point G appartenant au solide $(S)$ est la vitesse du centre de masse G par rapport au repère $\mathscr{R}$

$$\vec{V}(G / \mathscr{R}) = \dot{x} \vec{e}_x + \dot{y} \vec{e}_y \ . \tag{3.18}$$

Le torseur distributeur des vitesses peut donc se mettre sous la forme

$$\mathscr{V}(S/\mathscr{R}) = \begin{Bmatrix} 0 & \dot{x} \\ 0 & \dot{y} \\ \dot{\theta} & 0 \end{Bmatrix}_{G\ \mathscr{B}} . \tag{3.19}$$

En donnant aux dérivées $\dot{q}_i(\dot{q}_1 = \dot{x}, \dot{q}_2 = \dot{y}, \dot{q}_3 = \dot{\theta})$, des valeurs quelconques $\dot{q}_i^*$, c'est-à-dire $\dot{x}^*$, $\dot{y}^*$ et $\dot{\theta}^*$, le champ de vitesses virtuelles est un champ le plus arbitraire possible, mais qui respecte le caractère solide des solides (en particulier, le ***champ de vitesses virtuelles est équiprojectif***).

Le torseur distributeur des vitesses virtuelles s'écrit alors

$$\mathscr{V}^*(S/\mathscr{R}) = \begin{Bmatrix} 0 & \dot{x}^* \\ 0 & \dot{y}^* \\ \dot{\theta}^* & 0 \end{Bmatrix}_{G\ \mathscr{B}} . \tag{3.20}$$

## 2.3. Quelques relations préliminaires

Il est commode d'établir dès à présent deux relations qui sont utilisées dans la suite.

A partir de l'expression de la vitesse réelle de l'équation (3.14),

$$\vec{V} = \frac{d\overrightarrow{M}}{dt} = \frac{\partial \overrightarrow{M}}{\partial t} + \sum_{i=1}^{n} \frac{\partial \overrightarrow{M}}{\partial q_i} \dot{q}_i , \tag{3.21}$$

il vient immédiatement

$$\frac{\partial \vec{V}}{\partial \dot{q}_j} = \frac{\partial \overrightarrow{M}}{\partial q_j} , \tag{3.22-a}$$

c'est-à-dire

$$\frac{\partial}{\partial \dot{q}_j} \frac{d\overrightarrow{M}}{dt} = \frac{\partial \overrightarrow{M}}{\partial q_j} . \tag{3.22-b}$$

Par ailleurs, la dérivée totale par rapport au temps t de tout vecteur $\vec{X}(q_1, \ldots, q_n, t)$ s'écrit

$$\frac{d\vec{X}}{dt} = \frac{\partial \vec{X}}{\partial t} + \sum_{i=1}^{n} \frac{\partial \vec{X}}{\partial q_i} \dot{q}_i . \tag{3.23}$$

Dans le cas particulier où $\vec{X} = \dfrac{\partial \overrightarrow{M}}{\partial q_j}$, la relation (3.23) s'écrit

$$\frac{d}{dt} \frac{\partial \overrightarrow{M}}{\partial q_j} = \frac{\partial^2 \overrightarrow{M}}{\partial t \partial q_j} + \sum_{i=1}^{n} \frac{\partial^2 \overrightarrow{M}}{\partial q_i \partial q_j} \dot{q}_i . \tag{3.24}$$

D'autre part, la dérivée partielle de l'équation (3.21) par rapport à $q_j$ s'écrit

$$\frac{\partial \vec{V}}{\partial q_j} = \frac{\partial^2 \overrightarrow{M}}{\partial q_j \partial t} + \sum_{i=1}^{n} \frac{\partial^2 \overrightarrow{M}}{\partial q_j \partial q_i} \dot{q}_i , \tag{3.25}$$

les variables $q_i$ et $\dot{q}_i$ étant indépendantes (voir § III-2.1.).

La comparaison des relations (3.24) et (3.25) permet finalement d'écrire

$$\frac{\partial \vec{V}}{\partial q_j} = \frac{d}{dt}\frac{\partial \overrightarrow{M}}{\partial q_j}, \tag{3.26-a}$$

c'est-à-dire

$$\frac{\partial}{\partial q_j}\frac{d\overrightarrow{M}}{dt} = \frac{d}{dt}\frac{\partial \overrightarrow{M}}{\partial q_j} \ . \tag{3.26-b}$$

Les équations (3.26) traduisent en fait l'indépendance des variables t et $q_j$.

### 2.4. Calcul de la puissance virtuelle des quantités d'accélération

Dans le cas d'un système à répartition discontinue de masse, la puissance virtuelle des quantités d'accélération a été définie § III-1.7 par l'équation (3.12.-b)

$$\mathscr{A}^* = \sum_{\alpha=1}^{N} m_\alpha \vec{\Gamma}_\alpha \cdot \vec{V}^*_\alpha, \quad \forall \ \vec{V}^*_\alpha \in \mathbb{R}^3, \ \alpha = 1,\ldots,N \ . \tag{3.12-b}$$

Dans le cas d'un système à répartition continue de masse, l'accélération galiléenne de chaque particule élémentaire de masse $dm$ est

$$d\vec{f} = \vec{\Gamma}\, dm = \frac{d^2\overrightarrow{M}}{dt^2} dm \ . \tag{3.27}$$

La multiplication scalaire des deux membres de l'équation (3.27) par le champ arbitraire $\vec{V}^*$, et l'intégration sur tout le système $\Sigma$ conduit à la puissance virtuelle des quantités d'accélération

$$\mathscr{A}^* = \int_\Sigma \frac{d^2\overrightarrow{M}}{dt^2} \cdot \vec{V}^* dm \ , \tag{3.28}$$

où le signe $\int_\Sigma$ représente une intégrale sur une ligne, une surface ou un volume. Il convient de noter que dans l'équation (3.28), il n'y a aucune relation entre $\frac{d^2\overrightarrow{M}}{dt^2}$ et $\vec{V}^*$, ce dernier vecteur n'étant qu'un champ arbitraire (virtuel), compatible avec les liaisons.

Le report de l'expression de la vitesse virtuelle obtenue à partir de l'équation (3.16)

$$\vec{V}^* = \sum_{i=1}^{n} \frac{\partial \overrightarrow{M}}{\partial q_i} \dot{q}_i^* \ , \tag{3.29}$$

dans la relation (3.28) conduit à

$$\mathscr{A}^* = \int_\Sigma \frac{d^2\overrightarrow{M}}{dt^2} \cdot \left( \sum_{i=1}^{n} \frac{\partial \overrightarrow{M}}{\partial q_i} \dot{q}_i^* \right) dm \ ,$$

soit

$$\mathscr{A}^* = \sum_{i=1}^{n} \int_\Sigma \frac{d^2\overrightarrow{M}}{dt^2} \cdot \left( \frac{\partial \overrightarrow{M}}{\partial q_i} \dot{q}_i^* \right) dm . \tag{3.30}$$

Les paramètres $\dot{q}_i^*$ étant des nombres arbitraires ne dépendant pas du point M, la puissance virtuelle des quantités d'accélération s'écrit

$$\mathscr{A}^* = \sum_{i=1}^{n} \dot{q}_i^* \int_{\Sigma} \frac{d^2\overrightarrow{M}}{dt^2} \cdot \frac{\partial \overrightarrow{M}}{\partial q_i} dm . \tag{3.31}$$

Sachant que
$$\frac{d^2\overrightarrow{M}}{dt^2} \cdot \frac{\partial \overrightarrow{M}}{\partial q_i} = \underbrace{\frac{d}{dt}\left(\frac{d\overrightarrow{M}}{dt} \cdot \frac{\partial \overrightarrow{M}}{\partial q_i}\right)}_{\overrightarrow{V} \cdot \frac{\partial \overrightarrow{V}}{\partial \dot{q}_i}\ (3.22\text{-a})} - \frac{d\overrightarrow{M}}{dt} \cdot \underbrace{\frac{d}{dt}\left(\frac{\partial \overrightarrow{M}}{\partial q_i}\right)}_{\frac{\partial \overrightarrow{V}}{\partial q_i}\ (3.26\text{-a})} ,$$

et en faisant usage des relations (3.26-b) et (3.22-a), l'intégrant de l'équation (3.31) s'écrit
$$\frac{d^2\overrightarrow{M}}{dt^2} \cdot \frac{\partial \overrightarrow{M}}{\partial q_i} = \frac{d}{dt}\left(\overrightarrow{V} \cdot \frac{\partial \overrightarrow{V}}{\partial \dot{q}_i}\right) - \frac{d\overrightarrow{M}}{dt} \cdot \frac{\partial \overrightarrow{V}}{\partial q_i} = \frac{d}{dt}\left(\frac{1}{2}\frac{\partial \overrightarrow{V}^2}{\partial \dot{q}_i}\right) - \frac{1}{2}\frac{\partial \overrightarrow{V}^2}{\partial q_i} ,$$

et son report dans l'équation (3.31) conduit à
$$\mathscr{A}^* = \sum_{i=1}^{n} \dot{q}_i^* \left\{ \int_{\Sigma} \frac{d}{dt}\left(\frac{1}{2}\frac{\partial \overrightarrow{V}^2}{\partial \dot{q}_i}\right) dm - \int_{\Sigma} \frac{1}{2}\frac{\partial \overrightarrow{V}^2}{\partial q_i} dm \right\} ,$$

soit
$$\mathscr{A}^* = \sum_{i=1}^{n} \dot{q}_i^* \left\{ \frac{d}{dt}\left[\frac{\partial}{\partial \dot{q}_i}\left(\frac{1}{2}\int_{\Sigma} \overrightarrow{V}^2 dm\right)\right] - \frac{\partial}{\partial q_i}\left(\frac{1}{2}\int_{\Sigma} \overrightarrow{V}^2 dm\right) \right\} . \tag{3.32}$$

Dans cette équation (3.32), apparaît l'expression de l'énergie cinétique $T(\Sigma/\mathscr{R})$ du système $\Sigma$ par rapport au repère galiléen $\mathscr{R}$ (notée T pour simplifier l'écriture)
$$T = \frac{1}{2}\int_{\Sigma} \overrightarrow{V}^2 dm . \tag{3.33}$$

Finalement, la puissance virtuelle des quantités d'accélération est donnée par
$$\mathscr{A}^* = \sum_{i=1}^{n} \left( \frac{d}{dt}\frac{\partial T}{\partial \dot{q}_i} - \frac{\partial T}{\partial q_i} \right) \dot{q}_i^*, \quad \forall\ \dot{q}_i^* \in \mathbb{R},\ i = 1,\dots,n . \tag{3.34}$$

N.B. : le terme entre parenthèses de la relation (3.34) correspond au premier membre des équations de Lagrange, comme mentionné, sans démonstration, au 1er chapitre, § I-2.3.2.-d).

## 2.5. Calcul de la puissance virtuelle des forces extérieures et intérieures au système

### *2.5.1. Système à répartition discontinue de masse*

Dans le cas d'un système à répartition discontinue de masse, la puissance virtuelle des forces extérieures et intérieures au système a été définie § III-1.7. par l'équation (3.12.-c)
$$\mathscr{P}^* = \sum_{\alpha=1}^{N} \overrightarrow{\mathcal{R}}_\alpha \cdot \overrightarrow{V}_\alpha^*, \quad \forall\ \overrightarrow{V}_\alpha^* \in \mathbb{R}^3,\ \alpha = 1,\dots,N , \tag{3.12-c}$$

où $\overrightarrow{\mathcal{R}}_\alpha$ est la résultante de toutes les forces extérieures exercées sur la particule $M_\alpha$, c'est-à-dire des forces connues (ou données) $\vec{F}_{D_\alpha}$, des forces de liaison $\vec{F}_{L_\alpha}$ et des forces d'interaction entre particules $\vec{F}_{I_\alpha}$ :
$$\overrightarrow{\mathcal{R}}_\alpha = \vec{F}_{D_\alpha} + \vec{F}_{L_\alpha} + \vec{F}_{I_\alpha} . \tag{3.35}$$

Par suite, l'équation (3.12-c) s'écrit
$$\mathscr{P}^* = \sum_{\alpha=1}^{N} \left(\vec{F}_{D_\alpha} + \vec{F}_{L_\alpha} + \vec{F}_{I_\alpha}\right) \cdot \overrightarrow{V}_\alpha^*, \quad \forall\ \overrightarrow{V}_\alpha^* \in \mathbb{R}^3,\ \alpha = 1,\dots,N , \tag{3.36-a}$$

soit $$\mathscr{P}^* = \mathscr{P}^*_D + \mathscr{P}^*_L + \mathscr{P}^*_I, \quad \forall\ \vec{V}^*_\alpha \in \mathbb{R}^3,\ \alpha = 1,\dots,N \tag{3.36-b}$$

où $\mathscr{P}^*_D$, $\mathscr{P}^*_L$ et $\mathscr{P}^*_I$ sont respectivement les puissances virtuelles des forces données, des forces de liaison, et des forces de liaison entre particules.
En reportant l'expression (3.16) du vecteur vitesse virtuelle

$$\vec{V}^*_\alpha = \sum_{i=1}^{n} \frac{\partial \overrightarrow{M_\alpha}}{\partial q_i} \dot{q}^*_i \tag{3.16}$$

dans l'équation (3.12-c), la puissance virtuelle des forces extérieures et intérieures au système s'écrit

$$\mathscr{P}^* = \sum_{i=1}^{n} \left( \sum_{\alpha=1}^{N} \vec{\mathfrak{R}}_\alpha \cdot \frac{\partial \overrightarrow{M_\alpha}}{\partial q_i} \right) \dot{q}^*_i, \quad \forall\ \dot{q}^*_i \in \mathbb{R},\ i = 1,\dots,n\ , \tag{3.37-a}$$

ou encore, en remplaçant $\vec{\mathfrak{R}}_\alpha$ par son expression (3.35)

$$\mathscr{P}^* = \sum_{i=1}^{n} \left[ \sum_{\alpha=1}^{N} \left( \vec{F}_{D_\alpha} \cdot \frac{\partial \overrightarrow{M_\alpha}}{\partial q_i} + \vec{F}_{L_\alpha} \cdot \frac{\partial \overrightarrow{M_\alpha}}{\partial q_i} + \vec{F}_{I_\alpha} \cdot \frac{\partial \overrightarrow{M_\alpha}}{\partial q_i} \right) \right] \dot{q}^*_i\ . \tag{3.37-b}$$

Finalement, la puissance virtuelle des forces extérieures et intérieures au système peut se mettre sous la forme suivante, en posant $Q_i = \sum_{\alpha=1}^{N} \vec{\mathfrak{R}}_\alpha \cdot \frac{\partial \overrightarrow{M_\alpha}}{\partial q_i}$

$$\mathscr{P}^* = \sum_{i=1}^{n} Q_i\ \dot{q}^*_i, \quad \forall\ \dot{q}^*_i \in \mathbb{R},\ i = 1,\dots,n\ , \tag{3.38-a}$$

soit $$\mathscr{P}^* = \sum_{i=1}^{n} \left( Q_{i_D} + Q_{i_L} + Q_{i_I} \right) \dot{q}^*_i\ , \tag{3.38-b}$$

où les coefficients $Q_i$ sont appelés selon les auteurs, ***coefficients de puissance***, facteurs de puissance, ***force généralisée relativement à*** $q_i$, ou encore ième coefficient de puissance développée dans $\mathscr{R}$ et agissant sur $\Sigma$, et ont pour expression

$$Q_i = \frac{\partial \mathscr{P}^*}{\partial \dot{q}^*_i}\ , \tag{3.39-a}$$

soit $$Q_i = \frac{\partial \mathscr{P}^*_D}{\partial \dot{q}^*_i} + \frac{\partial \mathscr{P}^*_L}{\partial \dot{q}^*_i} + \frac{\partial \mathscr{P}^*_I}{\partial \dot{q}^*_i}\ , \tag{3.39-b}$$

soit $$Q_i = Q_{i_D} + Q_{i_L} + Q_{i_I}\ . \tag{3.39-c}$$

Il convient de noter que, dans l'équation (3.39-a), seules les vitesses sont "virtualisées", mais pas les forces (en aucun cas), qui peuvent dépendre de $q_i$, $\dot{q}_i$ et $t$. Il est donc essentiel, lors du calcul des coefficients de puissance $Q_i$, de dériver $\mathscr{P}^*$ partiellement par rapport à $\dot{q}^*_i$ et non par rapport à $\dot{q}_i$.

C'est par crainte de cette confusion que certains auteurs préfèrent calculer les coefficients $Q_i$ en utilisant les torseurs distributeurs des vitesses partiels, relativement à $q_i$ (voir § III-2.5.5). Une bonne compréhension du calcul des puissances virtuelles rend inutile cette utilisation.

Comme mentionné au § III-1.3., si le champ de vecteurs $\vec{V}^*_\alpha$ est équiprojectif, la puissance virtuelle des forces d'interaction entre particules, $\mathcal{P}^*_I$, est nulle, et par suite, les coefficients $Q_{i_I}$ également.

*2.5.2. Système à répartition continue de masse : cas du solide rigide*

Dans le cas d'un système à répartition continue de masse, soit ici d'un solide rigide $(S)$, il convient d'utiliser le torseur distributeur des vitesses virtuelles du mouvement du solide $(S)$ par rapport au repère galiléen $\mathcal{R}$, noté $\mathcal{V}^*(S/\mathcal{R})$ et calculé à partir du torseur distributeur des vitesses réelles, en donnant aux dérivées $\dot{q}_i$ des valeurs arbitraires $\dot{q}^*_i$ (voir § III-2.2., équations (3.19) et (3.20) pour l'exemple d'un tel calcul).

Le champ de vitesses virtuelles est alors ***équiprojectif***, et la ***puissance virtuelle des forces de cohésion internes au solide est donc nulle***.

Par suite, le calcul de la puissance virtuelle des forces extérieures et intérieures au solide rigide $(S)$ se réduit au calcul de la puissance virtuelle des seules forces extérieures, en utilisant le produit scalaire entre le torseur des actions mécaniques extérieures exercées sur le solide rigide $(S)$, noté $\{ext \to S\}$, par le torseur distributeur des vitesses virtuelles du mouvement du solide $(S)$ par rapport au repère galiléen $\mathcal{R}$, noté $\mathcal{V}^*(S/\mathcal{R})$ :

$$\mathcal{P}^* = \{ext \to S\} \cdot \mathcal{V}^*(S/\mathcal{R}) \ , \tag{3.40-a}$$

soit $$\mathcal{P}^* = \vec{\mathcal{R}}(ext \to S) \cdot \vec{V}^*(P \in S/\mathcal{R}) + \vec{\mathcal{M}}_P(ext \to S) \cdot \vec{\Omega}^*(\mathcal{B}_S/\mathcal{B}), \quad \forall\, P \ , \tag{3.40-b}$$

où $\vec{\mathcal{R}}(ext \to S)$ et $\vec{\mathcal{M}}_P(ext \to S)$ désignent respectivement la résultante et le moment au point P du torseur $\{ext \to S\}$, et $\vec{\Omega}^*(\mathcal{B}_S/\mathcal{B})$ et $\vec{V}^*(P \in S/\mathcal{R})$ désignent respectivement le vecteur rotation instantanée virtuel de la base $\mathcal{B}_s$ associée au repère lié au solide $(S)$ dans son mouvement par rapport à la base $\mathcal{B}$ associée au repère $\mathcal{R}$, et la vitesse virtuelle du point P appartenant au solide $(S)$ par rapport au repère $\mathcal{R}$.

Finalement, la puissance virtuelle des actions extérieures au solide rigide peut s'écrire sous la forme (3.38) précédente

$$\mathcal{P}^* = \sum_{i=1}^{n} Q_i\, \dot{q}^*_i, \quad \forall\ \dot{q}^*_i \in \mathbb{R},\ i = 1,\ldots,n \ , \tag{3.41-a}$$

soit $$\mathcal{P}^* = \sum_{i=1}^{n} \left(Q_{i_D} + Q_{i_L}\right) \dot{q}^*_i \ , \tag{3.41-b}$$

où les coefficients de puissance $Q_{i_D}$ et $Q_{i_L}$ sont relatifs aux actions mécaniques respectivement données et de liaison, le coefficient de puissance relatif aux forces internes de cohésion étant nul, en raison du choix du champ de vitesses virtuelles. Les coefficients de puissance ont pour expression

$$Q_i = \frac{\partial \mathscr{P}^*}{\partial \dot{q}_i^*} \ , \tag{3.42-a}$$

soit
$$Q_i = \frac{\partial \mathscr{P}_D^*}{\partial \dot{q}_i^*} + \frac{\partial \mathscr{P}_L^*}{\partial \dot{q}_i^*} \ , \tag{3.42-b}$$

soit
$$Q_i = Q_{i_D} + Q_{i_L} \ . \tag{3.42-c}$$

• A titre d'illustration, nous reprenons ici l'exemple du mouvement du disque rigide $(S)$ de la figure 3.5, étudié au § III-2.2., astreint à se déplacer uniquement dans le plan $(Oxy)$ et dépendant des trois coordonnées généralisées $q_1 = x$, $q_2 = y$ et $q_3 = \theta$.

Les relations (3.19) et (3.20) donnent la forme des torseurs distributeurs des vitesses réel et virtuel :

$$\mathscr{V}(S/\mathscr{R}) = \begin{Bmatrix} 0 & \dot{x} \\ 0 & \dot{y} \\ \dot{\theta} & 0 \end{Bmatrix}_{G,\ \mathscr{B}} \ , \tag{3.19}$$

et
$$\mathscr{V}^*(S/\mathscr{R}) = \begin{Bmatrix} 0 & \dot{x}^* \\ 0 & \dot{y}^* \\ \dot{\theta}^* & 0 \end{Bmatrix}_{G,\ \mathscr{B}} \ . \tag{3.20}$$

Si le disque rigide $(S)$ n'est soumis qu'à l'action de la gravité $\varpi$ (son poids $\vec{P}$ est tel que $\vec{P} = -mg\vec{e}_y$), alors la puissance virtuelle des actions extérieures au solide rigide est

$$\mathscr{P}^* = \{\varpi \to S\} \cdot \mathscr{V}^*(S/\mathscr{R}) = \vec{P} \cdot \vec{V}^*(G \in S/\mathscr{R}) = -mg\dot{y}^* \ , \tag{3.43}$$

et les coefficients de puissance associés, relativement à chaque $q_i$, sont donnés par

$$Q_x = \frac{\partial \mathscr{P}^*}{\partial \dot{x}^*} = 0 \ ; \ Q_y = \frac{\partial \mathscr{P}^*}{\partial \dot{y}^*} = -mg \ ; \ Q_\theta = \frac{\partial \mathscr{P}^*}{\partial \dot{\theta}^*} = 0 \ . \tag{3.44}$$

Ces coefficients de puissance sont ceux des actions mécaniques données, le solide n'étant pas en liaison avec d'autres solides.

• Supposons maintenant que le disque rigide $(S)$ est astreint à se déplacer suivant l'axe $(Ox)$, en contact ponctuel avec frottements au point I avec cet axe (figure 3.6).

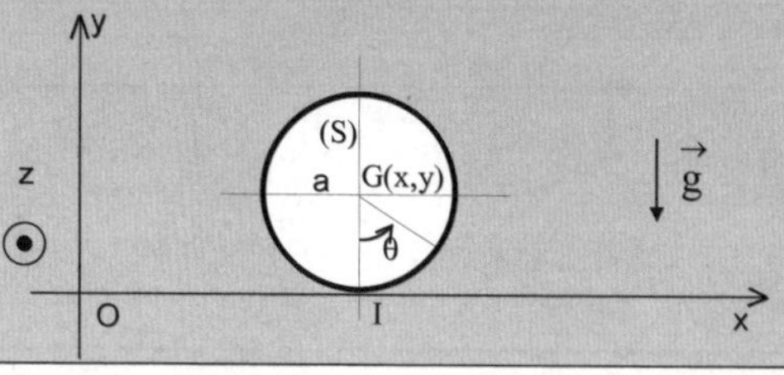


*Figure 3.6 : Disque rigide $(S)$ de centre* $G(x,y)$ et *de rayon a, astreint à se déplacer dans le plan $(Oxy)$ et suivant l'axe $(Ox)$, en contact ponctuel avec frottement au point I.*

Outre l'action de la gravité $\varpi$ (***action donnée***), le disque rigide $(S)$ est maintenant également soumis à l'action de l'axe $(Ox)$, ***action de liaison***, telle que $\{Ox \to S\} = (I, \vec{R}_I)$, avec

$$\vec{R}_I = X_I \vec{e}_x + Y_I \vec{e}_y \ . \tag{3.45}$$

La condition holonôme de contact au point I est

$$y = a \quad . \tag{3.46}$$

Le torseur distributeur des vitesses réelles s'écrit alors

$$\mathcal{V}(S/\mathcal{R}) = \begin{Bmatrix} 0 & \dot{x} \\ 0 & 0 \\ \dot{\theta} & 0 \end{Bmatrix}_{G,\ \mathcal{B}} \quad , \tag{3.47}$$

mais ***le champ de vitesses virtuelles peut être compatible avec le caractère solide du disque rigide*** (S), ***sans être compatible avec la condition holonôme de contact*** (3.46).

Dans le cas où il est compatible avec la condition de contact, $\dot{y}^* = 0$, et le torseur distributeur des vitesses virtuelles s'écrit

$$\mathcal{V}^*(S/\mathcal{R}) = \begin{Bmatrix} 0 & \dot{x}^* \\ 0 & 0 \\ \dot{\theta}^* & 0 \end{Bmatrix}_{G,\ \mathcal{B}} \quad . \tag{3.48}$$

Dans le cas où le champ de vitesses virtuelles n'est pas compatible avec la condition de contact (on dit qu'il casse les liaisons), $\dot{y}^* \neq 0$, et le torseur distributeur des vitesses virtuelles s'écrit, comme en (3.20)

$$\mathcal{V}^*(S/\mathcal{R}) = \begin{Bmatrix} 0 & \dot{x}^* \\ 0 & \dot{y}^* \\ \dot{\theta}^* & 0 \end{Bmatrix}_{G,\ \mathcal{B}} \quad . \tag{3.49}$$

Le choix de l'un ou de l'autre champ de vitesses virtuelles influe naturellement sur le calcul des puissances virtuelles des actions mécaniques extérieures au solide rigide (S), donné par

$$\mathcal{P}^* = \{\varpi \to S\} \cdot \mathcal{V}^*(S/\mathcal{R}) + \{Ox \to S\} \cdot \mathcal{V}^*(S/\mathcal{R}) = \vec{P} \cdot \vec{V}^*(G \in S/\mathcal{R}) + \vec{R}_I \cdot \vec{V}^*(I \in S/\mathcal{R}), \tag{3.50}$$

la vitesse virtuelle du point I appartenant au solide (S) par rapport au repère $\mathcal{R}$ étant calculée, comme s'il s'agissait de la vitesse réelle du point I appartenant au solide (S) par rapport au repère $\mathcal{R}$, par la formule de distribution des vitesses, mais virtuelles :

$$\vec{V}^*(I \in S/\mathcal{R}) = \vec{V}^*(G \in S/\mathcal{R}) + \vec{\Omega}^*(\mathcal{B}_S/\mathcal{B}) \wedge \overrightarrow{GI} \tag{3.51}$$

✓ Cas où le champ de vitesses virtuelles est compatible avec la condition holonôme de contact

La vitesse $\vec{V}^*(I \in S/\mathcal{R})$ est telle que

$$\vec{V}^*(I \in S/\mathcal{R}) = \left(\dot{x}^* + a\dot{\theta}^*\right)\vec{e}_x \quad , \tag{3.52}$$

et la puissance virtuelle s'écrit donc

$$\mathcal{P}^* = X_I \dot{x}^* + X_I a \dot{\theta}^* \quad , \tag{3.53}$$

d'où

$$Q_x = \frac{\partial \mathcal{P}^*}{\partial \dot{x}^*} = X_I \ ; \ Q_y = \frac{\partial \mathcal{P}^*}{\partial \dot{y}^*} = 0 \ ; \ Q_\theta = \frac{\partial \mathcal{P}^*}{\partial \dot{\theta}^*} = X_I a \quad . \tag{3.54}$$

Dans cet exemple, le coefficient de puissance des actions mécaniques de liaison parfaite est nul (la force normale $Y_I$ n'intervient pas). En revanche, l'action $X_I$ (force de frottement) intervient. Il se trouve également que dans ce cas particulier, l'action donnée n'intervient pas, mais il ne faut pas le généraliser.

✓ Cas où le champ de vitesses virtuelles n'est pas compatible avec la condition holonôme de contact

La vitesse $\vec{V}^*(I \in S/\mathcal{R})$ est telle que

$$\vec{V}^*(I \in S/\mathcal{R}) = \left(\dot{x}^* + a\,\dot{\theta}^*\right)\vec{e}_x + \dot{y}^*\,\vec{e}_y \ , \tag{3.55}$$

et la puissance virtuelle s'écrit donc

$$\mathcal{P}^* = X_I\,\dot{x}^* + \left(-m\,g + Y_I\right)\dot{y}^* + X_I\,a\,\dot{\theta}^* \ , \tag{3.56}$$

d'où
$$Q_x = \frac{\partial \mathcal{P}^*}{\partial \dot{x}^*} = X_I \ ; \ Q_y = \frac{\partial \mathcal{P}^*}{\partial \dot{y}^*} = -m\,g + Y_I \ ; \ Q_\theta = \frac{\partial \mathcal{P}^*}{\partial \dot{\theta}^*} = X_I\,a \ . \tag{3.57}$$

Dans cet exemple, le coefficient de puissance des actions mécaniques de liaison parfaite n'est plus nul (la force normale $Y_I$ intervient).

### 2.5.3. *Système de solides rigides*

Dans le cas d'un système $(\Sigma)$ de solides rigides, la ***puissance virtuelle des actions mécaniques d'interaction*** entre deux solides quelconques $(S_\alpha)$ et $(S_\beta)$ du système $(\Sigma)$, notée $\mathcal{P}^*(S_\alpha \leftrightarrow S_\beta)$, ***n'est pas nulle dans le cas général*** (tout comme la puissance réelle ne l'est pas), et s'écrit.

$$\mathcal{P}^*(S_\alpha \leftrightarrow S_\beta) = \{S_\alpha \to S_\beta\}\cdot\mathcal{V}^*(S_\beta/S_\alpha) \ , \tag{3.58-a}$$

soit
$$\mathcal{P}^*(S_\alpha \leftrightarrow S_\beta) = \mathcal{P}^*(S_\alpha \to S_\beta) + \mathcal{P}^*(S_\beta \to S_\alpha) \ , \tag{3.58-b}$$

soit
$$\mathcal{P}^*(S_\alpha \leftrightarrow S_\beta) = \{S_\alpha \to S_\beta\}\cdot\mathcal{V}^*(S_\beta/\mathcal{R}') + \{S_\beta \to S_\alpha\}\cdot\mathcal{V}^*(S_\alpha/\mathcal{R}') \quad \forall \mathcal{R}' \ . \tag{3.58-c}$$

<u>Rappel</u> : la puissance des efforts intérieurs à un système ne dépend pas du repère par rapport auquel elle est calculée. Les équations (3.58) sont donc toutes équivalentes, quel que soit le choix retenu pour le repère $\mathcal{R}'$.

La puissance virtuelle des actions mécaniques extérieures et intérieures au système $(\Sigma)$ s'écrit donc

$$\mathcal{P}^* = \mathcal{P}^*(\text{ext} \to \Sigma/\mathcal{R}) + \mathcal{P}^*(S_\alpha \leftrightarrow S_\beta) \ , \tag{3.59-a}$$

soit
$$\mathcal{P}^* = \sum_{i=1}^{n} Q_i\,\dot{q}_i^*, \quad \forall\ \dot{q}_i^* \in \mathbb{R},\ i = 1,\ldots,n \ , \tag{3.59-b}$$

où
$$Q_i = \frac{\partial \mathcal{P}^*}{\partial \dot{q}_i^*} \ . \tag{3.59-c}$$

### 2.5.4. *Cas où les forces données dérivent d'une fonction de force*

Si toutes les forces données, notées $\vec{F}_D$, dérivent d'une fonction de force (voir Annexe A2), il existe alors une fonction $U(q_i)$ telle que

$$\vec{F}_D = \overrightarrow{\text{grad}}\,U \ , \tag{3.60-a}$$

avec
$$\vec{F}_D \cdot \frac{\partial \overrightarrow{M}}{\partial q_i} = \frac{\partial U}{\partial q_i} \ . \tag{3.60-b}$$

La puissance virtuelle des actions données pouvant s'écrire (voir § III-2.5.1.)

$$\mathscr{P}_D^* = \sum_{i=1}^{n} \vec{F}_D \cdot \frac{\partial \overrightarrow{M}}{\partial q_i} \dot{q}_i^* \ , \qquad (3.61)$$

le report de l'équation (3.60-b) dans la relation (3.61) conduit à

$$\mathscr{P}_D^* = \sum_{i=1}^{n} \frac{\partial U}{\partial q_i} \dot{q}_i^* \ , \qquad (3.62\text{-a})$$

que l'on écrit

$$\mathscr{P}_D^* = -\sum_{i=1}^{n} \frac{\partial V}{\partial q_i} \dot{q}_i^* \ , \qquad (3.62\text{-b})$$

d'où

$$Q_{i_D} = \frac{\partial U}{\partial q_i} = -\frac{\partial V}{\partial q_i} \ , \qquad (3.62\text{-c})$$

où $V(q_i)$ est l'***énergie potentielle*** du champ de force, définie comme l'opposée de la fonction de force U (voir Annexe A2)

$$V(q_i) = -U(q_i). \qquad (3.63)$$

### 2.5.5. *Torseurs distributeurs des vitesses partiels*

Comme mentionné au § III-2.5.1, certains auteurs préfèrent calculer les coefficients de puissance $Q_i$ en utilisant les torseurs distributeurs des vitesses partiels, relativement à $q_i$, notés $\mathscr{Y}(S/\mathscr{R};q_i)$, définis par

$$\mathscr{Y}(S/\mathscr{R};q_i) = \frac{\partial}{\partial \dot{q}_i} \mathscr{V}(S/\mathscr{R}) \ , \qquad (3.64\text{-a})$$

ce qui revient à écrire

$$\mathscr{V}(S/\mathscr{R}) = \sum_{i=1}^{n} \mathscr{Y}(S/\mathscr{R};q_i)\dot{q}_i \ , \qquad (3.64\text{-b})$$

où $\mathscr{V}(S/\mathscr{R})$ est le torseur distributeur des vitesses du solide $(S)$ dans son mouvement par rapport au repère $\mathscr{R}$.

A titre d'exemple, si le torseur distributeur des vitesses $\mathscr{V}(S/\mathscr{R})$ est

$$\mathscr{V}(S/\mathscr{R}) = {}_P\begin{Bmatrix} \dot{\theta} & 0 \\ 0 & R\dot{\psi} \\ \dot{\psi} & 0 \end{Bmatrix}_{\mathscr{B}} \ ,$$

alors

$$\mathscr{Y}(S/\mathscr{R};\theta) = {}_P\begin{Bmatrix} 1 & 0 \\ 0 & 0 \\ 0 & 0 \end{Bmatrix}_{\mathscr{B}} \quad \text{et} \quad \mathscr{Y}(S/\mathscr{R};\psi) = {}_P\begin{Bmatrix} 0 & 0 \\ 0 & R \\ 1 & 0 \end{Bmatrix}_{\mathscr{B}} .$$

Les coefficients de puissances $Q_i$ s'obtiennent alors en calculant le produit scalaire du torseur des actions mécaniques par le torseur distributeur des vitesses partiels, relativement à $q_i$ :

$$Q_i = \{ext \rightarrow S\} \cdot \mathscr{Y}(S/\mathscr{R};q_i). \qquad (3.65)$$

Cette méthode d'obtention des coefficients de puissance offre l'avantage d'être systématique, mais enlève complètement la possibilité de choisir un champ de vitesses virtuelles d'une forme différente de celui des vitesses réelles. Par suite, mieux vaut utiliser les équations (3.39)

$$Q_i = \partial \mathscr{P}^* / \partial \dot{q}_i^* \ . \qquad (3.39\text{-a})$$

## 2.6. Equations de Lagrange

D'après le Principe des puissances virtuelles énoncé au § III-1.7., la puissance virtuelle des quantités d'accélération $\mathscr{A}^*$ est égale à la puissance virtuelle des forces extérieures et intérieures au système $\mathscr{P}^*$, quel que soit le champ de vitesses virtuels choisis

$$\mathscr{A}^* = \mathscr{P}^*, \quad \forall\ \dot{q}_i^* \in \mathbb{R},\ i = 1,\ldots,n\ . \tag{3.66}$$

D'après la relation (3.34) donnée au § III-2.4., la puissance virtuelle des quantités d'accélération $\mathscr{A}^*$ est donnée par

$$\mathscr{A}^* = \sum_{i=1}^{n} \left( \frac{d}{dt}\frac{\partial T}{\partial \dot{q}_i} - \frac{\partial T}{\partial q_i} \right) \dot{q}_i^*, \quad \forall\ \dot{q}_i^* \in \mathbb{R},\ i = 1,\ldots,n\ . \tag{3.34}$$

et, d'après les relations (3.38) et (3.39), ou (3.41) et (3.42), déterminées au § 3.2.5., la puissance virtuelle des forces extérieures et intérieures au système est donnée par

$$\mathscr{P}^* = \sum_{i=1}^{n} Q_i\, \dot{q}_i^*, \quad \forall\ \dot{q}_i^* \in \mathbb{R},\ i = 1,\ldots,n\ , \tag{3.38-a}$$

avec

$$Q_i = \frac{\partial \mathscr{P}^*}{\partial \dot{q}_i^*}\ . \tag{3.39-a}$$

Il en résulte que

$$\sum_{i=1}^{n} \left( \frac{d}{dt}\frac{\partial T}{\partial \dot{q}_i} - \frac{\partial T}{\partial q_i} \right) \dot{q}_i^* = \sum_{i=1}^{n} Q_i\, \dot{q}_i^*, \quad \forall\ \dot{q}_i^* \in \mathbb{R},\ i = 1,\ldots,n\ . \tag{3.67}$$

Ces équations sont les ***équations de Lagrange***.

A ce point, il faut envisager deux situations, selon que les coefficients arbitraires $\dot{q}_i^*$ sont indépendants ou ne sont pas indépendants.

✓ Les coefficients arbitraires $\dot{q}_i^*$ sont indépendants

Dans ce cas, l'équation (3.67) conduit à n équations dites de Lagrange

$$\frac{d}{dt}\frac{\partial T}{\partial \dot{q}_i} - \frac{\partial T}{\partial q_i} = Q_i,\ i = 1,\ldots,n\ . \tag{3.68}$$

Tout l'art des équations de Lagrange est de définir un champ de vitesses virtuelles arbitraires, telles que les actions mécaniques inconnues de liaison ne travaillent pas si elles sont parfaites, c'est-à-dire que leurs coefficients de puissance associés sont nuls.

✓ Les coefficients arbitraires $\dot{q}_i^*$ ne sont pas indépendants

Dans ce cas, les $\dot{q}_i^*$ sont liés par un certain nombre de relations, qui sont des ***conditions non holonômes***, et ***il ne peut plus y avoir identification entre les coefficients*** des $\dot{q}_i^*$ des deux membres de l'équation (3.67), et donc, a fortiori, les équations (3.68) ne sont pas valables. Il convient alors d'utiliser une autre méthode et d'introduire des coefficients appelés

***multiplicateurs de Lagrange***, qui sont inconnus et en nombre égal au nombre de conditions non holonômes vérifiées par les $\dot{q}_i^*$.

C'est l'objet du Chapitre IV que d'étudier le cas où les coefficients $\dot{q}_i^*$ ne sont plus indépendants.

Nota Bene.
Il convient de noter que, dans le cas où certaines forces dérivent d'une fonction de force, d'après les équations (3.62), la relation (3.67) s'écrit

$$\sum_{i=1}^{n}\left(\frac{d}{dt}\frac{\partial T}{\partial \dot{q}_i}-\frac{\partial T}{\partial q_i}\right)\dot{q}_i^* = -\sum_{i=1}^{n}\frac{\partial V}{\partial q_i}\dot{q}_i^* + \sum_{i=1}^{n}\Xi_i\,\dot{q}_i^*, \quad \forall\ \dot{q}_i^* \in \mathbb{R},\ i=1,\ldots,n, \tag{3.69}$$

où $\Xi_i$ est le coefficient de puissance des forces ne dérivant pas d'une fonction de force.

L'énergie potentielle $V(q_i)$ ne dépendant pas des variables $\dot{q}_i$,

$$\frac{\partial V}{\partial \dot{q}_i} = 0 \ ,$$

et l'équation (3.69) peut donc se mettre sous la forme

$$\sum_{i=1}^{n}\left(\frac{d}{dt}\frac{\partial(T-V)}{\partial \dot{q}_i}-\frac{\partial(T-V)}{\partial q_i}\right)\dot{q}_i^* = \sum_{i=1}^{n}\Xi_i\,\dot{q}_i^*, \quad \forall\ \dot{q}_i^* \in \mathbb{R},\ i=1,\ldots,n \ , \tag{3.70}$$

où la quantité $(T-V)$ représente le ***Lagrangien du système***

$$\mathscr{L} = T - V \ . \tag{3.71}$$

Finalement, les équations de Lagrange peuvent s'écrire

$$\sum_{i=1}^{n}\left(\frac{d}{dt}\frac{\partial \mathscr{L}}{\partial \dot{q}_i}-\frac{\partial \mathscr{L}}{\partial q_i}\right)\dot{q}_i^* = \sum_{i=1}^{n}\Xi_i\,\dot{q}_i^*, \quad \forall\ \dot{q}_i^* \in \mathbb{R},\ i=1,\ldots,n \ , \tag{3.72}$$

où $\Xi_i$ est le coefficient de puissance des forces ne dérivant pas d'un fonction de force.

Lorsque les paramètres arbitraires $\dot{q}_i^*$ sont indépendants, l'équation (3.72) s'écrit

$$\frac{d}{dt}\frac{\partial \mathscr{L}}{\partial \dot{q}_i}-\frac{\partial \mathscr{L}}{\partial q_i} = \Xi_i \ ,\ i=1,\ldots,n \ . \tag{3.73}$$

Cette écriture est évidemment très utile ; elle est utilisée au chapitre 5 de ce document.

*Remarque : L'effet d'un élément dissipatif peut être traduit par un coefficient de puissance $\Xi_i$ qui représente la force associée (le plus souvent proportionnelle à la vitesse dans les systèmes simples).*

### 2.7. Lois de conservation

Les lois de conservation de l'énergie et de la quantité de mouvement des systèmes conservatifs peuvent bien entendu être considérées comme des conséquences des équations de Lagrange (équations du mouvement).

### 2.7.1. *Loi de conservation de l'énergie*

Dans le cas d'un système conservatif et en l'absence de contraintes dépendant explicitement du temps, le lagrangien ne dépend que des paramètres de configuration $q_i$ et de leur dérivée par rapport au temps $t$, mais pas du temps $t$

$$\mathscr{L}(q_i, \dot{q}_i), \ i = 1, \ldots, n \ , \tag{3.74-a}$$

et les coefficients de puissance sont nuls :

$$\Xi_i = 0 \ , \ i = 1, \ldots, n \ . \tag{3.74-b}$$

Lorsque les paramètres $\dot{q}_i^*$ sont indépendants, les équations de Lagrange (3.73) s'écrivent

$$\frac{d}{dt}\frac{\partial \mathscr{L}}{\partial \dot{q}_i} - \frac{\partial \mathscr{L}}{\partial q_i} = 0 \ , \ i = 1, \ldots, n \ , \tag{3.75}$$

soit, en multipliant par $\dot{q}_i$ et en sommant sur les indices $i$

$$\sum_{i=1}^{n}\left( \dot{q}_i \frac{d}{dt}\frac{\partial \mathscr{L}}{\partial \dot{q}_i} - \dot{q}_i \frac{\partial \mathscr{L}}{\partial q_i}\right) = 0 \ , \tag{3.76-a}$$

ou encore

$$\sum_{i=1}^{n}\left[ \frac{d}{dt}\left( \dot{q}_i \frac{\partial \mathscr{L}}{\partial \dot{q}_i}\right) - \ddot{q}_i \frac{\partial \mathscr{L}}{\partial \dot{q}_i} - \dot{q}_i \frac{\partial \mathscr{L}}{\partial q_i}\right] = 0 \ . \tag{3.76-b}$$

En tenant compte de la relation (puisque $\partial \mathscr{L} / \partial t = 0$)

$$d\mathscr{L} = \sum_{i=1}^{n}\left( \frac{\partial \mathscr{L}}{\partial \dot{q}_i} d\dot{q}_i + \frac{\partial \mathscr{L}}{\partial q_i} dq_i \right) \ , \tag{3.77-a}$$

soit

$$\frac{d\mathscr{L}}{dt} = \sum_{i=1}^{n}\left( \frac{\partial \mathscr{L}}{\partial \dot{q}_i} \ddot{q}_i + \frac{\partial \mathscr{L}}{\partial q_i} \dot{q}_i \right) \ , \tag{3.77-b}$$

la relation (3.76-b) s'écrit

$$\sum_{i=1}^{n} \frac{d}{dt}\left( \dot{q}_i \frac{\partial \mathscr{L}}{\partial \dot{q}_i}\right) - \frac{d\mathscr{L}}{dt} = 0 \ ,$$

soit, en prenant l'intégrale indéfinie sur le temps,

$$\sum_{i=1}^{n}\left( \dot{q}_i \frac{\partial \mathscr{L}}{\partial \dot{q}_i}\right) - \mathscr{L} = E \ , \tag{3.78}$$

où la constante d'intégration $E$ a les dimensions d'une énergie.

L'énergie potentielle $V$ ne dépendant pas de $\dot{q}_i$, l'équation (3.78) s'écrit également

$$\boxed{\sum_{i=1}^{n}\left( \dot{q}_i \frac{\partial T}{\partial \dot{q}_i}\right) - \mathscr{L} = E} \ . \tag{3.79}$$

Par définition de l'énergie cinétique s'écrit

$$T = \frac{1}{2}\sum_{\alpha=1}^{N} m_\alpha \vec{V}_\alpha \cdot \vec{V}_\alpha \ , \tag{3.80}$$

ce qui permet d'obtenir

$$\dot{q}_i \frac{\partial T}{\partial \dot{q}_i} = \sum_{\alpha=1}^{N} m_\alpha \dot{q}_i \frac{\partial \vec{V}_\alpha}{\partial \dot{q}_i} \cdot \vec{V}_\alpha \ ,$$

soit $$\sum_{i=1}^{n}\left(\dot{q}_i \frac{\partial T}{\partial \dot{q}_i}\right)=\sum_{\alpha=1}^{N} m_\alpha\left(\sum_{i=1}^{n}\dot{q}_i \frac{\partial \vec{V}_\alpha}{\partial \dot{q}_i}\right)\cdot\vec{V}_\alpha \ ,$$

ou encore, par report des relations (3.22-a) $\dfrac{\partial \vec{V}_\alpha}{\partial \dot{q}_i}=\dfrac{\partial \vec{M}_\alpha}{\partial q_i}$ et (3.21) lorsque $\vec{M}_\alpha$ ne dépend pas du temps $\vec{V}_\alpha=\sum_{i=1}^{n}\dot{q}_i \dfrac{\partial \vec{M}_\alpha}{\partial q_i}$,

$$\sum_{i=1}^{n}\left(\dot{q}_i \frac{\partial T}{\partial \dot{q}_i}\right)=\sum_{\alpha=1}^{N} m_\alpha \vec{V}_\alpha\cdot\vec{V}_\alpha \ ,$$

d'où $$\sum_{i=1}^{n}\left(\dot{q}_i \frac{\partial T}{\partial \dot{q}_i}\right)=2T \ . \tag{3.81}$$

Par suite, l'équation (3.79) s'écrit

$$2T-\mathscr{L}=E \ ,$$

soit $$\boxed{T+V=E} \ . \tag{3.82}$$

L'équation (3.82) n'est autre que la conservation de l'énergie mécanique (instantanée) à laquelle satisfait un système conservatif.

### *2.7.2. Loi de conservation de la quantité de mouvement*

Par définition, la quantité de mouvement est

$$\vec{p}=\sum_{\alpha=1}^{N}\vec{p}_\alpha \ , \tag{3.82-a}$$

avec $$\vec{p}_\alpha=m_\alpha\vec{V}_\alpha \ . \tag{3.82-b}$$

Par un calcul analogue à celui qui précède,

$$\frac{\partial \mathscr{L}}{\partial \dot{q}_i}=\frac{\partial T}{\partial \dot{q}_i}=\sum_{\alpha=1}^{N}\left(\vec{p}_\alpha\cdot\frac{\partial \vec{M}_\alpha}{\partial q_i}\right) \ . \tag{3.83}$$

Lorsque le lagrangien ne dépend pas d'un (ou plus) paramètre de configuration $q_k$, mais seulement du (ou des) dérivée(s) $\dot{q}_k$ correspondantes, soit $\mathscr{L}(\dot{q}_k)$, (énergies potentielles nulles), alors la k-ième équation de Lagrange (3.73) s'écrit, pour $\Xi_k=0$ (absence d'actions extérieures),

$$\frac{d}{dt}\frac{\partial \mathscr{L}}{\partial \dot{q}_k}=0 \ ,$$

soit, d'après la relation (3.83)

$$\boxed{\frac{\partial \mathscr{L}}{\partial \dot{q}_k}=\sum_{\alpha=1}^{N}\left(\vec{p}_\alpha\cdot\frac{\partial \vec{M}_\alpha}{\partial q_k}\right)=\text{constante}} \ . \tag{3.84}$$

La relation (3.84) est la loi de conservation de la quantité de mouvement généralisée (valable sous réserve des hypothèses énoncées).

# Chapitre IV

# MISE EN OEUVRE DES EQUATIONS DE LAGRANGE - MULTIPLICATEURS DE LAGRANGE

Comme détaillé au Chapitre III, un système matériel quelconque peut être décomposé en particules $M_\alpha$ qui, à l'instant t, vérifient le Principe Fondamental de la Dynamique

$$m_\alpha \vec{\Gamma}_\alpha = \vec{\mathcal{R}}_\alpha \quad , \tag{4.1}$$

quitte à faire intervenir des forces d'interaction entre les différentes particules.

L'application sans discernements du Principe des Puissances Virtuelles, c'est-à-dire la multiplication scalaire de la Relation Fondamentale de la Dynamique (4.1) par un champ de vecteurs totalement ***arbitraires*** $\vec{V}^*$ appelé champ de ***vitesses virtuelles***, fait intervenir inutilement les forces intérieures de cohésion par leur puissance virtuelle. Afin d'annuler la puissance virtuelle de ces forces, le champ de vitesses virtuelles $\vec{V}^*$ est ***choisi*** de telle sorte que ce champ de vecteurs ***respecte le caractère solide des solides*** : le champ de vitesses virtuelles $\vec{V}^*$ est donc pris ***équiprojectif, solide par solide***. Si, de plus, ce champ de vitesses virtuelles respecte les liaisons holonômes, alors la puissance virtuelle des actions de liaisons parfaites est nulle (le non respect des liaisons holonômes étant au demeurant intéressant pour l'obtention des actions de liaison).

Un champ de vitesses arbitraires, respectant le caractère solide des solides et compatible avec les liaisons holonômes, se calcule comme un champ de vitesses réelles, mais en donnant aux paramètres $\dot{q}_i$ des valeurs quelconques $\dot{q}_i^*$, ce qui donne un champ de vitesses quelconque, équiprojectif, compatible avec les liaisons holonômes.

Cependant, le passage des équations

$$\sum_{i=1}^{n}\left(\frac{d}{dt}\frac{\partial T}{\partial \dot{q}_i} - \frac{\partial T}{\partial q_i}\right)\dot{q}_i^* = \sum_{i=1}^{n} Q_i\, \dot{q}_i^*, \quad \forall\ \dot{q}_i^* \in \mathbb{R},\ i=1,\dots,n \ . \tag{4.2}$$

aux équations

$$\frac{d}{dt}\frac{\partial T}{\partial \dot{q}_i} - \frac{\partial T}{\partial q_i} = Q_i,\ i=1,\dots,n \ . \tag{4.3}$$

n'est ***possible que si les paramètres*** $\dot{q}_i^*$ ***sont indépendants***. Dans le cas contraire, ce passage n'est plus possible.

Une telle situation se produit lorsque le champ de vitesses virtuelles est compatible avec les liaisons non holonômes. Dans ce cas, les conditions de liaison portent sur des vitesses de points réelles dans lesquelles les dérivées $\dot{q}_i$ des paramètres $q_i$ interviennent, et par suite les paramètres virtuels $\dot{q}_i^*$ ne sont plus indépendants. Il faut alors introduire des paramètres supplémentaires appelés ***multiplicateurs de Lagrange***.

Le but de ce chapitre est de présenter la mise en oeuvre des équations de Lagrange à l'aide d'exemples impliquant des liaisons holonômes ou non holonômes. Dans ce dernier cas, deux méthodes tout à fait équivalentes sont présentées : celles qui font usage d'un champ de vitesses virtuelles non compatible avec les liaisons non holonômes, ou au contraire celles qui font usage d'un champ de vitesses virtuelles compatible avec elles et qui de fait nécessitent d'introduire les multiplicateurs de Lagrange.

# 1. EQUATIONS DE LAGRANGE POUR LES SYSTEMES NON HOLONOMES

## 1.1. Introduction sur un exemple : le problème du cerceau

Le cerceau $(S_2)$ de la figure 4.1 roule sans glisser sur le sol $(S_0)$ lié au plan $(O x_0 y_0)$, au point de contact I. L'ensemble est soumis au champ de pesanteur terrestre $\vec{g} = -g\,\vec{e}_{z_0}$. Ce cerceau $(S_2)$ de rayon $a$ est homogène de masse m, a pour centre de masse G, et son plan est astreint à rester vertical $\left(\overrightarrow{GI} = -a\,\vec{e}_{z_0}\right)$, position d'équilibre instable.

Les repères suivants sont introduits :
- repère fixe $\mathscr{R}_0 = \left(O, \vec{e}_{x_0}, \vec{e}_{y_0}, \vec{e}_{z_0}\right) = \left(O, \mathscr{B}_0\right)$ lié au bâti $(S_0)$, et supposé galiléen ;
- repère intermédiaire $\mathscr{R}_1 = \left(A, \vec{e}_{x_1}, \vec{e}_{y_1}, \vec{e}_{z_0}\right) = \left(A, \mathscr{B}_1\right)$ tel que $\psi = \left(\vec{e}_{x_0}, \vec{e}_{x_1}\right)$, où le plan $(A x_1 z_0)$ est le plan vertical du cerceau $(S_2)$ ;
- repère $\mathscr{R}_2 = \left(G, \vec{e}_{x_2}, \vec{e}_{y_1}, \vec{e}_{z_2}\right) = \left(G, \mathscr{B}_2\right)$ lié au cerceau $(S_2)$ tel que $\varphi = \left(\vec{e}_{x_1}, \vec{e}_{x_2}\right)$, paramètre angulaire repérant la position du cerceau autour de son axe $\left(G, \vec{e}_{y_1}\right)$.

Le mouvement d'ensemble du cerceau $(S_2)$ est alors décrit par la variation des deux coordonnées x et y du centre de masse G $\left(\overrightarrow{OG} = x\,\vec{e}_{x_0} + y\,\vec{e}_{y_0} + a\,\vec{e}_{z_0}\right)$ et de deux paramètres angulaires, les angles orientés $\psi = \left(\vec{e}_{x_0}, \vec{e}_{x_1}\right)$, $\varphi = \left(\vec{e}_{x_1}, \vec{e}_{x_2}\right)$. Au cours du mouvement, ces quatre paramètres varient simultanément en fonction du temps : $x(t)$, $y(t)$, $\psi = \psi(t)$, $\varphi = \varphi(t)$. A l'instant initial $t = 0$, les deux paramètres angulaires et leurs dérivées premières ont pour valeurs $\psi(0) = \psi_0$, $\dot{\psi}(0) = \dot{\psi}_0$, $\varphi(0) = \varphi_0$ et $\dot{\varphi}(0) = \dot{\varphi}_0$.

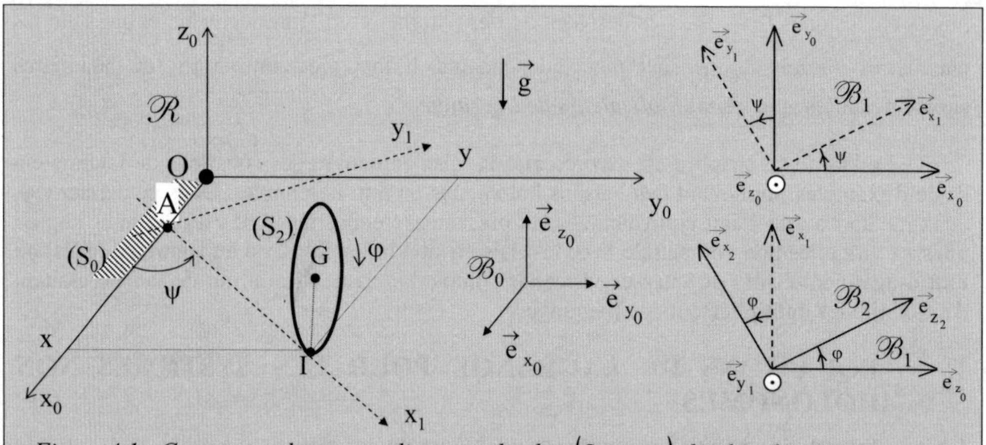


*Figure 4.1 : Cerceau roulant sans glisser sur le plan $(O x_0 y_0)$, le plan du cerceau restant vertical*

### *1.1.1. Coordonnées généralisées (variables de situation)*

Les coordonnées du centre de masse G dans le repère $\mathscr{R}_0$ peuvent être notées (x,y,z) a priori, la condition holonôme de contact au point I s'écrivant

$$z = a \quad . \tag{4.4}$$

La configuration du cerceau peut donc être décrite par quatre paramètres :

- les deux coordonnées x et y du centre de masse G dans le plan $(O x_0 y_0)$, ses coordonnées dans le repère $\mathscr{R}_0$ étant $\overrightarrow{OG} = x\vec{e}_{x_0} + y\vec{e}_{y_0} + a\vec{e}_{z_0}$,
- les deux paramètres angulaires $\psi = (\vec{e}_{x_0}, \vec{e}_{x_1})$ et $\varphi = (\vec{e}_{x_1}, \vec{e}_{x_2})$.

Tant que la condition de roulement sans glissement n'est pas écrite, les paramètres $q_i$ ($q_1 = x$, $q_2 = y$, $q_3 = \psi$ et $q_4 = \varphi$) sont indépendants.

### *1.1.2. Energie cinétique du cerceau par rapport au repère galiléen*

L'énergie cinétique $T(S_2/\mathscr{R}_0)$ du cerceau $(S_2)$ par rapport au repère $\mathscr{R}_0$ est donnée par

$$2T(S_2/\mathscr{R}_0) = m\left[\vec{V}(G/\mathscr{R}_0)\right]^2 + \vec{\Omega}(\mathscr{B}_2/\mathscr{B}_0)\cdot\mathscr{I}_G(S_2)\left\{\vec{\Omega}(\mathscr{B}_2/\mathscr{B}_0)\right\} , \tag{4.5}$$

où $\vec{V}(G/\mathscr{R}_0)$ est la vitesse du centre de masse G par rapport au repère $\mathscr{R}_0$, $\vec{\Omega}(\mathscr{B}_2/\mathscr{B}_0)$ est le vecteur rotation instantanée de la base $\mathscr{B}_2$ par rapport à la base $\mathscr{B}_0$, et $\mathscr{I}_G(S_2)$ est l'opérateur d'inertie du cerceau $(S_2)$ au point G.

Le calcul de chacun des facteurs du membre de droite de la relation (4.5) est donné dans les quatre alinéas ci-dessous.

✓ $\overrightarrow{OG} = x\vec{e}_{x_0} + y\vec{e}_{y_0} + a\vec{e}_{z_0}$ donc

$$\vec{V}(G/\mathscr{R}_0) = \dot{x}\,\vec{e}_{x_0} + \dot{y}\,\vec{e}_{y_0}. \qquad (4.6)$$

✓ $$\vec{\Omega}(\mathscr{B}_2/\mathscr{B}_0) = \dot{\psi}\,\vec{e}_{z_0} + \dot{\varphi}\,\vec{e}_{y_1} = -\dot{\varphi}\sin\psi\,\vec{e}_{x_0} + \dot{\varphi}\cos\psi\,\vec{e}_{y_0} + \dot{\psi}\,\vec{e}_{z_0}. \qquad (4.7)$$

✓ L'opérateur d'inertie du cerceau $(S_2)$ au point G, relativement à la base $\mathscr{B}_1$ est

$$\mathscr{I}_G(S_2)\Big|_{\mathscr{B}_1} = \begin{bmatrix} A & 0 & 0 \\ 0 & B & 0 \\ 0 & 0 & A \end{bmatrix}, \qquad (4.8\text{-a})$$

avec

$$A = \tfrac{1}{2} m a^2 \quad \text{et} \quad B = m a^2 . \qquad (4.8\text{-b})$$

✓ $$\mathscr{I}_G(S_2)\{\vec{\Omega}(\mathscr{B}_2/\mathscr{B}_0)\} = B\dot{\varphi}\,\vec{e}_{y_1} + A\dot{\psi}\,\vec{e}_{z_0} . \qquad (4.9)$$

L'énergie cinétique $T(S_2/\mathscr{R}_0)$, notée T pour simplifier l'écriture, s'écrit donc

$$T = \tfrac{1}{2} m\left(\dot{x}^2 + \dot{y}^2 + a^2\dot{\varphi}^2 + \tfrac{1}{2}a^2\dot{\psi}^2\right) . \qquad (4.10)$$

### *1.1.3. Calcul de la puissance virtuelle des quantités d'accélération*

D'après l'équation (3.34) du Chapitre III, la puissance virtuelle des quantités d'accélération s'écrit

$$\mathscr{A}^* = \sum_{i=1}^{n}\left(\frac{d}{dt}\frac{\partial T}{\partial \dot{q}_i} - \frac{\partial T}{\partial q_i}\right)\dot{q}_i^*, \quad \forall\ \dot{q}_i^* \in \mathbb{R},\ i = 1,\dots,n . \qquad (4.11)$$

L'utilisation de l'équation (4.10), permet de calculer le coefficient de chaque $\dot{q}_i^*$. Il vient :

✓ pour $q_1 = x$, $\dfrac{\partial T}{\partial x} = 0$, $\dfrac{\partial T}{\partial \dot{x}} = m\dot{x}$ et $\dfrac{d}{dt}\dfrac{\partial T}{\partial \dot{x}} = m\ddot{x}$ ,

✓ pour $q_2 = y$, $\dfrac{\partial T}{\partial y} = 0$, $\dfrac{\partial T}{\partial \dot{y}} = m\dot{y}$ et $\dfrac{d}{dt}\dfrac{\partial T}{\partial \dot{y}} = m\ddot{y}$ ,

✓ pour $q_3 = \psi$, $\dfrac{\partial T}{\partial \psi} = 0$, $\dfrac{\partial T}{\partial \dot{\psi}} = \tfrac{1}{2}ma^2\dot{\psi}$ et $\dfrac{d}{dt}\dfrac{\partial T}{\partial \dot{\psi}} = \tfrac{1}{2}ma^2\ddot{\psi}$ ,

✓ pour $q_4 = \varphi$, $\dfrac{\partial T}{\partial \varphi} = 0$, $\dfrac{\partial T}{\partial \dot{\varphi}} = ma^2\dot{\varphi}$ et $\dfrac{d}{dt}\dfrac{\partial T}{\partial \dot{\varphi}} = ma^2\ddot{\varphi}$ .

La puissance virtuelle des quantités d'accélération est donc donnée par

$$\boxed{\mathscr{A}^* = m\ddot{x}\dot{x}^* + m\ddot{y}\dot{y}^* + \tfrac{1}{2}ma^2\ddot{\psi}\dot{\psi}^* + ma^2\ddot{\varphi}\dot{\varphi}^* .} \qquad (4.12)$$

### *1.1.4. Condition de roulement sans glissement*

La condition de roulement sans glissement est établie en écrivant que la vitesse de glissement du point I appartenant au cerceau $(S_2)$, noté $I_2$, par rapport au repère $\mathscr{R}_0$, est nulle, soit

$$\vec{V}(I_2/\mathscr{R}_0) = \vec{0} . \qquad (4.13)$$

La formule de distribution des vitesses permet d'exprimer $\vec{V}(I_2/\mathscr{R}_0)$ en fonction de la vitesse du point G appartenant au cerceau $(S_2)$, soit $G_2$, par rapport au repère $\mathscr{R}_0$, soit

$$\vec{V}(I_2/\mathscr{R}_0) = \vec{V}(G_2/\mathscr{R}_0) + \vec{\Omega}(\mathscr{B}_2/\mathscr{B}_0) \wedge \overrightarrow{GI} \ , \qquad (4.14\text{-a})$$

avec

$$\overrightarrow{GI} = -a\,\vec{e}_{z_0} \ , \qquad (4.14\text{-b})$$

d'où

$$\vec{V}(I_2/\mathscr{R}_0) = (\dot{x} - a\,\dot{\varphi}\cos\psi)\vec{e}_{x_0} + (\dot{y} - a\,\dot{\varphi}\sin\psi)\vec{e}_{y_0} \ . \qquad (4.14\text{-c})$$

A l'instant t, le point I appartenant au cerceau $(S_2)$ a donc une vitesse dans le plan $(O\,x_0\,y_0)$. La condition de roulement sans glissement (4.13) conduit donc à deux ***relations de liaison non holonômes***

$$\begin{cases} \dot{x} - a\,\dot{\varphi}\cos\psi = 0 & (4.15\text{-a}) \\ \dot{y} - a\,\dot{\varphi}\sin\psi = 0 & (4.15\text{-b}) \end{cases} .$$

Le cerceau $(S_2)$ ne possède donc pas quatre degrés de liberté, car la condition de roulement sans glissement réduit ce nombre de deux. La configuration du système est toujours décrite par les quatre paramètres $q_1 = x$, $q_2 = y$, $q_3 = \psi$, et $q_4 = \varphi$, mais ils sont reliés entre eux par des relations cinématiques, mais dont l'expression ne permet pas d'isoler les deux paramètres indépendants voulus.

### *1.1.5. Champ de vitesses virtuel*

Les éléments de réduction au point G du torseur distributeur des vitesses réelles du mouvement de $\mathscr{R}_2$, lié à $(S_2)$, par rapport au repère $\mathscr{R}_0$, noté $\mathscr{V}(\mathscr{R}_2/\mathscr{R}_0)$, sont d'une part sa résultante $\vec{\Omega}(\mathscr{B}_2/\mathscr{B}_0)$ et d'autre part son moment au point G, $\vec{V}(G_2/\mathscr{R}_0)$. Projetés tous les deux sur la base $\mathscr{B}_0$ (équations (4.6) et (4.7)), ces deux vecteurs permettent d'écrire $\mathscr{V}(\mathscr{R}_2/\mathscr{R}_0)$ sous la forme

$$\mathscr{V}(\mathscr{R}_2/\mathscr{R}_0) = \underset{G}{\begin{Bmatrix} -\dot{\varphi}\sin\psi & \dot{x} \\ \dot{\varphi}\cos\psi & \dot{y} \\ \dot{\psi} & 0 \end{Bmatrix}}_{\mathscr{B}_0} . \qquad (4.16)$$

Un champ de vitesses virtuel équiprojectif (respectant donc le caractère solide des solides) peut donc être défini, à un instant t fixé, en donnant aux paramètres $\dot{x}$, $\dot{y}$, $\dot{\psi}$ et $\dot{\varphi}$, des valeurs arbitraires $\dot{x}^*$, $\dot{y}^*$, $\dot{\psi}^*$ et $\dot{\varphi}^*$, ce qui conduit au torseur distributeur des vitesses virtuel $\mathscr{V}^*(\mathscr{R}_2/\mathscr{R}_0)$ suivant :

$$\mathscr{V}^*(\mathscr{R}_2/\mathscr{R}_0) = \underset{G}{\begin{Bmatrix} -\dot{\varphi}^*\sin\psi & \dot{x}^* \\ \dot{\varphi}^*\cos\psi & \dot{y}^* \\ \dot{\psi}^* & 0 \end{Bmatrix}}_{\mathscr{B}_0} . \qquad (4.17)$$

Il convient de noter que ce torseur respecte de surcroît la condition holonôme de contact (4.4).

Il y a maintenant le ***choix*** entre

i) ne pas rendre le champ de vitesses virtuel compatible avec la condition de roulement sans glissement (qui est non holonôme), c'est-à-dire tel que $\vec{V}^*(I_2/\mathscr{R}_0) \neq \vec{0}$,

ii) rendre le champ de vitesses virtuel compatible avec la condition de roulement sans glissement, c'est-à-dire tel que $\vec{V}^*(I_2/\mathscr{R}_0) = \vec{0}$.

Pour voir ce qu'implique ce choix sur les facteurs de puissance, il convient de calculer la puissance virtuelle de l'action mécanique de liaison entre le bâti $(S_0)$ et le cerceau $(S_2)$.

### *1.1.6. Puissance virtuelle des actions de liaison*

Le torseur des actions du bâti $(S_0)$ sur le cerceau $(S_2)$, noté $\{S_0 \to S_2\}$, est le glisseur $(I, \vec{R}_I)$, tel que la force $\vec{R}_I$ peut s'écrire sous la forme

$$\vec{R}_I = X_I \vec{e}_{x_0} + Y_I \vec{e}_{y_0} + Z_I \vec{e}_{z_0} \quad , \tag{4.18}$$

où la force $(X_I \vec{e}_{x_0} + Y_I \vec{e}_{y_0})$ est la réaction tangentielle due au frottement, et la force $(Z_I \vec{e}_{z_0})$ est la réaction normale qui ne travaille pas.

La puissance virtuelle des actions du bâti $(S_0)$ sur le cerceau $(S_2)$ relativement au repère $\mathcal{R}_0$ est

$$\mathcal{P}^*(S_0 \to S_2 / \mathcal{R}_0) = \{S_0 \to S_2\} \cdot \mathcal{V}^*(\mathcal{R}_2 / \mathcal{R}_0) \quad , \tag{4.19-a}$$

soit
$$\mathcal{P}^*(S_0 \to S_2 / \mathcal{R}_0) = \vec{R}_I \cdot \vec{V}^*(I_2 / \mathcal{R}_0) \quad . \tag{4.19-b}$$

La relation (4.19-b) met en lumière les implications du choix i) ou ii) du § IV-1.1.5. précédent :

i) si $\vec{V}^*(I_2/\mathcal{R}_0) \neq \vec{0}$, alors $\mathcal{P}^*(S_0 \to S_2/\mathcal{R}_0) \neq 0$ et les deux inconnues de liaison (force de frottement) $X_I$ et $Y_I$ interviennent dans les équations de Lagrange (et s'ajoutent aux quatre inconnues x, y, $\psi$ et $\varphi$, cf. infra avec un inventaire des inconnues et des équations du problème). De surcroît, les paramètres $\dot{q}_i^*$, ne devant pas vérifier les deux relations non holonômes (4.15-a) et (4.15-b), ils sont arbitraires, ce qui permet de passer des équations (4.2) aux équations (4.3) ;

ii) si $\vec{V}^*(I_2/\mathcal{R}_0) = \vec{0}$, alors $\mathcal{P}^*(S_0 \to S_2/\mathcal{R}_0) = 0$ et les deux inconnues de liaison $X_I$ et $Y_I$ n'interviennent pas dans les équations de Lagrange. Par ailleurs, les paramètres $\dot{q}_i^*$ doivent vérifier les deux relations non holonômes (4.15-a) et (4.15-b), et ne sont donc plus arbitraires, ce qui interdit de passer des (ici quatre) équations (4.2) aux équations (4.3) (il n'y a ici que deux paramètres virtuels indépendants), et nécessite l'introduction de paramètres arbitraires appelés multiplicateurs de Lagrange.

Ces deux méthodes sont tout à fait équivalentes et conduisent bien évidemment au même résultat :

i) <u>Première méthode</u> : $\vec{V}^*(I_2/\mathcal{R}_0) \neq \vec{0}$

- Les inconnues sont au nombre de six (les quatre variables de situation x, y, $\psi$, $\varphi$ auxquelles s'ajoutent les deux composantes de la force de frottement $X_I$ et $Y_I$) ;
- les équations de Lagrange (4.3) fournissent quatre équations, auxquelles il faut ajouter les deux équations (4.15-a) et (4.15-b) de conditions de roulement sans glissement, avec $\dot{x}$, $\dot{y}$, $\dot{\psi}$ et $\dot{\varphi}$ réels ;
- le problème qui comporte six inconnues et six équations est soluble ; il est traité au § IV-1.2.

ii) Deuxième méthode : $\vec{V}^*(I_2/\mathcal{R}_0)=\vec{0}$

- les inconnues sont au nombre de quatre (les quatre variables de situation x, y, $\psi$, $\varphi$) puisque les deux composantes de la force de frottement $X_I$ et $Y_I$ ne travaillent plus ;
- les paramètres $\dot{q}_i^*$ doivent vérifier les deux relations non holonômes (4.15-a) et (4.15-b), et ne sont donc plus indépendants, et seules les équations (4.2) sont valables ;
- l'introduction de deux paramètres $\lambda_1$ et $\lambda_2$ (multiplicateurs de Lagrange) permet d'écrire des combinaisons linéaires entre les équations de Lagrange et les conditions de liaison non holonômes ; cette méthode est traitée au § IV.1.3.

## 1.2. Champ de vitesses virtuel non compatible avec la condition de liaison non holonôme

Dans cette première méthode, le champ de vitesses virtuel équiprojectif (4.17) est défini uniquement en tenant compte de la liaison holonôme de contact (4.4) qui a permis de réduire le nombre de paramètres définissant le mouvement du cerceau de cinq à quatre paramètres (en éliminant z).

Le point du cerceau au contact en I est donc affecté d'un vecteur vitesse de glissement virtuel qui est situé dans le plan $(O x_0 y_0)$

$$\vec{V}^*(I_2/\mathcal{R}_0)=(\dot{x}^*-a\dot{\varphi}^*\cos\psi)\vec{e}_{x_0}+(\dot{y}^*-a\dot{\varphi}^*\sin\psi)\vec{e}_{y_0}\ , \tag{4.20}$$

mais qui est arbitraire dans la mesure où les paramètres $\dot{q}_i^*$ le sont. En particulier, $\vec{V}^*(I_2/\mathcal{R}_0)\neq\vec{0}$.

### *1.2.1. Puissance virtuelle des actions extérieures au cerceau, facteurs de puissance*

✓ D'après l'équation (4.19-b), § IV-1.1.6., la puissance virtuelle des actions du bâti $(S_0)$ sur le cerceau $(S_2)$ relativement au repère $\mathcal{R}_0$ s'écrit

$$\mathcal{P}^*(S_0\to S_2/\mathcal{R}_0)=\vec{R}_I\cdot\vec{V}^*(I_2/\mathcal{R}_0)\ , \tag{4.19-b}$$

soit, en utilisant les relations (4.18) et (4.20)

$$\mathcal{P}^*(S_0\to S_2/\mathcal{R}_0)=X_I(\dot{x}^*-a\dot{\varphi}^*\cos\psi)+Y_I(\dot{y}^*-a\dot{\varphi}^*\sin\psi)\ ,$$

soit

$$\mathcal{P}^*(S_0\to S_2/\mathcal{R}_0)=X_I\dot{x}^*+Y_I\dot{y}^*-a(X_I\cos\psi+Y_I\sin\psi)\dot{\varphi}^*\ . \tag{4.21}$$

Dans l'expression (4.21), interviennent ***deux inconnues de liaison*** qui sont les composantes $X_I$ et $Y_I$ de l'action du bâti $(S_0)$ sur le cerceau $(S_2)$. Cette ***action de liaison travaille***, puisque $\mathcal{P}^*(S_0\to S_2/\mathcal{R}_0)\neq 0$.

✓ Le torseur des actions de la gravité $\varpi$ sur le cerceau $(S_2)$, noté $\{\varpi\to S_2\}$, est le glisseur $(G,\vec{P})$, tel que le poids $\vec{P}$ soit

$$\vec{P}=-mg\vec{e}_{z_0}\ . \tag{4.22}$$

✓ La puissance virtuelle des actions la gravité $\varpi$ sur le cerceau $(S_2)$ relativement au repère $\mathscr{R}_0$ est

$$\mathscr{P}^*(\varpi \to S_2/\mathscr{R}_0) = \{\varpi \to S_2\} \cdot \mathscr{V}^*(\mathscr{R}_2/\mathscr{R}_0) \ , \tag{4.23-a}$$

soit

$$\mathscr{P}^*(\varpi \to S_2/\mathscr{R}_0) = \vec{P} \cdot \vec{V}^*(G_2/\mathscr{R}_0) \tag{4.23-b}$$

soit

$$\mathscr{P}^*(\varpi \to S_2/\mathscr{R}_0) = 0 \ . \tag{4.23-c}$$

✓ Il en résulte que la puissance virtuelle des actions extérieures au cerceau $(S_2)$, notée $\mathscr{P}^*$ pour simplifier l'écriture, se réduit à $\mathscr{P}^*(S_0 \to S_2/\mathscr{R}_0)$, d'où

$$\mathscr{P}^* = X_I \dot{x}^* + Y_I \dot{y}^* - a(X_I \cos\psi + Y_I \sin\psi)\dot{\varphi}^* \ . \tag{4.24}$$

Les facteurs de puissance, relativement à chaque coordonnée généralisée (variable de situation) sont donc

$$\begin{aligned} Q_x &= \frac{\partial \mathscr{P}^*}{\partial \dot{x}^*} = X_I \ ; \ Q_y = \frac{\partial \mathscr{P}^*}{\partial \dot{y}^*} = Y_I \ ; \\ Q_\psi &= \frac{\partial \mathscr{P}^*}{\partial \dot{\psi}^*} = 0 \ ; \ Q_\varphi = \frac{\partial \mathscr{P}^*}{\partial \dot{\varphi}^*} = -a(X_I \cos\psi + Y_I \sin\psi). \end{aligned} \tag{4.25}$$

*1.2.2. Principe des puissances virtuelles - équations de Lagrange*

La puissance virtuelle des quantités d'accélération $\mathscr{A}^*$ est égale à la puissance virtuelle des forces extérieures et intérieures au système $\mathscr{P}^*$, quel que soit le champ de vitesses virtuel choisi (voir Chapitre III, § III-1.7 et III-2.6.)

$$\mathscr{A}^* = \mathscr{P}^*, \quad \forall \ \dot{q}_i^* \in \mathbb{R}, \ i = 1, \ldots, n \ . \tag{4.26}$$

Dans le cas particulier du cerceau, l'équation (4.26) s'écrit, en faisant usage des relations (4.12) et (4.24)

$$\begin{aligned} & m\ddot{x}\dot{x}^* + m\ddot{y}\dot{y}^* + \tfrac{1}{2} m a^2 \ddot{\psi}\dot{\psi}^* + m a^2 \ddot{\varphi}\dot{\varphi}^* \\ &= X_I \dot{x}^* + Y_I \dot{y}^* - a(X_I \cos\psi + Y_I \sin\psi)\dot{\varphi}^*, \quad \forall \ (\dot{x}^*, \dot{y}^*, \dot{\psi}^*, \dot{\varphi}^*) \in \mathbb{R}^4 \end{aligned} \ . \tag{4.27}$$

Les paramètres $(\dot{x}^*, \dot{y}^*, \dot{\psi}^*, \dot{\varphi}^*)$ étant indépendants (puisqu'ils ne respectent pas la condition de roulement sans glissement non holonôme), leurs coefficients dans l'équation (4.27) peuvent s'identifier, ce qui conduit aux quatre équations de Lagrange

$$m\ddot{x} = X_I \ , \tag{4.28-a}$$

$$m\ddot{y} = Y_I \ , \tag{4.28-b}$$

$$\tfrac{1}{2} m a^2 \ddot{\psi} = 0 \ , \tag{4.28-c}$$

$$m a^2 \ddot{\varphi} = -a(X_I \cos\psi + Y_I \sin\psi) \ . \tag{4.28-d}$$

⚠ Les dérivées secondes $\ddot{x}$, $\ddot{y}$, $\ddot{\psi}$ et $\ddot{\varphi}$ intervenant dans les équations (4.28) sont bien entendu les "vraies" (trajectoire réelle) dérivées secondes en fonction du temps des variables x, y, $\psi$ et $\varphi$, provenant des forces d'accélération, et en aucun cas des dérivées secondes virtuelles, ce qui n'aurait aucun sens.

### *1.2.3. Inventaire des inconnues du problème et des équations disponibles*

Comme déjà mentionné au § IV-1.1.6.,

- les inconnues sont au nombre de six (les quatre variables de situation x, y, $\psi$, $\varphi$ auxquelles s'ajoutent les deux composantes de la force de frottement $X_I$ et $Y_I$) ;
- les équations de Lagrange (4.28) fournissent quatre équations, auxquelles il faut ajouter les deux équations (4.15-a) et (4.15-b) de conditions de roulement sans glissement, avec $\dot{x}$, $\dot{y}$, $\dot{\psi}$ et $\dot{\varphi}$ réels ;
- le problème qui comporte six inconnues et six équations est soluble.

### *1.2.4. Résolution*

✓ Le report des équations (4.28-a) et (4.28-b) dans la relation (4.28-d) permet d'obtenir $\ddot{\varphi}$

$$\ddot{\varphi} = -\tfrac{1}{a}\left(\ddot{x}\cos\psi + \ddot{y}\sin\psi\right) \quad . \tag{4.29}$$

La dérivée par rapport au temps des relations (4.15) provenant de la condition de roulement sans glissement s'écrit

$$\begin{cases} \ddot{x} - a\,\ddot{\varphi}\cos\psi + a\,\dot{\varphi}\dot{\psi}\sin\psi = 0 \\ \ddot{y} - a\,\ddot{\varphi}\sin\psi - a\,\dot{\varphi}\dot{\psi}\cos\psi = 0 \end{cases} ,$$

et permet d'obtenir $\ddot{x}$ et $\ddot{y}$ :

$$\begin{cases} \ddot{x} = a\left(\ddot{\varphi}\cos\psi - a\,\dot{\varphi}\dot{\psi}\sin\psi\right) & (4.30\text{-a}) \\ \ddot{y} = a\left(\ddot{\varphi}\sin\psi + a\,\dot{\varphi}\dot{\psi}\cos\psi\right) & (4.30\text{-b}) \end{cases} .$$

Le report des équations (4.30) dans l'expression (4.29) de $\ddot{\varphi}$ conduit à

$$\ddot{\varphi} = 0 \quad ,$$

d'où, en utilisant les conditions initiales $\varphi(0) = \varphi_0$ et $\dot{\varphi}(0) = \dot{\varphi}_0$

$$\dot{\varphi}(t) = \dot{\varphi}_0 \quad , \tag{4.31-a}$$

et $$\varphi(t) = \dot{\varphi}_0\, t + \varphi_0 \quad . \tag{4.31-b}$$

✓ L'équation (4.28-c) conduit également à

$$\ddot{\psi} = 0 \quad ,$$

d'où, en utilisant les conditions initiales $\psi(0) = \psi_0$ et $\dot{\psi}(0) = \dot{\psi}_0$ ,

$$\dot{\psi}(t) = \dot{\psi}_0 \tag{4.32-a}$$

et $$\psi(t) = \dot{\psi}_0\, t + \psi_0 \quad . \tag{4.32-b}$$

✓ Le report des équations (4.31-a) et (4.32-b) dans la relation (4.15-a) permet d'obtenir $\dot{x}$ puis x

$$\dot{x}(t) = a\,\dot{\varphi}_0 \cos\left(\dot{\psi}_0\, t + \psi_0\right) \quad , \tag{4.33-a}$$

d'où $$x(t) = a\frac{\dot{\varphi}_0}{\dot{\psi}_0}\sin\left(\dot{\psi}_0\, t + \psi_0\right) + C_1 \quad . \tag{4.33-b}$$

✓ De même, le report des équations (4.31-a) et (4.32-b) dans la relation (4.15-b) permet d'obtenir $\dot{y}$ puis y

$$\dot{y}(t) = a\,\dot{\varphi}_0 \sin\left(\dot{\psi}_0\, t + \psi_0\right) \quad , \tag{4.34-a}$$

d'où $$y(t) = -a\frac{\dot{\varphi}_0}{\dot{\psi}_0}\cos(\dot{\psi}_0 t + \psi_0) + C_2 \quad . \qquad (4.34\text{-b})$$

✓ La combinaison des équations (4.33-b) et (4.34-b) permet d'obtenir l'équation du mouvement du centre masse G

$$(x - C_1)^2 + (y - C_2)^2 = \left(a\frac{\dot{\varphi}_0}{\dot{\psi}_0}\right)^2 \quad , \qquad (4.35)$$

qui est un cercle de centre $(C_1, C_2)$ et de rayon $\left|a\frac{\dot{\varphi}_0}{\dot{\psi}_0}\right|$ .

Enfin, le report de la dérivée par rapport au temps des équations (4.33-a) et (4.34-a) donnant respectivement $\ddot{x}$ et $\ddot{y}$, dans les équations (4.28-a) et (4.28-b) permettent d'obtenir les composantes $X_I$ et $Y_I$ de l'action de liaison

$$X_I = m\ddot{x} = -m a \dot{\varphi}_0 \dot{\psi}_0 \sin(\dot{\psi}_0 t + \psi_0) \quad , \qquad (4.36\text{-a})$$

et $$Y_I = m\ddot{y} = m a \dot{\varphi}_0 \dot{\psi}_0 \cos(\dot{\psi}_0 t + \psi_0) \quad . \qquad (4.36\text{-b})$$

Nota Bene. Pour obtenir également la réaction normale $Z_I$, il aurait fallu "casser" la liaison holonôme $(z = a)$, et prendre un champ de vitesses virtuel pour lequel $\dot{z}^*$ aurait été différent de zéro.

## 1.3. Méthode des multiplicateurs de Lagrange

Dans cette deuxième méthode, le champ de vitesse virtuel vérifie les conditions non holonômes de liaison et les paramètres arbitraires $\dot{q}_i^*$ ne sont plus indépendants puisque, dans le cas du cerceau, ils doivent vérifier les relations (4.15)

$$\begin{cases} \dot{x}^* - a\dot{\varphi}^* \cos\psi = 0 & (4.37\text{-a}) \\ \dot{y}^* - a\dot{\varphi}^* \sin\psi = 0 & (4.37\text{-b}) \end{cases} .$$

L'identification des coefficients des paramètres $\dot{x}^*$, $\dot{y}^*$, $\dot{\psi}^*$ et $\dot{\varphi}^*$ dans l'équation (4.27), qui conduit aux équations de Lagrange (4.28), n'est donc plus possible.

Nous quittons provisoirement le cas particulier du cerceau pour exprimer dans toute leur généralité, par étapes successives, la méthode des multiplicateurs de Lagrange, lorsque les paramètres $\dot{q}_i^*$ vérifient un certain nombre de conditions non holonômes.

### *1.3.1. Interprétation vectorielle des équations de Lagrange*

L'objet de ce paragraphe est de donner une interprétation géométrique des équations de Lagrange lorsque les paramètres $\dot{q}_i^*$ ne vérifient pas de conditions non holonômes et sont donc indépendants, interprétation utile pour la suite. Les équations (4.2) peuvent s'écrire

$$\sum_{i=1}^{n}\left(\frac{d}{dt}\frac{\partial T}{\partial \dot{q}_i} - \frac{\partial T}{\partial q_i} - Q_i\right)\dot{q}_i^* = 0, \quad \forall\ \dot{q}_i^* \in \mathbb{R}, \quad i = 1, \ldots, n \quad , \qquad (4.38\text{-a})$$

ou encore $$\sum_{i=1}^{n} \ell_i \dot{q}_i^* = 0, \quad \forall\ \dot{q}_i^* \in \mathbb{R} \ , \tag{4.38-b}$$

avec $$\ell_i = \frac{d}{dt}\frac{\partial T}{\partial \dot{q}_i} - \frac{\partial T}{\partial q_i} - Q_i, \quad i = 1,\ldots,n \ . \tag{4.38-c}$$

L'équation (4.38-b) peut également s'écrire

$$\vec{\ell} \cdot \vec{q}^* = 0, \ \forall\ \vec{q}^* \in \mathbb{R}^n \ , \tag{4.39-a}$$

avec $$\vec{\ell} = \sum_{i=1}^{n} \ell_i \vec{e}_i \ , \tag{4.39-b}$$

et $$\vec{q}^* = \sum_{i=1}^{n} \dot{q}_i^* \vec{e}_i \ , \tag{4.39-c}$$

les vecteurs $(\vec{e}_1,\ldots,\vec{e}_n)$ constituant la base canonique de $\mathbb{R}^n$.

Dans un espace à n dimensions, la relation (4.39-a) se traduit par

$$\forall\ \vec{q}^* \in \mathbb{R}^n,\ \vec{\ell} \text{ est perpendiculaire à } \vec{q}^* \ . \tag{4.40}$$

Le seul vecteur $\vec{\ell}$ de $\mathbb{R}^n$ qui vérifie les relations (4.40) ou (4.39-a) est le ***vecteur nul***, donc

$$\vec{\ell} = \vec{0} \ , \tag{4.41}$$

ce qui revient aux équations de Lagrange (4.3) :

$$\ell_i = 0 \ \text{ soit } \ \frac{d}{dt}\frac{\partial T}{\partial \dot{q}_i} - \frac{\partial T}{\partial q_i} - Q_i = 0, \quad i = 1,\ldots,n \ . \tag{4.42}$$

### *1.3.2. Cas où le système mécanique vérifie* **une seule** *condition non holonôme*

Supposons maintenant que le système mécanique vérifie ***une seule*** condition non holonôme,

$$a_1 \dot{q}_1^* + \cdots + a_n \dot{q}_n^* = 0 \ , \tag{4.43-a}$$

soit $$\vec{A} \cdot \vec{q}^* = 0 \ , \tag{4.43-b}$$

avec $$\vec{A} = \sum_{i=1}^{n} a_i \vec{e}_i \ . \tag{4.43-c}$$

Dans ce cas, le vecteur $\vec{q}^*$ n'est plus totalement arbitraire puisqu'il vérifie les relations (4.43) et les paramètres $\dot{q}_i^*$ ne sont plus indépendants.

Le problème consiste donc à chercher l'ensemble des vecteurs $\vec{\ell}$ vérifiant la relation (4.39-a)

soit $$\vec{\ell} \cdot \vec{q}^* = 0 \ , \tag{4.44-a}$$

soit $$\sum_{i=1}^{n} \ell_i \dot{q}_i^* = 0 \ , \tag{4.44-b}$$

pour tous les vecteurs $\vec{q}^*$ vérifiant la condition (4.43-b), soit $\vec{A} \cdot \vec{q}^* = 0$.

L'ensemble des vecteurs $\vec{q}^*$ tels que $\vec{A} \cdot \vec{q}^* = 0$ est le sous-espace à $(n-1)$ dimensions ***perpendiculaire*** au vecteur $\vec{A}$ dans l'espace $\mathbb{R}^n$. Le vecteur $\vec{\ell}$ est donc perpendiculaire à tous les vecteurs $\vec{q}^*$ de ce sous-espace, ce qui implique que $\vec{\ell}$ est dans le sous-espace orthogonal à ce sous-espace. Par conséquent, $\vec{\ell}$ est dans le même sous-espace que $\vec{A}$,

d'où
$$\vec{\ell} = \lambda \vec{A} \ , \tag{4.45-a}$$
soit
$$\frac{d}{dt}\frac{\partial T}{\partial \dot{q}_i} - \frac{\partial T}{\partial q_i} = Q_i + \lambda a_i, \quad i = 1,\ldots,n \ . \tag{4.45-b}$$

Le paramètre $\lambda$ est appelé ***multiplicateur de Lagrange***.

### *1.3.3. Cas où le système mécanique vérifie deux conditions non holonômes*

Supposons maintenant que le système mécanique vérifie deux conditions non holonômes,

$$a_{11}\dot{q}_1^* + \cdots + a_{1n}\dot{q}_n^* = 0 \ , \tag{4.46-a}$$
et
$$a_{21}\dot{q}_1^* + \cdots + a_{2n}\dot{q}_n^* = 0 \ , \tag{4.46-b}$$
soit
$$\vec{A}_1 \cdot \vec{q}^* = 0 \ \text{ et } \ \vec{A}_2 \cdot \vec{q}^* = 0 , \tag{4.46-c}$$
avec
$$\vec{A}_1 = \sum_{i=1}^{n} a_{1i}\vec{e}_i \ \text{ et } \ \vec{A}_2 = \sum_{i=1}^{n} a_{2i}\vec{e}_i \ . \tag{4.46-d}$$

Par un raisonnement analogue à celui tenu au § IV-1.3.2. précédent, l'ensemble des vecteurs $\vec{q}^*$ tels que $\vec{A}_1 \cdot \vec{q}^* = 0$ et $\vec{A}_2 \cdot \vec{q}^* = 0$ est le sous-espace à $(n-2)$ dimensions, perpendiculaire à $\vec{A}_1$ et à $\vec{A}_2$ dans $\mathbb{R}^n$.

Par ailleurs, le vecteur $\vec{\ell}$ tel que $\vec{\ell} \cdot \vec{q}^* = 0$ est perpendiculaire à tous les vecteurs $\vec{q}^*$ de ce sous-espace, lui-même perpendiculaire à $\vec{A}_1$ et à $\vec{A}_2$.

Par conséquent, $\vec{\ell}$ est dans le même sous-espace que $\vec{A}_1$ et $\vec{A}_2$,

d'où
$$\vec{\ell} = \lambda_1 \vec{A}_1 + \lambda_2 \vec{A}_2 \ , \tag{4.47-a}$$
soit
$$\frac{d}{dt}\frac{\partial T}{\partial \dot{q}_i} - \frac{\partial T}{\partial q_i} = Q_i + \lambda_1 a_{1i} + \lambda_2 a_{2i}, \quad i = 1,\ldots,n \ . \tag{4.47-b}$$

Les paramètres $\lambda_1$ et $\lambda_2$ sont appelés ***multiplicateurs de Lagrange***.

### *1.3.4. Généralisation : cas où le système mécanique vérifie p conditions non holonômes*

Supposons maintenant que le système mécanique vérifie p conditions non holonômes,

$$\begin{cases} a_{11}\dot{q}_1^* + \cdots + a_{1n}\dot{q}_n^* = 0 \\ \vdots \\ a_{p1}\dot{q}_1^* + \cdots + a_{pn}\dot{q}_n^* = 0 \end{cases} , \tag{4.48-a}$$
soit
$$\begin{cases} \vec{A}_1 \cdot \vec{q}^* = 0 \\ \vdots \\ \vec{A}_p \cdot \vec{q}^* = 0 \end{cases} , \tag{4.48-b}$$
ou encore
$$\sum_{i=1}^{n} a_{ki}\dot{q}_i^* = 0, \quad k = 1,\ldots,p \ , \tag{4.48-c}$$
avec
$$\vec{A}_k = \sum_{i=1}^{n} a_{ki}\vec{e}_i \ . \tag{4.48-d}$$

De même que précédemment, l'ensemble des vecteurs $\vec{q}^*$ tels que $\vec{A}_k \cdot \vec{q}^* = 0 \ (k = 1,\ldots,p)$ est le sous-espace à $(n-p)$ dimensions, perpendiculaire à $\vec{A}_1$, ..., $\vec{A}_p$ dans $\mathbb{R}^n$.

Par ailleurs, le vecteur $\vec{\ell}$ tel que $\vec{\ell} \cdot \vec{q}^* = 0$ est perpendiculaire à tous les vecteurs $\vec{q}^*$ de ce sous-espace, lui-même perpendiculaire à $\vec{A}_1$, ..., $\vec{A}_p$. Par conséquent, $\vec{\ell}$ est dans le même sous-espace que $\vec{A}_1$, ..., $\vec{A}_p$,

d'où
$$\vec{\ell} = \lambda_1 \vec{A}_1 + \cdots + \lambda_p \vec{A}_p \ , \tag{4.49-a}$$
soit
$$\ell_i = \sum_{k=1}^{p} \lambda_k a_{ki} \ , \quad i = 1,\ldots,n \ , \tag{4.49-b}$$
soit
$$\frac{d}{dt}\frac{\partial T}{\partial \dot{q}_i} - \frac{\partial T}{\partial q_i} = Q_i + \sum_{k=1}^{p} \lambda_k a_{ki} \ , \quad i = 1,\ldots,n \ . \tag{4.49-c}$$

Les paramètres $\lambda_k \ (k = 1,\ldots,p)$ sont appelés ***multiplicateurs de Lagrange***.

Le nombre d'équations disponibles pour la résolution du système est donc globalement au nombre de $(n+p)$ équations :

- les n équations (4.49),
- les p équations (4.48), avec cette fois les paramètres réels $\dot{q}_i$ .

Nota Bene.
Il convient de noter que, dans le cas où certaines forces dérivent d'une fonction de force $U = -V$, l'utilisation de la démonstration effectuée au Chapitre III, § III-2.6., permet d'écrire la relation (4.49-c) en fonction du Lagrangien
$$\mathscr{L} = T - V \ , \tag{4.49-d}$$
sous la forme

$$\frac{d}{dt}\frac{\partial \mathscr{L}}{\partial \dot{q}_i} - \frac{\partial \mathscr{L}}{\partial q_i} = \Xi_i + \sum_{k=1}^{p} \lambda_k a_{ki} \ , \quad i = 1,\ldots,n, \tag{4.49-e}$$
où $\Xi_i$ est le coefficient de puissance des forces ne dérivant pas d'une fonction de force.

Cette écriture est évidemment très utile ; elle est utilisée au chapitre V de cet ouvrage.

### *1.3.5. Retour au cas particulier du cerceau : champ de vitesses virtuel compatible avec la condition de liaison non holonôme*

Contrairement à la méthode présentée au § IV-1.2., le champ de vitesses virtuel équiprojectif (4.17) est maintenant défini, non seulement en tenant compte de la liaison holonôme de contact (4.4), mais en étant encore compatible avec la condition de liaison non holonôme, à savoir, dans le cas particulier du cerceau, les deux conditions (4.15) provenant de la condition de roulement sans glissement.

✓ La vitesse virtuelle (de glissement) du point $I_2$ par rapport au repère $\mathscr{R}_0$, donnée par l'équation (4.20), est maintenant nulle
$$\vec{V}^*(I_2/\mathscr{R}_0) = \vec{0} \ , \tag{4.50}$$

soit
$$\begin{cases} \dot{x}^* - a\,\dot{\varphi}^* \cos\psi = 0 & (4.51\text{-a}) \\ \dot{y}^* - a\,\dot{\varphi}^* \sin\psi = 0 & (4.51\text{-b}) \end{cases}$$

Les conditions (4.51) sont donc deux conditions non holonômes, écrites sous la forme des équations (4.48)

$$\sum_{i=1}^{n} a_{ki}\,\dot{q}_i^* = 0, \quad k = 1,\ldots,p \ . \qquad (4.48\text{-c})$$

Les coefficients $a_{ki}$ peuvent être considérés comme coefficients d'une matrice A, lorsque les relations (4.51) sont écrites sous la forme

$$\underbrace{\begin{bmatrix} 1 & 0 & 0 & -a\cos\psi \\ 0 & 1 & 0 & -a\sin\psi \end{bmatrix}}_{A=(a_{ki})} \begin{Bmatrix} \dot{x}^* \\ \dot{y}^* \\ \dot{\psi}^* \\ \dot{\varphi}^* \end{Bmatrix} = \begin{Bmatrix} 0 \\ 0 \end{Bmatrix} \ . \qquad (4.51\text{-c})$$

✓ D'après l'équation (4.19-b), § IV-1.1.6., la puissance virtuelle des actions du bâti $(S_0)$ sur le cerceau $(S_2)$ relativement au repère $\mathscr{R}_0$ est

$$\mathscr{P}^*(S_0 \to S_2/\mathscr{R}_0) = \vec{R}_I \cdot \vec{V}^*(I_2/\mathscr{R}_0) \ . \qquad (4.19\text{-b})$$

La vitesse $\vec{V}^*(I_2/\mathscr{R}_0)$ étant maintenant nulle d'après l'équation (4.50), la puissance virtuelle des actions de liaison est maintenant nulle

$$\mathscr{P}^*(S_0 \to S_2/\mathscr{R}_0) = 0 \ . \qquad (4.52)$$

✓ Le calcul de la puissance virtuelle des actions de la gravité $\varpi$ sur le cerceau $(S_2)$ relativement au repère $\mathscr{R}_0$ est inchangé par rapport au § IV-1.2.1. donc

$$\mathscr{P}^*(\varpi \to S_2/\mathscr{R}_0) = 0 \ . \qquad (4.23\text{-c})$$

✓ Il en résulte que la puissance virtuelle des actions extérieures au cerceau $(S_2)$, notée $\mathscr{P}^*$ pour simplifier l'écriture, est nulle, d'où

$$\boxed{\mathscr{P}^* = 0 \ , \qquad (4.53)}$$

et les facteurs de puissance, relativement à chaque coordonnée généralisée (variable de situation) sont donc nuls eux aussi

$$Q_x = \frac{\partial \mathscr{P}^*}{\partial \dot{x}^*} = 0 \ ; \ Q_y = \frac{\partial \mathscr{P}^*}{\partial \dot{y}^*} = 0 \ ; \ Q_\psi = \frac{\partial \mathscr{P}^*}{\partial \dot{\psi}^*} = 0 \ ; \ Q_\varphi = \frac{\partial \mathscr{P}^*}{\partial \dot{\varphi}^*} = 0 \ . \qquad (4.54)$$

✓ La puissance virtuelle des quantités d'accélération $\mathscr{A}^*$ est égale à la puissance virtuelle des forces extérieures et intérieures au système $\mathscr{P}^*$, soit, en faisant usage des relations (4.12) et (4.53)

$$m\ddot{x}\dot{x}^* + m\ddot{y}\dot{y}^* + \tfrac{1}{2}ma^2\ddot{\psi}\dot{\psi}^* + ma^2\ddot{\varphi}\dot{\varphi}^* = 0 \ , \qquad (4.55)$$

quel que soit le champ de vitesses virtuel vérifiant les deux conditions (4.51).

L'erreur à ne pas commettre à ce stade, est d'identifier tous les coefficients de l'équation (4.55) à 0, puisque cette équation n'est pas vérifiée pour toutes valeurs de $\dot{x}^*$, $\dot{y}^*$, $\dot{\psi}^*$ et $\dot{\varphi}^*$ (ces quatre coordonnées ne sont pas indépendantes, équation (4.51)).

En utilisant le raisonnement développé au § IV-1.3.3., il faut au contraire introduire deux paramètres $\lambda_1$ et $\lambda_2$, appelés ***multiplicateurs de Lagrange***, et écrire, en utilisant l'équation (4.47-b) ou l'équation (4.49-c) avec $p = 2$

$$\frac{d}{dt}\frac{\partial T}{\partial \dot{q}_i} - \frac{\partial T}{\partial q_i} = Q_i + \lambda_1 a_{1i} + \lambda_2 a_{2i}, \quad i = 1,\ldots,4 \quad , \qquad (4.56)$$

soit, puisque $Q_i = 0, \quad i = 1,\ldots,4$,

$$m\ddot{x} = \lambda_1 \quad , \qquad (4.57\text{-a})$$

$$m\ddot{y} = \lambda_2 \quad , \qquad (4.57\text{-b})$$

$$\tfrac{1}{2} m a^2 \ddot{\psi} = 0 \quad , \qquad (4.57\text{-c})$$

$$m a^2 \ddot{\varphi} = -a\left(\lambda_1 \cos\psi + \lambda_2 \sin\psi\right) \quad . \qquad (4.57\text{-d})$$

En comparant les équations (4.57) aux équations (4.28) obtenues au § IV-1.2.2. en faisant travailler les actions de liaison, il apparaît que les deux multiplicateurs de Lagrange $\lambda_1$ et $\lambda_2$ s'identifient ici, dans ce cas particulier, respectivement à $X_I$ et à $Y_I$, les composantes sur la base $\mathcal{B}_0$ de la seule force réelle pouvant travailler dans le glissement virtuel.

✓ Inventaire des inconnues du problème et des équations disponibles

- les inconnues sont au nombre de six (les quatre variables de situation x, y, $\psi$, $\varphi$ et les deux multiplicateurs de Lagrange $\lambda_1$ et $\lambda_2$) ;
- les équations de Lagrange avec multiplicateurs (4.57) fournissent quatre équations, auxquelles il faut ajouter les deux équations (4.15-a) et (4.15-b) de conditions de roulement sans glissement, avec $\dot{x}$, $\dot{y}$, $\dot{\psi}$ et $\dot{\varphi}$ réels ;
- six équations, six inconnues, le problème est soluble, suivant exactement la même démarche que celle indiquée au § IV-1.2.4.

### 1.4. Commentaires

D'après tout ce qui précède, deux méthodes sont disponibles, ***au choix***, lorsque des liaisons non holonômes interviennent dans un système mécanique.

i) Première méthode (§ IV-1.2.) : les forces de liaison non holonômes travaillent

Dans ce cas, les ***paramètres virtuels*** $\dot{q}_i^*$ ***sont arbitraires*** et ne vérifient pas les conditions de roulement sans glissement (4.15), soit $\vec{V}^*\left(I_2 / \mathcal{R}_0\right) \neq \vec{0}$. Par conséquent, la puissance virtuelle des forces de liaison est non nulle, soit $\mathcal{P}^*\left(S_0 \to S_2 / \mathcal{R}_0\right) \neq 0$. L'écriture du principe des puissances virtuelles, soit $\mathcal{A}^* = \mathcal{P}^*$, fait donc intervenir une partie des forces inconnues de liaison (ici la projection de la force de réaction au contact sur le plan). L'obtention de la réaction normale $Z_I$ aurait nécessité de "casser" la liaison holonôme de contact en I, et donc de faire intervenir un paramètre arbitraire $z^*$.

Les paramètres $\dot{q}_i^*$ étant indépendants, l'identification de leurs coefficients dans la relation $\mathcal{A}^* = \mathcal{P}^*$ est possible, ces coefficients comportant des inconnues supplémentaires $X_I$ et $Y_I$, en plus des variables de situation x, y, $\psi$ et $\varphi$.

L'écriture des deux conditions (4.15) provenant de la condition de roulement sans glissement $\vec{V}(I_2/\mathcal{R}_0) = \vec{0}$ (vitesse réelle), donne les deux équations manquantes pour résoudre entièrement le problème.

ii) <u>Deuxième méthode (§ IV-1.3.) : les forces de liaison non holonômes ne travaillent pas</u>

Dans ce cas, le champ de vitesses virtuelles doit être compatible avec toutes les liaisons, holonômes et non holonômes. Il ne faut donc pas se contenter, comme dans le cas des liaisons holonômes, de calculer les vitesses réelles avec les paramètres $q_i$, puis d'obtenir les vitesses virtuelles en donnant aux paramètres $q_i$ des valeurs arbitraires $\dot{q}_i^*$ : le champ de vitesses virtuelles respecterait alors uniquement les conditions holonômes, et pas les conditions non holonômes (condition de roulement sans glissement que doivent vérifier les paramètres $q_i$).

Dans l'optique de ne pas faire travailler les forces de liaison, les paramètres $\dot{q}_i^*$ doivent vérifier les conditions non holonômes $\vec{V}^*(I_2/\mathcal{R}_0) = \vec{0}$. Dans ces conditions, la puissance virtuelle des actions extérieures se réduit à la puissance virtuelle des seules actions données. En contrepartie, ***les paramètres $\dot{q}_i^*$ ne sont plus arbitraires, et leurs coefficients dans la relation $\mathcal{A}^* = \mathcal{P}^*$ ne peuvent plus être identifiés.***

En revanche, les coefficients des paramètres $\dot{q}_i^*$ dans la relation $\sum_{i=1}^{n} \ell_i \dot{q}_i^* = 0$ (équation (4.44-b)) sont combinaisons linéaires des coefficients des paramètres $\dot{q}_i^*$ dans la condition de roulement sans glissement $\vec{V}^*(I_2/\mathcal{R}_0) - \vec{0}$, c'est-à-dire $\sum_{i=1}^{n} a_{ki} \dot{q}_i^* = 0$, $k = 1,\dots,p$ (4.48-c).

Finalement, ne pas faire travailler les forces de liaison non holonômes se fait au prix d'une contrainte sur les paramètres $\dot{q}_i^*$ qui nécessite l'introduction de p multiplicateurs de Lagrange inconnus.

Les n équations (4.49-b) $\left( \ell_i = \sum_{k=1}^{p} \lambda_k a_{ki}, \quad i = 1,\dots,n \right)$ comportent donc $(n+p)$ paramètres (les n paramètres $q_i$ auxquels s'ajoutent les p coefficients $\lambda_k$). A ces n équations s'ajoutent les p conditions non holonomes (4.48-c) $\sum_{i=1}^{n} a_{ki} \dot{q}_i^* = 0, \quad k = 1,\dots,p$. Le problème qui comporte $(n+p)$ inconnues et $(n+p)$ équations est donc soluble.

## 2. EXEMPLE D'APPLICATION

Le but de ce paragraphe est de montrer la mise en oeuvre des équations de Lagrange, à l'aide de l'exemple simple d'un disque rigide d'abord astreint à se déplacer dans un plan, puis sur une ligne, avec ou sans condition de roulement sans glissement. Certaines questions ont déjà été traitées au Chapitre III, mais sont intégralement reprises pour la bonne cohérence d'ensemble.

Une roue $(S_1)$, schématisée par un disque homogène de masse m, de rayon a et de centre G, est astreinte à se déplacer dans un plan vertical $(S_0)$ rapporté à deux axes $Ox_0y_0$ ($Oy_0$ vertical ascendant) et considéré comme galiléen. L'ensemble est soumis au champ de la pesanteur $\vec{g} = -g\vec{e}_{y_0}$. Les repères liés au plan vertical $(S_0)$ et à la roue $(S_1)$ sont appelés respectivement $\mathscr{R}_0 = (O, \vec{e}_{x_0}, \vec{e}_{y_0}, \vec{e}_{z_0}) = (O, \mathscr{B}_0)$ et $\mathscr{R}_1 = (G, \vec{e}_{x_1}, \vec{e}_{y_1}, \vec{e}_{z_0}) = (G, \mathscr{B}_1)$.

**2.1.** La roue $(S_1)$, tout en étant astreinte à se déplacer dans le plan vertical $(S_0)$, peut se déplacer librement dans ce plan (figure 4.2).

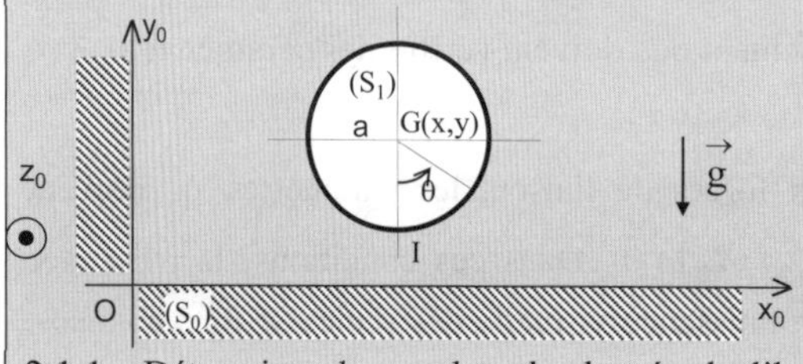


*Figure 4.2 : Disque rigide* $(S_1)$ *de centre* $G(x, y)$ et *de rayon a, astreint à se déplacer dans le plan* $(Ox_0y_0)$.

2.1.1. <u>Déterminer</u> le nombre de degrés de liberté de la roue et <u>choisir</u> des paramètres de position.
2.1.2. <u>Calculer</u> l'énergie cinétique de $(S_1)$ par rapport à $\mathscr{R}_0$.
2.1.3. <u>Déterminer</u> les équations du mouvement par la méthode de Lagrange.

**2.2.** La roue demeure à présent en contact ponctuel (au point I) avec le sol horizontal $(S_0)$ schématisé par la droite support de l'axe $Ox_0$ (figure 4.3.).

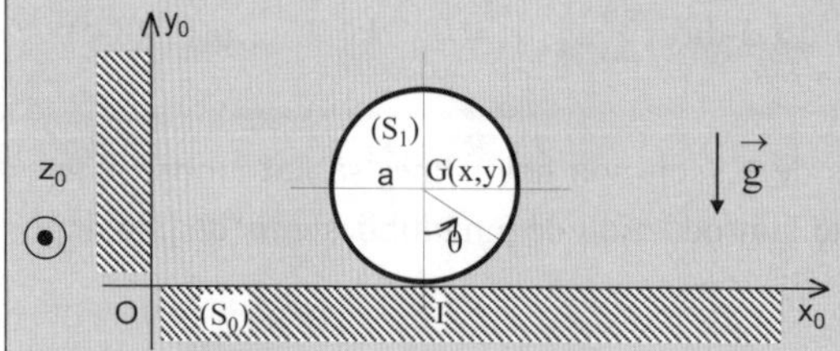


*Figure 4.3 : Disque rigide* $(S_1)$ *de centre* $G(x, y)$ et *de rayon a, astreint à se déplacer dans le plan* $(Ox_0y_0)$ *et suivant l'axe* $(Ox_0)$, *en contact ponctuel avec frottement au point* I.

2.2.1. <u>Déterminer</u> le nombre de degrés de liberté de la roue soumise à cette condition de contact et <u>choisir</u> les paramètres de position correspondants.
2.2.2. <u>Calculer</u> l'énergie cinétique de la roue en fonction de ces paramètres.
2.2.3. <u>Appliquer</u> le principe des puissances virtuelles pour un champ de vitesses virtuelles compatible avec la condition de contact. <u>En déduire</u> deux équations par la méthode de Lagrange et <u>préciser</u> les inconnues qui figurent dans ces équations.

2.2.4. Le contact en I est supposé avoir lieu avec glissement, le coefficient de frottement correspondant étant désigné par f. Ecrire la loi de Coulomb qui traduit la nature du contact. Dénombrer les inconnues du problème et préciser si les équations sont en nombre suffisant pour le résoudre.

**2.3.** Dans les mêmes hypothèses qu'à la question IV-2.2. le principe des puissances virtuelles est appliqué à présent pour un champ de vitesses virtuelles arbitraire (dans le plan $Ox_0y_0$) qui n'est soumis qu'à une condition, celle de respecter le caractère solide de la roue $(S_1)$.

2.3.1. Calculer la puissance virtuelle des quantités d'accélération de la roue dans son état dynamique à l'instant t.

2.3.2. Appliquer le principe des puissances virtuelles pour ce champ de vitesses virtuelles et en déduire trois équations par la méthode de Lagrange. Préciser les avantages par rapport à la méthode suivie en IV-2.2.3.

2.3.3. Lorsque le contact en I se fait avec glissement, comme en IV-2.2.4., préciser si le problème peut à présent être complètement résolu.

**2.4.** Le contact en I est maintenant supposé se faire sans glissement.
2.4.1. Ecrire la condition cinématique correspondante.
2.4.2. Appliquer le principe des puissances virtuelles pour un champ de vitesses virtuelles compatible avec cette condition de non glissement.
2.4.3. En déduire deux équations par la méthode de Lagrange en introduisant un multiplicateur, et comparer avec le résultat obtenu en IV-2.2.3. Préciser si les équations sont en nombre suffisant pour le résoudre.

## 2.1. Mouvement libre de la roue dans le plan vertical

### *2.1.1. Paramètres de position*

La roue est astreinte à se déplacer librement dans le plan $(Ox_0y_0)$, et comporte donc trois degrés de liberté : une translation suivant $x_0$, une translation suivant $y_0$ et une rotation autour de $z_0$. Ses paramètres de position (ou variables de situation ou encore coordonnées généralisées) sont donc $q_1 = x$, $q_2 = y$ et $q_3 = \theta$, où x et y sont les coordonnées du centre de masse G dans le repère $\mathcal{R}_0$ et $\theta$ l'angle de rotation de la roue.

### *2.1.2. Energie cinétique de la roue*

L'énergie cinétique $T(S_1/\mathcal{R}_0)$ du disque $(S_1)$ par rapport au repère $\mathcal{R}_0$ est donnée par

$$2T(S_1/\mathcal{R}_0) = m\left[\vec{V}(G/\mathcal{R}_0)\right]^2 + \vec{\Omega}(\mathcal{B}_1/\mathcal{B}_0)\cdot\mathcal{I}_G(S_1)\left\{\vec{\Omega}(\mathcal{B}_1/\mathcal{B}_0)\right\}, \qquad (4.58)$$

où $\vec{V}(G/\mathcal{R}_0)$ est la vitesse du centre de masse G par rapport au repère $\mathcal{R}_0$, $\vec{\Omega}(\mathcal{B}_1/\mathcal{B}_0)$ est le vecteur rotation instantanée de la base $\mathcal{B}_1$ par rapport à la base $\mathcal{B}_0$, et $\mathcal{I}_G(S_1)$ est l'opérateur d'inertie du disque $(S_1)$ au point G.

Le calcul de chacun des facteurs du membre de droite de la relation (4.58) est donné dans les quatre alinéas ci-dessous.

✓ $\overrightarrow{OG} = x\vec{e}_{x_0} + y\vec{e}_{y_0} + a\vec{e}_{z_0}$ donc

$$\vec{V}(G/\mathscr{R}_0) = \dot{x}\vec{e}_{x_0} + \dot{y}\vec{e}_{y_0}. \tag{4.59}$$

✓
$$\vec{\Omega}(\mathscr{B}_1/\mathscr{B}_0) = \dot{\theta}\vec{e}_{z_0}. \tag{4.60}$$

✓ L'opérateur d'inertie du disque $(S_1)$ au point G, relativement à la base $\mathscr{B}_1$ est

$$\mathscr{I}_G(S_1)\Big|_{\mathscr{B}_1} = \begin{bmatrix} A & 0 & 0 \\ 0 & A & 0 \\ 0 & 0 & C \end{bmatrix}, \tag{4.61-a}$$

avec
$$A = ma^2 \quad \text{et} \quad C = \tfrac{1}{2}ma^2. \tag{4.61-b}$$

✓
$$\mathscr{I}_G(S_1)\{\vec{\Omega}(\mathscr{B}_1/\mathscr{B}_0)\} = C\dot{\theta}\vec{e}_{z_0}. \tag{4.62}$$

L'énergie cinétique $T(S_1/\mathscr{R}_0)$, notée T pour simplifier l'écriture, s'écrit donc

$$T = \tfrac{1}{2}m(\dot{x}^2 + \dot{y}^2) + \tfrac{1}{4}ma^2\dot{\theta}^2. \tag{4.63}$$

*2.1.3. Equations du mouvement*

✓ Calcul de la puissance virtuelle des quantités d'accélération

D'après l'équation (3.34) du Chapitre 3, la puissance virtuelle des quantités d'accélération s'écrit

$$\mathscr{A}^* = \sum_{i=1}^{n}\left(\frac{d}{dt}\frac{\partial T}{\partial \dot{q}_i} - \frac{\partial T}{\partial q_i}\right)\dot{q}_i^*, \quad \forall\ \dot{q}_i^* \in \mathbb{R},\ i = 1,\dots,n. \tag{4.64}$$

L'utilisation de l'équation (4.63), permet de calculer le coefficient de chaque $\dot{q}_i^*$. Il vient :

✓ pour $q_1 = x$, $\dfrac{\partial T}{\partial x} = 0$, $\dfrac{\partial T}{\partial \dot{x}} = m\dot{x}$ et $\dfrac{d}{dt}\dfrac{\partial T}{\partial \dot{x}} = m\ddot{x}$,

✓ pour $q_2 = y$, $\dfrac{\partial T}{\partial y} = 0$, $\dfrac{\partial T}{\partial \dot{y}} = m\dot{y}$ et $\dfrac{d}{dt}\dfrac{\partial T}{\partial \dot{y}} = m\ddot{y}$,

✓ pour $q_3 = \theta$, $\dfrac{\partial T}{\partial \theta} = 0$, $\dfrac{\partial T}{\partial \dot{\theta}} = \tfrac{1}{2}ma^2\dot{\theta}$ et $\dfrac{d}{dt}\dfrac{\partial T}{\partial \dot{\theta}} = \tfrac{1}{2}ma^2\ddot{\theta}$,

La puissance virtuelle des quantités d'accélération est donc donnée par

$$\mathscr{A}^* = m\ddot{x}\dot{x}^* + m\ddot{y}\dot{y}^* + \tfrac{1}{2}ma^2\ddot{\theta}\dot{\theta}^*. \tag{4.65}$$

✓ Champ de vitesses virtuel

Comme rappelé au Chapitre II, § II-1.1., le torseur distributeur des vitesses du solide $(S_1)$ dans son mouvement par rapport au repère $\mathscr{R}_0$, est représentatif des degrés de liberté du solide. Sa résultante est donnée par le vecteur rotation instantanée $\vec{\Omega}(\mathscr{B}_1/\mathscr{B}_0)$ et son moment au point G appartenant au solide $(S_1)$ est la vitesse du centre de masse G par rapport au repère

$\mathscr{R}_0$ (équations (4.60) et (4.59)). Le torseur distributeur des vitesses peut donc se mettre sous la forme

$$\mathscr{V}(S_1/\mathscr{R}_0) = \begin{Bmatrix} & 0 & \dot{x} \\ & 0 & \dot{y} \\ G & \dot{\theta} & 0 \end{Bmatrix}_{\mathscr{B}_0} . \tag{4.66}$$

En donnant aux dérivées $\dot{q}_i(\dot{q}_1 = \dot{x}, \dot{q}_2 = \dot{y}, \dot{q}_3 = \dot{\theta})$, des valeurs quelconques $\dot{q}_i^*$, c'est-à-dire $\dot{x}^*$, $\dot{y}^*$ et $\dot{\theta}^*$, le champ de vitesses virtuelles est un champ le plus arbitraire possible, mais qui respecte le caractère solide des solides (en particulier, le ***champ de vitesses virtuelles est équiprojectif***).
Le torseur distributeur des vitesses virtuelles s'écrit alors

$$\mathscr{V}^*(S_1/\mathscr{R}_0) = \begin{Bmatrix} & 0 & \dot{x}^* \\ & 0 & \dot{y}^* \\ G & \dot{\theta}^* & 0 \end{Bmatrix}_{\mathscr{B}_0} . \tag{4.67}$$

✓ Calcul de la puissance virtuelle actions extérieures et intérieures au système

Le système étant constitué uniquement du disque rigide $(S_1)$, et le champ de vitesses virtuelles ayant été choisi équiprojectif, la puissance virtuelle des efforts intérieurs est nulle. Par ailleurs, le disque rigide $(S_1)$ n'est soumis qu'à l'action de la gravité $\varpi$ (son poids $\vec{P}$ est tel que $\vec{P} = -mg\vec{e}_{y_0}$), donc la puissance virtuelle des actions extérieures au solide rigide est

$$\mathscr{P}^* = \{\varpi \to S_1\} \cdot \mathscr{V}^*(S_1/\mathscr{R}_0) = \vec{P} \cdot \vec{V}^*(G \in S_1/\mathscr{R}_0) = -mg\dot{y}^* , \tag{4.68}$$

et les coefficients de puissance associés, relativement à chaque $q_i$, sont donnés par

$$Q_x = \frac{\partial \mathscr{P}^*}{\partial \dot{x}^*} = 0 \; ; \; Q_y = \frac{\partial \mathscr{P}^*}{\partial \dot{y}^*} = -mg \; ; \; Q_\theta = \frac{\partial \mathscr{P}^*}{\partial \dot{\theta}^*} = 0 . \tag{4.69}$$

Ces coefficients de puissance sont ceux des actions mécaniques données, le solide n'étant pas en liaison avec d'autres solides.

✓ Equations du mouvement

La puissance virtuelle des quantités d'accélération $\mathscr{A}^*$ est égale à la puissance virtuelle des forces extérieures et intérieures au système $\mathscr{P}^*$, quel que soit le champ de vitesses virtuel choisis (voir Chapitre III, § III-1.7 et III-2.6.)

$$\mathscr{A}^* = \mathscr{P}^*, \quad \forall \; \dot{q}_i^* \in \mathbb{R}, \; i = 1, \ldots, n . \tag{4.70}$$

Dans le cas particulier du disque, l'équation (4.70) s'écrit, en faisant usage des relations (4.65) et (4.68)

$$m\ddot{x}\dot{x}^* + m\ddot{y}\dot{y}^* + \tfrac{1}{2}ma^2\ddot{\theta}\dot{\theta}^* = -mg\dot{y}^*, \quad \forall \; (\dot{x}^*, \dot{y}^*, \dot{\theta}^*) \in \mathbb{R}^3 . \tag{4.71}$$

Les paramètres $(\dot{x}^*, \dot{y}^*, \dot{\theta}^*)$ étant indépendants, leurs coefficients dans l'équation (4.71) peuvent s'identifier, ce qui conduit aux trois équations de Lagrange

$$m\ddot{x} = 0 \ , \qquad (4.72\text{-a})$$
$$m\ddot{y} = -mg \ , \qquad (4.72\text{-b})$$
$$\tfrac{1}{2} m a^2 \ddot{\theta} = 0 \ . \qquad (4.72\text{-c})$$

En utilisant les conditions initiales $x(0) = x_0$, $\dot{x}(0) = v_{x0}$, $y(0) = y_0$, $\dot{y}(0) = v_{y0}$, $\theta(0) = \theta_0$ et $\dot{\theta}(0) = \dot{\theta}_0$, l'intégration des équations (4.72) conduit à

$$x(t) = v_{x0}\, t + x_0 \ , \qquad (4.73\text{-a})$$
$$y(t) = -\tfrac{1}{2} g t^2 + v_{y0}\, t + y_0 \ , \qquad (4.73\text{-b})$$
$$\theta(t) = \theta_0\, t + \dot{\theta}_0 \ . \qquad (4.73\text{-c})$$

✓ Utilisation du Lagrangien

Les équations précédentes auraient également pu être obtenues en utilisant le Lagrangien du système, l'action de la gravité $\varpi$ sur le solide $(S_1)$ dépendant d'une fonction de force (voir Chapitre III, § III-2.6., équations (3.71) et (3.72)).

Le Lagrangien du système s'écrit en effet

$$\mathscr{L} = T - V \ , \qquad (4.74\text{-a})$$

où T est l'énergie cinétique du système et V l'énergie potentielle des forces données dérivant d'une fonction de force.

Les équations de Lagrange peuvent alors s'écrire

$$\sum_{i=1}^{n} \left( \frac{d}{dt} \frac{\partial \mathscr{L}}{\partial \dot{q}_i} - \frac{\partial \mathscr{L}}{\partial q_i} \right) \dot{q}_i^* = \sum_{i=1}^{n} \Xi_i \, \dot{q}_i^* \ , \ \forall \ \dot{q}_i^* \in \mathbb{R}, \ i = 1, \cdots n \ , \qquad (4.74\text{-b})$$

où les coefficients $\Xi_i$ sont les coefficients de puissance des forces ne dérivant pas d'une fonction de force.

Ici, l'énergie potentielle de l'action de $\varpi$ sur le solide $(S_1)$ s'écrit

$$V = +mgy \ , \qquad (4.74\text{-c})$$

l'axe $y_0$ étant vertical ascendant (voir Annexe A2).

Le report des équations (4.63) et (4.74-c) dans l'équation (4.74-a) permet d'obtenir le Lagrangien du système

$$\mathscr{L} = \tfrac{1}{2} m \left( \dot{x}^2 + \dot{y}^2 \right) + \tfrac{1}{4} m a^2 \dot{\theta}^2 - mgy \ . \qquad (4.74\text{-d})$$

Les équations de Lagrange (4.74-b) utilisant le Lagrangien s'écrivent donc, avec $\dfrac{\partial V}{\partial y} = mg$,

$$m\ddot{x}\dot{x}^* + (m\ddot{y} + mg)\dot{y}^* + \tfrac{1}{2} m a^2 \ddot{\theta}\dot{\theta}^* = 0, \quad \forall \ (\dot{x}^*, \dot{y}^*, \dot{\theta}^*) \in \mathbb{R}^3 \ . \qquad (4.74\text{-e})$$

Comparée à l'utilisation du Principe des puissances virtuelles qui conduit à l'équation (4.71), l'utilisation du Lagrangien dans l'équation (4.74-e) revient donc simplement à écrire les facteurs de puissance des forces dérivant d'une fonction de force, au premier membre (affectés d'un signe négatif).

## 2.2. Roue en contact ponctuel sur un axe horizontal. Champ de vitesses virtuel compatible avec la condition de contact

### *2.2.1. Paramètres de position*

La roue est astreinte à se déplacer le long de l'axe $(O x_0)$, et comporte donc deux degrés de liberté : une translation suivant $x_0$ et une rotation autour de $z_0$. Ses paramètres de position (ou variables de situation ou encore coordonnées généralisées) sont donc $q_1 = x$ et $q_2 = \theta$, où x est l'abscisse du centre de masse G dans le repère $\mathcal{R}_0$ et $\theta$ l'angle de rotation de la roue.

Il convient de noter que le fait que la liaison soit unilatérale ou bilatérale n'influence en rien le nombre de degrés de liberté (voir § II-2.1.2.). Dans les deux cas, l'action du bâti $(S_0)$ sur la roue $(S_1)$ est le glisseur $(I, \vec{R}_I)$, avec $\vec{R}_I = X_I \vec{e}_{x_0} + Y_I \vec{e}_{y_0}$. Lorsque le contact est unilatéral, il faut vérifier à tout instant la condition de liaison unilatérale

$$Y_I \geq 0 . \qquad (4.75)$$

Dans le cas d'un contact bilatéral, aucune condition n'est requise a priori sur cette force. Dans les deux cas, la condition de contact (condition holonôme) est

$$y = a \quad . \qquad (4.76)$$

### *2.2.2. Energie cinétique de la roue*

L'énergie cinétique T du disque $(S_1)$ s'obtient à partir de l'équation (4.63) en remplaçant $\dot{y}$ par 0, puisque y vérifie la condition de contact (4.76) :

$$T = \tfrac{1}{2} m \dot{x}^2 + \tfrac{1}{4} m a^2 \dot{\theta}^2 \quad . \qquad (4.77)$$

### *2.2.3. Equations de Lagrange pour un champ de vitesses virtuel compatible avec la condition de contact*

✓ Champ de vitesses virtuel

Le champ de vitesses virtuel déterminé à la question IV-2.1.3., équation (4.67), est équiprojectif et respecte donc le caractère solide indéformable de la roue. Si le champ doit de plus être compatible avec la condition de contact holonôme (4.76), alors

$$\dot{y}^* = 0 , \qquad (4.78\text{-a})$$

et

$$\vec{V}^*(G / \mathcal{R}_0) = \dot{x}^* \vec{e}_{x_0} \quad . \qquad (4.78\text{-b})$$

Le torseur distributeur des vitesses virtuelles s'écrit alors

$$\mathcal{V}^*(S_1 / \mathcal{R}_0) = \underset{G}{\left\{ \begin{matrix} 0 & \dot{x}^* \\ 0 & 0 \\ \dot{\theta}^* & 0 \end{matrix} \right\}}_{\mathcal{B}_0} \quad . \qquad (4.78\text{-c})$$

✓ Calcul de la puissance virtuelle des quantités d'accélération

La puissance virtuelle des quantités d'accélération s'obtient à partir de l'équation (4.65) en remplaçant $\ddot{y}$ par 0, puisque y vérifie la condition de contact (4.76), et $\dot{y}^*$ par 0, puisque le champ de vitesses virtuel vérifie lui aussi cette condition holonôme de contact :

$$\mathscr{A}^* = m\ddot{x}\dot{x}^* + \tfrac{1}{2} m a^2 \ddot{\theta}\dot{\theta}^* \; . \qquad (4.79)$$

✓ Calcul de la puissance virtuelle des actions extérieures et intérieures au système

Le disque rigide $(S_1)$ est à présent soumis, non seulement à l'action de la gravité $\varpi$ (son poids $\vec{P}$ est tel que $\vec{P} = -mg\vec{e}_{y_0}$), mais encore à l'action du bâti $(S_0)$, telle que $\{S_0 \rightarrow S_1\} = (I, \vec{R}_I)$, avec

$$\vec{R}_I = X_I \vec{e}_{x_0} + Y_I \vec{e}_{y_0} \; . \qquad (4.80)$$

La puissance virtuelle des actions extérieures au disque $(S_1)$ s'écrit donc

$$\mathscr{P}^*(\text{ext} \rightarrow S_1/\mathscr{R}_0) = \{\varpi \rightarrow S\} \cdot \mathscr{V}^*(S_1/\mathscr{R}_0) + \{S_0 \rightarrow S_1\} \cdot \mathscr{V}^*(S_1/\mathscr{R}_0) \; , \qquad (4.81\text{-a})$$

soit

$$\mathscr{P}^*(\text{ext} \rightarrow S_1/\mathscr{R}_0) = \vec{P} \cdot \vec{V}^*(G \in S_1/\mathscr{R}_0) + \vec{R}_I \cdot \vec{V}^*(I \in S_1/\mathscr{R}_0) \; , \qquad (4.81\text{-b})$$

la vitesse virtuelle du point I appartenant au solide $(S_1)$, notée $I_1$, par rapport au repère $\mathscr{R}_0$ étant calculée, comme s'il s'agissait de la vitesse réelle du point I appartenant au solide $(S_1)$ par rapport au repère $\mathscr{R}_1$, par la formule de distribution des vitesses, mais virtuelles :

$$\vec{V}^*(I_1/\mathscr{R}_0) = \vec{V}^*(G_1/\mathscr{R}_0) + \vec{\Omega}^*(\mathscr{B}_1/\mathscr{B}_0) \wedge \overrightarrow{GI} \; . \qquad (4.82)$$

La vitesse virtuelle de glissement $\vec{V}^*(I_1/\mathscr{R}_0)$ est donc telle que

$$\vec{V}^*(I_1/\mathscr{R}_0) = (\dot{x}^* + a\dot{\theta}^*)\vec{e}_{x_0} \; . \qquad (4.83)$$

La puissance virtuelle $\mathscr{P}^*(\text{ext} \rightarrow S_1/\mathscr{R}_0)$, notée $\mathscr{P}^*$, s'écrit donc

$$\mathscr{P}^* = X_I \dot{x}^* + X_I a \dot{\theta}^* \; , \qquad (4.84)$$

et les coefficients de puissance associés, relativement à chaque $q_i$, sont donnés par

$$Q_x = \frac{\partial \mathscr{P}^*}{\partial \dot{x}^*} = X_I \; ; \; Q_\theta = \frac{\partial \mathscr{P}^*}{\partial \dot{\theta}^*} = X_I a \; . \qquad (4.85)$$

✓ Equations de Lagrange

La puissance virtuelle des quantités d'accélération $\mathscr{A}^*$ est égale à la puissance virtuelle des forces extérieures et intérieures au système $\mathscr{P}^*$, soit, en faisant usage des relations (4.79) et (4.84),

$$m\ddot{x}\dot{x}^* + \tfrac{1}{2} m a^2 \ddot{\theta}\dot{\theta}^* = X_I \dot{x}^* + X_I a \dot{\theta}^*, \quad \forall \, (\dot{x}^*, \dot{\theta}^*) \in \mathbb{R}^2 \; . \qquad (4.86)$$

Les paramètres $(\dot{x}^*, \dot{\theta}^*)$ étant indépendants, leurs coefficients dans l'équation (4.86) peuvent s'identifier, ce qui conduit aux deux équations de Lagrange

$$m\ddot{x} = X_I \ , \tag{4.87-a}$$

$$\tfrac{1}{2} m a^2 \ddot{\theta} = X_I a \ , \tag{4.87-b}$$

✓ Inconnues figurant dans les équations (4.87)

Trois inconnues figurent dans les équations (4.87) : $x$, $\theta$ et $X_I$. Néanmoins, seules les deux équations (4.87) sont disponibles, ce qui ne permet pas de résoudre le problème.

Nota Bene. La réaction normale $Y_I$ n'intervient pas dans les équations, et la condition de contact (4.76) $y = a$ est respectée.

### *2.2.4. Contact avec glissement*

✓ Loi de Coulomb traduisant la nature du contact

Si la liaison est unilatérale, il faut vérifier à tout instant la condition de liaison unilatérale (4.75) déjà mentionnée au § IV-2.2.1.

$$Y_I \geq 0 \ . \tag{4.75}$$

Si la liaison est bilatérale, il n'y a pas de condition sur le signe de $Y_I$.

La loi de Coulomb s'écrit, dans les deux cas

$$|X_I| = f\,|Y_I| \ . \tag{4.88}$$

✓ Inventaire des inconnues et des équations du problème

Les inconnues sont au nombre de quatre : les deux variables de situation $x$ et $\theta$, ainsi que les deux composantes de l'action de liaison, $X_I$ et $Y_I$.

Les équations disponibles sont au nombre de trois : les deux équations de Lagrange (4.87) et la loi de Coulomb (4.88), ce qui ne permet pas de résoudre le problème.

Nota Bene. La réaction normale $Y_I$ n'intervient pas dans les équations, et la condition de contact (4.76) $y = a$ est respectée. Pour résoudre complètement le problème, il faudrait obtenir une équation supplémentaire faisant intervenir la composante normale $Y_I$, qui peut être obtenue soit en appliquant le Principe Fondamental de la Dynamique (ce qui réduirait alors fortement l'intérêt de l'utilisation des équations de Lagrange), soit en prenant un champ de vitesses virtuel ne respectant pas la condition de contact.

## 2.3. Roue en contact ponctuel sur un axe horizontal. Champ de vitesses virtuel ne respectant plus la condition de contact

### *2.3.1. Puissance virtuelle des quantités d'accélération*

Le champ de vitesses virtuel n'étant plus compatible avec la condition de contact, alors

$$\dot{y}^* \neq 0 \ , \tag{4.89}$$

et la vitesse virtuelle du point G appartenant à la roue $(S_1)$, point noté $G_1$, par rapport au repère $\mathcal{R}_0$ est

$$\vec{V}^*(G_1/\mathscr{R}_0) = \dot{x}^*\,\vec{e}_{x_0} + \dot{y}^*\,\vec{e}_{y_0} \quad , \tag{4.90-a}$$

bien que la vitesse réelle soit

$$\vec{V}(G_1/\mathscr{R}_0) = \dot{x}\,\vec{e}_{x_0} \quad . \tag{4.90-b}$$

La puissance virtuelle des quantités d'accélération s'obtient donc à partir de l'équation (4.65), puisque $\dot{y}^* \neq 0$, mais, comme la condition de contact (4.76) est $y = a$, la dérivée seconde de y est nulle, $\ddot{y} = 0$, ce qui conduit à

$$\mathscr{A}^* = m\,\ddot{x}\,\dot{x}^* + \tfrac{1}{2}m\,a^2\ddot{\theta}\dot{\theta}^* \quad , \tag{4.91}$$

équation identique à l'équation (4.79), mais pas pour les mêmes raisons.

### *2.3.2. Equations de Lagrange*

✓ Puissance virtuelle des efforts extérieurs à la roue

Le raisonnement suivi au § IV-2.2.3. est toujours valable, des équations (4.80) à (4.82), mais il faut calculer la puissance virtuelle des efforts extérieurs à la roue en considérant maintenant que $\dot{y}^* \neq 0$. En reportant l'expression (4.90-a) dans l'équation (4.82), la vitesse virtuelle de glissement du point $I_1$ par rapport au repère $\mathscr{R}_0$ s'écrit

$$\vec{V}^*(I_1/\mathscr{R}_0) = \left(\dot{x}^* + a\,\dot{\theta}^*\right)\vec{e}_{x_0} + \dot{y}^*\,\vec{e}_{y_0} \quad . \tag{4.92}$$

Le report de cette vitesse et de celle de $G_1$ par rapport au repère $\mathscr{R}_0$, équation (4.90-a), dans l'expression (4.81-b) de la puissance virtuelle des efforts extérieurs $\mathscr{P}^*$ conduit à

$$\mathscr{P}^* = X_I\,\dot{x}^* + \left(-m\,g + Y_I\right)\dot{y}^* + X_I\,a\,\dot{\theta}^* \quad . \tag{4.93}$$

✓ Principe des puissances virtuelles

La puissance virtuelle des quantités d'accélération $\mathscr{A}^*$ est égale à la puissance virtuelle des forces extérieures et intérieures au système $\mathscr{P}^*$, soit, en faisant usage des relations (4.91) et (4.93)

$$m\,\ddot{x}\,\dot{x}^* + \tfrac{1}{2}m\,a^2\ddot{\theta}\dot{\theta}^* = X_I\,\dot{x}^* + \left(-m\,g + Y_I\right)\dot{y}^* + X_I\,a\,\dot{\theta}^*, \quad \forall\ \left(\dot{x}^*, \dot{y}^*, \dot{\theta}^*\right) \in \mathbb{R}^3 \quad . \tag{4.94}$$

Les paramètres $\left(\dot{x}^*, \dot{y}^*, \dot{\theta}^*\right)$ étant indépendants, leurs coefficients dans l'équation (4.94) peuvent s'identifier, ce qui conduit aux trois équations de Lagrange

$$m\,\ddot{x} = X_I \quad , \tag{4.95-a}$$

$$0 = -m\,g + Y_I \quad , \tag{4.95-b}$$

$$\tfrac{1}{2}m\,a^2\ddot{\theta} = X_I\,a \quad . \tag{4.95-c}$$

✓ Avantage par rapport à la méthode suivie au § IV-2.2.3.

Ici, quatre inconnues figurent dans les équations (4.95) (au lieu de trois dans les équations (4.87)) : $x$, $\theta$, $X_I$ et $Y_I$. Il y a cependant une équation supplémentaire, (4.95-b), qui permet de déterminer l'action de liaison normale $Y_I$ (qui n'intervient pas dans le § IV-2.2.3.) lorsque le champ de vitesses virtuel respecte la condition holonôme de contact

$$Y_I = m\,g \quad . \tag{4.96}$$

Néanmoins, seules les trois équations de Lagrange (4.95) sont disponibles, ce qui ne permet toujours pas de résoudre le problème.

### *2.3.3. Contact avec glissement*

Si le contact se fait avec glissement, l'équation manquante est donnée par la loi de Coulomb (4.88)

$$|X_I| = f\,|Y_I| \ . \tag{4.88}$$

Les quatre inconnues sont $x$, $\theta$, $X_I$ et $Y_I$.

Les quatre équations sont les trois équations de Lagrange (4.95) et la loi de Coulomb (4.88). Le problème est donc soluble, uniquement si la liaison est unilatérale, car alors $Y_I$ est obligatoirement positif.

## 2.4. Roue en contact ponctuel sur un axe horizontal : contact sans glissement

### *2.4.1. Condition de roulement sans glissement*

La condition de roulement sans glissement est établie en écrivant que la vitesse de glissement du point I appartenant au disque $(S_1)$, noté $I_1$, par rapport au repère $\mathcal{R}_0$, est nulle, soit

$$\vec{V}(I_1/\mathcal{R}_0) = \vec{0} \ . \tag{4.97}$$

La formule de distribution des vitesses permet d'exprimer $\vec{V}(I_1/\mathcal{R}_0)$ en fonction de la vitesse du point G appartenant au disque $(S_1)$, noté $G_1$, par rapport au repère $\mathcal{R}_0$, soit

$$\vec{V}(I_1/\mathcal{R}_0) = \vec{V}(G_1/\mathcal{R}_0) + \vec{\Omega}(\mathcal{B}_1/\mathcal{B}_0) \wedge \vec{GI} \ , \tag{4.98-a}$$

avec

$$\vec{V}^*(G_1/\mathcal{R}_0) = \dot{x}^*\,\vec{e}_{x_0} \ , \tag{4.98-b}$$

d'où

$$\vec{V}(I_1/\mathcal{R}_0) = (\dot{x} + a\,\dot{\theta})\,\vec{e}_{x_0} \ . \tag{4.98-c}$$

La condition de roulement sans glissement (4.97) conduit donc à une ***relation de liaison non holonôme***

$$\dot{x} + a\,\dot{\theta} = 0 \ . \tag{4.99}$$

### *2.4.2. Champ de vitesses virtuel compatible avec la condition de non glissement*

Le champ de vitesses virtuel est compatible avec la condition de non glissement. Il l'est donc a fortiori avec la condition holonôme de contact (4.76) $y = a$, donc

$$\dot{y}^* = 0 \ , \tag{4.100}$$

et vérifie de plus la condition non holonôme (4.97) ou (4.99)

$$\vec{V}^*(I_1/\mathcal{R}_0) = \vec{0} \ , \tag{4.101-a}$$

soit

$$\dot{x}^* + a\,\dot{\theta}^* = 0 \ . \tag{4.101-b}$$

✓ Puissance virtuelle des quantités d'accélération

La puissance virtuelle des quantités d'accélération est celle donnée par l'équation (4.79)

$$\mathcal{A}^* = m\,\ddot{x}\,\dot{x}^* + \tfrac{1}{2} m\,a^2 \ddot{\theta}\,\dot{\theta}^* \ . \tag{4.102}$$

✓ Puissance virtuelle des efforts extérieurs au solide rigide

La puissance virtuelle des actions extérieures au disque $(S_1)$ s'écrit

$$\mathscr{P}^* = \vec{P} \cdot \underbrace{\vec{V}^*(G_1/\mathscr{R}_0)}_{=\dot{x}^* \vec{e}_{x_0}\ (4.98-b)} + \vec{R}_I \cdot \underbrace{\vec{V}^*(I_1/\mathscr{R}_0)}_{=\vec{0}\ (4.101-a)} \ , \tag{4.103-a}$$

d'où

$$\mathscr{P}^* = 0 \ . \tag{4.103-b}$$

✓ Principe des puissances virtuelles

La puissance virtuelle des quantités d'accélération $\mathscr{A}^*$ est égale à la puissance virtuelle des forces extérieures et intérieures au système $\mathscr{P}^*$, soit, en faisant usage des relations (4.102) et (4.103-b)

$$m\ddot{x}\dot{x}^* + \tfrac{1}{2} m a^2 \ddot{\theta}\dot{\theta}^* = 0 \ . \tag{4.104}$$

Ici, les paramètres arbitraires $\dot{x}^*$ et $\dot{\theta}^*$ ne sont donc plus indépendants, puisqu'ils vérifient la condition non holonôme

$$\dot{x}^* + a\dot{\theta}^* = 0 \ . \tag{4.101-b}$$

Il n'est plus possible d'identifier les coefficients des paramètres $\dot{x}^*$ et $\dot{\theta}^*$ dans l'équation (4.104), sans introduire un multiplicateur.

✓ Utilisation du Lagrangien

L'équation (4.104) aurait également pu être obtenue en utilisant le Lagrangien du système,

$$\mathscr{L} = T - V \ , \tag{4.74-a}$$

l'action de la gravité $\varpi$ sur le solide $(S_1)$ dépendant d'une fonction de force (voir Chapitre 3, § 3.2.6., équations (3.71) et (3.72)).
Comme écrit au § IV-2.1.3., l'énergie potentielle V de l'action de $\varpi$ sur le solide $(S_1)$ est

$$V = m g a = \text{constante} \ . \tag{4.105-a}$$

Le report des équations (4.77) et (4.105-a) dans l'équation (4.74-a) permet l'obtention du Lagrangien du système

$$\mathscr{L} = \tfrac{1}{2} m \dot{x}^2 + \tfrac{1}{4} m a^2 \dot{\theta}^2 - m g a \ . \tag{4.105-b}$$

Les équations de Lagrange utilisant le Lagrangien s'écrivent

$$\sum_{i=1}^{n} \left( \frac{d}{dt}\frac{\partial \mathscr{L}}{\partial \dot{q}_i} - \frac{\partial \mathscr{L}}{\partial q_i} \right) \dot{q}_i^* = \sum_{i=1}^{n} \Xi_i \, \dot{q}_i^* \ , \tag{4.105-c}$$

où les coefficients $\Xi_i$ sont les coefficients de puissances des forces ne dérivant pas d'une fonction de forces. De plus, $\dfrac{\partial V}{\partial q_i} = 0$ et $\dfrac{d}{dt}\dfrac{\partial V}{\partial \dot{q}_i} = 0$, donc l'équation (4.105-c) s'écrit

$$m\ddot{x}\dot{x}^* + \tfrac{1}{2} m a^2 \ddot{\theta}\dot{\theta}^* = 0 \ . \tag{4.105-d}$$

Comparée à l'utilisation du Principe des puissances virtuelles qui conduit à l'équation (4.104), l'utilisation du Lagrangien dans l'équation (4.105-d) ne change rien ici, puisque l'énergie potentielle de l'action de gravité est constante.

### 2.4.3. *Equations de Lagrange avec multiplicateur*

En posant

$$\vec{\ell} = m\ddot{x}\vec{e}_1 + \tfrac{1}{2}ma^2\ddot{\theta}\vec{e}_2 \ , \qquad (4.106\text{-a})$$

$$\vec{q}^* = \dot{x}^*\vec{e}_1 + \dot{\theta}^*\vec{e}_2 \ , \qquad (4.106\text{-b})$$

et

$$\vec{A} = \vec{e}_1 + a\vec{e}_2 \ , \qquad (4.106\text{-c})$$

les vecteurs $(\vec{e}_1, \vec{e}_2)$ constituant la base canonique de $\mathbb{R}^2$, l'équation (4.104) s'écrit

$$\vec{\ell}\cdot\vec{q}^* = 0 \ , \qquad (4.107)$$

pour tous les vecteurs $\vec{q}^*$ vérifiant l'équation (4.101-b) ,

soit ici

$$\dot{x}^* + a\dot{\theta}^* = 0 \ , \qquad (4.101\text{-b})$$

ou encore, compte tenu de la relation

$$\vec{A}\cdot\vec{q}^* = 0 \ , \qquad (4.108\text{-a})$$

$$\underbrace{\begin{bmatrix}1 & a\end{bmatrix}}_{(a_{ki})}\begin{Bmatrix}\dot{x}^*\\ \dot{\theta}^*\end{Bmatrix} = 0 \ . \qquad (4.108\text{-b})$$

L'ensemble des vecteurs $\vec{q}*$ tels que $\vec{A}\cdot\vec{q}^* = 0$ est le sous-espace à $(n-1=1)$ dimension, perpendiculaire à $\vec{A}$ dans $\mathbb{R}^2$.

Par ailleurs, le vecteur $\vec{\ell}$ tel que $\vec{\ell}\cdot\vec{q}* = 0$ est perpendiculaire à tous les vecteurs $\vec{q}*$ de ce sous-espace, lui-même perpendiculaire à $\vec{A}$.

Par conséquent, $\vec{\ell}$ est dans le même sous-espace que $\vec{A}$,

d'où

$$\vec{\ell} = \lambda\vec{A} \ , \qquad (4.109\text{-a})$$

soit

$$\frac{d}{dt}\frac{\partial T}{\partial \dot{q}_i} - \frac{\partial T}{\partial q_i} = Q_i + \lambda a_i, \quad i = 1,\ldots,n \ , \qquad (4.109\text{-b})$$

où $\lambda$ est un multiplicateur de Lagrange.

Le report des équations (4.106) dans l'équation (4.109-a) conduit aux deux équations de Lagrange avec multiplicateur

$$m\ddot{x} = \lambda \ , \qquad (4.110\text{-a})$$

et

$$\tfrac{1}{2}ma^2\ddot{\theta} = \lambda a \ . \qquad (4.110\text{-b})$$

En comparant les équations (4.110) avec les équations (4.87) obtenues au § IV-2.2.3. pour un champ de vitesses virtuel compatible avec la condition de contact, il apparaît que le multiplicateur $\lambda$ s'identifie à la composante tangentielle de l'action de liaison $X_I$.

✓ Inventaire du nombre d'inconnues et du nombre d'équations du problème

Les inconnues sont au nombre de trois : les deux variables de situation x, $\theta$ et le multiplicateur de Lagrange $\lambda$.

Les équations disponibles sont également au nombre de trois : les deux équations (4.110) et la condition de roulement sans glissement en vitesses réelles (4.99).

Les inconnues étant en nombre égal aux équations, le problème est donc soluble.

# Chapitre V

# PRINCIPE VARIATIONNEL DE HAMILTON

La méthode des équations de Lagrange qui est détaillée dans les Chapitres III et IV est en réalité une conséquence d'un principe beaucoup plus général de la physique (incluant électromagnétisme, mécanique relativiste, optique, ..., voir Annexe A3) qui est le ***Principe Variationnel de Hamilton*** (ou principe de moindre action) : les équations du mouvement et les conditions aux limites sont obtenues à partir de la ***minimisation d'une intégrale*** dite "***action de Hamilton***", qui traduit une propriété de la nature suivant laquelle les systèmes évoluent en minimisant certains facteurs généralement dénommés action.

Une première utilisation de ce principe est donnée, pour le cas très simple d'un système masse-ressort à un seul degré de liberté et sans démonstration, au Chapitre I. Certes, le Principe Variationnel paraît lourd à mettre en oeuvre dans le cas d'un système aussi simple que celui d'un système masse-ressort (à un degré de liberté) ; mais en fait, il offre notamment l'avantage de permettre l'obtention, en une seule opération, des équations du mouvement et des conditions aux limites. C'est l'objet de ce chapitre que de mettre tout cela en oeuvre.

## 1. ELEMENTS DE CALCUL VARIATIONNEL

### 1.1. Etat d'un système

#### *1.1.1. Etat complet d'un système*

Comme mentionné au Chapitre III, § III-2.1., l'état complet d'un système dépend des n positions $q_i(t)$ et des n vitesses $\dot{q}_i(t)$ **indépendamment** les unes des autres ; autrement dit, les positions $q_i(t)$ et les vitesses $\dot{q}_i(t)$ dont dépend l'état complet d'un système à un instant t (choisi éventuellement comme instant initial), sont totalement indépendantes les unes des autres, de même que l'ensemble des coordonnées spatiales $q_i(t)$ et celle de temps sont considérées comme des variables indépendantes (indépendance des coordonnées d'espace et du temps)

C'est précisément l'objet des équations fondamentales de la mécanique que d'établir les relations entre tous ces paramètres (considérés comme indépendants au départ) pour obtenir les trajectoires de systèmes mécaniques donnés (systèmes masses/ressorts, mouvement des planètes, etc.), avec leurs contraintes, leurs conditions initiales,...

#### *1.1.2. Espace de configuration*

*A un instant donné, l'espace à n dimensions tel que la position du système soit caractérisée par un point de coordonnées* $M(q_1,\ldots,q_n)$ *est appelé* ***espace de configuration****. A chaque axe de cet espace correspond une coordonnée* $q_i$.

Pour un point matériel repéré par ses trois coordonnées cartésiennes, l'espace de configuration s'identifie à l'espace géométrique cartésien 3D habituel (figure 5.1-a). En revanche, il n'en est pas de même pour un pendule simple, dont la position est caractérisée par la longueur $r = OM$ et par l'angle $\theta$ qu'il fait avec la verticale descendante (figure 5.1-b), pour un ensemble de trois particules évoluant sur un même axe (figure 5.1-c), ou pour le système de la figure 5.1-d, dont la position est caractérisée par les déplacements $x_1$ et $x_2$ des points A et B, ainsi que par l'angle $\theta$ que fait l'axe BC avec la verticale.

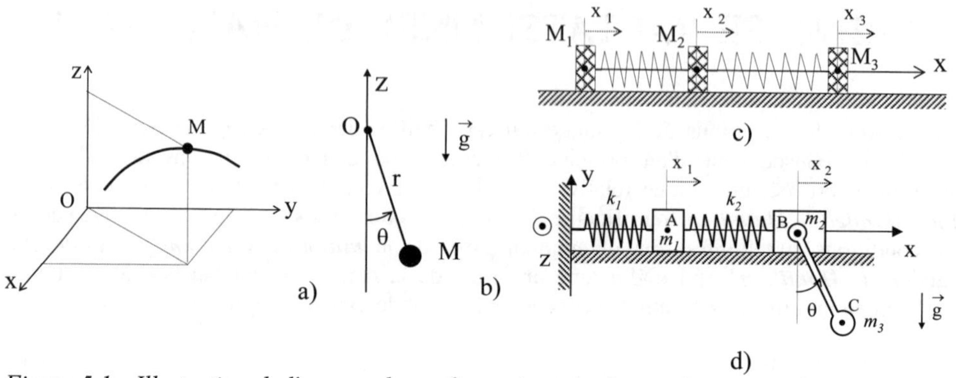


*Figure 5.1 : Illustration de l'espace de configuration. a) : la représentation des positions* $x$, $y$ *et* $z$ *dans un espace 3D à trois coordonnées indépendantes s'identifie à l'espace géométrique 3D physique ; b) : la représentation des positions* $r$ *et* $\theta$ *dans un plan à deux coordonnées indépendantes ne s'identifie pas au plan géométrique ; c) (resp. d) : la représentation des positions* $x_1$, $x_2$ *et* $x_3$ *(resp.* $\theta$*) dans un espace 3D à trois coordonnées indépendantes ne s'identifie pas à l'espace géométrique 3D physique.*

Il convient de noter qu'un point de l'espace de configuration détermine la position du système et non son état mécanique, lequel exige en outre la connaissance de l'ensemble des vitesses (voir § V-1.1.).

## 1.2. Introduction au calcul variationnel

### *1.2.1. Trajectoire réelle et trajectoires "possibles a priori"*

D'après ce qui précède, un système mécanique subissant une évolution entre deux instants $t_1$ et $t_2$ dessine donc une ***courbe dans l'espace de configuration*** entre un point A et un point B (figure 5.2), de coordonnées respectives $q_i(t_1)$ et $q_i(t_2)$, qui est appelée (faute de mieux) "***trajectoire***". Le temps peut alors être pris comme paramètre de cette courbe, pendant le mouvement réel du système. La trajectoire est qualifiée ici de ***trajectoire réelle***.

La représentation de l'ensemble des ***trajectoires "possibles a priori"*** d'un point M pour aller du point A au point B (figure 5.2), montre que le passage d'un point de la trajectoire réelle à un point de la trajectoire "possible a priori", à un instant fixé, se fait par l'intermédiaire d'un déplacement purement géométrique noté $\delta\overrightarrow{M}$, que l'on peut appeler ***déplacement virtuel***, auquel correspond pour chaque coordonnée généralisée, une variation arbitraire $\delta q_i$.

Le calcul variationnel extrémise (au sens de minimise ou maximise) une quantité notée S et appelée ***action***, et permet d'identifier ainsi la trajectoire optimale, donc réelle, pour des conditions de mouvement données (ceci correspond à un ***problème d'optimisation***). Expérimentalement, la détermination d'une courbe optimale passerait par la donnée d'une courbe de départ, puis par une évolution successive de courbes voisines jusqu'à obtenir l'optimum. Graphiquement, cela revient à considérer des chemins suivis différents de proche en proche, reliant les points A et B. Les mots "***chemins suivis***" signifient "***états successifs***"

***par lesquels passe le système étudié*** : il faut donc au moins la position et la vitesse (réelles) pour qu'ils soient bien définis (la notion de vitesse virtuelle dont il a été question aux chapitres III et IV n'apparaît pas ici dans ce formalisme).

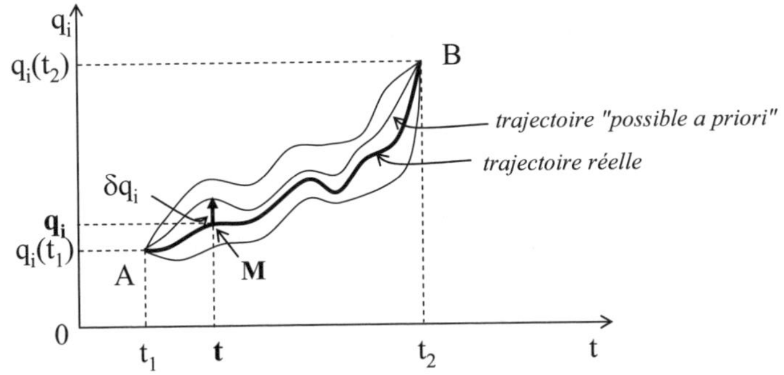


*Figure 5.2 : Pour l'une des coordonnées généralisées* $q_i$*, ensemble de toutes les trajectoires* $q_i(t)$, $i = 1,\ldots,n$, *"possibles a priori" du point M, entre deux points* A *et B de coordonnées respectives* $q_i(t_1)$ *et* $q_i(t_2)$*. A <u>un instant</u>* t *<u>fixé</u>, la variation de la coordonnée réelle* $q_i(t)$ *du point M qui le fait passer de la trajectoire réelle à une trajectoire possible est notée* $\delta \overrightarrow{M}(\delta q_i)$ *et peut être appelée **"déplacement virtuel"**.*

### *1.2.2. Préliminaire : expression de problèmes d'optimisation par calcul de variations (exemples géométriques simples)*

La signification d'un calcul de variation est donnée ici sur deux exemples simples, qui, pour être exposés en toute rigueur, devraient être présentés de manière plus détaillée.

- Plus petite distance dans un plan

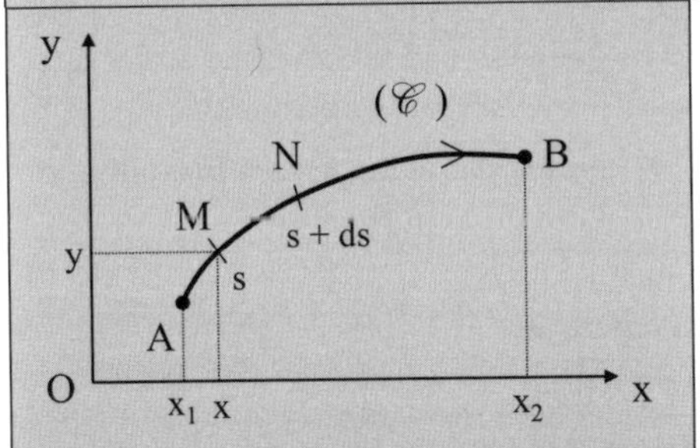


*Figure 5.3 : trajectoire curviligne d'un point matériel* M

La position d'un point M quelconque de la courbe $(\mathscr{C})$ d'équation $y = f(x)$, peut être repérée par son abscisse curviligne $s(M)$ (figure 5.3) telle que

$$s(M) = \overset{\frown}{AM}\ , \tag{5.1}$$

l'élément infinitésimal de distance étant

$$ds = \sqrt{(dx)^2 + (dy)^2} = \sqrt{1 + \left(\frac{dy}{dx}\right)^2}\, dx\ , \tag{5.2-a}$$

soit

$$ds = \sqrt{1 + f'^2}\, dx\ , \tag{5.2-b}$$

où f' désigne la dérivée de $y = f(x)$ par rapport à x.

La longueur L du chemin menant de A à B est donc donnée par

$$L = \int_A^B ds\ , \tag{5.3-a}$$

soit

$$L = \int_{x_1}^{x_2} \sqrt{1 + f'^2}\, dx\ , \tag{5.3-b}$$

où $x_1$ et $x_2$ désignent les abscisses respectives des points A et B.

La recherche de la courbe $(\mathscr{C})$, d'équation $y = f(x)$ qui minimise la distance entre deux points A et B dans le plan $(O\,x\,y)$, conduit à donc à ***minimiser une grandeur*** qui est ici la distance L donnée par l'équation (5.3-b), ***qui est l'intégrale d'une fonction dépendant de*** $f'$.

La solution est donnée plus loin au § V-2.4.1.

- La brachistochrone

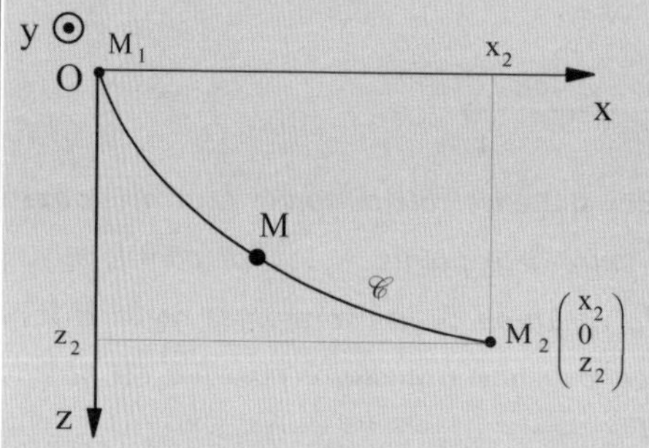


*Figure 5.4 : Trajectoire du point* M *de l'origine* $M_1$ *à sa position finale* $M_2$

Un point pesant M de masse m est mobile dans un plan vertical $(O\,x\,z)$ dans lequel il est astreint à suivre un profil matériel $\mathscr{C}$ d'équation $z = f(x)$. Le repère $\mathscr{R} = (O, \vec{e}_x, \vec{e}_y, \vec{e}_z) = (O, \mathscr{B})$ est supposé galiléen. La liaison entre M et $\mathscr{C}$ est sans frottements, ce qui peut être matérialisé par une bille M ponctuelle qui roule sur le profil (figure 5.4). L'ensemble est soumis au champ de pesanteur terrestre $\vec{g} = g\,\vec{e}_z$. A l'instant $t_1 = 0$, le point M est lâché sans vitesse au point $M_1$ (pris comme origine O du repère $\mathscr{R}$) du profil $\mathscr{C}$. Il atteint le point $M_2$ de $\mathscr{C}$ au bout d'un temps $t_2$.

Le profil brachistochrone (du grec brakhus = court et khronos = le temps) est le profil $\mathscr{C}$ pour lequel le temps $t_2$ est minimal. Le temps $t_2$ peut être calculé en appliquant le théorème de l'énergie cinétique au point M comme suit.

✓ La position du point M est repérée par ses coordonnées x et y dans le repère $\mathscr{R}$ :

$$\overrightarrow{OM} = x\,\vec{e}_x + z\,\vec{e}_z \ , \tag{5.4}$$

avec

$$z = f(x) \ . \tag{5.5}$$

✓ La vitesse du point M par rapport au repère $\mathscr{R}$, portée par la tangente à la courbe $\mathscr{C}$ au point M, est donnée par

$$\vec{V}(M/\mathscr{R}) = \dot{x}\,\vec{e}_x + \dot{z}\,\vec{e}_z = \dot{x}\,\vec{e}_x + \dot{x}\,f'(x)\,\vec{e}_z \ . \tag{5.6}$$

✓ L'énergie cinétique du point M par rapport au repère $\mathscr{R}$

$$T(M/\mathscr{R}) = \tfrac{1}{2} m \left[\vec{V}(M/\mathscr{R})\right]^2 \ , \tag{5.7-a}$$

s'écrit donc

$$T(M/\mathscr{R}) = \tfrac{1}{2} m\,\dot{x}^2 \left(1 + f'^2\right) \ . \tag{5.7-b}$$

✓ La puissance des forces extérieures appliquées au point M relativement au repère $\mathscr{R}$, notée $\mathscr{P}(\text{ext} \to M/\mathscr{R})$, se réduit à la puissance des actions de la gravité, notée $\mathscr{P}(\varpi \to M/\mathscr{R})$, car le contact ponctuel entre le point M et la courbe $\mathscr{C}$ est supposé sans frottements :

$$\mathscr{P}(\varpi \to M/\mathscr{R}) = \frac{dU}{dt} \ , \tag{5.8-a}$$

avec

$$U = m\,g\,z = m\,g\,f(x) \ . \tag{5.8-b}$$

✓ Le théorème de l'énergie cinétique

$$\frac{d}{dt}\{T(M/\mathscr{R})\} = \mathscr{P}(ext \to M/\mathscr{R}) \ , \tag{5.9-a}$$

s'écrit

$$T = U + \text{constante} \ , \tag{5.9-b}$$

soit

$$\tfrac{1}{2} m \dot{x}^2 \left(1 + f'^2\right) = m g f \ , \tag{5.9-c}$$

compte tenu des conditions initiales $\dot{x}(0) = 0$ et $z(0) = f(0) = 0$.

En remarquant que $z = f(x) > 0$ et en supposant que $\dot{x} = \dfrac{dx}{dt} > 0$, l'équation (5.9-c) permet

d'écrire

$$\frac{dx}{dt} = \sqrt{\frac{2gf}{1+f'^2}} \ , \tag{5.10}$$

le temps $t_2$ étant donné par l'intégrale

$$t_2 = \frac{1}{\sqrt{2g}} \int_{x_1=0}^{x_2} \sqrt{\frac{1+f'^2}{f}} \, dx \ . \tag{5.11}$$

La recherche du profil $\mathscr{C}$ pour lequel le temps $t_2$ est minimal conduit donc à ***minimiser une grandeur*** qui est ici le temps $t_2$ donné par l'équation (5.11), ***qui est l'intégrale d'une fonction dépendant à la fois de*** $f$ ***et de*** $f'$. La solution est donnée plus loin au § V-2.4.2.

Ces deux exemples de recherche d'optimum montrent que la solution cherchée $f(x)$ est celle qui rend ***stationnaire*** (minimale ou maximale) une intégrale de la forme

$$I\{f\} = \int_{x_1}^{x_2} F[f, f', x] \, dx \ . \tag{5.12}$$

Lorsque le problème consiste à rechercher les équations du mouvement d'un système, le Principe Variationnel de Hamilton (voir § V-1.3.) montre que le mouvement réel est tel qu'une intégrale, appelée ***action***, de la forme de celle de l'équation (5.12), reste ***stationnaire lors d'une variation fonctionnelle des chemins***.

### *1.2.3. Transcription mathématique du principe de moindre action*

En 1744 Pierre-Louis Moreau de Maupertuis pressent que les phénomènes physiques répondent à un principe premier, fondamental, selon lequel la "nature" choisit toujours, entre toutes les possibilités qui s'offrent à elle, celle qui est la "plus efficace". Il baptise ce principe, le ***principe de moindre action***.

De manière générale, en mathématiques, lorsqu'une fonction présente un extremum pour certaines valeurs de ses variables, alors toute variation du premier ordre des variables autour de l'extremum se traduit par une invariance de la valeur de la fonction, ce qui s'exprime en écrivant que les dérivées premières, relatives à ces variables, sont nulles.

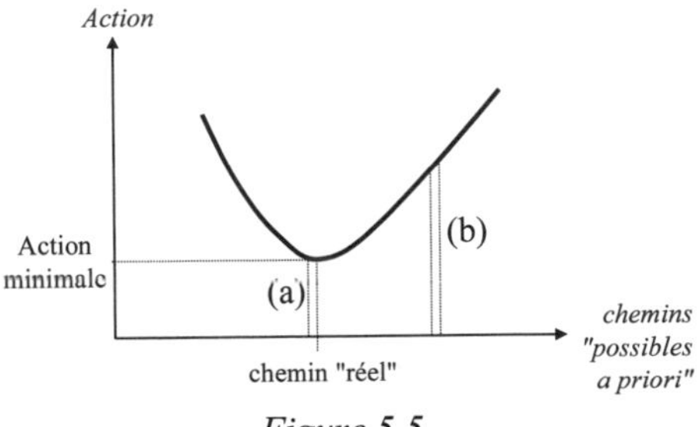


*Figure 5.5.*

L'action est ici minimale pour le chemin physique (figure 5.5), ce qui se traduit par une variation nulle de l'action autour des chemins (physiques) réels (cas a), ce qui n'est plus le cas pour des chemins non physiques (cas b).

Cependant, l'action n'est pas une fonction de variables analytiques mais de trajectoires, et l'emploi de la dérivée première n'est donc pas possible. La résolution du problème est menée en calculant la différence entre l'action du chemin physique et celle d'un chemin infiniment proche (variation du premier ordre), puis d'annuler cette différence afin d'exprimer le fait que l'action est minimale sur le chemin physique "réel" (comme mentionné au § V-1.2.1., le terme "chemin" signifie "états successifs" par lesquels passe le système étudié). Ce procédé s'appelle le ***calcul variationnel***.

Il en résulte pour l'action, notée S, une **variation** $\delta S$ **qui doit être nulle**.

### 1.3. Enoncé du Principe Variationnel de Hamilton (principe de moindre action)

*Le mouvement d'un système mécanique holonôme dont toutes les forces dérivent d'un potentiel, depuis l'instant* $t_1$ *jusqu'à l'instant* $t_2$ *est tel que* ***l'intégrale appelée "action"***

$$S = \int_{t_1}^{t_2} \mathscr{L}\left[q_i(t), \dot{q}_i(t), t\right] dt \quad , \tag{5.13-a}$$

*où* $\mathscr{L} = T - V$ *est le Lagrangien du système,* ***est stationnaire*** *(extrémale), c'est-à-dire que toute variation* $\delta S$ *(à* $t$ *fixé, quel que soit* $t$*), est nulle :*

$$\delta S = 0 \quad , \tag{5.13-b}$$

*soit, du fait de la commutativité de l'opérateur intégrale (sur le temps réel* $t$*) et de l'opérateur variation (virtuelle)* $\delta$*,*

$$\delta S = \delta\left\{ \int_{t_1}^{t_2} \mathscr{L}\left[q_i(t), \dot{q}_i(t), t\right] dt \right\} = \int_{t_1}^{t_2} \delta\mathscr{L}\left[q_i(t), \dot{q}_i(t), t\right] dt = 0 \quad . \tag{5.13-c}$$

*Lorsque certaines forces ne dérivent pas d'un potentiel, le Principe Variationnel de Hamilton est étendu aux* ***systèmes non conservatifs*** *de la manière suivante*

$$\int_{t_1}^{t_2} \left( \delta\mathscr{L}\left[q_i(t), \dot{q}_i(t), t\right] + \sum_{i=1}^{n} \Xi_i \, \delta q_i \right) dt = 0 \quad , \tag{5.13-d}$$

*où les coefficients de puissance des forces non conservatives sont notés* $\Xi_i$, $i = 1, \ldots, n$, *cette égalité devant être vérifiée quelle que soit la variation* $\delta$ *considérée.*

Le terme $\sum_{i=1}^{n} \Xi_i \, \delta q_i$ dans l'équation (5.13-d) représente la somme des travaux virtuels de toutes les forces non conservatives, qu'elles soient données, de liaison, ou d'interaction entre solides constituant le système.

*Lorsque, de plus, le système vérifie* $p$ *conditions non holonômes*

$$\sum_{i=1}^{n} a_{ki} \, \dot{q}_i = 0, \quad k = 1, \ldots, p \quad , \tag{5.13-e}$$

*soit, en associant aux paramètres* $\dot{q}_i$ *des valeurs arbitraires* $\delta q_i$,

$$\sum_{i=1}^{n} a_{ki} \, \delta q_i = 0, \quad k = 1, \ldots, p \quad , \tag{5.13-f}$$

*le Principe Variationnel de Hamilton s'écrit*

$$\int_{t_1}^{t_2} \left( \delta\mathscr{L}\left[q_i(t), \dot{q}_i(t), t\right] + \sum_{i=1}^{n} \left( \Xi_i + \sum_{k=1}^{p} \lambda_k \, a_{ki} \right) \delta q_i \right) dt = 0 \quad , \tag{5.13-g}$$

*où les paramètres* $\lambda_k$ $(k = 1, \ldots, p)$ *sont appelés* ***multiplicateurs de Lagrange****, cette égalité devant être vérifiée quelle que soit la variation* $\delta$ *considérée.*

L'intervalle de temps $\left[t_1, t_2\right]$ doit être suffisamment grand pour que tous les états par lesquels passe le système soient contenus dans cet intervalle ; en particulier, pour les systèmes périodiques, la durée $\left(t_2 - t_1\right)$ de l'intervalle $\left[t_1, t_2\right]$ doit être supérieure ou égale à la période du système, ou, pour les mouvements transitoires, l'intervalle $\left[t_1, t_2\right] = \left[t_i, +\infty\right[$ où $t_i$ désigne l'instant initial.

## 2. CONDITION DE STATIONNARITE : EQUATION D'EULER

Les intégrales (5.12) et (5.13-a) sont toutes les deux de la forme

$$I\{f\} = \int_{u_1}^{u_2} F\left[f_1, \ldots, f_n, f_1', \ldots, f_n', u\right] du \quad , \qquad (5.14\text{-a})$$

soit, en écriture condensée,

$$I\{f\} = \int_{u_1}^{u_2} F\left[f_i, f_i', u\right] du \quad , \qquad (5.14\text{-b})$$

où la notation $f_i'$ signifie $f_i' = d f_i / d u$

(le changement de variable $u$ en $x$ permet de retrouver la forme de l'équation (5.12), et le changement de variable $u$ en $t$, associé à un changement de fonction $f$ en $q$ et $F$ en $\mathscr{L}$ permet de retrouver la forme de l'équation (5.13-a)).

Les problèmes d'optimisation donnés en exemple au § V-1.2.2. ou le Principe Variationnel de Hamilton nécessitent de déterminer les fonctions $f_i(u)$ qui rendent stationnaire (minimale ou maximale) l'intégrale (5.14), prise entre $u_1$ et $u_2$. Les conditions de stationnarité sont données par l'équation d'Euler qui fait l'objet du § V-2.3.

Dans un premier temps, le nombre de coordonnées généralisées est pris égal à 1, afin de simplifier les calculs. L'intégrale (5.14) est donc écrite ici

$$I\{f\} = \int_{u_1}^{u_2} F\left[f, f', u\right] du \quad . \qquad (5.15)$$

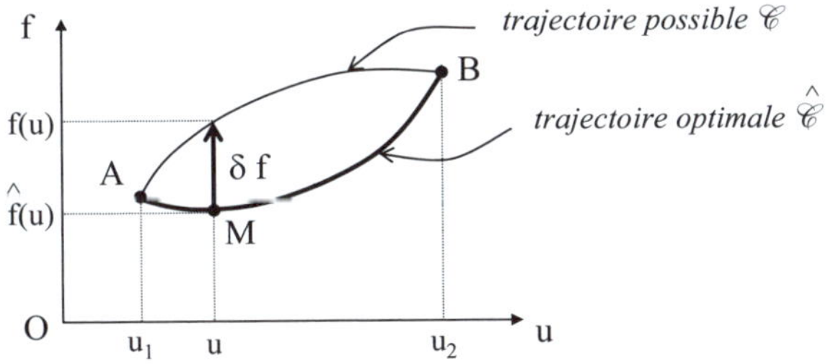


*Figure 5.6 : Ensemble de tous les chemins possibles 𝒞 du point* M*, entre deux points* A *et* B *de coordonnées (réelles)* $f(u_1)$ *et* $f(u_2)$*. En un point de l'axe* $u$*, la variation de la coordonnée* $f(u)$ *qui fait passer le point* M *de la trajectoire optimale* $\hat{𝒞}$ *au point correspondant (à* $u$ *constant) appartenant à une trajectoire possible, est notée* $\delta f(u)$

Parmi l'ensemble des courbes possibles d'équations $f = f(u)$ qui mènent du point A au point B, de coordonnées respectives $f(u_1)$ et $f(u_2)$ (figure 5.6), celle pour laquelle l'intégrale $I\{f\}$ est stationnaire est notée $\hat{f}(u)$, et l'intégrale $I\{f\}$ correspondante est notée $I\{\hat{f}\}$, la condition de stationnarité étant réalisée le long du chemin optimal noté $\hat{𝒞}$. Le chemin possible $\mathscr{C}$ est quant à lui quelconque et correspond à une fonction $f = f(u)$ pour laquelle la valeur de $I\{f\}$ est différente de celle de $I\{\hat{f}\}$.

La méthode des variations consiste à faire varier $f(u)$, c'est-à-dire le chemin possible $\mathscr{C}$, jusqu'à ce que $f(u)$ soit identique à $\hat{f}(u)$, c'est-à-dire que le chemin possible $\mathscr{C}$ coïncide avec le chemin optimal $\hat{\mathscr{C}}$, la ***comparaison entre les différents chemins se faisant à*** u ***fixé, donc constant***.

Par hypothèse, la différence

$$\delta f = f(u) - \hat{f}(u) \tag{5.16-a}$$

est supposée, dans le formalisme de calcul des variations, très petite pour tout u compris entre $u_1$ et $u_2$.

Par ailleurs, on écrit

$$\delta I = I\{f\} - I\{\hat{f}\} , \tag{5.16-b}$$

et

$$\delta F = F[f, f', u] - F[\hat{f}, \hat{f}', u] . \tag{5.16-c}$$

## 2.1. Propriétés de l'opérateur variations δ

### 2.1.1. *Commutativité de l'opérateur variations avec l'opérateur dérivée (sur la trajectoire)*

La différence entre les dérivées par rapport à u des fonctions f et $\hat{f}$ est notée

$$\delta f' = f'(u) - \hat{f}'(u) , \tag{5.17-a}$$

soit

$$\delta f' = \frac{d}{du}\left[f(u) - \hat{f}(u)\right] . \tag{5.17-b}$$

Par suite, en utilisant la notation (5.16-a),

$$\delta f' = \frac{d}{du}\delta f , \tag{5.17-c}$$

ou encore

$$\delta\frac{df}{du} = \frac{d}{du}\delta f . \tag{5.17-d}$$

Par conséquent, ***l'opérateur variations (virtuelles)*** δ ***commute avec les opérateurs différentiels (sur les trajectoires)***.

### 2.1.2. *Identification de l'opérateur variations avec les opérateurs différentiels*

Un développement au premier ordre de la fonction $F[f, f', u]$ avec $f = \hat{f} + \delta f$ (équation (5.16-a)) et $f' = \hat{f}' + \delta f'$ (équation (5.17-a)) s'écrit

$$F[f, f', u] = F[\hat{f} + \delta f, \hat{f}' + \delta f', u] \approx F[\hat{f}, \hat{f}', u] + \frac{\partial F}{\partial \hat{f}}\delta f + \frac{\partial F}{\partial \hat{f}'}\delta f' , \tag{5.18-a}$$

soit

$$F[f, f', u] - F[\hat{f}, \hat{f}', u] \approx \frac{\partial F}{\partial \hat{f}}\delta f + \frac{\partial F}{\partial \hat{f}'}\delta f' , \tag{5.18-b}$$

ou encore, en faisant usage de l'équation (5.16-c),

$$\delta F \approx \frac{\partial F}{\partial \hat{f}}\delta f + \frac{\partial F}{\partial \hat{f}'}\delta f' . \tag{5.18-c}$$

En faisant l'hypothèse que les variations $\delta f$ et $\delta f'$ sont petites sur l'intervalle $u \in [u_1, u_2]$, l'équation (5.18-c) peut finalement s'écrire

$$\delta F = \frac{\partial F}{\partial \hat{f}} \delta f + \frac{\partial F}{\partial \hat{f}'} \delta f' \ . \tag{5.18-d}$$

Par conséquent, l'***opérateur variations*** $\delta$ ***jouit des mêmes propriétés que celles des opérateurs différentiels***.

## 2.2. Equation d'Euler

La variation $\delta I$ entre l'intégrale stationnaire correspondant à $\hat{f}$, et celle correspondant au chemin possible, s'écrit, en faisant usage des relations (5.15) et (5.16-b)

$$\delta I = \int_{u_1}^{u_2} \left\{ F[f, f', u] - F[\hat{f}, \hat{f}', u] \right\} du \ , \tag{5.19-a}$$

soit, en reportant les relations (5.16-c) et (5.18-d) dans la relation (5.19-a)

$$\delta I = \int_{u_1}^{u_2} \left( \frac{\partial F}{\partial \hat{f}} \delta f + \frac{\partial F}{\partial \hat{f}'} \delta f' \right) du \ , \tag{5.19-b}$$

ou encore, en commutant l'opérateur $\delta$ et l'opérateur dérivée (équation 5.17-c),

$$\delta I = \int_{u_1}^{u_2} \left( \frac{\partial F}{\partial \hat{f}} \delta f + \frac{\partial F}{\partial \hat{f}'} \frac{d}{du} (\delta f) \right) du \ . \tag{5.19-c}$$

L'intégration par partie du terme $\int_{u_1}^{u_2} \frac{\partial F}{\partial \hat{f}'} \frac{d}{du} (\delta f) du$ de l'intégrale (5.19-c) conduit à

$$\delta I = \int_{u_1}^{u_2} \frac{\partial F}{\partial \hat{f}} \delta f \, du + \left[ \frac{\partial F}{\partial \hat{f}'} \delta f \right]_{u_1}^{u_2} - \int_{u_1}^{u_2} \frac{d}{du} \frac{\partial F}{\partial \hat{f}'} \delta f \, du \ . \tag{5.20-a}$$

Par hypothèse, tous les chemins possibles passant par les points A et B,

$$\delta f(u_1) = \delta f(u_2) = 0 \tag{5.20-b}$$

et le terme entre crochets dans l'équation (5.20-a) est nul, ce qui conduit à

$$\delta I = \int_{u_1}^{u_2} \left( \frac{\partial F}{\partial \hat{f}} - \frac{d}{du} \frac{\partial F}{\partial \hat{f}'} \right) \delta f \, du \ . \tag{5.20-c}$$

La fonction $\hat{f}(u)$ qui rend l'intégrale (5.15) stationnaire est celle pour laquelle

$$\delta I = 0, \ \forall \ \delta f \ , \tag{5.21-a}$$

soit

$$\int_{u_1}^{u_2} \left( \frac{\partial F}{\partial \hat{f}} - \frac{d}{du} \frac{\partial F}{\partial \hat{f}'} \right) \delta f \, du = 0, \ \forall \ \delta f \ . \tag{5.21-b}$$

*Par conséquent, l'intégrale* $I\{f\} = \int_{u_1}^{u_2} F[f, f', u] du$ *est rendue stationnaire pour les fonctions* $\hat{f}(u)$ *qui sont solutions de l'équation*

$$\frac{\partial F}{\partial \hat{f}} - \frac{d}{du} \frac{\partial F}{\partial \hat{f}'} = 0 \ , \tag{5.22}$$

*appelée **équation d'Euler**.*

Nota Bene. Pour rappel, l'intégration par partie d'un terme de la forme $\int_{u_1}^{u_2} v(u)w'(u)du$ est

$$\int_{u_1}^{u_2} v(u)w'(u)du = [v(u)w(u)]_{u_1}^{u_2} - \int_{u_1}^{u_2} v'(u)w(u)du \quad .$$

L'équation (5.29-a) est donc obtenue en posant

$$\begin{cases} v(u) = \dfrac{\partial F}{\partial \hat{f}'} \\ w'(u) = \dfrac{d}{du}(\delta f) \end{cases} , \quad \text{soit} \quad \begin{cases} v'(u) = \dfrac{d}{du}\dfrac{\partial F}{\partial \hat{f}'} \\ w(u) = \delta f \end{cases} .$$

## 2.3. Généralisation à n coordonnées

Dans le cas où la fonction F dépend de n fonctions $f_i$, la relation (5.21-b) s'écrit

$$\delta I = \int_{u_1}^{u_2} \delta F\left[f_i, f_i', u\right] du = 0, \quad \forall\, \delta f_i, \ i = 1, \ldots, n \ , \tag{5.23-a}$$

avec

$$\delta I = \int_{u_1}^{u_2} \sum_{i=1}^{n} \left( \frac{\partial F}{\partial \hat{f}_i} - \frac{d}{du}\frac{\partial F}{\partial \hat{f}_i'} \right) \delta f_i \ . \tag{5.23-b}$$

*Par conséquent, l'intégrale* $I\{f\} = \int_{u_1}^{u_2} F\left[f_i, f_i', u\right] du, \ i = 1, \ldots, n$, *est rendue stationnaire pour les fonctions* $\hat{f}_i(u)$ *qui sont solutions des n équations d'Euler*

$$\frac{\partial F}{\partial \hat{f}_i} - \frac{d}{du}\frac{\partial F}{\partial \hat{f}_i'} = 0, \ i = 1, \ldots, n \ . \tag{5.24}$$

## 2.4. Solution de problèmes d'optimisation (exemples géométriques simples)

La solution des problèmes d'optimisation exprimés au § V-1.2.2. peut à présent être donnée en faisant usage de l'équation d'Euler, donnant la condition de stationnarité des intégrales de la forme (5.12)

$$I\{f\} = \int_{x_1}^{x_2} F[f, f', x] dx \ . \tag{5.12}$$

### *2.4.1. Plus petite distance dans un plan*

Comme détaillé au § V-1.2.2., la recherche de la courbe $(\mathscr{C})$, d'équation $y = f(x)$ qui minimise la distance entre deux points A et B dans le plan $(Oxy)$ conduit à minimiser la distance L donnée par l'équation (5.3-b) :

$$L = \int_{x_1}^{x_2} F[f, f', x] dx \ , \tag{5.25-a}$$

où

$$F[f, f', x] = \sqrt{1 + f'^2} \ . \tag{5.25-b}$$

Le changement de variable u en x dans l'équation d'Euler (5.22) permet d'écrire que l'intégrale L est rendue stationnaire pour les fonctions $\hat{f}(x)$ qui vérifient

$$\frac{\partial F}{\partial \hat{f}} - \frac{d}{dx}\frac{\partial F}{\partial \hat{f}'} = 0 \ . \tag{5.26}$$

Le calcul de chacun des termes de l'équation (5.26)

$$\frac{\partial F}{\partial \hat{f}} = 0 \ , \quad \frac{\partial F}{\partial \hat{f}'} = \hat{f}'\left(1 + \hat{f}'^2\right)^{-1/2} \ , \quad \frac{d}{dx}\frac{\partial F}{\partial \hat{f}'} = \hat{f}''\left(1 + \hat{f}'^2\right)^{-1/2} - \hat{f}''\hat{f}'^2\left(1 + \hat{f}'^2\right)^{-3/2} \ ,$$

et leur report dans la relation (5.26) s'écrit donc

$$\hat{f}''\left(1+\hat{f}'^2\right)^{-1/2}\left[1-\hat{f}'^2\left(1+\hat{f}'^2\right)^{-1}\right]=0 \quad \text{, c'est-à-dire } \hat{f}''\left(1+\hat{f}'^2\right)^{-3/2}=0$$

soit

$$\hat{f}''=0 \ , \tag{5.27}$$

qui est l'***équation d'une droite***.

*2.4.2. La brachistochrone*

Comme détaillé au § V-1.2.2., la recherche du profil brachistochrone $(\mathscr{C})$, d'équation $z=f(x)$ qui minimise le temps $t_2$ de parcours entre deux points $M_1$ et $M_2$ dans le plan $(Oxz)$ (figure 5.4) conduit à minimiser le temps $t_2$ donné par l'équation (5.11) :

$$t_2=\int_{x_1=0}^{x_2} F[f,f',x]\,dx \ , \tag{5.28-a}$$

où

$$F[f,f',x]=\frac{1}{\sqrt{2g}}\sqrt{\frac{1+f'^2}{f}} \ . \tag{5.28-b}$$

L'intégrale (5.28-a) est convergente uniquement si la tangente à la courbe $(\mathscr{C})$ au point $M_1$ est strictement positive (voir note en fin de paragraphe). Par suite, on suppose

$$f'(x)>0, \quad \forall x \geq 0 \ . \tag{5.29}$$

Dans le cas présent, il est plus simple de choisir $z$ comme variable indépendante, et de poser

$$x=v(z) \ , \tag{5.30}$$

ce qui conduit à

$$dx=v'(z)dz \ .$$

Par ailleurs,

$$f'(x)=\frac{dz}{dx}=\frac{1}{v'(z)} \quad \text{et} \quad f(x)=z$$

donc

$$t_2=\frac{1}{\sqrt{2g}}\int_{z_1=0}^{z_2}\sqrt{\frac{1+v'^2}{v'^2 z}}\,v'dz \ , \quad \text{avec } v'(z)>0 \ ,$$

soit

$$t_2=\frac{1}{\sqrt{2g}}\int_{z_1=0}^{z_2}\sqrt{\frac{1+v'^2}{z}}\,dz \ . \tag{5.31}$$

L'intégrale (5.31) est de la forme

$$t_2-\frac{1}{\sqrt{2g}}\int_{z_1=0}^{z_2} V[v,v',z]\ dz \ , \tag{5.32-a}$$

où

$$V[v,v',z]=\sqrt{\frac{1+v'^2}{z}} \tag{5.32-b}$$

est une fonction ne dépendant pas explicitement de $v$ (alors que F en dépendait).

Le changement de variable $u$ en z, et les changements de fonctions $f$ en $v$ et F en V dans l'équation d'Euler (5.22) permettent d'écrire que l'intégrale $t_2$ est rendue stationnaire pour les fonctions $\hat{v}(z)$ qui vérifient

$$\frac{\partial V}{\partial \hat{v}}-\frac{d}{dz}\frac{\partial V}{\partial \hat{v}'}=0 \ , \tag{5.33}$$

avec ici

$$\frac{\partial V}{\partial \hat{v}}=0 \ , \quad \frac{\partial V}{\partial \hat{v}'}=\frac{\hat{v}'}{\sqrt{z\left(1+\hat{v}'^2\right)}} \ .$$

La relation (5.33) s'écrit donc en définitive

$$\frac{d}{dz}\frac{\partial V}{\partial \hat{v}'} = 0 \ ,$$

soit

$$\frac{\hat{v}'}{\sqrt{z\left(1+\hat{v}'^2\right)}} = K \ , \tag{5.34}$$

où $K$ est une constante par rapport à la variable $z$.

L'équation (5.34) s'écrit également, en faisant usage de l'hypothèse (5.29) qui implique $v'(z) > 0$

$$\hat{v}' = \frac{d\hat{v}}{dz} = \sqrt{\frac{K^2 z}{1-K^2 z}} \ , \tag{5.35-a}$$

soit

$$x = v(z) = \int_{z_0=0}^{z_1} \sqrt{\frac{K^2 z}{1-K^2 z}}\, dz \ . \tag{5.35-b}$$

Le changement de variable

$$z = \frac{1}{K^2}\sin^2\frac{\theta}{2} \tag{5.36-a}$$

conduit à

$$dz = \frac{1}{K^2}\sin\frac{\theta}{2}\cos\frac{\theta}{2}\, d\theta \ . \tag{5.36-b}$$

Le report des relations (5.36) dans l'intégrale (5.35-b), pour $0 \le \theta \le \pi$ donne

$$x = \frac{1}{K^2}\int_{\theta_0=0}^{\theta_1} \sin^2\frac{\theta}{2}\, dz \ , \tag{5.37-a}$$

soit

$$x(\theta) = \frac{1}{2K^2}\left(\theta - \sin\theta\right) \ . \tag{5.37-b}$$

L'ensemble des solutions est donc obtenu sous forme paramétrique en fonction de l'angle $\theta$ :

$$\begin{cases} x(\theta) = a\left(\theta - \sin\theta\right) & (5.38\text{-a}) \\ z(\theta) = 2a\sin^2\dfrac{\theta}{2} = a\left(1-\cos\theta\right) \ , & (5.38\text{-b}) \end{cases}$$

où

$$a = 1/\left(2K^2\right) \ . \tag{5.38-c}$$

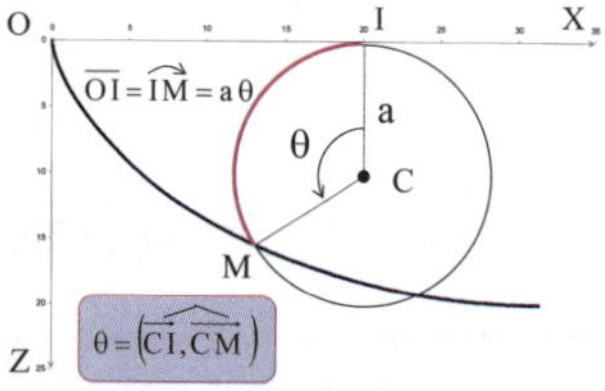


Les équations (5.38) sont celles de la ***cycloïde engendrée par un cercle de rayon*** $a$.

Rappel. Cinématiquement, une cycloïde est la trajectoire d'un point $M$ d'un cercle de rayon " a " roulant sans glisser un axe $Ox$, le point de contact $I$ et le point origine $O$ étant confondus avec ce point $M$ lorsque $\theta = 0$.

Note : Si la courbe $\mathscr{C}$ a une tangente horizontale en $M_1$, alors la fonction $z = f(x)$ peut être approximée à

$$f(x) \approx \alpha x^2 \quad , \quad \alpha > 0 \ .$$

Dans ce cas, l'intégrale $t_2 = \frac{1}{\sqrt{2g}}\int_{x_1=0}^{x_2}\sqrt{\frac{1+f'^2}{f}}\,dx$ diverge : le point $M_1$ est alors une position d'équilibre instable et il faut un temps infini pour la quitter

Il faut donc considérer que la tangente au point $M_1$ est positive, soit

$$f(x) \approx \alpha x \quad , \quad \alpha > 0 \ .$$

L'intégrale $t_2 = \frac{1}{\sqrt{2g}}\int_{x_1=0}^{x_2}\sqrt{\frac{1+f'^2}{f}}\,dx$ est alors convergente.

# 3. PRINCIPE VARIATIONNEL DE HAMILTON ET EQUATIONS DE LAGRANGE : CAS DES SYSTEMES DE SOLIDES RIGIDES

## 3.1. Cas où les liaisons sont holonômes et où toutes les forces dérivent d'une fonction de force

D'après le Principe Variationnel de Hamilton énoncé au § V-1.3., le mouvement d'un système mécanique holonôme dont toutes les forces dérivent d'un potentiel, depuis l'instant $t_1$ jusqu'à l'instant $t_2$ est tel que ***toute variation*** $\delta S$ de l'action S est nulle, soit

$$\delta S = \delta \left\{ \int_{t_1}^{t_2} \mathscr{L}\left[q_i(t), \dot{q}_i(t), t\right] dt \right\} = \int_{t_1}^{t_2} \delta \mathscr{L}\left[q_i(t), \dot{q}_i(t), t\right] dt = 0 \ , \qquad (5.40\text{-a})$$

avec

$$\mathscr{L} = T - V \ . \qquad (5.40\text{-b})$$

D'après les n équations d'Euler (5.24) obtenues au § V-2.3. (et en effectuant le changement de variable u en t, associé à un changement de fonction f en q et F en $\mathscr{L}$), la condition (5.40-a) est remplie pour les fonctions $q_i$ telles que

$$\frac{\partial \mathscr{L}}{\partial q_i} - \frac{d}{dt}\frac{\partial \mathscr{L}}{\partial \dot{q}_i} = 0, \ i = 1, \dots, n \ , \qquad (5.41)$$

qui est, au signe près, l'équation (3.73) écrite au chapitre 3, § 3.2.6.,

$$\frac{d}{dt}\frac{\partial \mathscr{L}}{\partial \dot{q}_i} - \frac{\partial \mathscr{L}}{\partial q_i} = \Xi_i \ , \ i = 1, \dots, n \ , \qquad (5.42)$$

lorsque les coefficients de puissance $\Xi_i$ des forces ne dérivant pas d'un potentiel sont nuls.

## 3.2. Cas où les liaisons sont holonômes et où toutes les forces ne dérivent pas d'une fonction de force

D'après le Principe Variationnel de Hamilton énoncé au § V-1.3., le mouvement d'un système mécanique holonôme, dont toutes les forces ne dérivent pas d'une fonction de force, depuis l'instant $t_1$ jusqu'à l'instant $t_2$ est tel que, ***quelle que soit la variation*** $\delta$ ***considérée***,

$$\int_{t_1}^{t_2} \left( \delta \mathscr{L}\left[q_i(t), \dot{q}_i(t), t\right] + \sum_{i=1}^{n} \Xi_i \, \delta q_i \right) dt = 0 \ , \qquad (5.43)$$

où les coefficients de puissance des forces non conservatives sont notés $\Xi_i$, $i = 1, \dots, n$.

D'après les propriétés de l'opérateur variations $\delta$ énoncées au § V-2.1.,

$$\delta \mathscr{L} = \sum_{i=1}^{n} \left( \frac{\partial \mathscr{L}}{\partial q_i} \delta q_i + \frac{\partial \mathscr{L}}{\partial \dot{q}_i} \delta \dot{q}_i \right) \ , \qquad (5.44\text{-a})$$

soit, en commutant l'opérateur $\delta$ et l'opérateur dérivée (équation (5.17-d)),

$$\delta \mathscr{L} = \sum_{i=1}^{n} \left( \frac{\partial \mathscr{L}}{\partial q_i} \delta q_i + \frac{\partial \mathscr{L}}{\partial \dot{q}_i} \frac{d}{dt}(\delta q_i) \right) \ . \qquad (5.44\text{-b})$$

Le report de la relation (5.44-b) dans l'intégrale (5.43) et l'intégration par partie du terme $\int_{t_1}^{t_2} \frac{\partial \mathscr{L}}{\partial \dot{q}_i} \frac{d}{dt}(\delta q_i) dt$ conduit à

$$\int_{t_1}^{t_2} \sum_{i=1}^{n} \left( \frac{\partial \mathscr{L}}{\partial q_i} + \Xi_i \right) \delta q_i \, dt + \sum_{i=1}^{n} \left[ \frac{\partial \mathscr{L}}{\partial \dot{q}_i} \delta q_i \right]_{t_1}^{t_2} - \int_{t_1}^{t_2} \sum_{i=1}^{n} \frac{d}{dt} \frac{\partial \mathscr{L}}{\partial \dot{q}_i} \delta q_i \, dt = 0, \ \forall \delta q_i \ . \quad (5.45\text{-a})$$

Par hypothèse, tous les chemins possibles passant par les points A et B (figure 5.2),

$$\delta q_i(t_1) = \delta q_i(t_2) = 0 \quad (5.45\text{-b})$$

et le terme entre crochets dans l'équation (5.45-a) est nul, ce qui conduit à

$$\int_{t_1}^{t_2} \sum_{i=1}^{n} \left( \frac{\partial \mathscr{L}}{\partial q_i} - \frac{d}{dt} \frac{\partial \mathscr{L}}{\partial \dot{q}_i} + \Xi_i \right) \delta q_i \, dt = 0, \ \forall \delta q_i, \ i = 1, \ldots, n \ . \quad (5.46)$$

*Les conditions nécessaires pour que cette intégrale s'annule pour les variations arbitraires* $\delta q_i$ *des paramètres* $q_i$ *sont que les* n *équations*

$$\frac{\partial \mathscr{L}}{\partial q_i} - \frac{d}{dt} \frac{\partial \mathscr{L}}{\partial \dot{q}_i} + \Xi_i = 0, \ i = 1, \ldots, n \quad (5.47)$$

*doivent être satisfaites à chaque instant appartenant à l'intervalle* $[t_1, t_2]$.

Les équations (5.47) ne sont autres que les équations de Lagrange (5.42).

### 3.3. Cas où le système vérifie p conditions non holonômes et où toutes les forces ne dérivent pas d'une fonction de force

Lorsque le système vérifie p conditions non holonômes, écrites en donnant aux paramètres $\dot{q}_i$ des valeurs arbitraires $\delta q_i$

$$\sum_{i=1}^{n} a_{ki} \, \delta q_i = 0, \quad k = 1, \ldots, p \ , \quad (5.48)$$

d'après le Principe Variationnel de Hamilton énoncé au § V-1.3., le mouvement d'un système mécanique vérifiant p conditions non holonômes, dont toutes les forces ne dérivent pas d'une fonction de force, depuis l'instant $t_1$ jusqu'à l'instant $t_2$ est tel que, ***quelle que soit la variation*** $\delta$ ***considérée***, les facteurs $\delta q_i$ étant néanmoins assujettis à satisfaire la relation (5.48),

$$\int_{t_1}^{t_2} \left( \delta \mathscr{L}\left[q_i(t), \dot{q}_i(t), t\right] + \sum_{i=1}^{n} \left( \Xi_i + \sum_{k=1}^{p} \lambda_k a_{ki} \right) \delta q_i \right) dt = 0 \ , \quad (5.49)$$

où les paramètres $\lambda_k$ $(k = 1, \ldots, p)$ sont appelés ***multiplicateurs de Lagrange***, et les coefficients de puissance des forces non conservatives sont notés $\Xi_i, \ i = 1, \ldots, n$.

Les calculs effectués au § V-3.2. restent entièrement valables pour ce paragraphe, en remplaçant les termes $\Xi_i$ par les termes $\Xi_i + \sum_{k=1}^{p} \lambda_k a_{ki}$. Par suite,

*les conditions nécessaires pour que l'intégrale (5.49) s'annule pour les variations arbitraires* $\delta q_i$ *des paramètres* $q_i$ *sont que les* n *équations*

$$\frac{\partial \mathscr{L}}{\partial q_i} - \frac{d}{dt} \frac{\partial \mathscr{L}}{\partial \dot{q}_i} + \Xi_i + \sum_{k=1}^{p} \lambda_k a_{ki} = 0, \ i = 1, \ldots, n \quad (5.50\text{-a})$$

*doivent être satisfaites à chaque instant appartenant à l'intervalle* $[t_1, t_2]$.

L'équation (5.50-a) est l'équation de Lagrange avec multiplicateurs (4.49-e) écrite au chapitre IV, § IV-1.3.4.

$$\frac{d}{dt}\frac{\partial \mathscr{L}}{\partial \dot{q}_i}-\frac{\partial \mathscr{L}}{\partial q_i}=\Xi_i+\sum_{k=1}^{p}\lambda_k a_{ki}\ ,\ i=1,\ldots,n\ . \tag{5.50-b}$$

# 4. PRINCIPE VARIATIONNEL DE HAMILTON ET EQUATIONS DE LAGRANGE : INTRODUCTION AU CAS DES SYSTEMES DEFORMABLES

Les équations de Lagrange données jusqu'à présent dans ce cours ne s'appliquent que dans les systèmes où le Lagrangien n'est fonction que des coordonnées généralisées, de leurs dérivées temporelles d'ordre 1 et du temps. Les systèmes déformables étudiés sont décrits par un Lagrangien qui fait de surcroît intervenir des dérivées spatiales d'ordre supérieur ou égal à un des coordonnées généralisées. A titre d'exemple, le Lagrangien linéique d'une barre 1D homogène soumise à des mouvements de compression-détente s'écrit

$$\mathscr{L}=\frac{1}{2}\rho S\left(\frac{\partial \xi}{\partial t}\right)^2-\frac{1}{2}ES\left(\frac{\partial \xi}{\partial x}\right)^2\ , \tag{5.51}$$

où $\rho$, $S$ et $E$ désignent respectivement la masse linéique, la section et le module d'Young de la barre, $\xi(x;t)$ étant le déplacement de la section de barre située en $x$ à l'instant $t$ (cet exemple est traité plus loin (§ V-4.1.4.). C'est pour cette raison que le raisonnement doit être repris à partir de la formulation variationnelle de Hamilton, d'abord en ne faisant intervenir que les dérivées spatiales d'ordre 1 (§ V-4.1.), puis les dérivées spatiales d'ordre 2 (§ V-4.2.).

## 4.1. Lagrangien dépendant de dérivées spatiales d'ordre 1

### *4.1.1. Exemple d'une barre en flexion et en cisaillement*

Le mouvement de flexion et de cisaillement d'une barre élastique (***petites déformations***), encastrée à une extrémité et, à l'autre extrémité, en liaison encastrement avec un solide rigide de masse $M_L$ et de moment d'inertie $I_L$ par rapport à l'axe $(C,\vec{e}_z)$ (figure 5.7), est engendré par une force extérieure ponctuelle exercée dans l'intervalle $x\in\left]0,L\right[$ au point $x=L/2$, décrite par la fonction $F(t)\delta(x-L/2)\vec{e}_y$ où $\delta(x-L/2)$ représente la fonction dirac au point $x=L/2$ (à ne pas confondre avec l'opérateur variations $\delta$). Ce mouvement de flexion et de cisaillement peut être décrit par la variation, en fonction de la position $x$ du centre de surface $G$ de la section droite $(S)$ et du temps $t$, de deux paramètres $\xi(x;t)$ et $\varphi(x;t)$ représentant respectivement le déplacement suivant $\vec{e}_y$ de la ligne moyenne et l'angle de rotation de la section droite. Le déplacement $\xi(x;t)$ résulte en fait de la somme du déplacement $\xi_\gamma$ dû au cisaillement caractérisé par l'angle $\gamma$ (figure 5.8-a) et du déplacement $\xi_\varphi$ dû à l'angle de rotation $\varphi$ (figure 5.8-b) : en assimilant la tangente de l'angle $(\varphi+\gamma)$ à l'angle lui-même, il vient (figure 5.9)

$$\frac{\partial \xi}{\partial x}=\varphi+\gamma\ . \tag{5.52}$$

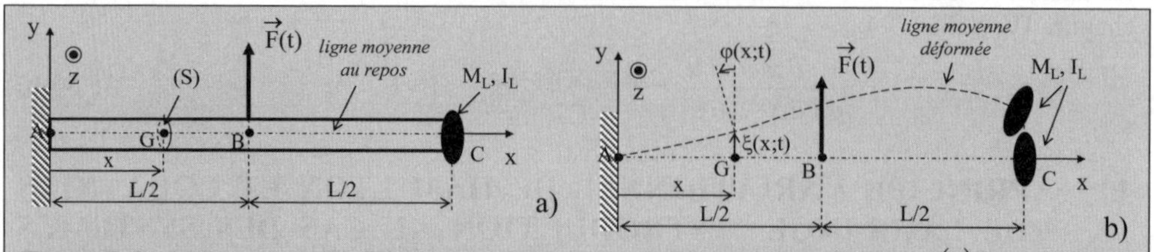


*Figure 5.7 : Mouvements de flexion et de cisaillement d'une barre de section* $(S)$ *a) au repos ; b) déformée.*

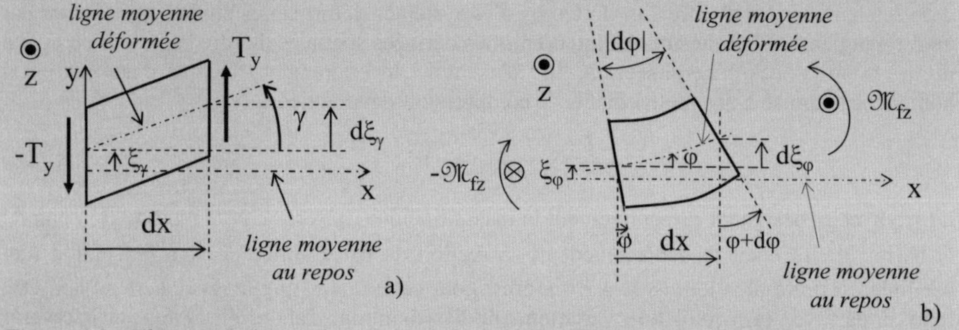


*Figure 5.8 : Elément de barre de longueur* $dx$. *a) Cisaillement pur : une fibre quelconque de l'élément subit une distorsion (ou glissement)* $\gamma$ *et un déplacement* $\xi_\gamma$ *suivant* $\vec{e}_y$, $T_y$ *étant l'effort tranchant. b) Flexion plane pure : la fibre, comme la section droite* $(S)$, *tourne d'un angle* $\varphi$ *et subit un déplacement* $\xi_\varphi$ *suivant* $\vec{e}_y$, $\mathcal{M}_{f_z}$ *étant le moment de flexion autour de* $z$.

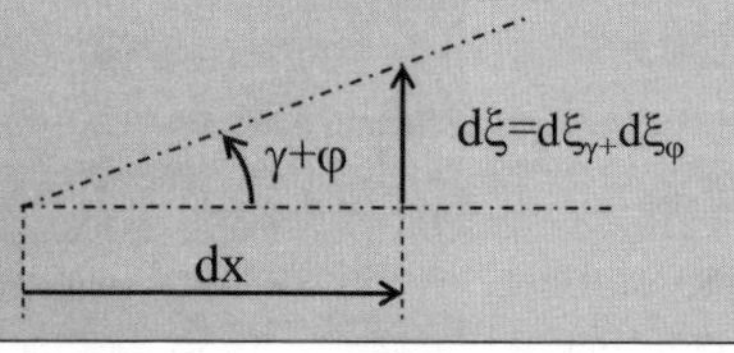


*Figure 5.9 : Représentation de la variation du déplacement sur la longueur* $dx$ *en fonction des angles* $\varphi$ *et* $\gamma$, *ce qui conduit à* $\frac{\partial \xi}{\partial x} = \varphi + \gamma$.

✓ L'énergie cinétique ***linéique*** est la somme d'une énergie cinétique linéique de translation et d'une énergie cinétique linéique de rotation

$$T = \frac{1}{2}\rho S\left(\frac{\partial \xi}{\partial t}\right)^2 + \frac{1}{2}\rho I\left(\frac{\partial \varphi}{\partial t}\right)^2 , \qquad (5.53\text{-a})$$

où $\rho$, $S$ et $I$ désignent respectivement la masse volumique de la barre, l'aire de la section $(S)$ (supposée ici constante) et le moment quadratique de la section $(S)$ par rapport à l'axe $(G, \vec{e}_z)$.

Les effets de la pesanteur étant négligés, l'énergie potentielle ***linéique*** de déformation est la somme des énergies potentielles linéiques dues à chacune des sollicitations simples (flexion et cisaillement)

$$V = \frac{1}{2}EI\left(\frac{\partial \varphi}{\partial x}\right)^2 + \frac{1}{2}GS\left(\frac{\partial \xi}{\partial x} - \varphi\right)^2 , \qquad (5.53\text{-b})$$

où E et G désignent respectivement le module d'Young et le module de Coulomb (ou module d'élasticité transversale) du matériau constituant la barre (voir Annexe A4).

Le Lagrangien $\mathscr{L}_T$ du système correspondant aux déformations de la barre s'exprime donc comme la somme des Lagrangiens élémentaires $\mathscr{L}\,dx = (T - V)dx$ sur toute la barre (où $\mathscr{L}$ représente le Lagrangien linéique), soit

$$\mathscr{L}(\xi,\varphi,\dot{\xi}_t,\dot{\varphi}_t,\dot{\xi}_x,\dot{\varphi}_x,t) = \frac{1}{2}\rho S \dot{\xi}_t^2 + \frac{1}{2}\rho I \dot{\varphi}_t^2 - \frac{1}{2} E I \dot{\varphi}_x^2 - \frac{1}{2} G S \left(\dot{\xi}_x - \varphi\right)^2 , \quad (5.54\text{-a})$$

et

$$\mathscr{L}_T(\xi,\varphi,\dot{\xi}_t,\dot{\varphi}_t,\dot{\xi}_x,\dot{\varphi}_x,t) = \int_0^L \mathscr{L}(\xi,\varphi,\dot{\xi}_t,\dot{\varphi}_t,\dot{\xi}_x,\dot{\varphi}_x,t)\,dx , \quad (5.54\text{-b})$$

où $\dot{\xi}_t$ et $\dot{\varphi}_t$ désignent les dérivées partielles de $\xi$ et de $\varphi$ par rapport à $t$, et $\dot{\xi}_x$ et $\dot{\varphi}_x$ désignent les dérivées partielles de $\xi$ et de $\varphi$ par rapport à $x$.

✓ Aux variations de ce Lagrangien $\mathscr{L}_T$, doivent s'ajouter les variations des Lagrangiens $\ell_0$ et $\ell_L$ correspondant respectivement aux conditions sur les frontières du domaine, c'est-à-dire ici aux deux extrémités de la barre, en $x = 0$ et en $x = L$. Les actions dues à la gravité étant négligées et la barre étant liée à des solides rigides, les conditions aux frontières ne comportent pas de facteurs liés à une énergie potentielle : à l'extrémité $x = L$, le Lagrangien $\ell_L$ se réduit à l'énergie cinétique du solide rigide de masse $M_L$ et de moment d'inertie $I_L$ en liaison encastrement avec la barre

$$\ell_L(\dot{\xi}_t,\dot{\varphi}_t,t) = \frac{1}{2} M_L \dot{\xi}_t^2 + \frac{1}{2} I_L \dot{\varphi}_t^2 , \quad (5.55)$$

et en $x = 0$ le Lagrangien $\ell_0$ est nul.

✓ Les coefficients de puissance linéiques $\Xi_i(x;t)$ des forces ne dérivant pas d'une fonction de force dans le domaine spatial ouvert $x \in \left]0, L\right[$ sont liés ici uniquement à la force $F(t)\delta(x - L/2)\vec{e}_y$ exercée sur la barre au point $x = L/2$. Par ailleurs, les coefficients de puissance $\mathit{\Xi}_i(x;t)$ des systèmes extérieurs auxquels la barre est liée sur les frontières du domaine, en $x = 0$ et en $x = L$, sont à considérer ($\mathit{\Xi}_i(L;t) = 0$ et $\mathit{\Xi}_i(0;t) \neq 0$).

✓ Finalement, le Principe Variationnel de Hamilton permet d'écrire que le mouvement de la barre, depuis l'instant $t_1$ jusqu'à l'instant $t_2$ et entre les positions $x = 0$ et $x = L$, est tel que, ***quelle que soit la variation*** $\delta$ ***considérée*** (à $t$ fixé, quel que soit $t$),

$$\begin{aligned}\int_{t_1}^{t_2} dt \Big\{ & \int_0^L \left[\delta \mathscr{L}(\xi,\varphi,\dot{\xi}_t,\dot{\varphi}_t,\dot{\xi}_x,\dot{\varphi}_x,t) + F(t)\delta(x - L/2)\delta\xi(x;t)\right]dx \\ & + \delta \ell_L(\dot{\xi}_t,\dot{\varphi}_t,t) + \mathit{\Xi}_\xi(0;t)\delta\xi(0;t) + \mathit{\Xi}_\varphi(0;t)\delta\varphi(0;t)\Big\} = 0\end{aligned} . \quad (5.56)$$

A noter que la condition d'encastrement en $x = 0$ n'est pas satisfaite dans l'équation (5.56) qui précède puisque les variations $\delta\xi(0;t)$ et $\delta\varphi(0;t)$ sont supposées non nulles (déplacements et rotations virtuels de la face $x = 0$ non nuls). Ceci revient à "casser la liaison" pour ainsi faire intervenir les actions de liaison dans les équations (non respect de condition holonôme de contact, voir chapitres III et IV). Par suite, il conviendra de rétablir cette condition d'encastrement dans l'expression finale du problème posé (voir § V-4.1.3.).

Le calcul de la variation $\delta \ell_L$ est le même que celui effectué au § V-2 (équation 5.23-b)) qui conduit à l'équation d'Euler, puisque le Lagrangien $\ell_L$ est calculé au point $x = L$ (et ne dépend donc pas des variables d'espace). Par suite,

$$\delta \ell_L = \sum_{i=1}^{2} \left( \frac{\partial \ell_L}{\partial q_i} - \frac{d}{dt} \frac{\partial \ell_L}{\partial \dot{q}_{it}} \right) \delta q_i(L;t) \ , \tag{5.57-a}$$

avec

$$q_1(L;t) = \xi(L;t) \quad \text{et} \quad q_2(L;t) = \varphi(L;t) \ . \tag{5.57-b}$$

Nota Bene : Il convient de noter que, dans la relation (5.56), chaque terme de l'accolade est homogène à une énergie, puisque

- $\mathscr{L}$ est un Lagrangien linéique, donc $\int_{x_1}^{x_2} \mathscr{L}\, dx$ est le Lagrangien total correspondant aux déformations de la barre,
- $\delta(x - L/2)$ étant homogène à l'inverse d'une longueur $\left( \int_{-\infty}^{+\infty} \delta(x)\, dx = 1 \right)$, $F(t)\delta(x - L/2)\delta\xi(x;t)\, dx$ est homogène à une énergie,
- $\ell_L(\dot{\xi}_t, \dot{\varphi}_t, t)$ est le Lagrangien du solide rigide lié à la barre en $x = L$.

### *4.1.2. Généralisation*

Les Lagrangiens des relations (5.51) et (5.54) ne sont plus de la forme $\mathscr{L}\left[q_i(t), \dot{q}_i(t), t\right]$ comme au § V-3, mais de la forme

$$\mathscr{L}\left[q_i(x;t), \dot{q}_{it}(x;t), \dot{q}_{ix}(x;t), t\right] \ , \tag{5.58}$$

où $\dot{q}_{it}(x;t)$ et $\dot{q}_{ix}(x;t)$ désignent respectivement les dérivées partielles de $q_i$ par rapport à $t$ et à $x$.

Ainsi, le principe variationnel de Hamilton répond-il à l'énoncé qui suit.

Pour un système holonôme, le Principe Variationnel de Hamilton stipule que le mouvement du système mécanique, depuis l'instant $t_1$ jusqu'à l'instant $t_2$ et entre les positions spatiales $x_1$ et $x_2$, est tel que, ***quelle que soit la variation*** $\delta$ ***considérée*** (à $t$ fixé, quel que soit $t$),

$$\int_{t_1}^{t_2} dt \left\{ \int_{x_1}^{x_2} \left\{ \delta\mathscr{L}\left[q_i(x;t), \dot{q}_{it}(x;t), \dot{q}_{ix}(x;t), t\right] + \sum_{i=1}^{n} \Xi_i(x;t)\delta q_i(x;t) \right\} dx \right.$$
$$\left. + \sum_{\alpha=1}^{2} \left( \delta \ell_\alpha \left[q_i(x_\alpha;t), \dot{q}_{it}(x_\alpha;t);t\right] + \sum_{i=1}^{n} \mathit{\Xi}_i(x_\alpha;t)\delta q_i(x_\alpha;t) \right) \right\} = 0 \ , \tag{5.59}$$

où $\mathscr{L}$ et $\Xi_i$ désignent respectivement le Lagrangien linéique correspondant aux déformations internes de la barre et les coefficients de puissance linéiques des forces non conservatives $\forall\ x \in \left]x_1, x_2\right[$ et $\forall\ t \in \left]t_1, t_2\right[$, et $\ell_\alpha$ et $\mathit{\Xi}_i$ désignent respectivement le Lagrangien et les coefficients de puissance correspondant $\forall\ t \in \left]t_1, t_2\right[$ aux caractéristiques des systèmes localisés auxquels sont liées les extrémités en $x = x_\alpha$ $(\alpha = 1, 2)$ de la barre (qui interviennent dans les conditions aux frontières).

✓ Le calcul de la variation $\delta\ell$ est le même que celui effectué au § V-2 (équation 5.23-b)) qui conduit à l'équation d'Euler, puisque le Lagrangien $\ell$ est la somme $(\ell_1+\ell_2)$ des Lagrangiens calculés calculé aux points $x=x_1$ et $x=x_2$ (et ne dépend donc pas des variables d'espace). Par suite,

$$\delta\ell=\sum_{i=1}^{n}\left\{\left(\frac{\partial\ell_1}{\partial q_i}-\frac{d}{dt}\frac{\partial\ell_1}{\partial\dot{q}_{it}}\right)(x_1;t)\delta q_i(x_1;t)+\left(\frac{\partial\ell_2}{\partial q_i}-\frac{d}{dt}\frac{\partial\ell_2}{\partial\dot{q}_{it}}\right)(x_2;t)\delta q_i(x_2;t)\right\}. \quad (5.60)$$

✓ D'après les propriétés de l'opérateur variations $\delta$ énoncées au § V-2.1.,

$$\delta\mathscr{L}=\sum_{i=1}^{n}\left(\frac{\partial\mathscr{L}}{\partial q_i}\delta q_i+\frac{\partial\mathscr{L}}{\partial\dot{q}_{ix}}\delta\dot{q}_{ix}+\frac{\partial\mathscr{L}}{\partial\dot{q}_{it}}\delta\dot{q}_{it}\right), \quad (5.61\text{-a})$$

soit, en commutant l'opérateur $\delta$ et l'opérateur dérivée (équation (5.17-d))

$$\delta\mathscr{L}=\sum_{i=1}^{n}\left(\frac{\partial\mathscr{L}}{\partial q_i}\delta q_i+\frac{\partial\mathscr{L}}{\partial\dot{q}_{ix}}\frac{\partial}{\partial x}\delta q_i+\frac{\partial\mathscr{L}}{\partial\dot{q}_{it}}\frac{d}{dt}\delta q_i\right). \quad (5.61\text{-b})$$

Le report de la relation (5.61-b) dans l'intégrale $\int_{t_1}^{t_2}dt\int_{x_1}^{x_2}\delta\mathscr{L}\,dx$ et l'intégration par partie des termes

$$\int_{t_1}^{t_2}dt\int_{x_1}^{x_2}\frac{\partial\mathscr{L}}{\partial\dot{q}_{ix}}\frac{\partial}{\partial x}\delta q_i\,dx \quad\text{et}\quad \int_{t_1}^{t_2}dt\int_{x_1}^{x_2}\frac{\partial\mathscr{L}}{\partial\dot{q}_{it}}\frac{d}{dt}\delta q_i\,dx=\int_{x_1}^{x_2}dx\int_{t_1}^{t_2}\frac{\partial\mathscr{L}}{\partial\dot{q}_{it}}\frac{d}{dt}\delta q_i\,dt$$

conduit à

$$\sum_{i=1}^{n}\left(\int_{t_1}^{t_2}dt\int_{x_1}^{x_2}\frac{\partial\mathscr{L}}{\partial q_i}\delta q_i\,dx+\int_{t_1}^{t_2}dt\left\{\left[\frac{\partial\mathscr{L}}{\partial\dot{q}_{ix}}\delta q_i\right]_{x_1}^{x_2}-\int_{x_1}^{x_2}\frac{\partial}{\partial x}\frac{\partial\mathscr{L}}{\partial\dot{q}_{ix}}\delta q_i\,dx\right\}\right.$$
$$\left.+\int_{x_1}^{x_2}dx\left\{\left[\frac{\partial\mathscr{L}}{\partial\dot{q}_{it}}\delta q_i\right]_{t_1}^{t_2}-\int_{t_1}^{t_2}\frac{d}{dt}\frac{\partial\mathscr{L}}{\partial\dot{q}_{it}}\delta q_i\,dt\right\}\right). \quad (5.62)$$

Par hypothèse,

$$\delta q_i(x;t_1)=\delta q_i(x;t_2)=0, \quad (5.63)$$

ce qui conduit à la nullité du terme $\left[\dfrac{\partial\mathscr{L}}{\partial\dot{q}_{it}}\delta q_i\right]_{t_1}^{t_2}$.

Par suite, le terme (5.62) correspondant à l'intégrale $\int_{t_1}^{t_2}dt\int_{x_1}^{x_2}\delta\mathscr{L}\,dx$ s'écrit donc

$$\sum_{i=1}^{n}\left(\int_{t_1}^{t_2}dt\left\{\frac{\partial\mathscr{L}}{\partial\dot{q}_{ix}}(x_2;t)\delta q_i(x_2;t)-\frac{\partial\mathscr{L}}{\partial\dot{q}_{ix}}(x_1;t)\delta q_i(x_1;t)\right.\right.$$
$$\left.\left.+\int_{x_1}^{x_2}\left(\frac{\partial\mathscr{L}}{\partial q_i}-\frac{\partial}{\partial x}\frac{\partial\mathscr{L}}{\partial\dot{q}_{ix}}-\frac{d}{dt}\frac{\partial\mathscr{L}}{\partial\dot{q}_{it}}\right)\delta q_i(x;t)\,dx\right\}\right). \quad (5.64)$$

⚠ En général, $\delta q_i(x_1;t)\neq0$ et $\delta q_i(x_2;t)\neq0$, (5.65) et donc le terme $\left[\dfrac{\partial \mathscr{L}}{\partial \dot{q}_{ix}}\delta q_i\right]_{x_1}^{x_2}$ n'est pas nul : il permet d'exprimer les ***conditions aux frontières qui lient l'expression des champs de contraintes et déformations du système déformable considéré***, au niveau des frontières, aux contraintes et déformations imposées par les liaisons en cet endroit.

Le report du terme (5.64) et de la relation (5.60) dans la relation (5.59) conduit à

$$\sum_{i=1}^{n}\left(\int_{t_1}^{t_2} dt \left\{\left[\frac{\partial \mathscr{L}}{\partial \dot{q}_{ix}}+\frac{\partial \ell_2}{\partial q_i}-\frac{d}{dt}\frac{\partial \ell_2}{\partial \dot{q}_{it}}+\Xi_i\right](x_2;t)\delta q_i(x_2;t)\right.\right.$$
$$+\left[-\frac{\partial \mathscr{L}}{\partial \dot{q}_{ix}}+\frac{\partial \ell_1}{\partial q_i}-\frac{d}{dt}\frac{\partial \ell_1}{\partial \dot{q}_{it}}+\Xi_i\right](x_1;t)\delta q_i(x_1;t) \tag{5.66}$$
$$\left.\left.+\int_{x_1}^{x_2}\left(\frac{\partial \mathscr{L}}{\partial q_i}-\frac{\partial}{\partial x}\frac{\partial \mathscr{L}}{\partial \dot{q}_{ix}}-\frac{d}{dt}\frac{\partial \mathscr{L}}{\partial \dot{q}_{it}}+\Xi_i\right)\delta q_i(x;t)dx\right\}\right)=0\ ,$$
$$\forall\ \delta q_i(x;t),\ \forall\ \delta q_i(x_1;t),\ \forall\ \delta q_i(x_2;t),\ \forall\ x\in\left]x_1,x_2\right[,\ \forall\ t\in\left[t_1,t_2\right].$$

*Les conditions nécessaires pour que l'intégrale (5.66) s'annule pour les variations arbitraires* $\delta q_i(x;t)$, $\delta q_i(x_1;t)$, $\delta q_i(x_2;t)$ *des paramètres* $q_i$, *et ce* $\forall\ x$ *et* $\forall\ t$, *sont données par les* $(n+2n=3n)$ *équations suivantes :*

$$\left\{\begin{array}{l}
\dfrac{\partial \mathscr{L}}{\partial q_i}-\dfrac{\partial}{\partial x}\dfrac{\partial \mathscr{L}}{\partial \dot{q}_{ix}}-\dfrac{d}{dt}\dfrac{\partial \mathscr{L}}{\partial \dot{q}_{it}}+\Xi_i=0\ ,\ \forall\ x\in\left]x_1,x_2\right[\ ,\forall\ t\in\left[t_1,t_2\right],\ i=1,\ldots,n\ , \\
\left(\dfrac{\partial \mathscr{L}}{\partial \dot{q}_{ix}}+\dfrac{\partial \ell_2}{\partial q_i}-\dfrac{d}{dt}\dfrac{\partial \ell_2}{\partial \dot{q}_{it}}+\Xi_i\right)(x_2;t)=0\ ,\ x=x_2,\ \forall\ t\in\left[t_1,t_2\right],\ i=1,\ldots,n\ , \\
\left(-\dfrac{\partial \mathscr{L}}{\partial \dot{q}_{ix}}+\dfrac{\partial \ell_1}{\partial q_i}-\dfrac{d}{dt}\dfrac{\partial \ell_1}{\partial \dot{q}_{it}}+\Xi_i\right)(x_1;t)=0\ ,\ x=x_1\ ,\ \forall\ t\in\left[t_1,t_2\right],\ i=1,\ldots,n\ .
\end{array}\right. \tag{5.67}$$

*Conformément à la note qui suit immédiatement l'équation (5.13-g) du § V-1.3, l'intervalle de temps* $\left[t_1,t_2\right]$ *est suffisamment grand pour que tous les états par lesquels passe le système soient contenus dans cet intervalle ; en d'autres termes, ces équations sont valables quel que soit* $t$.

### *4.1.3. Les équations du mouvement de flexion/cisaillement de la barre*

Les Lagrangiens déterminés au § V-4.1.1. sont

$$\mathscr{L}\left(\xi,\varphi,\dot{\xi}_t,\dot{\varphi}_t,\dot{\xi}_x,\dot{\varphi}_x,t\right)=\frac{1}{2}\rho S\dot{\xi}_t^2+\frac{1}{2}\rho I\dot{\varphi}_t^2-\frac{1}{2}EI\dot{\varphi}_x^2-\frac{1}{2}GS\left(\dot{\xi}_x-\varphi\right)^2\ , \tag{5.54-a}$$

et

$$\ell_L\left(\dot{\xi}_t,\dot{\varphi}_t,t\right)=\frac{1}{2}M_L\dot{\xi}_t^2+\frac{1}{2}I_L\dot{\varphi}_t^2\ \text{ en } x=L\ , \tag{5.55}$$
$$\ell_0=0 \text{ en } x=0.$$

Le report de ces expressions des Lagrangiens dans le système d'équations (5.67) permet d'obtenir les équations du mouvement dans $x \in ]0, L[$ , et les conditions aux frontières $x = 0$ et en $x = L$. Les calculs sont effectués pour une barre à section constante et constituée d'un matériau homogène, donc pour des caractéristiques $\rho$, $S$, $I$, $G$ et $E$ indépendantes du point $x$ (dans des situations où elles dépendent de $x$, la formulation qui précède n'est pas modifiée, et le calcul qui suit doit être repris en laissant ces caractéristiques sous l'opérateur $\partial/\partial x$ lorsqu'il apparaît).

✓ Ecrivant $\underline{q_1 = \xi}$, il vient :

$$\frac{\partial \mathscr{L}}{\partial \xi} = 0,\ \frac{\partial \mathscr{L}}{\partial \dot{\xi}_x} = -GS(\dot{\xi}_x - \varphi),\ \frac{\partial}{\partial x}\frac{\partial \mathscr{L}}{\partial \dot{\xi}_x} = -GS(\ddot{\xi}_{xx} - \dot{\varphi}_x),$$

$$\frac{\partial \mathscr{L}}{\partial \dot{\xi}_t} = \rho S \dot{\xi}_t,\ \frac{d}{dt}\frac{\partial \mathscr{L}}{\partial \dot{\xi}_t} = \rho S \ddot{\xi}_{tt},\ \Xi_\xi(x;t) = F(t)\delta(x - L/2),$$

$$\frac{\partial \ell_L}{\partial \xi} = 0,\ \frac{\partial \ell_L}{\partial \dot{\xi}_t} = M_L \dot{\xi}_t,\ \frac{d}{dt}\frac{\partial \ell_L}{\partial \dot{\xi}_t} = M_L \ddot{\xi}_{tt},\ \Xi_\xi(L;t) = 0,\ \Xi_\xi(0;t) \neq 0.$$

L'équation du mouvement correspondant prend la forme

$$\forall x \in ]0, L[\ , \forall t, \qquad GS(\ddot{\xi}_{xx} - \dot{\varphi}_x) - \rho S \ddot{\xi}_{tt} + F(t)\delta(x - L/2) = 0 \ , \tag{5.68-a}$$

et les équations aux frontières associées s'écrivent

$$\text{en } x = L \qquad -GS[\dot{\xi}_x(L;t) - \varphi(L;t)] - M_L \ddot{\xi}_{tt}(L;t) = 0 \ , \tag{5.68-b}$$

$$\text{en } x = 0, \qquad GS[\dot{\xi}_x(0;t) - \varphi(0;t)] + \Xi_\xi(0;t) = 0 \ ,$$

$$\text{soit} \qquad \Xi_\xi(0;t) = GS\dot{\xi}_x(0;t)\ , \tag{5.68-c}$$

du fait que $\varphi(0;t) = 0$ .

✓ Ecrivant $\underline{q_2 = \varphi}$, il vient :

$$\frac{\partial \mathscr{L}}{\partial \varphi} = GS(\dot{\xi}_x - \varphi),\ \frac{\partial \mathscr{L}}{\partial \dot{\varphi}_x} = -EI\dot{\varphi}_x,\ \frac{\partial}{\partial x}\frac{\partial \mathscr{L}}{\partial \dot{\varphi}_x} = -EI\ddot{\varphi}_{xx}\ ,$$

$$\frac{\partial \mathscr{L}}{\partial \dot{\varphi}_t} = \rho I \dot{\varphi}_t,\ \frac{d}{dt}\frac{\partial \mathscr{L}}{\partial \dot{\varphi}_t} = \rho I \ddot{\varphi}_{tt},\ \Xi_\varphi(x;t) = 0,$$

$$\frac{\partial \ell_L}{\partial \varphi} = 0,\ \frac{\partial \ell_L}{\partial \dot{\varphi}_t} = I_L \dot{\varphi}_t,\ \frac{d}{dt}\frac{\partial \ell_L}{\partial \dot{\varphi}_t} = I_L \ddot{\varphi}_{tt},\ \Xi_\varphi(L;t) = 0,\ \Xi_\varphi(x_1;0) \neq 0.$$

L'équation du mouvement correspondant prend la forme

$$\forall x \in ]0, L[\ , \forall t, \qquad GS(\dot{\xi}_x - \varphi) + EI\ddot{\varphi}_{xx} - \rho I \ddot{\varphi}_{tt} = 0 \ , \tag{5.69-a}$$

et les équations aux frontières associées s'écrivent

$$\text{en } x = L \qquad -EI\dot{\varphi}_x(L;t) - I_L \ddot{\varphi}_{tt}(L;t) = 0 \ , \tag{5.69-b}$$

✓ Finalement, les équations du mouvement sont les deux équations couplées (5.68-a) et (5.69-a)

$$\left.\begin{array}{l} \rho S \ddot{\xi}_{tt} = GS(\ddot{\xi}_{xx} - \dot{\varphi}_x) + F(t)\delta(x - L/2) \\ \rho I \ddot{\varphi}_{tt} - EI\ddot{\varphi}_{xx} + GS(\dot{\xi}_x - \varphi) \end{array}\right\} \forall x \in ]0, L[\ , \forall t \ , \qquad \begin{array}{r} (5.68\text{-a}) \\ (5.69\text{-a}) \end{array}$$

auxquelles s'ajoutent deux conditions aux frontières en $x = L$

$$\left.\begin{aligned} M_L \ddot{\xi}_{tt}(L;t) + GS[\dot{\xi}_x(L;t) - \varphi(L;t)] &= 0 \\ I_L \ddot{\varphi}_{tt}(L;t) + EI\dot{\varphi}_x(L;t) &= 0 \end{aligned}\right\} x = L, \forall\ t\ . \qquad \begin{aligned}(5.68\text{-b})\\(5.69\text{-b})\end{aligned}$$

Il convient de noter que les deux conditions aux frontières en $x = 0$

$$\left.\begin{aligned} \Xi_\xi(0;t) &= GS\dot{\xi}_x(0;t) \\ \Xi_\varphi(0;t) &= -EI\dot{\varphi}_x(0;t) \end{aligned}\right\} x = 0, \forall\ t\ , \qquad \begin{aligned}(5.68\text{-c})\\(5.69\text{-c})\end{aligned}$$

n'apportent rien à l'expression du problème mathématique à résoudre pour obtenir les solutions recherchées (à savoir les expressions de $\xi(x;t)$ et $\varphi(x;t)$), puisque les coefficients de puissance $\Xi_\xi(0;t)$ et $\Xi_\varphi(0;t)$ liés au torseur des actions (de liaison de type encastrement) du bâti sur la barre sont inconnus ; par contre elles permettent d'obtenir les expressions de ces coefficients de puissance en fonction de l'expression des solutions $\xi(x;t)$ et $\varphi(x;t)$ du problème. Elles apparaissent à l'issue du formalisme uniquement parce que les conditions d'encastrement n'ont pas été respectées : $\delta\xi(0;t)$ et $\delta\varphi(0;t)$ sont supposés non nuls au départ, voir § V-4.1.1. (de la même manière qu'aux chapitres 3 et 4, le respect des conditions d'encastrement $\delta\xi(0;t) = 0$ et $\delta\varphi(0;t) = 0$ aurait permis d'éliminer ces actions de liaison du système d'équations). Ces conditions d'encastrement doivent donc être restituées ici.

Par suite, l'expression du problème n'est complète qu'en substituant aux deux équations (5.68-c) et (5.69-c) les équations suivantes

$$\xi(0;t) = 0,\ \varphi(0;t) = 0,\ x = 0, \forall\ t\ , \qquad (5.70\text{-a})$$

et en y ajoutant éventuellement des conditions initiales, par exemple

$$\xi(x;0) = 0,\ \varphi(x;0) = 0,\ \dot{\xi}_t(x;0) = 0,\ \dot{\varphi}_t(x;0) = 0,\ \ \forall\ x \in ]0, L[\ , t = 0\ , \qquad (5.70\text{-b})$$

équations posées implicitement au départ dans la formulation variationnelle et dont résultent en particulier les expressions des conditions aux frontières (5.68-c) et (5.69-c) en $x = 0$ (le Lagrangien du bâti en $x = 0$ est nul et de ce fait, n'est pas apparu dans la formulation variationnelle et les équations de Lagrange).

En résumé, le problème bien posé pour obtenir les solutions $\xi(x;t)$ et $\varphi(x;t)$ du mouvement de flexion/cisaillement de la barre à section constante et constituée d'un matériau homogène s'écrit

$$\left.\begin{aligned} \rho S \ddot{\xi}_{tt} &= GS(\ddot{\xi}_{xx} - \dot{\varphi}_x) + F(t)\delta(x - L/2) \\ \rho I \ddot{\varphi}_{tt} &= EI\ddot{\varphi}_{xx} + GS(\dot{\xi}_x - \varphi) \end{aligned}\right\} \forall\ x \in ]0, L[\ , \forall\ t\ , \qquad \begin{aligned}(5.68\text{-a})\\(5.69\text{-a})\end{aligned}$$

$$\left.\begin{aligned} M_L \ddot{\xi}_{tt}(L;t) + GS[\dot{\xi}_x(L;t) - \varphi(L;t)] &= 0 \\ I_L \ddot{\varphi}_{tt}(L;t) + EI\dot{\varphi}_x(L;t) &= 0 \end{aligned}\right\} x = L, \forall\ t\ . \qquad \begin{aligned}(5.68\text{-b})\\(5.69\text{-b})\end{aligned}$$

$$\xi(0;t) = 0,\ \varphi(0;t) = 0,\ x = 0, \forall\ t\ , \qquad (5.70\text{-a})$$

et en y ajoutant éventuellement des conditions initiales, par exemple

$$\xi(x;0) = 0,\ \varphi(x;0) = 0,\ \dot{\xi}_t(x;0) = 0,\ \dot{\varphi}_t(x;0) = 0,\ \ \forall\ x \in ]0, L[\ , t = 0\ . \qquad (5.70\text{-b})$$

Remarque : Le système d'équations (5.68-a) et (5.69-a) est souvent simplifié en pratique en admettant l'***approximation de Bernoulli***, qui procède en deux étapes :

- les effets d'inertie dus à la rotation sont supposés négligeables $(\rho I \ddot{\varphi}_{tt} \approx 0)$ en regard de ceux liés à l'élasticité de flexion et de cisaillement, ce qui implique (équation (5.69-a))

$$EI\ddot{\varphi}_{xx} = -GS(\dot{\xi}_x - \varphi)\ , \qquad (5.71)$$

de telle sorte que l'équation (5.68-a) devient

$$\rho S \ddot{\xi}_{tt} = -E I \frac{\partial^3 \varphi}{\partial x^3} + F(t)\delta(x - L/2) \ . \tag{5.72}$$

- l'angle $\gamma$ est supposé négligeable en regard de l'angle $\varphi$, soit (équation (5.52))

$$\dot{\xi}_x \approx \varphi \ , \tag{5.73}$$

de telle sorte que l'équation (5.72) devient

$$\rho S \ddot{\xi}_{tt} = -E I \frac{\partial^4 \xi}{\partial x^4} + F(t)\delta(x - L/2) \ . \tag{5.74}$$

Le mouvement transversal de la poutre est donc décrit par cette équation de propagation d'onde d'ordre 4 en $x$ qui se substitue au couple d'équations (5.68-a) et (5.69-a).

A noter qu'à la frontière $x = 0$, la condition (5.70-a) $\varphi(0;t) = 0$ devient

$$\dot{\xi}_x(0;t) \approx 0 \ , \tag{5.75}$$

du fait que $\gamma$ est lui-même supposé négligeable ; nous retrouvons là une des deux conditions d'encastrement communément admises en flexion plane simple (mais la condition (5.75) n'est pas une condition exacte comme l'autre condition $\xi(0;t) = 0$ qui elle est exacte).

### *4.1.4. Barre inhomogène et dissipative en traction/compression*

Le système considéré, représenté sur la figure 5.10 est une barre non homogène (suivant $x$) et dissipative (force de frottement $F(x;t) = -R\,\dot{\xi}_t(x;t)$) de longueur $L$, de section $S$, de masse volumique $\rho$ et de module d'Young $E$ (tous trois fonctions du point $x$ considéré), relié en $x = 0$ par l'intermédiaire d'une masse $M$ et d'un ressort de raideur $k$ à un bâti fixe, et en $x = L$ par un système dissipatif linéaire de coefficient d'amortissement $b$ à même bâti. Le mouvement longitudinal de traction et de compression de cette barre (***petites déformations***) est entretenu par une force extérieure $f(t)$ appliquée au point $x = 0$ ; ce mouvement peut être décrit par la variation, en fonction de la position $x$ du centre de surface $G$ de la section droite $(S)$ et du temps $t$, du paramètre $\xi(x;t)$ représentant le déplacement suivant $\vec{e}_x$ de la section droite (figure 5.10).

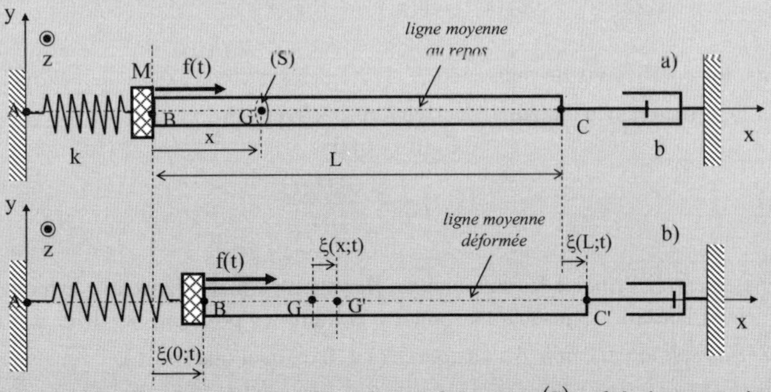


*Figure 5.10 : Mouvement longitudinal d'une barre de section $(S)$ reliée à ses extrémités à un bâti par l'intermédiaire d'un système à constantes localisées a) au repos ; b) déformée.*

✓ L'énergie cinétique ***linéique*** est

$$\dot{T} = \frac{1}{2}\rho S\left(\frac{\partial \xi}{\partial t}\right)^2 , \tag{5.76}$$

où $\rho$ et $S$ désignent respectivement la masse volumique de la barre et l'aire de la section $(S)$.

Les effets de la pesanteur étant négligés, l'énergie potentielle ***linéique*** de déformation est

$$V = \frac{1}{2}E S\left(\frac{\partial \xi}{\partial x}\right)^2 , \tag{5.77}$$

où $E$ désigne le module d'Young du matériau constituant la barre.

Le Lagrangien $\mathscr{L}_T$ du système correspondant aux déformations de la barre s'exprime donc comme la somme des Lagrangiens élémentaires $\mathscr{L}\,dx = (T - V)dx$ sur toute la barre (où $\mathscr{L}$ représente le Lagrangien linéique), soit

$$\mathscr{L}\left(\xi, \dot{\xi}_t, \dot{\xi}_x, t\right) = \frac{1}{2}\rho S \dot{\xi}_t^2 - \frac{1}{2}E S\, \dot{\xi}_x^2 , \tag{5.78-a}$$

et

$$\mathscr{L}_T\left(\xi, \dot{\xi}_t, \dot{\xi}_x, t\right) = \int_0^L \mathscr{L}\left(\xi, \dot{\xi}_t, \dot{\xi}_x, t\right)dx , \tag{5.78-b}$$

où $\dot{\xi}_t$ et $\dot{\xi}_x$ désignent les dérivées partielles de $\xi$ par rapport à $t$ et à $x$ respectivement.

✓ Les Lagrangiens $\ell_0$ et $\ell_L$ correspondant respectivement aux conditions sur les frontières $x = 0$ et $x = L$ du domaine, s'écrivent :

$$\ell_0\left(\xi, \dot{\xi}_t, t\right) = \frac{1}{2}M\left(\frac{\partial \xi(0;t)}{\partial t}\right)^2 - \frac{1}{2}k\,\xi^2(0;t) , \tag{5.79-a}$$

et

$$\ell_L\left(\xi, \dot{\xi}_t, t\right) = 0 . \tag{5.79-b}$$

✓ Les coefficients de puissance linéiques $\Xi_\xi(x;t)$ des forces ne dérivant pas d'une fonction de force dans le domaine spatial ouvert $x \in \left]0, L\right[$ sont liés ici uniquement à la force linéique :

$$\Xi_\xi(x;t) = F(x;t) = -R\,\dot{\xi}_t(x;t). \tag{5.80}$$

Par ailleurs, les coefficients de puissance $\mathit{\Xi}_\xi(x;t)$ des systèmes extérieurs auxquels la barre est liée sur les frontières du domaine, s'écrivent respectivement

en $x = 0$

$$\mathit{\Xi}_\xi(0;t) = f(t) , \tag{5.81-a}$$

et en $x = L$

$$\mathit{\Xi}_\xi(L;t) = -b\,\frac{\partial \xi(L;t)}{\partial t} . \tag{5.81-b}$$

✓ Finalement, le Principe Variationnel de Hamilton permet d'écrire que le mouvement de la barre, depuis l'instant $t_1$ jusqu'à l'instant $t_2$ et entre les positions $x = 0$ et $x = L$, est tel que, ***quelle que soit la variation*** $\delta$ ***considérée*** (à $t$ fixé, quel que soit $t$),

$$\begin{aligned} \int_{t_1}^{t_2} dt\Big\{ & \int_0^L \left[\delta\mathscr{L}\left(\xi, \dot{\xi}_t, \dot{\xi}_x, t\right) - R\,\dot{\xi}_t(x;t)\delta\xi(x;t)\right]dx \\ & + \delta\ell_0\left(\xi, \dot{\xi}_t, t\right) + \mathit{\Xi}_\xi(0;t)\delta\xi(0;t) + \mathit{\Xi}_\xi(L;t)\delta\xi(L;t)\Big\} = 0 . \end{aligned} \tag{5.82}$$

Le report de l'expression des Lagrangiens (5.78-a) et (5.79) dans le système d'équations (5.67) permet d'obtenir les équations du mouvement dans $x \in ]0,L[$ , et les conditions aux frontières $x=0$ et en $x=L$. En écrivant $q_1 = \xi$, il vient :

$$\frac{\partial \mathscr{L}}{\partial \xi}=0,\ \frac{\partial \mathscr{L}}{\partial \dot{\xi}_x}=-ES\dot{\xi}_x,\ \frac{\partial}{\partial x}\frac{\partial \mathscr{L}}{\partial \dot{\xi}_x}=-\frac{\partial}{\partial x}\left(ES\dot{\xi}_x\right),$$

$$\frac{\partial \mathscr{L}}{\partial \dot{\xi}_t}=\rho S\dot{\xi}_t,\ \frac{d}{dt}\frac{\partial \mathscr{L}}{\partial \dot{\xi}_t}=\frac{d}{dt}\left(\rho S\dot{\xi}_t\right),\ \Xi_\xi(x;t)=-R\,\dot{\xi}_t(x;t),$$

$$\frac{\partial \ell_0}{\partial \xi}=-k\,\xi(0;t),\ \frac{\partial \ell_0}{\partial \dot{\xi}_t}=M\,\dot{\xi}_t(0;t),\ \frac{d}{dt}\frac{\partial \ell_0}{\partial \dot{\xi}_t}=M\,\ddot{\xi}_t(0;t)$$

$$\varXi_\xi(0;t)=f(t),\ \varXi_\xi(L;t)=-b\,\dot{\xi}_t(L;t).$$

L'équation du mouvement correspondant prend la forme

$$\forall\, x\in ]0,L[\ ,\forall\, t,\qquad \frac{\partial}{\partial x}\left(ES\dot{\xi}_x\right)-\frac{d}{dt}\left(\rho S\dot{\xi}_t\right)-R\,\dot{\xi}_t(x;t)=0\ , \tag{5.83-a}$$

et les équations aux frontières associées s'écrivent

en $x=L$
$$-ES\dot{\xi}_x(L;t)-b\,\dot{\xi}_t(L;t)=0\ , \tag{5.83-b}$$

en $x=0$,
$$ES\dot{\xi}_x(0;t)-k\,\xi(0;t)-M\,\ddot{\xi}_t(0;t)+f(t)=0\ . \tag{5.83-c}$$

En résumé, le problème bien posé pour obtenir la solution $\xi(x;t)$ du mouvement de traction/compression de la barre à section non constante et constituée d'un matériau non homogène dissipatif s'écrit

$$\frac{d}{dt}\left(\rho S\dot{\xi}_t\right)+R\,\dot{\xi}_t(x;t)=\frac{\partial}{\partial x}\left(ES\dot{\xi}_x\right),\ \forall\, x\in ]0,L[\ ,\forall\, t \tag{5.83-a}$$

$$ES\dot{\xi}_x(L;t)=-b\,\dot{\xi}_t(L;t),\ x=L,\forall\, t \tag{5.83-b}$$

$$M\,\ddot{\xi}_t(0;t)+k\,\xi(0;t)=ES\dot{\xi}_x(0;t)+f(t),\ x=0,\forall\, t\ , \tag{5.83-c}$$

et en y ajoutant éventuellement des conditions initiales, par exemple

$$\xi(x;0)=0,\ \dot{\xi}_t(x;0)=0,\ \forall\, x\in ]0,L[\ ,\ t=0\ . \tag{5.83-d}$$

### 4.1.5. *Note brève sur le mouvement de torsion d'une barre circulaire*

Les mouvements de flexion/cisaillement et compression-détente de la barre étudiés ci-dessus ne permettent pas de décrire toutes les sollicitations simples de la barre. Reste le mouvement de torsion (figure 5.11) auxquel sont attachées, dans le cas particulier de la barre à section circulaire, les énergies cinétiques et potentielles linéiques, à savoir respectivement

$$T=\frac{1}{2}\rho I_G\left(\frac{\partial \theta}{\partial t}\right)^2\ , \tag{5.84-a}$$

et

$$V=\frac{1}{2}G I_G\left(\frac{\partial \theta}{\partial x}\right)^2\ , \tag{5.84-b}$$

dont le report dans la formulation variationnelle conduit immédiatement à

$$\frac{\partial}{\partial x}\left(G I_G\frac{\partial \theta}{\partial x}\right)=\rho I_G\frac{\partial^2 \theta}{\partial t^2}\ , \tag{5.85-a}$$

soit
$$\frac{\partial}{\partial x}\left(G\,\frac{\partial \theta}{\partial x}\right)=\rho\frac{\partial^2 \theta}{\partial t^2}\ , \qquad (5.85\text{-b})$$
si le moment quadratique polaire $I_G$ est indépendant du point.

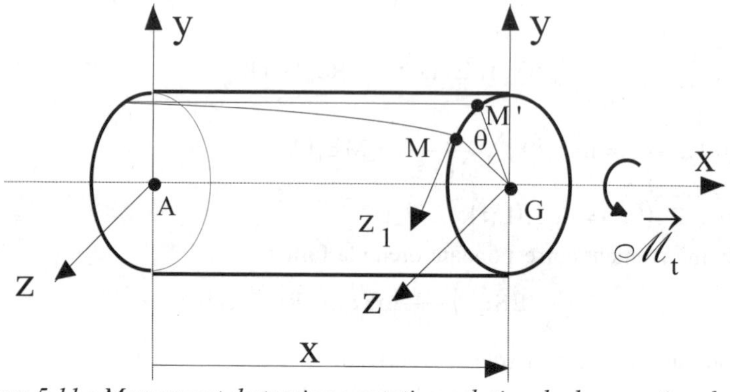


*Figure 5.11 : Mouvement de torsion ; rotation relative de deux section droites*

*4.1.6. Mouvement transversal d'une membrane*

Le système considéré est une membrane simple de surface S (dépourvue de rigidité de flexion), de masse surfacique $\rho h$ (produit de la masse volumique du matériau par l'épaisseur h de la membrane) et tendue (tension linéique $\tau$, c'est-à-dire force par unité de longueur de pourtour appliquée par un système extérieur sur la membrane à son pourtour, dans le plan de la membrane, sortant de la membrane) de façon uniforme sur son pourtour $\mathscr{C}$. Son mouvement transversal $\xi(x,y;t)$ (***petites déformations*** suivant z) est engendré par une pression $P(x,y;t)$ répartie sur toute sa surface (figure 5.12). Cette membrane repose à sa frontière $\mathscr{C}$ sur un cadre élastique caractérisé par la force linéique
$$F(x_{\mathscr{C}},y_{\mathscr{C}};t)=-k(s)\xi(x_{\mathscr{C}},y_{\mathscr{C}};t)\ , \qquad (5.86)$$
où $k(s)$ représente la raideur linéique du cadre élastique, fonction de l'abscisse curviligne s repérant un point $M_{\mathscr{C}}(x_{\mathscr{C}},y_{\mathscr{C}})\equiv M_{\mathscr{C}}(s)$ de ce cadre (sur $\mathscr{C}$) et où $\xi(x_{\mathscr{C}},y_{\mathscr{C}};t)$ représente le déplacement transversal de la membrane (suivant z) en ce même point.

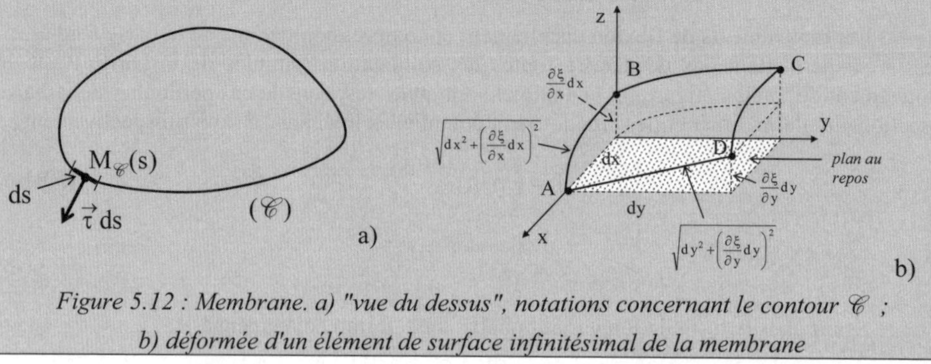


*Figure 5.12 : Membrane. a) "vue du dessus", notations concernant le contour $\mathscr{C}$ ; b) déformée d'un élément de surface infinitésimal de la membrane*

✓ L'énergie potentielle $dV_{\mathscr{C}}$ emmagasinée au cours du déplacement élémentaire $d\xi$ de l'élément de longueur $ds$ de frontière est le produit de la force $k(s)\,ds\,\xi(s;t)$ par le déplacement $d\xi$ :

$$dV_{\mathscr{C}} = \int_0^{\xi} k(s)\,ds\,\xi(s;t)\,d\xi = k(s)\,ds\int_0^{\xi}\xi(s;t)\,d\xi = \frac{1}{2}k(s)\xi^2 ds \ , \tag{5.87}$$

et, du fait que la frontière $\mathscr{C}$ est supposée sans inertie, le Lagrangien ***linéique*** de frontière s'écrit

$$\ell_{\mathscr{C}} = -\frac{1}{2}k(s)\xi^2 \ . \tag{5.88-a}$$

✓ Les énergies cinétiques surfacique et totale de la membrane s'écrivent respectivement :

$$T = \frac{1}{2}\rho h \dot{\xi}_t^2 \ , \tag{5.88-b}$$

et

$$T_T = \frac{1}{2}\iint_{\mathscr{D}} \rho h \dot{\xi}_t^2\, dx\,dy \ , \tag{5.88-c}$$

où $\mathscr{D}$ et $\dot{\xi}_t$ désignent respectivement le domaine à deux dimensions couvert par la membrane et la dérivée partielle de $\xi$ par rapport à $t$.

✓ L'énergie potentielle de la membrane est égale au travail fourni par la tension $\tau$ (qui exerce la force $\tau\,ds$ sur l'élément de longueur $ds$ de la membrane) pour élargir la membrane de la quantité locale $\varepsilon(s)$ (figure 5.13) :

$$V_T = \int_0^{L_{\mathscr{C}}} \tau\varepsilon(s)\,ds \approx \tau\int_0^{L_{\mathscr{C}}} \varepsilon(s)\,ds = \tau\,dS \ , \tag{5.89}$$

où $L_{\mathscr{C}}$ est la longueur du pourtour $\mathscr{C}$.

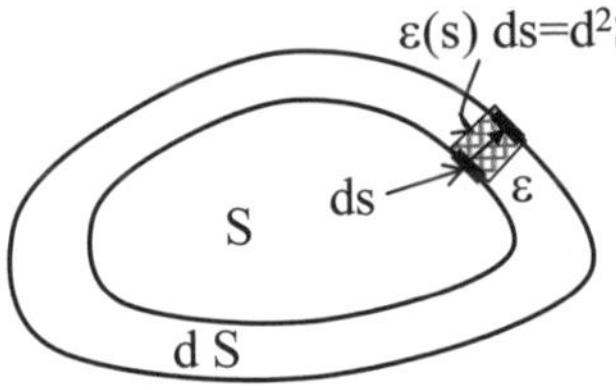


*Figure 5.13 : Représentation de la variation de la surface de la membrane sous l'effet de sa déformée.*

En pratique, l'augmentation de surface $dS$ de la membrane sous l'effet de son champ de déplacement transversal est donné par la différence entre la surface du rectangle curviligne $(ABCD)$ (figure 5.12-b), assimilé à un rectangle simple, et la surface de sa projection dans le plan $(xy)$ (surface de la membrane au repos) :

$$dS = \iint_{\mathscr{D}} \sqrt{dx^2 + (\dot{\xi}_x dx)^2}\sqrt{dy^2 + (\dot{\xi}_y dy)^2} - \iint_{\mathscr{D}} dx\,dy \ , \tag{5.90-a}$$

où $\dot{\xi}_x$ et $\dot{\xi}_y$ désignent les dérivées partielles de $\xi$ par rapport à $x$ et $y$,

soit
$$dS = \iint_{\mathscr{D}} \sqrt{(dx\,dy)^2 + (\dot{\xi}_x^2 + \dot{\xi}_y^2)(dx\,dy)^2 + \dot{\xi}_x^2\dot{\xi}_y^2(dx\,dy)^2} - \iint_{\mathscr{D}} dx\,dy \ , \tag{5.90-b}$$

ou encore, en négligeant le facteur d'ordre supérieur $\dot{\xi}_x^2\dot{\xi}_y^2(dx\,dy)^2$

$$dS \approx \iint_{\mathscr{D}} \sqrt{1 + \dot{\xi}_x^2 + \dot{\xi}_y^2}\, dx\,dy - \iint_{\mathscr{D}} dx\,dy \ . \tag{5.90-c}$$

Après développement de la racine carrée de l'intégrale (5.90-c) à l'ordre le plus bas, il vient

$$dS \approx \iint_{\mathscr{D}} \left\{1 + \tfrac{1}{2}(\dot{\xi}_x^2 + \dot{\xi}_y^2) - 1\right\} dx\,dy = \frac{1}{2}\iint_{\mathscr{D}} (\dot{\xi}_x^2 + \dot{\xi}_y^2)\, dx\,dy \ . \tag{5.90-d}$$

Ainsi, l'énergie potentielle ***surfacique*** s'écrit-elle, d'après les équations (5.89) et (5.90-d),

$$V = \frac{1}{2}\tau\left(\dot{\xi}_x^2 + \dot{\xi}_y^2\right) . \qquad (5.91)$$

✓ Finalement, le Lagrangien ***surfacique*** de la membrane s'écrit

$$\mathscr{L}\left(\dot{\xi}_x, \dot{\xi}_y, \dot{\xi}_t\right) = \frac{1}{2}\rho h \dot{\xi}_t^2 - \frac{1}{2}\tau\left(\dot{\xi}_x^2 + \dot{\xi}_y^2\right) . \qquad (5.92)$$

✓ Enfin, le coefficient de puissance surfacique associé à la pression extérieure exercée sur la surface de la membrane s'écrit

$$\Xi_\xi(x, y; t) = P(x, y; t) . \qquad (5.93)$$

✓ Le Principe Variationnel s'écrit

$$\int_1^2 dt \left\{ \iint_{\mathscr{D}} dS \left[\delta\mathscr{L}\left(\dot{\xi}_x, \dot{\xi}_y, \dot{\xi}_t\right) + \Xi(x, y; t)\delta\xi(x, y; t)\right] + \int_{\mathscr{C}} \delta \ell_{\mathscr{C}}(\xi, t) ds \right\} = 0 . \qquad (5.94)$$

Le report des expressions (5.88-a), (5.92) et (5.93) dans l'expression (5.94) du Principe Variationnel, et l'utilisation des propriétés de l'opérateur variations $\delta$ (voir § V-2.1.) conduit à

$$\int_1^2 dt \left\{ \iint_{\mathscr{D}} dx\,dy \left[\rho h \dot{\xi}_t \delta\dot{\xi}_t - \tau\left(\dot{\xi}_x \delta\dot{\xi}_x + \dot{\xi}_y \delta\dot{\xi}_y\right) + P(x, y; t)\delta\xi(x, y; t)\right] \right.$$
$$\left. - \int_{\mathscr{C}} k(s)\xi\delta\xi ds \right\} = 0 , \qquad (5.95\text{-a})$$

soit, en commutant l'opérateur $\delta$ et l'opérateur dérivée (équation 5.17-c),

$$\int_1^2 dt \left\{ \iint_{\mathscr{D}} dx\,dy \left[ \rho h \dot{\xi}_t \frac{\partial}{\partial t}\delta\xi - \tau\left( \dot{\xi}_x \frac{\partial}{\partial x}\delta\xi + \dot{\xi}_y \frac{\partial}{\partial y}\delta\xi \right) + P(x, y; t)\delta\xi(x, y; t) \right] \right.$$
$$\left. - \int_{\mathscr{C}} k(s)\xi\delta\xi ds \right\} = 0 . \qquad (5.95\text{-b})$$

L'intégration par partie par rapport au temps de l'intégrale $\int_1^2 dt \iint_{\mathscr{D}} \rho h \dot{\xi}_t \frac{\partial}{\partial t}\delta\xi \, dx\,dy$ s'effectue de manière simple classique (voir § V-2.2. ou V-4.1.2. par exemple) :

$$\int_1^2 dt \iint_{\mathscr{D}} \rho h \dot{\xi}_t \frac{\partial}{\partial t}\delta\xi \, dx\,dy = -\int_1^2 dt \iint_{\mathscr{D}} \rho h \ddot{\xi}_{tt} \delta\xi \, dx\,dy . \qquad (5.96)$$

Par contre, l'intégration sur la surface de forme arbitraire du facteur $-\tau\left( \dot{\xi}_x \frac{\partial}{\partial x}\delta\xi + \dot{\xi}_y \frac{\partial}{\partial y}\delta\xi \right)$ qui permet de faire apparaître $\delta\xi$ et non plus les dérivées $\frac{\partial}{\partial x}\delta\xi$ et $\frac{\partial}{\partial y}\delta\xi$ passe par l'usage de la formule de Green (voir Annexe A5)

$$\iint_{\mathscr{D}} \left[ \left( G\frac{\partial}{\partial x}\eta + F\frac{\partial}{\partial y}\eta \right) + \eta\left( \frac{\partial}{\partial x}G + \frac{\partial}{\partial y}F \right) \right] dx\,dy = \int_{\mathscr{C}} \eta(G\,dy - F\,dx) , \qquad (5.97)$$

qui permet d'écrire ici, en posant

$$G = \tau\dot{\xi}_x , \quad F = \tau\dot{\xi}_y \quad \text{et} \quad \eta = \delta\xi ,$$

$$\iint_{\mathscr{D}} \left( \tau\dot{\xi}_x \frac{\partial}{\partial x}\delta\xi + \tau\dot{\xi}_y \frac{\partial}{\partial y}\delta\xi \right) dx\,dy = \int_{\mathscr{C}} \delta\xi\left(\tau\dot{\xi}_x dy - \tau\dot{\xi}_y dx\right)$$
$$- \iint_{\mathscr{D}} \delta\xi\left( \frac{\partial}{\partial x}\left(\tau\dot{\xi}_x\right) + \frac{\partial}{\partial y}\left(\tau\dot{\xi}_y\right) \right) dx\,dy.$$

Ainsi, le Principe Variationnel prend la forme, pour toute variation $\delta$,

$$\int_1^2 dt \left\{ \iint_{\mathscr{D}} dx\,dy \left[ -\rho h \ddot{\xi}_{tt} + \frac{\partial}{\partial x}\left(\tau \dot{\xi}_x\right) + \frac{\partial}{\partial y}\left(\tau \dot{\xi}_y\right) + P(x,y;t) \right] \delta\xi \right.$$
$$\left. - \int_{\mathscr{C}} \left( \tau \dot{\xi}_x\, dy - \tau \dot{\xi}_y\, dx + k(s)\xi\, ds \right) \delta\xi \right\} = 0 ,$$

d'où, en considérant la tension $\tau$ comme indépendante du point,

$$-\rho h \ddot{\xi}_{tt} + \tau \ddot{\xi}_{xx} + \tau \ddot{\xi}_{yy} + P(x,y;t) = 0 ,$$

et

$$\tau \dot{\xi}_x\, dy - \tau \dot{\xi}_y\, dx + k(s)\xi\, ds = 0 ,$$

soit

$$\rho h \ddot{\xi}_{tt} - \tau\left(\ddot{\xi}_{xx} + \ddot{\xi}_{yy}\right) = P(x,y;t) , \qquad (5.98\text{-a})$$

et

$$\tau\left( \dot{\xi}_x \frac{dy}{ds} - \dot{\xi}_y \frac{dx}{ds} \right) + k(s)\xi = 0 . \qquad (5.98\text{-b})$$

Du fait que les composantes de la normale $\vec{n}$ extérieure à la courbe dans le plan $(x\,y)$ de la membrane sont $dy/ds$ et $-dx/ds$, et en posant

$$c = \sqrt{\rho h / \tau} , \qquad (5.99)$$

les équations (5.98) s'écrivent

$$\Delta\xi - \frac{1}{c^2}\ddot{\xi}_{tt} = -P(x,y;t)/(\rho h) ,\ \forall\,(x,y) \in \mathscr{D} , \qquad (5.100\text{-a})$$

et

$$\tau \vec{n} \cdot \vec{\nabla}\xi + k\xi = 0 ,\ \forall\,(x,y) \in \mathscr{C} , \qquad (5.100\text{-b})$$

où $\Delta$ et $\vec{\nabla}$ désignent respectivement les opérateurs laplacien et gradient. L'équation (5.100-a) est une équation de propagation classique et l'équation (5.100-b) une condition en frontière mixte classique.

## 4.2. Lagrangien dépendant de dérivées spatiales d'ordre 1 et 2

Lorsque le Lagrangien est de la forme (cas du mouvement de flexion de plaques minces par exemple)

$$\mathscr{L}\left[q_i(x,y;t), \dot{q}_{it}(x,y;t), \dot{q}_{ix}(x,y;t), \dot{q}_{iy}(x,y;t), \right.$$
$$\left. \ddot{q}_{ixx}(x,y;t), \ddot{q}_{iyy}(x,y;t), \ddot{q}_{ixy}(x,y;t), t\right], \qquad (5.101)$$

où $\dot{q}_{it}(x,y;t)$, $\dot{q}_{ix}(x,y;t)$ et $\dot{q}_{iy}(x,y;t)$ désignent respectivement les dérivées partielles du premier ordre de $q_i$ par rapport à $t$, $x$ et $y$, et $\ddot{q}_{ixx}(x,y;t)$, $\ddot{q}_{iyy}(x,y;t)$ et $q_{ixy}(x,y;t)$ désignent respectivement les dérivées partielles du second ordre de $q_i$ par rapport à deux variables d'espace $x$ et $y$.

Dans la formulation variationnelle, les facteurs provenant des forces et moments extérieurs ou intérieurs qui ne dérivent pas de fonctions de force et les Lagrangiens des systèmes localisés auxquels est lié le système étudié à ses frontières, sont équivalents à ceux déjà traités tout au long de ce chapitre V ; Pour cette raison, ils ne sont pas repris ici. Par contre, le facteur qui contient le Lagrangien du système (5.99) est ici différent de ceux traités précédemment puisqu'il comporte des termes qui font intervenir des dérivées spatiales d'ordre deux.

L'objet de ce paragraphe se limite à généraliser les calculs de ce facteur, le calcul complet pour un système donné ne soulevant dès lors plus de difficultés de principe.

Dans la suite du paragraphe, les variables $(x, y; t)$ sont omises, pour simplifier l'écriture et seuls les systèmes à géométrie cartésienne (où les frontières sont définies par les coordonnées $x_1$, $x_2$, $y_1$ et $y_2$) sont considérées (la généralisation à d'autres géométries relève de l'usage du théorème de Green, à l'instar de l'exemple de la membrane présenté au § V-4.1.6.).

Donc le facteur considéré ici s'écrit

$$\int_{t_1}^{t_2} dt \iint_{\mathscr{D}} \delta\mathscr{L}\left[q_i(x,y;t), \dot{q}_{it}(x,y;t), \dot{q}_{ix}(x,y;t), \dot{q}_{iy}(x,y;t),\right.$$
$$\left.\ddot{q}_{ixx}(x,y;t), \ddot{q}_{iyy}(x,y;t), \ddot{q}_{ixy}(x,y;t), t\right] d\mathscr{D}, \qquad (5.102\text{-a})$$

soit, pour une géométrie cartésienne

$$\int_{t_1}^{t_2} dt \int_{x_1}^{x_2}\int_{y_1}^{y_2} \delta\mathscr{L}\left[q_i(x,y;t), \dot{q}_{it}(x,y;t), \dot{q}_{ix}(x,y;t), \dot{q}_{iy}(x,y;t),\right.$$
$$\left.\ddot{q}_{ixx}(x,y;t), \ddot{q}_{iyy}(x,y;t), \ddot{q}_{ixy}(x,y;t), t\right] dx\, dy. \qquad (5.102\text{-b})$$

D'après les propriétés de l'opérateur variations $\delta$ énoncées au § V-2.1., la variation du Lagrangien s'écrit

$$\delta\mathscr{L} = \sum_{i=1}^{n}\left(\frac{\partial\mathscr{L}}{\partial q_i}\delta q_i + \frac{\partial\mathscr{L}}{\partial \dot{q}_{ix}}\delta\dot{q}_{ix} + \frac{\partial\mathscr{L}}{\partial \dot{q}_{iy}}\delta\dot{q}_{iy} + \frac{\partial\mathscr{L}}{\partial \dot{q}_{it}}\delta\dot{q}_{it},\right.$$
$$\left. + \frac{\partial\mathscr{L}}{\partial \ddot{q}_{ixx}}\delta\ddot{q}_{ixx} + \frac{\partial\mathscr{L}}{\partial \ddot{q}_{iyy}}\delta\ddot{q}_{iyy} + \frac{\partial\mathscr{L}}{\partial \ddot{q}_{ixy}}\delta\ddot{q}_{ixy}\right), \qquad (5.103\text{-a})$$

soit, en commutant l'opérateur $\delta$ et l'opérateur dérivée (équation (5.17-d)),

$$\delta\mathscr{L} = \sum_{i=1}^{n}\left(\frac{\partial\mathscr{L}}{\partial q_i}\delta q_i + \frac{\partial\mathscr{L}}{\partial \dot{q}_{ix}}\frac{\partial}{\partial x}\delta q_i + \frac{\partial\mathscr{L}}{\partial \dot{q}_{iy}}\frac{\partial}{\partial y}\delta q_i + \frac{\partial\mathscr{L}}{\partial \dot{q}_{it}}\frac{d}{dt}\delta q_i\right.$$
$$\left. + \frac{\partial\mathscr{L}}{\partial \ddot{q}_{ixx}}\frac{\partial^2}{\partial x^2}\delta q_i + \frac{\partial\mathscr{L}}{\partial \ddot{q}_{iyy}}\frac{\partial^2}{\partial y^2}\delta q_i + \frac{\partial\mathscr{L}}{\partial \ddot{q}_{ixy}}\frac{\partial^2}{\partial x\partial y}\delta q_i\right). \qquad (5.103\text{-b})$$

A ce point, il est nécessaire de factoriser le facteur $\delta q_i$ et donc de procéder à des intégrations par partie. Une seule intégration par partie suffit à cela pour les facteurs faisant intervenir les dérivées d'ordre 1 $\left(\frac{\partial}{\partial x}\delta q_i, \frac{\partial}{\partial y}\delta q_i \text{ et } \frac{d}{dt}\delta q_i\right)$, mais par contre deux intégrations par partie successives sont nécessaires pour les facteurs qui font intervenir les dérivées spatiales d'ordre 2 $\left(\frac{\partial^2}{\partial x^2}\delta q_i, \frac{\partial^2}{\partial y^2}\delta q_i \text{ et } \frac{\partial^2}{\partial x\partial y}\delta q_i\right)$.

L'ensemble de ces calculs est présenté ci-dessous, le détail des intégrations par parties étant donné en Nota Bene à la fin du paragraphe.

Le report de la relation (5.103-b) dans l'intégrale (5.102-b) s'écrit donc

$$\sum_{i=1}^{n}\left(\int_{t_1}^{t_2}dt\int_{y_1}^{y_2}dy\left\{\left[\frac{\partial\mathscr{L}}{\partial\ddot{q}_{ixx}}\frac{\partial}{\partial x}\delta q_i\right]_{x_1}^{x_2}-\left[\frac{\partial}{\partial x}\frac{\partial\mathscr{L}}{\partial\ddot{q}_{ixx}}\delta q_i\right]_{x_1}^{x_2}+\int_{x_1}^{x_2}\frac{\partial^2}{\partial x^2}\frac{\partial\mathscr{L}}{\partial\ddot{q}_{ixx}}\delta q_i\,dx\right\}\right.$$

$$+\int_{t_1}^{t_2}dt\int_{x_1}^{x_2}dx\left\{\left[\frac{\partial\mathscr{L}}{\partial\ddot{q}_{iyy}}\frac{\partial}{\partial y}\delta q_i\right]_{y_1}^{y_2}-\left[\frac{\partial}{\partial y}\frac{\partial\mathscr{L}}{\partial\ddot{q}_{iyy}}\delta q_i\right]_{y_1}^{y_2}+\int_{y_1}^{y_2}\frac{\partial^2}{\partial y^2}\frac{\partial\mathscr{L}}{\partial\ddot{q}_{iyy}}\delta q_i\,dy\right\}$$

$$+\int_{t_1}^{t_2}dt\left\{\frac{\partial\mathscr{L}}{\partial\ddot{q}_{ixy}}\delta q_i(x_2,y_2;t)-\frac{\partial\mathscr{L}}{\partial\ddot{q}_{ixy}}\delta q_i(x_1,y_2;t)-\frac{\partial\mathscr{L}}{\partial\ddot{q}_{ixy}}\delta q_i(x_2,y_1;t)+\frac{\partial\mathscr{L}}{\partial\ddot{q}_{ixy}}\delta q_i(x_1,y_1;t)\right.$$

$$\left.-\int_{x_1}^{x_2}dx\left[\frac{\partial}{\partial x}\frac{\partial\mathscr{L}}{\partial\ddot{q}_{ixy}}\delta q_i(x,y_2;t)-\frac{\partial}{\partial x}\frac{\partial\mathscr{L}}{\partial\ddot{q}_{ixy}}\delta q_i(x,y_1;t)\right]\right\}$$

$$-\int_{t_1}^{t_2}dt\int_{y_1}^{y_2}dy\left\{\left[\frac{\partial}{\partial y}\frac{\partial\mathscr{L}}{\partial\ddot{q}_{ixy}}\delta q_i\right]_{x_1}^{x_2}-\int_{x_1}^{x_2}\frac{\partial^2}{\partial x\partial y}\frac{\partial\mathscr{L}}{\partial\ddot{q}_{ixy}}\delta q_i\,dx\right\}$$

$$+\int_{t_1}^{t_2}dt\int_{y_1}^{y_2}dy\left\{\left[\frac{\partial\mathscr{L}}{\partial\dot{q}_{ix}}\delta q_i\right]_{x_1}^{x_2}-\int_{x_1}^{x_2}\frac{\partial}{\partial x}\frac{\partial\mathscr{L}}{\partial\dot{q}_{ix}}\delta q_i\,dx\right\}$$

$$+\int_{t_1}^{t_2}dt\int_{x_1}^{x_2}dx\left\{\left[\frac{\partial\mathscr{L}}{\partial\dot{q}_{iy}}\delta q_i\right]_{y_1}^{y_2}-\int_{y_1}^{y_2}\frac{\partial}{\partial y}\frac{\partial\mathscr{L}}{\partial\dot{q}_{iy}}\delta q_i\,dy\right\}$$

$$\left.+\int_{x_1}^{x_2}dx\int_{y_1}^{y_2}dy\left\{\left[\frac{\partial\mathscr{L}}{\partial\dot{q}_{it}}\delta q_i\right]_{t_1}^{t_2}-\int_{t_1}^{t_2}\frac{d}{dt}\frac{\partial\mathscr{L}}{\partial\dot{q}_{it}}\delta q_i\,dt\right\}+\int_{t_1}^{t_2}dt\int_{x_1}^{x_2}dx\int_{y_1}^{y_2}\frac{\partial\mathscr{L}}{\partial q_i}\delta q_i\,dy\right). \tag{5.104}$$

Par hypothèse, ***les variations se faisant à t fixé***,

$$\delta q_i(x,y;t_1)=\delta q_i(x,y;t_2)=0\ , \tag{5.105}$$

ce qui conduit à la nullité du terme $\left[\frac{\partial\mathscr{L}}{\partial\dot{q}_{it}}\delta q_i\right]_{t_1}^{t_2}$.

L'intégrale (5.104) s'écrit donc, en regroupant les termes en facteur de $\delta q_i(x_1,y;t)$, $\delta q_i(x_2,y;t)$, etc...

$$\sum_{i=1}^{n}\left(\int_{t_1}^{t_2}dt\int_{y_1}^{y_2}dy\left\{\frac{\partial\mathcal{L}}{\partial\ddot{q}_{ixx}}\frac{\partial}{\partial x}\delta q_i(x_2,y;t)-\frac{\partial\mathcal{L}}{\partial\ddot{q}_{ixx}}\frac{\partial}{\partial x}\delta q_i(x_1,y;t)-\frac{\partial}{\partial x}\frac{\partial\mathcal{L}}{\partial\ddot{q}_{ixx}}\delta q_i(x_2,y;t)\right.\right.$$

$$+\frac{\partial}{\partial x}\frac{\partial\mathcal{L}}{\partial\ddot{q}_{ixx}}\delta q_i(x_1,y;t)+\frac{\partial\mathcal{L}}{\partial\dot{q}_{ix}}\delta q_i(x_2,y;t)-\frac{\partial\mathcal{L}}{\partial\dot{q}_{ix}}\delta q_i(x_1,y;t)$$

$$\left.-\frac{\partial}{\partial y}\frac{\partial\mathcal{L}}{\partial\ddot{q}_{ixy}}\delta q_i(x_2,y;t)+\frac{\partial}{\partial y}\frac{\partial\mathcal{L}}{\partial\ddot{q}_{ixy}}\delta q_i(x_1,y;t)\right\}$$

$$+\int_{t_1}^{t_2}dt\int_{x_1}^{x_2}dx\left\{\frac{\partial\mathcal{L}}{\partial\ddot{q}_{iyy}}\frac{\partial}{\partial y}\delta q_i(x,y_2;t)-\frac{\partial\mathcal{L}}{\partial\ddot{q}_{iyy}}\frac{\partial}{\partial y}\delta q_i(x,y_1;t)-\frac{\partial}{\partial y}\frac{\partial\mathcal{L}}{\partial\ddot{q}_{iyy}}\delta q_i(x,y_2;t)\right.$$

$$+\frac{\partial}{\partial y}\frac{\partial\mathcal{L}}{\partial\ddot{q}_{iyy}}\delta q_i(x,y_1;t)+\frac{\partial\mathcal{L}}{\partial\dot{q}_{iy}}\delta q_i(x,y_2;t)-\frac{\partial\mathcal{L}}{\partial\dot{q}_{iy}}\delta q_i(x,y_1;t)$$

$$\left.-\frac{\partial}{\partial x}\frac{\partial\mathcal{L}}{\partial\ddot{q}_{ixy}}\delta q_i(x,y_2;t)+\frac{\partial}{\partial x}\frac{\partial\mathcal{L}}{\partial\ddot{q}_{ixy}}\delta q_i(x,y_1;t)\right\}$$

$$+\int_{t_1}^{t_2}dt\int_{x_1}^{x_2}dx\int_{y_1}^{y_2}dy\left\{\frac{\partial^2}{\partial x^2}\frac{\partial\mathcal{L}}{\partial\ddot{q}_{ixx}}+\frac{\partial^2}{\partial y^2}\frac{\partial\mathcal{L}}{\partial\ddot{q}_{iyy}}+\frac{\partial^2}{\partial x\partial y}\frac{\partial\mathcal{L}}{\partial\ddot{q}_{ixy}}\right.$$

$$\left.-\frac{\partial}{\partial x}\frac{\partial\mathcal{L}}{\partial\dot{q}_{ix}}-\frac{\partial}{\partial y}\frac{\partial\mathcal{L}}{\partial\dot{q}_{iy}}-\frac{d}{dt}\frac{\partial\mathcal{L}}{\partial\dot{q}_{it}}+\frac{\partial\mathcal{L}}{\partial q_i}\right\}\delta q_i$$

$$\left.+\int_{t_1}^{t_2}dt\left\{\frac{\partial\mathcal{L}}{\partial\ddot{q}_{ixy}}\delta q_i(x_2,y_2;t)-\frac{\partial\mathcal{L}}{\partial\ddot{q}_{ixy}}\delta q_i(x_1,y_2;t)-\frac{\partial\mathcal{L}}{\partial\ddot{q}_{ixy}}\delta q_i(x_2,y_1;t)+\frac{\partial\mathcal{L}}{\partial\ddot{q}_{ixy}}\delta q_i(x_1,y_1;t)\right\}\right)$$

$$\forall\delta q_i(x,y;t),\ \forall\delta q_i(x_1,y;t),\ \forall\delta q_i(x_2,y;t),\ \forall\delta q_i(x,y_1;t),\ \forall\delta q_i(x,y_2;t),$$

$$\forall\frac{\partial}{\partial x}\delta q_i(x_1,y;t),\ \forall\frac{\partial}{\partial x}\delta q_i(x_2,y;t),\forall\frac{\partial}{\partial y}\delta q_i(x,y_1;t),\ \forall\frac{\partial}{\partial y}\delta q_i(x,y_2;t),$$

$$\forall\delta q_i(x_1,y_1;t),\ \forall\delta q_i(x_1,y_2;t),\forall\delta q_i(x_2,y_1;t),\ \forall\delta q_i(x_2,y_2;t).$$

(5.106)

*Les conditions nécessaires pour que cette intégrale s'annule pour les variations arbitraires indiquées dans (5.106), et ce* $\forall x\ \forall y$, *et* $\forall t$, *sont données par les n équations suivantes (en l'absence de forces ne dérivant pas d'une fonction de force) :*

$$\frac{\partial\mathcal{L}}{\partial q_i}+\frac{\partial^2}{\partial x^2}\frac{\partial\mathcal{L}}{\partial\ddot{q}_{ixx}}+\frac{\partial^2}{\partial y^2}\frac{\partial\mathcal{L}}{\partial\ddot{q}_{iyy}}+\frac{\partial^2}{\partial x\partial y}\frac{\partial\mathcal{L}}{\partial\ddot{q}_{ixy}}-\frac{\partial}{\partial x}\frac{\partial\mathcal{L}}{\partial\dot{q}_{ix}}-\frac{\partial}{\partial y}\frac{\partial\mathcal{L}}{\partial\dot{q}_{iy}}-\frac{d}{dt}\frac{\partial\mathcal{L}}{\partial\dot{q}_{it}}=0,$$

$$\forall x\in[x_1,x_2],\ \forall y\in[y_1,y_2],\forall t\in[t_1,t_2],\ i=1,\ldots,n\ ,$$

(5.107-a)

*auxquelles s'ajoutent* $12n$ *équations de conditions aux frontières dont on ne donne ci-dessous que la contribution au Lagrangien* $\mathcal{L}$ *traité précédemment puisque dans l'exposé ici nous n'avons introduit dans cet exposé ni les coefficients de puissance, ni les Lagrangiens des systèmes extérieurs auquel le système considéré est lié aux frontières (d'où les pointillés dans les équations) :*

$$
\left\{
\begin{array}{ll}
-\dfrac{\partial \mathscr{L}}{\partial \ddot{q}_{ixx}} = \ldots & ,\quad x = x_1 ,\ \forall\, y \in [y_1, y_2],\ \forall\, t \in [t_1, t_2],\ i = 1,\ldots,n \\
-\dfrac{\partial \mathscr{L}}{\partial \dot{q}_{ix}} + \dfrac{\partial}{\partial x}\dfrac{\partial \mathscr{L}}{\partial \ddot{q}_{ixx}} + \dfrac{\partial}{\partial y}\dfrac{\partial \mathscr{L}}{\partial \ddot{q}_{ixy}} = \ldots & ,\quad x = x_1 ,\ \forall\, y \in [y_1, y_2],\ \forall\, t \in [t_1, t_2],\ i = 1,\ldots,n \\
\dfrac{\partial \mathscr{L}}{\partial \ddot{q}_{ixx}} = \ldots & ,\quad x = x_2 ,\ \forall\, y \in [y_1, y_2],\ \forall\, t \in [t_1, t_2],\ i = 1,\ldots,n , \\
\dfrac{\partial \mathscr{L}}{\partial \dot{q}_{ix}} - \dfrac{\partial}{\partial x}\dfrac{\partial \mathscr{L}}{\partial \ddot{q}_{ixx}} - \dfrac{\partial}{\partial y}\dfrac{\partial \mathscr{L}}{\partial \ddot{q}_{ixy}} = \ldots & ,\quad x = x_2 ,\ \forall\, y \in [y_1, y_2],\ \forall\, t \in [t_1, t_2],\ i = 1,\ldots,n , \\
-\dfrac{\partial \mathscr{L}}{\partial \ddot{q}_{iyy}} = \ldots & ,\quad y = y_1,\ \forall\, x \in [x_1, x_2],\ \forall\, t \in [t_1, t_2],\ i = 1,\ldots,n \\
-\dfrac{\partial \mathscr{L}}{\partial \dot{q}_{iy}} + \dfrac{\partial}{\partial y}\dfrac{\partial \mathscr{L}}{\partial \ddot{q}_{iyy}} + \dfrac{\partial}{\partial x}\dfrac{\partial \mathscr{L}}{\partial \ddot{q}_{ixy}} = \ldots & ,\quad y = y_1,\ \forall\, x \in [x_1, x_2],\ \forall\, t \in [t_1, t_2],\ i = 1,\ldots,n \\
\dfrac{\partial \mathscr{L}}{\partial \ddot{q}_{iyy}} = \ldots & ,\quad y = y_2,\ \forall\, x \in [x_1, x_2],\ \forall\, t \in [t_1, t_2],\ i = 1,\ldots,n , \\
\dfrac{\partial \mathscr{L}}{\partial \dot{q}_{iy}} - \dfrac{\partial}{\partial y}\dfrac{\partial \mathscr{L}}{\partial \ddot{q}_{iyy}} - \dfrac{\partial}{\partial x}\dfrac{\partial \mathscr{L}}{\partial \ddot{q}_{ixy}} = \ldots & ,\quad y = y_2,\ \forall\, x \in [x_1, x_2],\ \forall\, t \in [t_1, t_2],\ i = 1,\ldots,n , \\
\dfrac{\partial \mathscr{L}}{\partial \ddot{q}_{ixy}} = \ldots & ,\quad x = x_1 ,\ y = y_1,\quad \forall\, t \in [t_1, t_2],\ i = 1,\ldots,n , \\
-\dfrac{\partial \mathscr{L}}{\partial \ddot{q}_{ixy}} = \ldots & ,\quad x = x_1 ,\ y = y_2,\quad \forall\, t \in [t_1, t_2],\ i = 1,\ldots,n , \\
-\dfrac{\partial \mathscr{L}}{\partial \ddot{q}_{ixy}} = \ldots & ,\quad x = x_2 ,\ y = y_1,\quad \forall\, t \in [t_1, t_2],\ i = 1,\ldots,n , \\
\dfrac{\partial \mathscr{L}}{\partial \ddot{q}_{ixy}} = \ldots & ,\quad x = x_2 ,\ y = y_2,\quad \forall\, t \in [t_1, t_2],\ i = 1,\ldots,n .
\end{array}
\right.
\tag{5.107-b}
$$

On constate que ces problèmes deviennent vite compliqués à exprimer...

Nota Bene. Détail des intégrations par parties

$$
\int_{t_1}^{t_2} dt \int_{y_1}^{y_2} dy \int_{x_1}^{x_2} \frac{\partial \mathscr{L}}{\partial \dot{q}_{ix}} \frac{\partial}{\partial x} \delta q_i \, dx = \int_{t_1}^{t_2} dt \int_{y_1}^{y_2} dy \left\{ \left[ \frac{\partial \mathscr{L}}{\partial \dot{q}_{ix}} \delta q_i \right]_{x_1}^{x_2} - \int_{x_1}^{x_2} \frac{\partial}{\partial x} \frac{\partial \mathscr{L}}{\partial \dot{q}_{ix}} \delta q_i \, dx \right\}.
$$

$$
\int_{t_1}^{t_2} dt \int_{x_1}^{x_2} dx \int_{x_1}^{x_2} \frac{\partial \mathscr{L}}{\partial \dot{q}_{iy}} \frac{\partial}{\partial y} \delta q_i \, dy = \int_{t_1}^{t_2} dt \int_{x_1}^{x_2} dx \left\{ \left[ \frac{\partial \mathscr{L}}{\partial \dot{q}_{iy}} \delta q_i \right]_{y_1}^{y_2} - \int_{y_1}^{y_2} \frac{\partial}{\partial y} \frac{\partial \mathscr{L}}{\partial \dot{q}_{iy}} \delta q_i \, dy \right\},
$$

$$
\int_{x_1}^{x_2} dx \int_{y_1}^{y_2} dy \int_{t_1}^{t_2} \frac{\partial \mathscr{L}}{\partial \dot{q}_{it}} \frac{d}{dt} \delta q_i \, dt = \int_{x_1}^{x_2} dx \int_{y_1}^{y_2} dy \left\{ \left[ \frac{\partial \mathscr{L}}{\partial \dot{q}_{it}} \delta q_i \right]_{t_1}^{t_2} - \int_{t_1}^{t_2} \frac{d}{dt} \frac{\partial \mathscr{L}}{\partial \dot{q}_{it}} \delta q_i \, dt \right\}.
$$

$$
\int_{t_1}^{t_2} dt \int_{y_1}^{y_2} dy \int_{x_1}^{x_2} \frac{\partial \mathscr{L}}{\partial \ddot{q}_{ixx}} \frac{\partial^2}{\partial x^2} \delta q_i \, dx = \int_{t_1}^{t_2} dt \int_{y_1}^{y_2} dy \left\{ \left[ \frac{\partial \mathscr{L}}{\partial \ddot{q}_{ixx}} \frac{\partial}{\partial x} \delta q_i \right]_{x_1}^{x_2} - \int_{x_1}^{x_2} \frac{\partial}{\partial x} \frac{\partial \mathscr{L}}{\partial \ddot{q}_{ixx}} \frac{\partial}{\partial x} \delta q_i \, dx \right\}.
$$

Seconde intégration par partie :

$$\int_{t_1}^{t_2} dt \int_{y_1}^{y_2} dy \int_{x_1}^{x_2} \frac{\partial \mathcal{L}}{\partial \ddot{q}_{ixx}} \frac{\partial^2}{\partial x^2} \delta q_i \, dx = \int_{t_1}^{t_2} dt \int_{y_1}^{y_2} dy \left\{ \left[ \frac{\partial \mathcal{L}}{\partial \ddot{q}_{ixx}} \frac{\partial}{\partial x} \delta q_i \right]_{x_1}^{x_2} - \left[ \frac{\partial}{\partial x} \frac{\partial \mathcal{L}}{\partial \ddot{q}_{ixx}} \delta q_i \right]_{x_1}^{x_2} + \int_{x_1}^{x_2} \frac{\partial^2}{\partial x^2} \frac{\partial \mathcal{L}}{\partial \ddot{q}_{ixx}} \delta q_i \, dx \right\}.$$

$$\int_{t_1}^{t_2} dt \int_{x_1}^{x_2} dx \int_{y_1}^{y_2} \frac{\partial \mathcal{L}}{\partial \ddot{q}_{iyy}} \frac{\partial^2}{\partial y^2} \delta q_i \, dy = \int_{t_1}^{t_2} dt \int_{x_1}^{x_2} dx \left\{ \left[ \frac{\partial \mathcal{L}}{\partial \ddot{q}_{iyy}} \frac{\partial}{\partial y} \delta q_i \right]_{y_1}^{y_2} - \left[ \frac{\partial}{\partial y} \frac{\partial \mathcal{L}}{\partial \ddot{q}_{iyy}} \delta q_i \right]_{y_1}^{y_2} + \int_{y_1}^{y_2} \frac{\partial^2}{\partial y^2} \frac{\partial \mathcal{L}}{\partial \ddot{q}_{iyy}} \delta q_i \, dy \right\}.$$

$$\int_{t_1}^{t_2} dt \int_{x_1}^{x_2} dx \int_{y_1}^{y_2} \frac{\partial \mathcal{L}}{\partial \ddot{q}_{ixy}} \frac{\partial^2}{\partial x \partial y} \delta q_i \, dy = \int_{t_1}^{t_2} dt \int_{x_1}^{x_2} dx \left\{ \left[ \frac{\partial \mathcal{L}}{\partial \ddot{q}_{ixy}} \frac{\partial}{\partial x} \delta q_i \right]_{y_1}^{y_2} - \int_{y_1}^{y_2} \frac{\partial}{\partial y} \frac{\partial \mathcal{L}}{\partial \ddot{q}_{ixy}} \frac{\partial}{\partial x} \delta q_i \, dy \right\}.$$

Seconde intégration par partie :

$$\int_{t_1}^{t_2} dt \int_{x_1}^{x_2} dx \int_{y_1}^{y_2} \frac{\partial \mathcal{L}}{\partial \ddot{q}_{ixy}} \frac{\partial^2}{\partial x \partial y} \delta q_i \, dy = \int_{t_1}^{t_2} dt \left\{ \left[ \frac{\partial \mathcal{L}}{\partial \ddot{q}_{ixy}} \delta q_i(x, y_2; t) \right]_{x_1}^{x_2} - \left[ \frac{\partial \mathcal{L}}{\partial \ddot{q}_{ixy}} \delta q_i(x, y_1; t) \right]_{x_1}^{x_2} \right\}$$

$$- \int_{t_1}^{t_2} dt \int_{x_1}^{x_2} dx \left[ \frac{\partial}{\partial x} \frac{\partial \mathcal{L}}{\partial \ddot{q}_{ixy}} \delta q_i \right]_{y_1}^{y_2}$$

$$- \int_{t_1}^{t_2} dt \int_{y_1}^{y_2} dy \left\{ \left[ \frac{\partial}{\partial y} \frac{\partial \mathcal{L}}{\partial \ddot{q}_{ixy}} \delta q_i \right]_{x_1}^{x_2} - \int_{x_1}^{x_2} \frac{\partial^2}{\partial x \partial y} \frac{\partial \mathcal{L}}{\partial \ddot{q}_{ixy}} \delta q_i \, dx \right\}.$$

# Chapitre VI

# EXERCICES RESOLUS

Ce chapitre regroupe quelques exercices résolus, venant s'ajouter à ceux déjà présentés dans les chapitres précédents, notamment au chapitre IV (exemples du cerceau § IV-1. et de la roue § IV-2.) et au chapitre V (exemples de la brachistochrone et de la plus petite distance § V-2.4., de la barre en flexion et en cisaillement § V-4.1.1. et V-4.1.3., de la barre inhomogène et dissipative en traction/compression § V-4.1.4. et de la membrane § V-4.1.6.). Le but des exercices qui suivent n'est pas de poser puis résoudre des problèmes in extenso, mais seulement d'aider à éclairer le propos de l'ouvrage par la modélisation et la mise en équation de problèmes classiques, suivant les méthodes présentées dans les chapitres qui précèdent. A cette fin, les systèmes étudiés sont volontairement simples, étant entendu que pour la plupart d'entre eux, l'obtention des équations du mouvement ne nécessite pas l'usage de tout le formalisme mis en oeuvre, ce formalisme étant par ailleurs nécessaire dans l'étude de problèmes plus complexes et devant donc être bien maîtrisé.

La résolution des exercices est exprimée dans un style volontairement un peu "télégraphique" par souci de concision et pour bien mettre l'essentiel en valeur.

## 1. PARTICULE SUR UN CYLINDRE

Une particule assimilée à un point matériel M de masse m se déplace <u>sans frottements</u> sur la surface extérieure d'un cylindre immobile ⓪ de rayon a (figure 6.1), sous l'action du champ de pesanteur terrestre $\vec{g} = -g\,\vec{e}_{y_0}$. En introduisant les repères suivants :

- repère $\mathscr{R}_0 = (O, \mathscr{B}_0)$ de base associée $\mathscr{B}_0 = (\vec{e}_{x_0}, \vec{e}_{y_0}, \vec{e}_{z_0})$, lié au cylindre ⓪.
- repère $\mathscr{R}_1 = (O, \mathscr{B}_1)$ de base associée $\mathscr{B}_1 = (\vec{e}_{x_1}, \vec{e}_{y_1}, \vec{e}_{z_0})$,

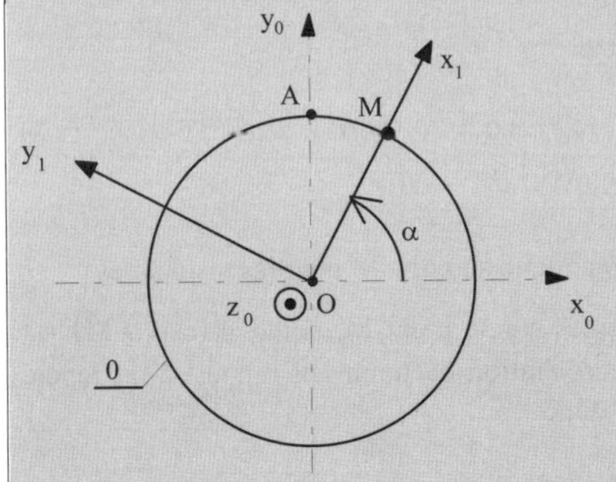


*Figure 6.1*

la position du point M est repérée par l'angle orienté $\alpha(t) = (\vec{e}_{x_0}, \vec{e}_{x_1})$. A l'instant initial $t = 0$, la particule M est lancée avec une vitesse angulaire $\dot{\alpha}_0 < 0$ du point A situé à l'intersection de l'axe $(O, \vec{e}_{y_0})$ et du cylindre et sur l'axe (l'angle α a donc pour valeur initiale $\alpha(0) = \pi/2$).

<u>Ecrire</u> les équations du mouvement en appliquant successivement

**1.1.** le Principe Fondamental de la Dynamique,

**1.2.** le Principe des Puissances Virtuelles, pour un champ de vitesses virtuel respectant la condition de contact, puis pour un champ ne la respectant pas,

**1.3.** le Principe Variationnel de Hamilton.

## 1.1. Application du Principe Fondamental de la Dynamique (PFD) au point M

### *1.1.1. Inventaire des actions extérieures appliquées au point M*

- Action de la gravité : $\{\varpi \to M\} = (M, \vec{P})$ avec $\vec{P} = -mg\,\vec{e}_{y_0} = -mg\sin\alpha\,\vec{e}_{x_1} - mg\cos\alpha\,\vec{e}_{y_1}$.
- Action de ⓪ sur M : $\{0 \to M\} = (M, \vec{N})$ avec $\vec{N} = N\,\vec{e}_{x_1}$ et $N > 0$ (pour que le contact soit maintenu).

Par suite, le torseur des actions extérieures exercées sur le point M est donné par

$$\{ext \to M\} = \{\varpi \to M\} + \{0 \to M\} \quad . \tag{6.1}$$

### *1.1.2. Accélération du point M par rapport au repère $\mathscr{R}_0$*

- Vecteur position : $\overrightarrow{OM} = a\,\vec{e}_{x_1}$.
- Vecteur vitesse du point M par rapport au repère $\mathscr{R}_0$ :

$$\vec{V}(M/\mathscr{R}_0) = \left(\frac{d\overrightarrow{OM}}{dt}\right)_{/\mathscr{B}_0} = \left(\frac{d\overrightarrow{OM}}{dt}\right)_{/\mathscr{B}_1} + \vec{\Omega}(\mathscr{B}_1/\mathscr{B}_0) \wedge \overrightarrow{OM} \quad ,$$

où $\vec{\Omega}(\mathscr{B}_1/\mathscr{B}_0) = \dot{\alpha}\,\vec{e}_{z_0}$ désigne le vecteur rotation associé au mouvement de la base $\mathscr{B}_1$ par rapport à la base $\mathscr{B}_0$.

Par suite,

$$\vec{V}(M/\mathscr{R}_0) = \vec{0} + {}_{\mathscr{B}_1}\begin{vmatrix} 0 \\ 0 \\ \dot{\alpha} \end{vmatrix} \wedge {}_{\mathscr{B}_1}\begin{vmatrix} a \\ 0 \\ 0 \end{vmatrix} \quad ,$$

d'où

$$\boxed{\vec{V}(M/\mathscr{R}_0) = a\,\dot{\alpha}\,\vec{e}_{y_1}} \quad . \tag{6.2}$$

- Vecteur accélération du point M par rapport au repère $\mathscr{R}_0$ :

$$\vec{\Gamma}(M/\mathscr{R}_0) = \left(\frac{d\vec{V}(M/\mathscr{R}_0)}{dt}\right)_{/\mathscr{B}_0} = \left(\frac{d\vec{V}(M/\mathscr{R}_0)}{dt}\right)_{/\mathscr{B}_1} + \vec{\Omega}(\mathscr{B}_1/\mathscr{B}_0) \wedge \vec{V}(M/\mathscr{R}_0) \quad ,$$

soit

$$\boxed{\vec{\Gamma}(M/\mathscr{R}_0) = {}_{\mathscr{B}_1}\begin{vmatrix} 0 \\ a\ddot{\alpha} \\ 0 \end{vmatrix} + {}_{\mathscr{B}_1}\begin{vmatrix} 0 \\ 0 \\ \dot{\alpha} \end{vmatrix} \wedge {}_{\mathscr{B}_1}\begin{vmatrix} 0 \\ a\dot{\alpha} \\ 0 \end{vmatrix} = {}_{\mathscr{B}_1}\begin{vmatrix} -a\dot{\alpha}^2 \\ a\ddot{\alpha} \\ 0 \end{vmatrix}} \quad . \tag{6.3}$$

- Application du Principe Fondamental de la Dynamique au point M pour les résultantes

La résultante de tous les efforts extérieurs exercés sur le point M, notée $\vec{\mathfrak{R}}(ext \to M)$ est égale à la masse de ce point multipliée par l'accélération du point par rapport à un repère galiléen $\mathscr{R}_0$. Le PFD pour les résultantes s'écrit donc

$$\vec{\mathfrak{R}}(ext \to M) = m\,\vec{\Gamma}(M/\mathscr{R}_0) \quad ,$$

ce qui conduit à deux équations scalaires

$$\left\{\begin{aligned} &N - mg\sin\alpha = -ma\dot{\alpha}^2, && (6.4\text{-a}) \\ &-mg\cos\alpha = ma\ddot{\alpha} \,. && (6.4\text{-b}) \end{aligned}\right.$$

## 1.2. Application du Principe des Puissances Virtuelles

Les paramètres de configuration du système sont l'angle de rotation $\alpha$ et le rayon $r = OM$.

La condition holonôme de contact est donnée par

$$r = OM = a \quad , \tag{6.5}$$

ce qui implique $\dot{r} = 0$ (vitesse réelle) , (6.6)

et le champ de vitesses virtuel peut être choisi comme respectant la condition holonôme de contact (voir § II-2.3),

soit
$$\dot{r}^* = 0 \quad , \tag{6.7-a}$$

ou comme ne respectant pas cette condition de contact

soit
$$\dot{r}^* \neq 0 \quad . \tag{6.7-b}$$

### *1.2.1. Champ de vitesses virtuel respectant la condition de contact :* $\dot{r}^* = 0$

▪ Le torseur distributeur des vitesses réel, associé au mouvement du repère $\mathcal{R}_1$ par rapport au repère $\mathcal{R}_0$ est donné, en fonction du seul paramètre de configuration $\alpha$, par

$$\mathcal{V}(\mathcal{R}_1/\mathcal{R}_0) = \left\{\vec{\Omega}(\mathcal{B}_1/\mathcal{B}_0)\,;\,\vec{V}(M/\mathcal{R}_0)\right\} = \underset{M}{} \begin{Bmatrix} 0 & 0 \\ 0 & a\dot{\alpha} \\ \dot{\alpha} & 0 \end{Bmatrix}_{\mathcal{B}_1} \quad . \tag{6.8}$$

▪ Par suite, puisque $\dot{r}^* = 0$, le torseur distributeur des vitesses virtuel est obtenu en donnant à $\dot{\alpha}$ des valeurs arbitraires notées $\dot{\alpha}^*$ (voir § III-2.2. et III-2.5.2.) :

$$\mathcal{V}^*(\mathcal{R}_1/\mathcal{R}_0) = \left\{\vec{\Omega}^*(\mathcal{B}_1/\mathcal{B}_0)\,;\,\vec{V}^*(M/\mathcal{R}_0)\right\} = \underset{M}{} \begin{Bmatrix} 0 & 0 \\ 0 & a\dot{\alpha}^* \\ \dot{\alpha}^* & 0 \end{Bmatrix}_{\mathcal{B}_1} \quad . \tag{6.9}$$

▪ L'énergie cinétique du point M par rapport au repère $\mathcal{R}_0$ est donnée par

$$T = T(M/\mathcal{R}_0) = \frac{1}{2} m \left[\vec{V}(M/\mathcal{R}_0)\right]^2 \quad ,$$

soit, en faisant usage de la relation (6.2)

$$\boxed{T = \frac{1}{2} m a^2 \dot{\alpha}^2} \quad . \tag{6.10}$$

▪ La puissance virtuelle des quantités d'accélération est donnée par (équation (3.34), § III-2.4)

$$\mathcal{A}^* = \left(\frac{d}{dt}\frac{\partial T}{\partial \dot{\alpha}} - \frac{\partial T}{\partial \alpha}\right)\dot{\alpha}^* \quad .$$

En faisant usage de l'expression (6.10) de l'énergie cinétique T, il vient :

$$\frac{\partial T}{\partial \alpha} = 0 \quad , \quad \frac{\partial T}{\partial \dot{\alpha}} = m a^2 \dot{\alpha} \quad \text{et} \quad \frac{d}{dt}\frac{\partial T}{\partial \dot{\alpha}} = m a^2 \ddot{\alpha} \quad ,$$

d'où
$$\boxed{\mathcal{A}^* = m a^2 \ddot{\alpha}\, \dot{\alpha}^*} \quad . \tag{6.11}$$

▪ La puissance virtuelle des actions extérieures exercées sur le point M par rapport au repère $\mathcal{R}_0$ est donnée par

$$\mathcal{P}^* = \mathcal{P}^*(\text{ext} \to M/\mathcal{R}_0) = \mathcal{P}^*(\varpi \to M/\mathcal{R}_0) + \mathcal{P}^*(0 \to M/\mathcal{R}_0) \quad ,$$

où la puissance virtuelle $\mathcal{P}^*(0 \to M/\mathcal{R}_0)$ des actions du cylindre ⓪ sur le point M est nulle puisque la liaison est parfaite (sans frottements) et que le champ de vitesses virtuel respecte la condition holonôme de contact (ce qui se vérifie très facilement puisque l'action normale $\vec{N} = N\vec{e}_{x_1}$ est perpendiculaire au vecteur vitesse virtuel $\vec{V}^*(M/\mathcal{R}_0) = a\dot{\alpha}^*\vec{e}_{y_1}$ ). Par suite,

$$\mathcal{P}^* = \{\varpi \to M\} \cdot \mathcal{V}^*(\mathcal{R}_1/\mathcal{R}_0) = \vec{P} \cdot \vec{V}^*(M/\mathcal{R}_0) \ ,$$

soit

$$\boxed{\mathcal{P}^* = (-m g a \cos\alpha)\dot{\alpha}^*} \ . \tag{6.12}$$

▪ Le Principe des Puissances Virtuelles s'écrit (voir § III-2.6.)

$$\mathcal{A}^* = \mathcal{P}^* \ , \ \forall \dot{\alpha}^* \ ,$$

soit

$$m a^2 \ddot{\alpha}\, \dot{\alpha}^* = (-m g a \cos\alpha)\dot{\alpha}^* \ , \ \forall \dot{\alpha}^* \ ,$$

d'où

$$\boxed{m a^2 \ddot{\alpha} = -m g a \cos\alpha} \ . \tag{6.13}$$

L'équation du mouvement (6.13) n'est autre que l'équation (6.4-b) obtenue par l'application du PFD au § VI-1.2.1. Il convient de noter que, puisque le champ de vitesses virtuel respecte la condition holonôme de contact, et ne "casse" donc pas la liaison ponctuelle parfaite, l'application du Principe des Puissances Virtuelles ne fait pas intervenir la force de liaison correspondante $\vec{N}$, et ne permet donc pas d'en obtenir son expression.

*1.2.2. Champ de vitesses virtuel ne respectant pas la condition de contact :* $\dot{r}^* \neq 0$

▪ Le torseur distributeur des vitesses réel, associé au mouvement du repère $\mathcal{R}_1$ par rapport au repère $\mathcal{R}_0$ est donné en fonction des deux paramètres de configuration $r$ et $\alpha$, par

$$\mathcal{V}(\mathcal{R}_1/\mathcal{R}_0) = \{\vec{\Omega}(\mathcal{B}_1/\mathcal{B}_0) \, ; \, \vec{V}(M/\mathcal{R}_0)\} \ ,$$

où $\vec{V}(M/\mathcal{R}_0)$ doit être maintenant être calculée à partir de l'expression du vecteur position $\overrightarrow{OM} = r\vec{e}_{x_1}$ faisant intervenir la variable de position $r$.

Par suite,

$$\vec{V}(M/\mathcal{R}_0) = \left(\frac{d\overrightarrow{OM}}{dt}\right)_{/\mathcal{B}_0} = \left(\frac{d\overrightarrow{OM}}{dt}\right)_{/\mathcal{B}_1} + \vec{\Omega}(\mathcal{B}_1/\mathcal{B}_0) \wedge \overrightarrow{OM} \ ,$$

soit

$$\vec{V}(M/\mathcal{R}_0) = \begin{vmatrix} \dot{r} \\ 0 \\ 0 \end{vmatrix}_{\mathcal{B}_1} + \begin{vmatrix} 0 \\ 0 \\ \dot{\alpha} \end{vmatrix}_{\mathcal{B}_1} \wedge \begin{vmatrix} r \\ 0 \\ 0 \end{vmatrix}_{\mathcal{B}_1} \ ,$$

d'où

$$\vec{V}(M/\mathcal{R}_0) = \dot{r}\vec{e}_{x_1} + r\dot{\alpha}\vec{e}_{y_1} \ , \tag{6.14}$$

avec

$$r = a \ \text{ et } \ \dot{r} = 0 \ \text{(vitesse réelle).}$$

▪ Par suite, puisque $\dot{r}^* \neq 0$, le torseur distributeur des vitesses virtuel est obtenu en donnant à $\dot{r}$ et à $\dot{\alpha}$ des valeurs arbitraires notées $\dot{r}^*$ et $\dot{\alpha}^*$ (voir § 3.2.2. et 3.2.5.2.) :

$$\mathcal{V}^*(\mathcal{R}_1/\mathcal{R}_0) = \{\vec{\Omega}^*(\mathcal{B}_1/\mathcal{B}_0) \, ; \, \vec{V}^*(M/\mathcal{R}_0)\} = {}_M\begin{Bmatrix} 0 & \dot{r}^* \\ 0 & r\dot{\alpha}^* \\ \dot{\alpha}^* & 0 \end{Bmatrix}_{\mathcal{B}_1} \ . \tag{6.15}$$

▪ L'énergie cinétique du point $M$ par rapport au repère $\mathcal{R}_0$ est donnée par

$$T = T(M/\mathcal{R}_0) = \frac{1}{2} m \left[\vec{V}(M/\mathcal{R}_0)\right]^2 \ ,$$

soit, en faisant usage de la relation (6.14)

$$\boxed{T = \frac{1}{2} m \dot{r}^2 + \frac{1}{2} m r^2 \dot{\alpha}^2} \ . \tag{6.16}$$

De manière générale, il convient de ne pas remplacer tout de suite $\dot{r}$ par $0$ et $r$ par $a$ dans l'expression (6.16) de l'énergie cinétique : il faut d'abord calculer la puissance virtuelle $\mathcal{A}^*$ des quantités d'accélération avec $\dot{r} \neq 0$ et $r \neq a$, puis remplacer ensuite $\dot{r}$ par $0$ et $r$ par $a$ de manière à conserver aux expressions obtenues un caractère aussi général que possible.

▪ La puissance virtuelle des quantités d'accélération est donnée par (équation (3.34), § III-2.4)

$$\mathcal{A}^* = \left(\frac{d}{dt}\frac{\partial T}{\partial \dot{r}} - \frac{\partial T}{\partial r}\right)\dot{r}^* + \left(\frac{d}{dt}\frac{\partial T}{\partial \dot{\alpha}} - \frac{\partial T}{\partial \alpha}\right)\dot{\alpha}^* \ .$$

En faisant usage de l'expression (6.16) de l'énergie cinétique $T$, il vient :

$$\frac{\partial T}{\partial r} = m r \dot{\alpha}^2 \quad , \quad \frac{\partial T}{\partial \dot{r}} = m \dot{r} \quad \text{et} \quad \frac{d}{dt}\frac{\partial T}{\partial \dot{r}} = m \ddot{r} \ ,$$

$$\frac{\partial T}{\partial \alpha} = 0 \quad , \quad \frac{\partial T}{\partial \dot{\alpha}} = m r^2 \dot{\alpha} \quad \text{et} \quad \frac{d}{dt}\frac{\partial T}{\partial \dot{\alpha}} = m r^2 \ddot{\alpha} + 2 m r \dot{r} \dot{\alpha} \ ,$$

ce qui conduit à $\quad \mathcal{A}^* = \left(m\ddot{r} - m r \dot{\alpha}^2\right)\dot{r}^* + \left(m r^2 \ddot{\alpha} + 2 m r \dot{r} \dot{\alpha}\right)\dot{\alpha}^*$ ,

avec $\quad r = a \quad \text{donc} \quad \dot{r} = 0 \quad \text{et} \quad \ddot{r} = 0$ ,

d'où

$$\boxed{\mathcal{A}^* = -m a \dot{\alpha}^2 \dot{r}^* + m a^2 \ddot{\alpha} \dot{\alpha}^*} \ . \qquad (6.17)$$

▪ La puissance virtuelle des actions extérieures exercées sur le point $M$ par rapport au repère $\mathcal{R}_0$ est donnée par

$$\mathcal{P}^* = \mathcal{P}^*\left(\text{ext} \to M/\mathcal{R}_0\right) = \mathcal{P}^*\left(\overline{\omega} \to M/\mathcal{R}_0\right) + \mathcal{P}^*\left(0 \to M/\mathcal{R}_0\right) \ ,$$

soit $\quad \mathcal{P}^* = \{\overline{\omega} \to M\}\cdot \mathcal{V}^*\left(\mathcal{R}_1/\mathcal{R}_0\right) + \{0 \to M\}\cdot \mathcal{V}^*\left(\mathcal{R}_1/\mathcal{R}_0\right)$ ,

ou encore $\quad \mathcal{P}^* = \vec{P}\cdot\vec{V}^*\left(M/\mathcal{R}_0\right) + \vec{N}\cdot\vec{V}^*\left(M/\mathcal{R}_0\right)$ .

Ici, le champ de vitesses virtuel ne respectant pas la condition de contact holonôme $r = a$ (puisque $\dot{r}^* \neq 0$), la puissance virtuelle $\mathcal{P}^*\left(0 \to M/\mathcal{R}_0\right)$ des actions du cylindre ⓪ sur le point $M$ n'est pas nulle. Finalement, en faisant usage de l'expression (6.15) de la vitesse virtuelle, la puissance virtuelle $\mathcal{P}^*$ est donnée par

$$\mathcal{P}^* = (-m g \sin\alpha)\dot{r}^* + (-m g r \cos\alpha)\dot{\alpha}^* + N \dot{r}^* \ ,$$

soit, en remplaçant $r$ par $a$

$$\boxed{\mathcal{P}^* = (N - m g \sin\alpha)\dot{r}^* - (m g a \cos\alpha)\dot{\alpha}^*} \ . \qquad (6.18)$$

▪ Le Principe des Puissances Virtuelles s'écrit (voir § III-2.6.)

$$\mathcal{A}^* = \mathcal{P}^* \ , \quad \forall\, \dot{r}^*, \dot{\alpha}^* \ ,$$

soit $\quad -m a \dot{\alpha}^2 \dot{r}^* + m a^2 \ddot{\alpha}\dot{\alpha}^* = (N - m g \sin\alpha)\dot{r}^* - (m g a \cos\alpha)\dot{\alpha}^* \ , \quad \forall\, \dot{r}^*, \dot{\alpha}^*$ ,

d'où, puisque $\dot{r}^*$ et $\dot{\alpha}^*$ sont indépendants,

$$\boxed{\begin{cases} -m a \dot{\alpha}^2 = N - m g \sin\alpha, & (6.19\text{-a}) \\ m a^2 \ddot{\alpha} = -m g a \cos\alpha \ . & (6.19\text{-b}) \end{cases}}$$

Les équations (6.19) ne sont autres que les équations (6.4) obtenues au § VI-1.2.1. par application du PFD. Le fait de "casser" la liaison permet d'obtenir, outre l'équation du mouvement, l'expression de l'action de liaison $N$, non obtenue au § VI-1.2.2.

Remarque. L'équation du mouvement (6.13) n'est autre que l'équation (6.4-b) obtenue par l'application du PFD. Il convient de noter que, puisque le champ de vitesses virtuel respecte la condition holonôme de contact dans le raisonnement qui a conduit à l'équation (6.13), il ne "casse" donc pas la liaison ponctuelle parfaite, l'application du Principe des Puissances Virtuelles ne fait pas intervenir la force de liaison correspondante $\vec{N}$ (son expression ne peut donc pas être obtenue).

### 1.3. Application du Principe Variationnel de Hamilton

- Le paramètre de configuration est $\alpha$.
- L'énergie cinétique est donnée par son expression (6.10) obtenue au § VI-1.2.1. :

$$T = \frac{1}{2} m a^2 \dot{\alpha}^2 \quad . \tag{6.20}$$

- L'énergie potentielle est celle de pesanteur par rapport à une origine quelconque (ici $y_0 = 0$), donnée par

$$V = +m g y_0 = m g a \sin\alpha \quad . \tag{6.21}$$

- Par suite, le lagrangien du système est donné par

$$\boxed{\mathscr{L} = T - V = \frac{1}{2} m a^2 \dot{\alpha}^2 - m g a \sin\alpha} \quad . \tag{6.22}$$

- Le coefficient de puissance $\Xi_\alpha$ des forces ne dérivant pas d'un potentiel (non conservatives) est lié uniquement à l'action de liaison $\vec{N}$. La liaison entre le cylindre ⓪ et le point $M$ étant sans frottements (donc parfaite), la puissance virtuelle $\mathscr{P}^*(0 \to M/\mathscr{R}_0)$ des actions du cylindre ⓪ sur le point $M$ est nulle (voir § VI-1.2.1.) et par suite,

$$\boxed{\Xi_\alpha = \frac{\partial \mathscr{P}^*(0 \to M/\mathscr{R}_0)}{\partial \dot{\alpha}^*} = 0} \quad . \tag{6.23}$$

- Le Principe Variationnel de Hamilton énoncé au § V-1.3. puis au § V-3.2. permet d'écrire que le mouvement du point $M$, dans le cas où toutes les forces ne dérivent pas d'un potentiel, depuis l'instant $t_1$ jusqu'à l'instant $t_2$ est tel que, ***quelle que soit la variation*** $\delta$ ***considérée***,

$$\int_{t_1}^{t_2} \left( \delta \mathscr{L}[\alpha(t), \dot{\alpha}(t), t] + \Xi_\alpha \delta\alpha \right) dt = 0 \quad ,$$

soit, puisque ici $\Xi_\alpha = 0$,

$$\boxed{\int_{t_1}^{t_2} \delta \mathscr{L}[\alpha(t), \dot{\alpha}(t), t] dt = 0} \quad . \tag{6.24}$$

- L'opérateur variation $\delta$ ayant les mêmes propriétés que les opérateurs différentiels (voir § V-2.1.), la variation $\delta\mathscr{L}$ du lagrangien $\mathscr{L}$, donné par son expression (6.22) s'écrit

$$\delta \mathscr{L} = \frac{\partial \mathscr{L}}{\partial \alpha} \delta\alpha + \frac{\partial \mathscr{L}}{\partial \dot{\alpha}} \delta\dot{\alpha} \quad ,$$

soit
$$\delta \mathscr{L} = -m g a \cos\alpha \; \delta\alpha + m a^2 \dot{\alpha} \; \delta\dot{\alpha} \quad .$$

L'opérateur variation $\delta$ commutant avec les opérateurs différentiels (voir § V-2.1.),

$$\delta\dot{\alpha} = \delta\left(\frac{d\alpha}{dt}\right) = \frac{d}{dt}\delta\alpha \quad .$$

Par suite, la variation $\delta\mathscr{L}$ s'écrit

$$\boxed{\delta\mathscr{L} = -mga\cos\alpha\ \delta\alpha + ma^2\dot{\alpha}\ \frac{d}{dt}\delta\alpha} \quad . \tag{6.25}$$

Le report de la variation (6.25) $\delta\mathscr{L}$, dans la relation (6.24) s'écrit alors

$$\int_{t_1}^{t_2}\left(-mga\cos\alpha\ \delta\alpha + ma^2\dot{\alpha}\ \frac{d}{dt}\delta\alpha\right)dt = 0\ ,\ \forall\ \delta\alpha \quad . \tag{6.26}$$

L'intégration par partie du deuxième terme de l'intégrale conduit à

$$\int_{t_1}^{t_2} ma^2\dot{\alpha}\ \frac{d}{dt}\delta\alpha\ dt = \left[ma^2\dot{\alpha}\delta\alpha\right]_{t_1}^{t_2} - \int_{t_1}^{t_2} ma^2\ddot{\alpha}\delta\alpha\, dt \quad ,$$

où, par hypothèse (voir § V-1.2.1. et V-2.2.),

$$\delta\alpha(t_1) = \delta\alpha(t_2) = 0 \quad ,$$

ce qui conduit à la nullité du terme $\left[ma^2\dot{\alpha}\delta\alpha\right]_{t_1}^{t_2}$.

Par suite, l'expression (6.26) s'écrit

$$\int_{t_1}^{t_2}\left(-mga\cos\alpha - ma^2\ddot{\alpha}\right)\delta\alpha\ dt = 0\ ,\ \forall\ \delta\alpha \quad ,$$

d'où

$$\boxed{-mga\cos\alpha - ma^2\ddot{\alpha} = 0} \quad , \tag{6.27}$$

équation du mouvement déjà obtenue par application du PFD ou du Principe des Puissances Virtuelles.

## 2. SYSTEME ARTICULE

Le système de la figure 6.2 est constitué de six barres $S_i$ $(i = 1,\cdots,6)$ de masses supposées négligeables. Les barres $S_i$ $(i = 1,\cdots,4)$ sont de longueur $2a$ et les barres $S_5$ et $S_6$ sont de longueur $a$. La barre $S_1$ est en liaison pivot sans frottement d'axe $(A,\vec{e}_{z_0})$ avec le bâti $S_0$. La barre $S_2$ est en liaison pivot sans frottement d'axe $(B,\vec{e}_{z_0})$ avec la pièce $S'_0$ (de masse négligeable), elle-même en liaison glissière sans frottements d'axe $(B,\vec{e}_{x_0})$ avec le bâti $S_0$. Les autres barres sont en liaison pivot sans frottement les unes avec les autres (figure 6.2) d'axes respectifs $(C,\vec{e}_{z_0})$, $(D,\vec{e}_{z_0})$, $(E,\vec{e}_{z_0})$, $(F,\vec{e}_{z_0})$, $(G,\vec{e}_{z_0})$, $(H,\vec{e}_{z_0})$ et $(I,\vec{e}_{z_0})$. La position de la barre $S_1$ par rapport à l'axe $(A,\vec{e}_{x_0})$ est repérée par l'angle $\theta$, celle du point B par l'ordonnée $x$ et celle du point I par l'abscisse $y$.

Des systèmes $S_7$ et $S_8$ (non représentés) exercent une action mécanique respectivement sur les barres $S_2$ et $S_6$, modélisables respectivement par les glisseurs $(B,\vec{W})$ et $(I,\vec{F})$ avec $\vec{W} = W\vec{e}_{x_0}$ et $\vec{F} = F\vec{e}_{y_0}$.

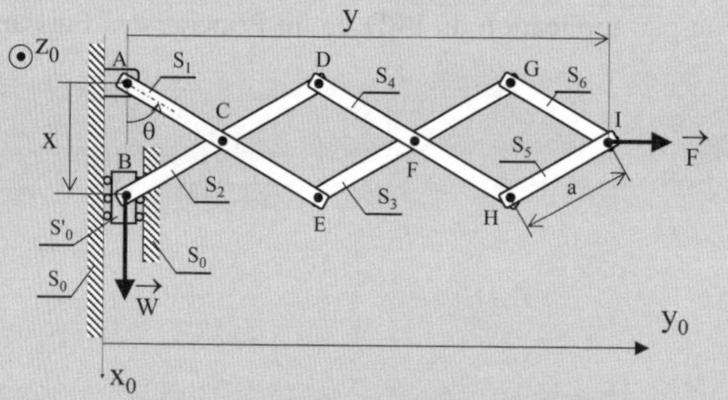


*Figure 6.2*

L'objet de l'exercice est de déterminer, en appliquant le Principe des Puissances Virtuelles, ou celui des Travaux Virtuels, la relation entre $W$ et $F$ pour que le système $\Sigma = \{S'_0+S_1+S_2+S_3+S_4+S_5+S_6\}$ soit en équilibre par rapport au repère $\mathcal{R}_0 = (A,\vec{e}_{x_0},\vec{e}_{y_0},\vec{e}_{z_0})$ supposé galiléen, en suivant les étapes successives proposées ci-dessous.

**a)** Ecrire des relations simples entre $y$ et $\theta$ et entre $x$ et $\theta$ et en déduire le(s) paramètre(s) de configuration du système $\Sigma$.

**b)** Déterminer les actions mécaniques extérieures s'exerçant sur le système $\Sigma$.

**c)** Calculer les vitesses des points B et I par rapport au repère $\mathcal{R}_0$ et en déduire les vitesses virtuelles correspondantes.

**d)** Calculer l'énergie cinétique du système $\Sigma$ par rapport au repère $\mathcal{R}_0$ et en déduire la puissance virtuelle des quantités d'accélération.

**e)** Calculer la puissance virtuelle des actions mécaniques extérieures au système $\Sigma$ par rapport au repère $\mathcal{R}_0$ et celle des actions d'interaction.

**f)** Appliquer le Principe des Puissances Virtuelles et en déduire la relation cherchée entre $F$, $W$ et $\theta$.

*a) Paramètres de configuration du système*

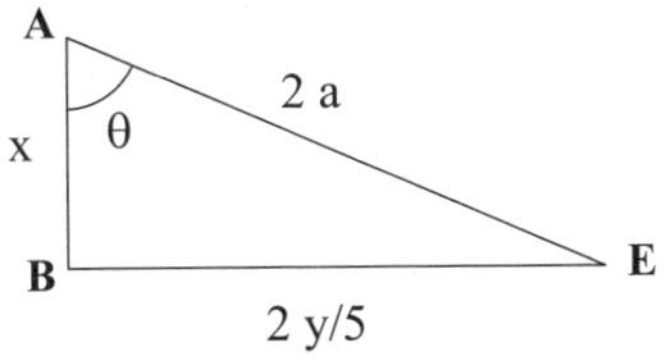


*Figure 6.3*

Un raisonnement purement géométrique sur chacun des triangles (AEB) ou (DHE) par exemple (figure 6.3) conduit à des relations simples entre x, y et θ :

$$y = 5a\sin\theta \ , \qquad (6.28\text{-a})$$

et

$$x = 2a\cos\theta \ . \qquad (6.28\text{-b})$$

Par suite, il n'y a qu'un seul paramètre de configuration : x ou y ou $\theta$. Le paramètre de configuration choisi (par commodité de calcul) est l'angle $\theta$.

*b) Inventaire des actions mécaniques extérieures exercées sur le système Σ*

- Action de la gravité : négligée

- Action du bâti $S_0$ sur la barre $S_1$ (liaison pivot sans frottement d'axe $(A, \vec{e}_{z_0})$) :

$$\{S_0 \to S_1\} = \left\{\vec{\mathcal{R}}_A ; \vec{\mathcal{M}}_A\right\} = {}_A\begin{Bmatrix} X_A & L_A \\ Y_A & M_A \\ Z_A & 0 \end{Bmatrix}_{\mathcal{B}_0} \qquad \text{(voir figure 2.2., § II-1.1.).}$$

Cependant, le système étant un système plan, les composantes $Z_A$, $L_A$ et $M_A$ sont inopérantes, et par suite peuvent être considérées comme nulles dans la suite du calcul, ce qui permet d'écrire que le torseur des actions du bâti $S_0$ sur la barre $S_1$ est un glisseur dont la ligne d'action passe par le centre A de la liaison pivot :

$$\{S_0 \to S_1\} = \left(A, \vec{\mathcal{R}}_A\right) = {}_A\begin{Bmatrix} X_A & 0 \\ Y_A & 0 \\ 0 & 0 \end{Bmatrix}_{\mathcal{B}_0} .$$

- Action du bâti $S_0$ sur la pièce $S'_0$ (liaison glissière sans frottements d'axe $(B, \vec{e}_{x_0})$) :

$$\{S_0 \to S'_0\} = \left(B, \vec{N}_B\right) = {}_B\begin{Bmatrix} 0 & 0 \\ N_B & 0 \\ 0 & 0 \end{Bmatrix}_{\mathcal{B}_0} .$$

- Action du système $S_7$ sur la barre $S_2$ : $\{S_7 \to S_2\} = \left(B, \vec{W}\right) = {}_B\begin{Bmatrix} W & 0 \\ 0 & 0 \\ 0 & 0 \end{Bmatrix}_{\mathcal{B}_0}$ .

- Action du système $S_8$ sur la barre $S_6$ : $\{S_8 \to S_6\} = \left(I, \vec{F}\right) = {}_I\begin{Bmatrix} 0 & 0 \\ F & 0 \\ 0 & 0 \end{Bmatrix}_{\mathcal{B}_0}$ .

Par suite, le torseur des actions extérieures exercées sur le système Σ est donné par

$$\{ext \to \Sigma\} = \{S_0 \to S_1\} + \{S_0 \to S'_0\} + \{S_7 \to S_2\} + \{S_8 \to S_6\} \ . \qquad (6.29)$$

*c) Vitesses virtuelles des points B et I par rapport au repère $\mathcal{R}_0$ respectant les conditions de contact*

▪ Vecteurs position

$$\overrightarrow{AB} = x\vec{e}_{x_0} = 2a\cos\theta\,\vec{e}_{x_0} \quad \text{et} \quad \overrightarrow{AI} = \frac{x}{2}\vec{e}_{x_0} + y\vec{e}_{y_0} = a\cos\theta\,\vec{e}_{x_0} + 5a\sin\theta\,\vec{e}_{y_0} \ .$$

▪ Vecteurs vitesse (réels) des points B et I par rapport au repère $\mathcal{R}_0$

$$\vec{V}(B/\mathcal{R}_0) = \left(\frac{d\overrightarrow{AB}}{dt}\right)_{/\mathcal{B}_0} = \dot{x}\,\vec{e}_{x_0} = -2a\dot{\theta}\sin\theta\,\vec{e}_{x_0} \ , \qquad (6.30\text{-a})$$

et

$$\vec{V}(I/\mathcal{R}_0) = \left(\frac{d\overrightarrow{AI}}{dt}\right)_{/\mathcal{B}_0} = \begin{array}{c|l} & -a\dot{\theta}\sin\theta \\ & 5a\dot{\theta}\cos\theta \\ \mathcal{B}_0 & 0 \end{array} \ . \qquad (6.30\text{-b})$$

▪ Vecteurs vitesse virtuels des points B et I par rapport au repère $\mathcal{R}_0$

Les vitesses virtuelles sont obtenues en donnant à $\dot{\theta}$ des valeurs arbitraires notées $\dot{\theta}^*$ (voir § III-2.2. et III-2.5.2.) :

$$\vec{V}^*(B/\mathcal{R}_0) = -2a\dot{\theta}^*\sin\theta\,\vec{e}_{x_0} \ , \qquad (6.31\text{-a})$$

et

$$\vec{V}^*(I/\mathcal{R}_0) = -a\dot{\theta}^*\sin\theta\,\vec{e}_{x_0} + 5a\dot{\theta}^*\cos\theta\,\vec{e}_{y_0} \ . \qquad (6.31\text{-b})$$

*d) Puissance virtuelle des quantités d'accélération*

▪ L'énergie cinétique du système $\Sigma$ par rapport au repère $\mathcal{R}_0$ est donnée par

$$T = T(\Sigma/\mathcal{R}_0) = T(S'_0/\mathcal{R}_0) + \sum_{i=1}^{6} T(S_i/\mathcal{R}_0) \ .$$

Tous les solides composant le système $\Sigma$ étant de masse négligeable, leur énergie cinétique est nulle :

$$\boxed{T = 0} \ . \qquad (6.32)$$

▪ La puissance virtuelle des quantités d'accélération est donnée par (équation (3.34), § III-2.4)

$$\mathcal{A}^* = \left(\frac{d}{dt}\frac{\partial T}{\partial \dot{\theta}} - \frac{\partial T}{\partial \theta}\right)\dot{\theta}^* \ ,$$

soit, puisque l'énergie cinétique $T$ est nulle,

$$\boxed{\mathcal{A}^* = 0} \ . \qquad (6.33)$$

*e) Puissance virtuelle des actions extérieures au système $\Sigma$ et des actions d'interaction*

▪ La puissance virtuelle des actions extérieures exercées sur le système $\Sigma$ par rapport au repère $\mathcal{R}_0$ est donnée par

$$\mathcal{P}^*(\text{ext} \to \Sigma/\mathcal{R}_0) = \mathcal{P}^*(S_0 \to S_1/\mathcal{R}_0) + \mathcal{P}^*(S_0 \to S'_0/\mathcal{R}_0) + \mathcal{P}^*(S_7 \to S_2/\mathcal{R}_0) + \mathcal{P}^*(S_8 \to S_6/\mathcal{R}_0) \ ,$$

Les liaisons entre le bâti et les solides $S_1$ et $S'_0$ étant parfaites, et le champ de vitesses virtuel respectant les liaisons, les puissances virtuelles $\mathcal{P}^*(S_0 \to S_1/\mathcal{R}_0)$ et $\mathcal{P}^*(S_0 \to S'_0/\mathcal{R}_0)$ sont nulles. Par suite,

$$\mathcal{P}^*(\text{ext} \to \Sigma/\mathcal{R}_0) = \vec{W}\cdot\vec{V}^*(B/\mathcal{R}_0) + \vec{F}\cdot\vec{V}^*(I/\mathcal{R}_0) \ ,$$

soit $\mathcal{P}^*(\text{ext} \to \Sigma/\mathcal{R}_0) = -2aW\dot{\theta}^*\sin\theta + 5aF\dot{\theta}^*\cos\theta = a(-2W\sin\theta + 5F\cos\theta)\dot{\theta}^*$ .

▪ La puissance virtuelle $\mathscr{P}^*(S_i \leftrightarrow S_j)$ est nulle car toutes les liaisons entre les solides constituant le système $\Sigma$ sont parfaites et que le champ de vitesses virtuel respecte les liaisons.

▪ Finalement, la puissance virtuelle totale est donnée par (voir § III-2.5.3.)

$$\boxed{\mathscr{P}^* = \mathscr{P}^*(\text{ext} \to \Sigma / \mathscr{R}_0) + \mathscr{P}^*(S_i \leftrightarrow S_j) = a(-2W\sin\theta + 5F\cos\theta)\dot{\theta}^*} \qquad (6.34)$$

*f) Principe des Puissances Virtuelles*

▪ Le Principe des Puissances Virtuelles s'écrit (voir § III-2.6.)

$$\mathscr{A}^* = \mathscr{P}^*, \ \forall\, \dot{\theta}^*,$$

soit

$$0 = a(-2W\sin\theta + 5F\cos\theta)\dot{\theta}^*, \ \forall\, \dot{\theta}^*,$$

d'où

$$\boxed{F = \frac{2}{5} W \tan\theta} \ . \qquad (6.35)$$

# 3. MASSELOTTE SUR UNE RAINURE ET LIEE A UN RESSORT

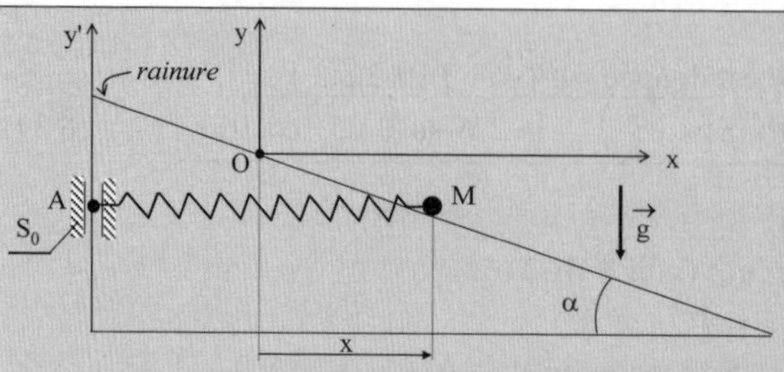


*Figure 6.4*

Une masselotte de masse $m$, assimilée à une masse ponctuelle au point $M$, est astreinte à se déplacer sur une rainure, portée par une droite d'inclinaison d'angle $\alpha$ par rapport à l'horizontale (figure 6.4). Le contact entre la masselotte et la rainure est supposé sans frottement.

La masselotte est par ailleurs reliée à l'extrémité d'un ressort $R$ de raideur $k$, dont l'autre extrémité $A$ est en liaison glissière sans frottements d'axe $(A y')$ avec le bâti $S_0$, ce qui permet au ressort de rester horizontal au cours du mouvement. L'origine $O$ du repère $\mathcal{R} = (O x y)$ supposé galiléen est choisie de telle sorte que, lorsque le point $M$ se trouve au point $O$, le ressort ne soit ni tendu ni comprimé. L'ensemble est soumis au champ de pesanteur terrestre $\vec{g} = -g\,\vec{e}_y$.

**Question liminaire :** Ecrire l'équation de la droite qui porte la rainure dans le système de coordonnées $(O x y)$ (on pourra noter $a = \tan\alpha$).

**3.1.** Ecrire les équations du mouvement en utilisant le formalisme de Lagrange lorsque le champ de vitesses virtuel ne respecte pas la condition holonôme de contact.

**3.2.** La dérivée par rapport au temps $t$ de la condition obtenue dans de la question liminaire conduit à une condition non holonôme. Appliquer de nouveau la méthode de Lagrange avec multiplicateur (le champ de vitesses virtuel étant maintenant compatible avec la condition non holonôme), et retrouver les équations du mouvement obtenues directement à la question 6.3.1. Interpréter physiquement le multiplicateur de Lagrange introduit.

*Réponse à la question liminaire*

L'équation de la droite portant la rainure s'écrit

$$y = -a\,x \ , \tag{6.36-a}$$

avec

$$a = \tan\alpha \ . \tag{6.36-b}$$

La relation (6.36-a) est la condition holonôme de contact entre la masselotte et la rainure.

Les paramètres de configuration sont $x$ et $y$.

### 3.1. Champ de vitesses virtuel ne respectant pas la condition holonôme de contact

*a) Inventaire des actions mécaniques extérieures exercées sur la masselotte* $M$

- Action de la gravité : $\{\varpi \to M\} = (M, \vec{P})$ avec $\vec{P} = -m\,g\,\vec{e}_y$ .

- Action du ressort sur la masselotte M : $\{\text{ressort} \to M\} = (M, \vec{F})$ avec $\vec{F} = -k\,x\,\vec{e}_x$ .

- Action de la rainure sur la masselotte M (contact sans frottements) :
$\{\text{rainure} \rightarrow M\} = (M, \vec{R})$ avec $\vec{R} = R \sin\alpha \, \vec{e}_x + R \cos\alpha \, \vec{e}_y$ (perpendiculaire à la rainure).

Par suite, le torseur des actions extérieures exercées sur la masselotte M est donné par

$$\{\text{ext} \rightarrow M\} = \{\varpi \rightarrow M\} + \{\text{ressort} \rightarrow M\} + \{\text{rainure} \rightarrow M\} \quad . \tag{6.37}$$

*b) Vitesse virtuelle de* M *par rapport au repère* $\mathcal{R}_0$

- Vecteur position : $\overrightarrow{OM} = x\,\vec{e}_x + y\,\vec{e}_y$
- Vecteur vitesse (réelle) du point M par rapport au repère $\mathcal{R}_0$

$$\vec{V}(M/\mathcal{R}_0) = \left(\frac{d\overrightarrow{OM}}{dt}\right)_{/\mathcal{B}_0} = \dot{x}\,\vec{e}_x + \dot{y}\,\vec{e}_y \quad , \tag{6.38}$$

avec, par dérivation de l'équation (6.36-a) par rapport au temps,

$$\dot{y} = -a\,\dot{x} \quad . \tag{6.39}$$

- Vecteur vitesse virtuel du point M par rapport au repère $\mathcal{R}_0$

La vitesse virtuelle de M par rapport au repère $\mathcal{R}_0$ est obtenue en donnant à $\dot{x}$ et à $\dot{y}$ des valeurs arbitraires notées respectivement $\dot{x}^*$ et $\dot{y}^*$ (voir § III-2.2. et III-2.5.2.) :

$$\vec{V}^*(M/\mathcal{R}_0) = \dot{x}^*\,\vec{e}_x + \dot{y}^*\,\vec{e}_y \quad , \tag{6.40}$$

avec, puisque le champ de vitesses virtuel ne respecte pas la condition holonôme de contact (6.36-a),

$$\dot{y}^* \neq -a\,\dot{x}^* \quad . \tag{6.41}$$

Par suite, $\dot{x}^*$ et $\dot{y}^*$ sont indépendants.

*c) Puissance virtuelle des quantités d'accélération*

- L'énergie cinétique masselotte M par rapport au repère $\mathcal{R}_0$ est donnée par

$$T = T(M/\mathcal{R}_0) = \frac{1}{2} m \left[\vec{V}(M/\mathcal{R}_0)\right]^2 \quad ,$$

soit

$$\boxed{T = \frac{1}{2} m \left(\dot{x}^2 + \dot{y}^2\right)} \quad . \tag{6.42}$$

- La puissance virtuelle des quantités d'accélération est donnée par (équation (3.34), § III-2.4)

$$\mathcal{A}^* = \left(\frac{d}{dt}\frac{\partial T}{\partial \dot{x}} - \frac{\partial T}{\partial x}\right)\dot{x}^* + \left(\frac{d}{dt}\frac{\partial T}{\partial \dot{y}} - \frac{\partial T}{\partial y}\right)\dot{y}^* \quad .$$

En faisant usage de l'expression (6.42) de l'énergie cinétique T, il vient :

$$\frac{\partial T}{\partial x} = 0 \quad , \quad \frac{\partial T}{\partial \dot{x}} = m\dot{x} \quad \text{et} \quad \frac{d}{dt}\frac{\partial T}{\partial \dot{x}} = m\ddot{x} \quad ,$$

$$\frac{\partial T}{\partial y} = 0 \quad , \quad \frac{\partial T}{\partial \dot{y}} = m\dot{y} \quad \text{et} \quad \frac{d}{dt}\frac{\partial T}{\partial \dot{y}} = m\ddot{y} \quad ,$$

ce qui conduit à

$$\boxed{\mathcal{A}^* = m\ddot{x}\,\dot{x}^* + m\ddot{y}\,\dot{y}^*} \quad . \tag{6.43}$$

*d) Puissance virtuelle des actions extérieures à la masselotte* M

- La puissance virtuelle des actions extérieures exercées sur la masselotte M par rapport au repère $\mathcal{R}_0$ est donnée par

$$\mathscr{P}^* = \mathscr{P}^*(\text{ext} \to M/\mathscr{R}_0) = \mathscr{P}^*(\varpi \to M/\mathscr{R}_0) + \mathscr{P}^*(\text{ressort} \to M/\mathscr{R}_0) + \mathscr{P}^*(\text{rainure} \to M/\mathscr{R}_0),$$

où, bien que la liaison soit parfaite (sans frottement) entre la rainure et la masselotte $M$, la puissance virtuelle correspondant aux actions de la première sur la deuxième est non nulle car le champ de vitesses virtuel ne respecte pas la condition holonôme de contact (6.36-a) et "casse" donc la liaison.

Par suite,

$$\mathscr{P}^* = \vec{P} \cdot \vec{V}^*(M/\mathscr{R}_0) + \vec{F} \cdot \vec{V}^*(M/\mathscr{R}_0) + \vec{R} \cdot \vec{V}^*(M/\mathscr{R}_0) \ ,$$

soit

$$\mathscr{P}^* = -m g \dot{y}^* - k x \dot{x}^* + R \sin\alpha \, \dot{x}^* + R \cos\alpha \, \dot{y}^* \ ,$$

d'où

$$\boxed{\mathscr{P}^* = (-k x + R \sin\alpha)\dot{x}^* + (-m g + R\cos\alpha)\dot{y}^*} \ . \qquad (6.44)$$

*e) Principe des Puissances Virtuelles*

Le Principe des Puissances Virtuelles s'écrit (voir § III-2.6.)

$$\mathscr{A}^* = \mathscr{P}^* \ , \ \forall \dot{x}^*, \dot{y}^* \ ,$$

soit

$$m \ddot{x} \dot{x}^* + m \ddot{y} \dot{y}^* = (-k x + R \sin\alpha)\dot{x}^* + (-m g + R \cos\alpha)\dot{y}^* \ , \ \forall \dot{x}^*, \dot{y}^* \ ,$$

d'où, puisque $\dot{x}^*$ et $\dot{y}^*$ sont indépendants,

$$\boxed{\begin{cases} m\ddot{x} = -k x + R \sin\alpha, & (6.45\text{-a}) \\ m\ddot{y} = -m g + R\cos\alpha \ , & (6.45\text{-b}) \end{cases}}$$

équations auxquelles il convient d'ajouter, pour résoudre complètement le problème, la condition holonôme de contact (6.36-a) :

$$\boxed{y = -a x} \ . \qquad (6.45\text{-c})$$

Le report de la dérivée seconde par rapport au temps de la relation (6.45-c) dans l'équation (6.45-b), et la soustraction de l'équation (6.45-a) à l'équation (6.45-b) conduisent finalement à

$$m(1 + a^2)\ddot{x} = -k x + m g a \ .$$

### 3.2. Champ de vitesses virtuel respectant la condition de contact : utilisation des multiplicateurs de Lagrange

- La dérivée par rapport au temps de la relation (6.36-a) conduit à

$$\dot{y} = -a \dot{x} \ , \qquad (6.46)$$

condition non-holonôme.
Un champ de vitesses virtuel respectant la condition de contact est donc tel que

$$\boxed{a \dot{x}^* + \dot{y}^* = 0} \ . \qquad (6.47)$$

- La vitesse virtuelle de $M$ par rapport au repère $\mathscr{R}_0$ est, comme précédemment, donnée par la relation (6.40),

soit

$$\vec{V}^*(M/\mathscr{R}_0) = \dot{x}^* \vec{e}_x + \dot{y}^* \vec{e}_y \ . \qquad (6.48)$$

- La puissance virtuelle des quantités d'accélération est, comme précédemment, donnée par la relation (6.43)

$$\boxed{\mathscr{A}^* = m \ddot{x} \dot{x}^* + m \ddot{y} \dot{y}^*} \ . \qquad (6.49)$$

- La puissance virtuelle des actions extérieures exercées sur la masselotte $M$ par rapport au repère $\mathscr{R}_0$ est donnée, comme précédemment, par

$$\mathscr{P}^* = \mathscr{P}^*(\text{ext} \to M/\mathscr{R}_0) = \mathscr{P}^*(\varpi \to M/\mathscr{R}_0) + \mathscr{P}^*(\text{ressort} \to M/\mathscr{R}_0) + \mathscr{P}^*(\text{rainure} \to M/\mathscr{R}_0),$$

où, ici, en raison de la nature parfaite de la liaison entre la rainure et la masselotte M, et du fait que le champ de vitesses virtuel respecte la liaison, la puissance virtuelle correspondant aux actions de la rainure sur la masselotte M est nulle.

Par suite,

$$\mathcal{P}^* = \vec{P}\cdot\vec{V}^*(M/\mathcal{R}_0)+\vec{F}\cdot\vec{V}^*(M/\mathcal{R}_0) \ ,$$

soit

$$\boxed{\mathcal{P}^* = -k\,x\,\dot{x}^* - m\,g\,\dot{y}^*} \ . \qquad (6.50)$$

▪ Le Principe des Puissances Virtuelles s'écrit (voir § III-2.6.)

$$\mathcal{A}^* = \mathcal{P}^* \ , \ \forall \dot{x}^*, \dot{y}^* \ ,$$

soit

$$m\,\ddot{x}\,\dot{x}^* + m\,\ddot{y}\,\dot{y}^* = -k\,x\,\dot{x}^* - m\,g\,\dot{y}^* \ , \qquad (6.51\text{-a})$$

où ici, les paramètres $\dot{x}^*$ et $\dot{y}^*$ ne sont plus indépendants puisqu'ils vérifient la condition non-holonôme (6.47)

$$a\,\dot{x}^* + \dot{y}^* = 0 \ . \qquad (6.51\text{-b})$$

Par suite, il n'est plus possible d'égaler, terme à terme, les coefficients des $\dot{x}^*$ et $\dot{y}^*$ des deux membres de l'équation (6.49-a), et il convient d'introduire un multiplicateur de Lagrange (voir § IV-1.3.), noté $\lambda$.

⚠ L'erreur à <u>ne pas commettre</u> à ce stade est de remplacer $\dot{y}^*$ par $-a\,\dot{x}^*$ dans la relation (6.51-a).

L'interprétation vectorielle des équations de Lagrange (voir § IV-1.3.2.) conduit, en posant

$$\vec{\ell} = (m\,\ddot{x} + k\,x)\vec{e}_1 + (m\,\ddot{y} + m\,g)\vec{e}_2 \ , \qquad (6.52\text{-a})$$

$$\vec{q}^* = \dot{x}^*\,\vec{e}_1 + \dot{y}^*\,\vec{e}_2 \ , \qquad (6.52\text{-b})$$

et

$$\vec{A} = a\,\vec{e}_1 + \vec{e}_2 \ , \qquad (6.52\text{-c})$$

(où $\mathcal{B} = (\vec{e}_1, \vec{e}_2)$ est la base canonique de $\mathbb{R}^2$)

à écrire l'équation (6.51-a) sous la forme

$$\vec{\ell}\cdot\vec{q}^* = 0 \ , \qquad (6.53\text{-a})$$

pour tous les vecteurs $\vec{q}^*$ vérifiant la relation (6.51-b),

soit

$$\vec{A}\cdot\vec{q}^* = 0 \ . \qquad (6.53\text{-b})$$

L'ensemble des vecteurs $\vec{q}^*$ tels que $\vec{A}\cdot\vec{q}^* = 0$ est la droite perpendiculaire au vecteur $\vec{A}$ dans l'espace $\mathbb{R}^2$. Le vecteur $\vec{\ell}$ est donc perpendiculaire à tous les vecteurs $\vec{q}^*$ de cette droite, ce qui implique que $\vec{\ell}$ est colinéaire à $\vec{A}$.

Par suite, il existe un scalaire $\lambda$, appelé multiplicateur de Lagrange, tel que

$$\vec{\ell} = \lambda\,\vec{A} \ , \qquad (6.54)$$

soit

$$(m\,\ddot{x} + k\,x)\vec{e}_1 + (m\,\ddot{y} + m\,g)\vec{e}_2 = \lambda(a\,\vec{e}_1 + \vec{e}_2) \ ,$$

$$\boxed{\begin{cases} m\,\ddot{x} + k\,x = \lambda\,a, & (6.55\text{-a}) \\ m\,\ddot{y} + m\,g = \lambda \ , & (6.55\text{-b}) \end{cases}}$$

équations auxquelles il convient de joindre, pour résoudre complètement le problème, la condition holonôme de contact (6.46) :

$$\boxed{y = -a\,x} \ . \qquad (6.55\text{-c})$$

La comparaison des équations (6.55-b) et (6.45-b) conduit à

$$\boxed{\lambda = R\cos\alpha} \ . \qquad (6.56)$$

La comparaison des équations (6.55-a) et (6.45-a) conduit également à l'expression (6.56) du multiplicateur de Lagrange $\lambda$, puisque $a = \tan\alpha$.

Remarque 1.
Les équations (6.55) peuvent également s'obtenir par application directe des équations (4.49) écrites au § IV-1.3.4.,

soit
$$\frac{d}{dt}\frac{\partial T}{\partial \dot{q}_i} - \frac{\partial T}{\partial q_i} = Q_i + \sum_{k=1}^{p} \lambda_k a_{ki} \ , \quad i = 1, \ldots, n \ ,$$

avec $Q_x = \dfrac{\partial \mathscr{P}^*}{\partial \dot{x}^*} = -kx$, $Q_y = \dfrac{\partial \mathscr{P}^*}{\partial \dot{y}^*} = -mg$, $a_{11} = a$ et $a_{12} = 1$ et $p = 1$.

Remarque 2.
L'application directe du Principe Fondamental de la Dynamique à la masselotte M pour les résultantes, et sa projection sur des axes parallèles et perpendiculaires à la rainure conduit bien évidemment très rapidement aux mêmes équations.

## 4. EQUILIBRE D'UN TRONC D'ARBRE EN MONTAGNE

Un tronc d'arbre, tombé d'un sommet de montagne, s'est stabilisé dans la position indiquée sur la figure 6.5.a), en contact au point A sur la paroi verticale $S_0$, et reposant sur l'arête aiguë d'un piton rocheux séparant deux chemins de montagne ① et ② de part et d'autre du piton rocheux. Craignant la chute de ce tronc d'arbre sur l'un des deux sentiers et donc un accident, le maire de la commune a pris conseil auprès d'un étudiant de Master en camping dans le voisinage, lui demandant son avis sur la stabilité du tronc d'arbre.

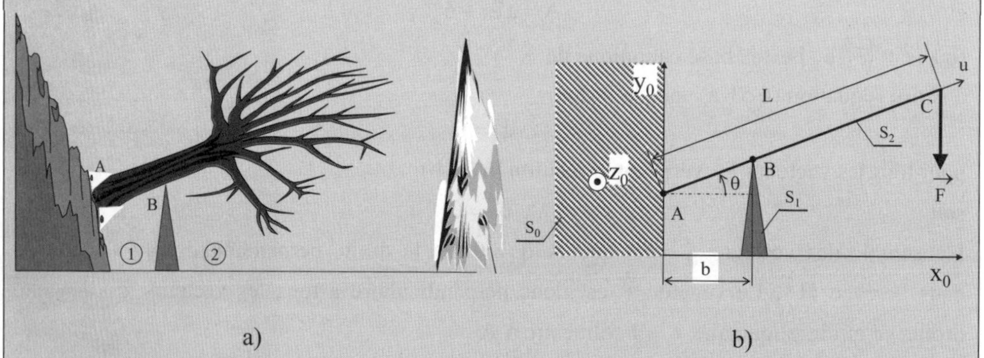


*Figure 6.5*

Jugeant que, si l'angle $\theta$ était tel que le système soit en équilibre dans le champ uniforme de la pesanteur $\vec{g} = -g\vec{e}_{y_0}$ même si les frottements en A et B étaient négligés, tout danger serait écarté, l'étudiant a modélisé le système comme indiqué sur la figure 6.5.b) par une tige rigide <u>*sans masse*</u> $S_2$ de longueur L à l'extrémité C de laquelle est appliquée une force $\vec{F} = -F\vec{e}_{y_0}$ exercée par un solide $S_3$ non représenté, l'autre extrémité A étant en liaison ponctuelle sans frottement avec la paroi verticale $S_0$. La tige $S_2$ est par ailleurs en liaison ponctuelle au point B sans frottement avec le piton rocheux $S_1$. La position de la tige $S_2$ par rapport à l'axe horizontal $(A, \vec{e}_{x_0})$ est repérée par l'angle $\theta$.

**4.1.** Appliquer le Principe des Puissances Virtuelles pour un champ de vitesses virtuel respectant toutes les conditions holonômes de contact, en suivant par exemple les étapes rappelées ci-après, et en déduire la condition d'équilibre de la tige $S_2$ par rapport au repère $\mathcal{R}_0 = (B, \vec{e}_{x_0}, \vec{e}_{y_0}, \vec{e}_{z_0})$, liant les paramètres $\theta$, b et L.

Les étapes successives sont les suivantes :

a) Déterminer le(s) paramètre(s) de configuration de la tige $S_2$.

b) Déterminer les actions mécaniques extérieures s'exerçant sur le système étudié.

c) Calculer les vitesses des points A et C par rapport au repère $\mathcal{R}_0$ et en déduire les vitesses virtuelles correspondantes.

d) Calculer l'énergie cinétique de la tige $S_2$ par rapport au repère $\mathcal{R}_0$ et en déduire la puissance virtuelle des quantités d'accélération.

e) Calculer la puissance virtuelle des actions mécaniques extérieures à la tige $S_2$ par rapport au repère $\mathcal{R}_0$.

f) Appliquer le Principe des Puissances Virtuelles et en déduire la relation cherchée entre $\theta$, b et L.

**4.2.** Appliquer le Principe des Puissances Virtuelles pour un champ de vitesses virtuel ne respectant pas la condition holonôme de contact au point A, et en déduire une relation entre l'action de la paroi $S_0$ sur la tige $S_2$ et la force F. En remarquant que le déplacement du point $B_2 \equiv B \in S_2$ par rapport au repère $\mathcal{R}_0$ ne peut avoir lieu que dans la direction (AC) de la tige, on pourra prendre, par exemple, un champ de vitesses virtuel respectant le caractère solide de la tige $S_2$ et tel que la vitesse virtuelle du point $B_2$ par rapport au repère $\mathcal{R}_0$ soit de la forme $\vec{V}^*(B_2/\mathcal{R}_0) = \dot{u}^* \vec{e}_u$ où l'axe $(B, \vec{e}_u)$ est orienté dans la direction et le sens du vecteur $\overrightarrow{BC}$.

## 4.1. Champ de vitesses virtuel respectant la condition de contact au point A

*a) Paramètre(s) de configuration du système*

Il n'y a qu'un seul paramètre de configuration : l'angle $\theta$.

*b) Inventaire des actions mécaniques extérieures exercées sur la tige* $S_2$

- Action de la gravité : négligée

- Action de la paroi $S_0$ sur la tige $S_2$ (liaison ponctuelle sans frottement) :

$\{S_0 \to S_2\} = (A, \vec{N}_A)$ avec $\vec{N}_A = N_A \vec{e}_{x_0}$ et $N_A > 0$ (pour que le contact soit maintenu).

- Action du piton rocheux $S_1$ sur la tige $S_2$ (liaison ponctuelle sans frottement) :

$$\{S_1 \to S_2\} = \left(B, \vec{\mathfrak{R}}_B\right) \text{ avec } \vec{\mathfrak{R}}_B \text{ perpendiculaire au vecteur } \overrightarrow{AC} .$$

▪ Action du solide $S_3$ sur la tige $S_2$ : $\{S_3 \to S_2\} = (C, \vec{F})$ avec $\vec{F} = -F\vec{e}_{y_0}$.

Par suite, le torseur des actions extérieures exercées sur la tige $S_2$ est donné par

$$\{ext \to \Sigma\} = \{S_0 \to S_2\} + \{S_1 \to S_2\} + \{S_3 \to S_2\} \ . \tag{6.57}$$

*c) Vitesses virtuelles des points* A *et* C *par rapport au repère* $\mathcal{R}_0$

Remarque préliminaire. *Il convient de noter que, bien que le point* B *soit l'origine du repère* $\mathcal{R}_0$, *la vitesse du point* $B_2$ *(appartenant au solide* $S_2$*) par rapport au repère* $\mathcal{R}_0$ *n'est pas nulle. C'est la vitesse du point* $B_1$ *(appartenant au solide* $S_1$*) par rapport au repère* $\mathcal{R}_0$ *qui est nulle.*

▪ Vecteur position : $\overrightarrow{BA} = -b\vec{e}_{x_0} - b\tan\theta\,\vec{e}_{y_0}$ .

▪ Vecteurs vitesse (réels) des points A et C par rapport au repère $\mathcal{R}_0$

$$\vec{V}(A/\mathcal{R}_0) = \left(\frac{d\overrightarrow{BA}}{dt}\right)_{/\mathcal{B}_0} = -\frac{b\dot{\theta}}{\cos^2\theta}\,\vec{e}_{y_0} \ . \tag{6.58-a}$$

La vitesse du point C appartenant à la tige $S_2$, noté $C_2$, s'obtient en faisant usage de la formule de distribution des vitesses, pour que le champ de vitesses virtuel respecte le caractère solide de la tige $S_2$ :

$$\vec{V}(C_2/\mathcal{R}_0) = \vec{V}(A_2/\mathcal{R}_0) + \vec{\Omega}(\mathcal{B}_2/\mathcal{B}_0) \wedge \overrightarrow{AC} \ ,$$

où $A_2$ désigne le point coïncident avec A qui appartient à la tige $S_2$ et $\vec{\Omega}(\mathcal{B}_2/\mathcal{B}_0)$ désigne le vecteur rotation associé au mouvement de la base $\mathcal{B}_2$ par rapport à la base $\mathcal{B}_0$ et s'écrit

$$\vec{\Omega}(\mathcal{B}_2/\mathcal{B}_0) = \dot{\theta}\,\vec{e}_{z_0} \ .$$

Par suite,

$$\vec{V}(C_2/\mathcal{R}_0) = \begin{vmatrix} 0 \\ -b\dot{\theta}/\cos^2\theta \\ 0 \end{vmatrix}_{\mathcal{B}_0} + \begin{vmatrix} 0 \\ 0 \\ \dot{\theta} \end{vmatrix}_{\mathcal{B}_0} \wedge \begin{vmatrix} L\cos\theta \\ L\sin\theta \\ 0 \end{vmatrix}_{\mathcal{B}_1} ,$$

d'où

$$\vec{V}(C_2/\mathcal{R}_0) = \begin{vmatrix} -L\dot{\theta}\sin\theta \\ \left(L\cos\theta - b/\cos^2\theta\right)\dot{\theta} \\ 0 \end{vmatrix}_{\mathcal{B}_0} \ . \tag{6.58-b}$$

▪ Vecteurs vitesse virtuels des points A et C par rapport au repère $\mathcal{R}_0$

Les vitesses virtuelles sont obtenues en donnant à $\dot{\theta}$ des valeurs arbitraires notées $\dot{\theta}^*$ (voir § III-2.2. et III-2.5.2.) :

$$\vec{V}^*(A/\mathcal{R}_0) = -\frac{b\dot{\theta}^*}{\cos^2\theta}\,\vec{e}_{y_0} \ , \tag{6.59-a}$$

et

$$\vec{V}^*(C_2/\mathcal{R}_0) = \begin{vmatrix} -L\dot{\theta}^*\sin\theta \\ \left(L\cos\theta - b/\cos^2\theta\right)\dot{\theta}^* \\ 0 \end{vmatrix}_{\mathcal{B}_0} \ . \tag{6.59-b}$$

*d) Puissance virtuelle des quantités d'accélération*

▪ La tige $S_2$ étant de masse négligeable, son énergie cinétique par rapport au repère $\mathscr{R}_0$ est nulle :

$$T = T(S_2 / \mathscr{R}_0) = 0 \ . \tag{6.60}$$

▪ La puissance virtuelle des quantités d'accélération est donnée par (équation (3.34), § III-2.4)

$$\mathscr{A}^* = \left( \frac{d}{dt} \frac{\partial T}{\partial \dot{\theta}} - \frac{\partial T}{\partial \theta} \right) \dot{\theta}^* \ ,$$

soit, puisque l'énergie cinétique T est nulle,

$$\boxed{\mathscr{A}^* = 0} \ . \tag{6.61}$$

*e) Puissance virtuelle des actions extérieures à la tige* $S_2$

La puissance virtuelle des actions extérieures exercées sur la tige $S_2$ par rapport au repère $\mathscr{R}_0$ est donnée par

$$\mathscr{P}^* = \mathscr{P}^*(\text{ext} \to S_2 / \mathscr{R}_0) = \mathscr{P}^*(S_0 \to S_2 / \mathscr{R}_0) + \mathscr{P}^*(S_1 \to S_2 / \mathscr{R}_0) + \mathscr{P}^*(S_3 \to S_2 / \mathscr{R}_0) \ .$$

Les liaisons entre la paroi $S_0$ et la tige $S_2$ d'une part et entre le piton rocheux $S_1$ et la tige $S_2$ d'autre part étant parfaites, le champ de vitesses virtuel respectant les liaisons, les puissances virtuelles $\mathscr{P}^*(S_0 \to S_2 / \mathscr{R}_0)$ et $\mathscr{P}^*(S_1 \to S_2 / \mathscr{R}_0)$ sont nulles. Par suite,

$$\mathscr{P}^* = \mathscr{P}^*(S_3 \to S_2 / \mathscr{R}_0) = \vec{F} \cdot \vec{V}^*(C_2 / \mathscr{R}_0) \ ,$$

soit

$$\boxed{\mathscr{P}^* = -F\left(L\cos\theta - b/\cos^2\theta\right)\dot{\theta}^*} \ . \tag{6.62}$$

*f) Principe des Puissances Virtuelles*

Le Principe des Puissances Virtuelles s'écrit (voir § III-2.6.)

$$\mathscr{A}^* = \mathscr{P}^* \ , \ \forall \ \dot{\theta}^* \ ,$$

soit

$$0 = -F\left(L\cos\theta - b/\cos^2\theta\right)\dot{\theta}^* \ , \ \forall \ \dot{\theta}^* \ ,$$

d'où la condition d'équilibre cherchée :

$$\boxed{\cos^3\theta = b/L} \ , \tag{6.63-a}$$

condition purement géométrique.

Nota Bene. Du fait que $b = (AB)\cos\theta$, la condition (6.63-a) s'écrit encore

$$\cos^2\theta = AB/L \ . \tag{6.63-b}$$

### 4.2. Champ de vitesses virtuel ne respectant pas la condition de contact au point A

*a) Paramètre(s) de configuration du système*

Il y a deux paramètres de configuration : le déplacement u suivant $\vec{e}_u$ et l'angle $\theta$.

*b) Inventaire des actions mécaniques extérieures exercées sur la tige* $S_2$

De même que précédemment (question VI-4.1-b), le torseur des actions extérieures exercées sur la tige $S_2$ est donné par

$$\{\text{ext} \to \Sigma\} = \{S_0 \to S_2\} + \{S_1 \to S_2\} + \{S_3 \to S_2\} \ . \tag{6.64}$$

*c) Vitesses virtuelles des points* A *et* C *par rapport au repère* $\mathcal{R}_0$

On choisit un champ de vitesses virtuel respectant la condition holonôme de contact au point $B_2$ (point de la tige $S_2$ coïncident avec le point B ), c'est-à-dire respectant un déplacement virtuel suivant le vecteur $\overrightarrow{AC}$ :

$$\vec{V}^*(B_2/\mathcal{R}_0) = \dot{u}^* \vec{e}_u \ , \qquad (6.65\text{-a})$$

où $\dot{u}^*$ est une valeur arbitraire.

Pour que le champ de vitesse virtuel respecte le caractère solide de la tige $S_2$, les vitesses virtuelles des points $A_2$ et $C_2$ par rapport au repère $\mathcal{R}_0$ sont calculées en utilisant la formule de distribution des vitesses et en donnant à $\dot{\theta}$ des valeurs arbitraires notées $\dot{\theta}^*$ (voir § III-2.2. et III-2.5.2.) :

$$\vec{V}^*(A_2/\mathcal{R}_0) = \vec{V}^*(B_2/\mathcal{R}_0) + \vec{\Omega}^*(\mathcal{B}_2/\mathcal{B}_0) \wedge \overrightarrow{BA} \ ,$$

soit

$$\vec{V}^*(A_2/\mathcal{R}_0) = \begin{vmatrix} \dot{u}^* \\ 0 \\ 0 \end{vmatrix}_{\mathcal{B}_2} + \begin{vmatrix} 0 \\ 0 \\ \dot{\theta}^* \end{vmatrix}_{\mathcal{B}_2} \wedge \begin{vmatrix} -b/\cos\theta \\ 0 \\ 0 \end{vmatrix}_{\mathcal{B}_2} ,$$

d'où

$$\vec{V}^*(A_2/\mathcal{R}_0) = \begin{vmatrix} \dot{u}^* \\ -b\dot{\theta}^*/\cos\theta \\ 0 \end{vmatrix}_{\mathcal{B}_2} , \qquad (6.65\text{-b})$$

où $\mathcal{B}_2$ est la base constituée des vecteurs $(\vec{e}_u, \vec{e}_v, \vec{e}_{z_0})$, $\vec{e}_v$ étant perpendiculaire à $\vec{e}_u$ et $\vec{e}_{z_0}$ de telle sorte que la base $\mathcal{B}_2$ soit une base directe.

De même,

$$\vec{V}^*(C_2/\mathcal{R}_0) = \vec{V}^*(B_2/\mathcal{R}_0) + \vec{\Omega}^*(\mathcal{B}_2/\mathcal{B}_0) \wedge \overrightarrow{BC} \ ,$$

soit

$$\vec{V}^*(C_2/\mathcal{R}_0) = \begin{vmatrix} \dot{u}^* \\ 0 \\ 0 \end{vmatrix}_{\mathcal{B}_2} + \begin{vmatrix} 0 \\ 0 \\ \dot{\theta}^* \end{vmatrix}_{\mathcal{B}_2} \wedge \begin{vmatrix} L - b/\cos\theta \\ 0 \\ 0 \end{vmatrix}_{\mathcal{B}_2} ,$$

d'où

$$\vec{V}^*(C_2/\mathcal{R}_0) = \begin{vmatrix} \dot{u}^* \\ (L - b/\cos\theta)\,\dot{\theta}^* \\ 0 \end{vmatrix}_{\mathcal{B}_2} , \qquad (6.65\text{-c})$$

*d) Puissance virtuelle des quantités d'accélération*

De même qu'à la question VI-4.1.,

$$\boxed{\mathcal{A}^* = 0} \ . \qquad (6.66)$$

*e) Puissance virtuelle des actions extérieures à la tige* $S_2$

De même que précédemment (question VI-4.1-b), la puissance virtuelle des actions extérieures exercées sur la tige $S_2$ par rapport au repère $\mathcal{R}_0$ est donnée par

$$\mathcal{P}^* = \mathcal{P}^*(\text{ext} \to S_2/\mathcal{R}_0) = \mathcal{P}^*(S_0 \to S_2/\mathcal{R}_0) + \mathcal{P}^*(S_1 \to S_2/\mathcal{R}_0) + \mathcal{P}^*(S_3 \to S_2/\mathcal{R}_0) \ .$$

Ici, bien que la liaison entre la paroi $S_0$ et la tige $S_2$ soit parfaite, du fait que le champ de vitesses virtuel ne respecte par condition de contact au point A, la puissance virtuelle

$\mathscr{P}^*(S_0 \to S_2/\mathscr{R}_0)$ n'est plus nulle. En revanche, la liaison entre le piton rocheux $S_1$ et la tige $S_2$ étant parfaite, et le champ de vitesses virtuel respectant la liaison au point B, la puissance virtuelle $\mathscr{P}^*(S_1 \to S_2/\mathscr{R}_0)$ est nulle. Par suite,

$$\mathscr{P}^* = \mathscr{P}^*(S_0 \to S_2/\mathscr{R}_0) + \mathscr{P}^*(S_3 \to S_2/\mathscr{R}_0) = \vec{N}_A \cdot \vec{V}^*(A_2/\mathscr{R}_0) + \vec{F} \cdot \vec{V}^*(C_2/\mathscr{R}_0) \ ,$$

soit

$$\mathscr{P}^* = (N_A \cos\theta\, \vec{e}_u - N_A \sin\theta\, \vec{e}_v) \cdot \underset{\mathscr{B}_2}{\left|\begin{array}{l} \dot{u}^* \\ -b\dot{\theta}^*/\cos\theta \\ 0 \end{array}\right.}$$

$$+ (-F\sin\theta\, \vec{e}_u - F\cos\theta\, \vec{e}_v) \cdot \underset{\mathscr{B}_2}{\left|\begin{array}{l} \dot{u}^* \\ (L - b/\cos\theta)\, \dot{\theta}^*, \\ 0 \end{array}\right.}$$

soit
$$\boxed{\mathscr{P}^* = (N_A \cos\theta - F\sin\theta)\dot{u}^* + [N_A\, b\tan\theta - F\cos\theta(L - b/\cos\theta)]\dot{\theta}^*} \ . \qquad (6.67)$$

*f) <u>Principe des Puissances Virtuelles</u>*

▪ Le Principe des Puissances Virtuelles s'écrit (voir § III-2.6.)

$$\mathscr{A}^* = \mathscr{P}^* \ , \ \forall\ \dot{u}^*, \dot{\theta}^* \ ,$$

soit
$$0 = (N_A \cos\theta - F\sin\theta)\dot{u}^* + [N_A\, b\tan\theta - F\cos\theta(L - b/\cos\theta)]\dot{\theta}^* \ , \ \forall\ \dot{u}^*, \dot{\theta}^* \ ,$$

d'où
$$\boxed{\begin{cases} 0 = N_A \cos\theta - F\sin\theta, & (6.68\text{-a}) \\ 0 = N_A\, b\tan\theta - F\cos\theta(L - b/\cos\theta). & (6.68\text{-b}) \end{cases}}$$

La relation (6.68-a) permet d'obtenir l'action $N_A$ en fonction de la force F

$$\boxed{N_A = F\tan\theta} \ , \qquad (6.69\text{-a})$$

dont le report dans la relation (6.68), en faisant usage de la relation $(\tan^2\theta = 1/\cos^2\theta - 1)$, conduit à la condition d'équilibre (6.63) déjà obtenue à la question VI-4.1. :

$$\boxed{\cos^3\theta = b/L} \ . \qquad (6.69\text{-b})$$

## 5. CERCEAU D'ENFANT

Le but de cet exercice est d'appliquer successivement le Principe Fondamental de la Dynamique (PFD), le Théorème de l'Energie Cinétique (TEC), puis le Principe des Puissances Virtuelles (PPV) pour des champs de vitesses virtuels respectant ou ne respectant pas une liaison holonôme de contact, afin de comparer les avantages et les inconvénients des différentes méthodes. Par suite, l'énoncé et la correction sont longs...

La première partie de l'exercice consiste donc en une analyse du système en termes de nombre d'inconnues et d'équations disponibles, analyse nécessaire à l'application du PFD puisque l'obtention des équations du mouvement et des inconnues de liaison se fait de manière simultanée. Cette analyse devrait tout autant être faite pour appliquer le PPV mais dans ce cas, elle est cependant souvent omise puisque l'obtention des équations du mouvement ne nécessite pas celle des inconnues de liaison. Il n'en reste pas moins que la compréhension en profondeur du comportement d'un système mécanique passe par l'analyse des liaisons.

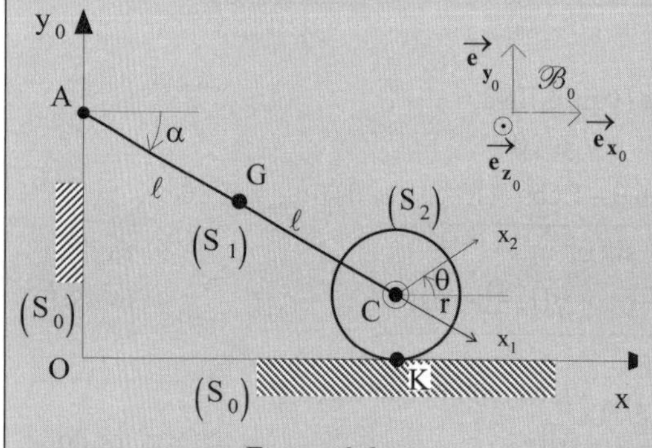

*Figure 6.6-a*

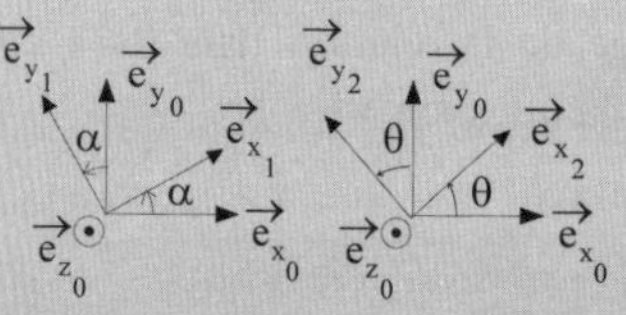

*Figure 6.6-b*

Soit le système $\Sigma$ constitué d'une tige $(S_1)$ d'extrémités A et C et d'un cerceau $(S_2)$, comme le montre la figure 6.6-a. Le bâti est désigné par $(S_0)$. L'ensemble est soumis au champ de pesanteur terrestre $\vec{g} = -g\,\vec{e}_{y_0}$.

La tige $(S_1)$ est de longueur $2\ell$, homogène de masse M et a pour centre de masse G, milieu de AC. Son extrémité A est astreinte à se déplacer *sans frottements* sur l'axe $(O, \vec{e}_{y_0})$.

Le cerceau $(S_2)$ est homogène de masse m, a pour rayon r et pour centre de masse C, et est lié à la tige $(S_1)$ par une *liaison pivot* sans frottements d'axe $(C, \vec{e}_{z_0})$.

La liaison entre ce cerceau et le bâti $(S_0)$ peut être modélisée par une *liaison ponctuelle* en K. Le *coefficient de frottement* entre les deux matériaux constituant le cerceau et le bâti est noté f.

Les repères choisis, liés aux divers constituants du système (voir figures 6.6-a et b) sont les suivants :

- repère fixe $\mathcal{R}_0 = (O, \vec{e}_{x_0}, \vec{e}_{y_0}, \vec{e}_{z_0}) = (O, \mathcal{B}_0)$ lié au bâti $(S_0)$, et supposé galiléen ;
- repère $\mathcal{R}_1 = (A, \vec{e}_{x_1}, \vec{e}_{y_1}, \vec{e}_{z_0}) = (A, \mathcal{B}_1)$ lié à la tige $(S_1)$ tel que $\alpha = (\vec{e}_{x_0}, \vec{e}_{x_1})$, cet angle étant négatif dans la position de la figure 6.6-a ;
- repère $\mathcal{R}_2 = (C, \vec{e}_{x_2}, \vec{e}_{y_2}, \vec{e}_{z_0}) = (C, \mathcal{B}_2)$ lié au cerceau $(S_2)$ tel que $\theta = (\vec{e}_{x_0}, \vec{e}_{x_2})$, paramètre angulaire repèrant la position du cerceau autour de son axe $(C, \vec{e}_{z_0})$.

Le mouvement d'ensemble du système $\Sigma$ est alors décrit par la variation de deux paramètres angulaires (figure 6.6-b) : l'angle orienté $\alpha=(\vec{e}_{x_0},\vec{e}_{x_1})$ et l'angle orienté $\theta=(\vec{e}_{x_0},\vec{e}_{x_2})$. Au cours du mouvement, ces deux angles varient simultanément en fonction du temps : $\alpha=\alpha(t)$, $\theta=\theta(t)$. A l'instant initial t = 0, le système est supposé au repos : $\dot{\alpha}=0$, $\dot{\theta}=0$.

## 5.1. Analyse du système

5.1.1. *Inconnues du problème*

a) Donner la forme du torseur $\{S_1 \to S_2\}$ des actions de $(S_1)$ sur $(S_2)$.

b) Donner la forme du torseur $\{S_0 \to S_1\}$ des actions de $(S_0)$ sur $(S_1)$.

c) Donner la forme du torseur $\{S_0 \to S_2\}$ des actions de $(S_0)$ sur $(S_2)$.

d) Déduire des questions a) à c) le nombre d'inconnues de liaison du système $\Sigma$ et préciser le nombre total d'inconnues du problème (inconnues de liaison et de position).

5.1.2. *Equations disponibles*

a) Préciser le nombre d'équations disponibles si l'on applique le Principe Fondamental de la Dynamique au solide $(S_2)$ d'une part et au système $\Sigma=(S_1)\cup(S_2)$ d'autre part, et conclure en terme de résolution du problème.

b) Indiquer la (ou les) hypothèse(s) nécessaire(s) pour poser complètement le problème.

Le but des questions qui suivent est d'écrire les équations disponibles de manière détaillée, mais *sans chercher à les résoudre*.

## 5.2. Application du Principe Fondamental de la Dynamique (PFD)

5.2.1. *Etude du cerceau* $(S_2)$

a) Donner les actions mécaniques extérieures s'exerçant sur le cerceau $(S_2)$.

b) i/ Déterminer le vecteur rotation associé au mouvement de $\mathcal{B}_2$ par rapport à $\mathcal{B}_0$.

ii/ Calculer l'accélération du point C par rapport au repère $\mathcal{R}_0$.

iii/ Déterminer le moment d'inertie du cerceau (solide schématisé par une ligne circulaire) par rapport à l'axe $(C,\vec{e}_{z_0})$.

iv/ Calculer le moment dynamique au point C du cerceau $(S_2)$ par rapport au repère $\mathcal{R}_0$.

c) Appliquer le Principe Fondamental de la Dynamique au cerceau $(S_2)$ et en déduire trois équations scalaires.

5.2.2. *Etude du système* $\Sigma=\{S_1+S_2\}$

a) Donner les actions mécaniques extérieures s'exerçant sur le système $\Sigma$.

b)i/ Déterminer le vecteur rotation associé au mouvement de $\mathcal{B}_1$ par rapport à $\mathcal{B}_0$.

ii/ Calculer l'accélération du point G par rapport au repère $\mathcal{R}_0$ et rappeler l'accélération du point C par rapport au repère $\mathcal{R}_0$ obtenue à la question VI-5.2.1.b)ii/. En déduire la résultante dynamique du système $\Sigma$ par rapport au repère $\mathcal{R}_0$.

iii/ Déterminer le moment d'inertie de la tige $(S_1)$ par rapport à l'axe $(G,\vec{e}_{z_0})$.

iv/ Calculer le moment dynamique au point G du solide $(S_1)$ par rapport au repère $\mathscr{R}_0$, et en déduire le moment dynamique au point K du solide $(S_1)$ par rapport au repère $\mathscr{R}_0$, par application de la formule de changement de point.

v/ Rappeler l'expression du moment dynamique au point C du cerceau $(S_2)$ par rapport au repère $\mathscr{R}_0$ obtenue à la question VI-5.2.1.b)iv/ et en déduire le moment dynamique au point K du solide $(S_2)$ par rapport au repère $\mathscr{R}_0$, par application de la formule de changement de point.

vi/ Déduire des questions VI-5.2.2.b)iii/ et iv/ le moment dynamique au point K du système $\Sigma$ par rapport au repère $\mathscr{R}_0$.

c) Appliquer le Principe Fondamental de la Dynamique au système $\Sigma$ et en déduire trois équations scalaires.

**5.3. Application du Théorème de l'Energie Cinétique (TEC)**

5.3.1. *Etude du cerceau* ($S_2$)

a) Déterminer l'énergie cinétique du cerceau $(S_2)$ par rapport au repère $\mathscr{R}_0$ et calculer sa dérivée par rapport au temps.

b) Déterminer la puissance des efforts extérieurs au cerceau $(S_2)$ par rapport au repère $\mathscr{R}_0$.

c) Appliquer le Théorème de l'Energie Cinétique au cerceau $(S_2)$ et en déduire une équation scalaire.

5.3.2. *Etude du système* $\Sigma=\{S_1+S_2\}$

a) Déterminer l'énergie cinétique du système $\Sigma = \{S_1 + S_2\}$ par rapport au repère $\mathscr{R}_0$ et calculer sa dérivée par rapport au temps.

b) Déterminer la puissance des efforts extérieurs et intérieurs au système $\Sigma$ par rapport au repère $\mathscr{R}_0$.

c) Appliquer le Théorème de l'Energie Cinétique au système $\Sigma$ et en déduire une équation scalaire.

**5.4. Application du Principe des Puissances Virtuelles pour un champ de vitesses virtuel respectant la condition de contact au point A**

a) Désigner par $x$ l'abscisse du point de contact $K$ entre le cerceau $(S_2)$ et le bâti $(S_0)$, soit $x = \overline{OK}$, et écrire la condition holonôme de contact au point $A$ entre la tige $(S_1)$ et le bâti $(S_0)$.

b) Choisir les paramètres de configuration du système pour que le champ de vitesses virtuel respecte la condition de contact au point $A$.

c) Appliquer le Principe des Puissances Virtuelles au cerceau $(S_2)$ et en déduire deux équations scalaires. Comparer avec celles obtenues aux questions VI-5.2. et VI-5.3. par le PFD et le TEC.

d) Appliquer le Principe des Puissances Virtuelles au système $\Sigma = \{S_1 + S_2\}$ et en déduire deux équations scalaires. Comparer avec celles obtenues aux questions VI-5.2. et VI-5.3. par le PFD et le TEC.

**5.5. Application du Principe des Puissances Virtuelles pour un champ de vitesses virtuel ne respectant pas la condition de contact au point A**

a) Choisir les paramètres de configuration du système pour que le champ de vitesses virtuel ne respecte pas la condition holonôme de contact au point A écrite à la question VI-5.4.a). Indiquer quelle est l'action de liaison qui intervient dans les équations, par comparaison avec les résultats de la question VI-5.4.

b) Appliquer le Principe des Puissances Virtuelles au système $\Sigma = \{S_1 + S_2\}$ et en déduire trois équations scalaires. Comparer avec celles obtenues aux questions VI-5.2. et VI-5.3. par le PFD et le TEC et également à la question VI-5.4.

**5.6. Introduction d'un multiplicateur de Lagrange**

a) Dériver par rapport au temps la condition holonôme de contact au point A écrite à la question VI-5.4.a) et en déduire une condition non holonôme pour le champ de vitesses virtuel.

b) Appliquer le Principe des Puissances Virtuelles au système $\Sigma = \{S_1 + S_2\}$ pour le champ de vitesses virtuel déterminé à la question VI-5.5., mais en lui imposant de respecter la condition non holonôme écrite à la question précédente VI-5.6.a). Introduire pour cela un multiplicateur de Lagrange et en donner une interprétation physique par comparaison avec les équations écrites à la question VI-5.5.c).

## 5.1. Analyse du système

### *5.1.1. Inconnues du problème*

a) Action de la tige $S_1$ sur le cerceau $S_2$ (liaison pivot sans frottement d'axe $(C, \vec{e}_{z_0})$) :

$$\{S_1 \to S_2\} = \left\{\vec{\mathcal{R}}_C ; \vec{\mathcal{M}}_C\right\} = \underset{C}{\begin{Bmatrix} X_C & L_C \\ Y_C & M_C \\ Z_C & 0 \end{Bmatrix}}_{\mathcal{B}_0}$$ (voir figure 2.2., § II-1.1.).

Cependant, comme expliqué au § VI-2.b), le système étant un système plan, les composantes $Z_C$, $L_C$ et $M_C$ sont inopérantes, et par suite peuvent être considérées comme nulles dans la suite du calcul, ce qui permet d'écrire que le torseur des actions de la tige $S_1$ sur le cerceau $S_2$ est un glisseur dont la ligne d'action passe par le centre C de la liaison pivot :

$$\{S_1 \to S_2\} = \left(C, \vec{\mathcal{R}}_C\right) = \underset{C}{\begin{Bmatrix} X_C & 0 \\ Y_C & 0 \\ 0 & 0 \end{Bmatrix}}_{\mathcal{B}_0} .$$

b) Action du bâti $S_0$ sur la tige $S_1$ (liaison ponctuelle au point A sans frottement) :

$$\{S_0 \to S_1\} = \left(A, \vec{F}_A\right) = \underset{A}{\begin{Bmatrix} F_A & 0 \\ 0 & 0 \\ 0 & 0 \end{Bmatrix}}_{\mathcal{B}_0}$$ avec $F_A > 0$ pour que le contact soit maintenu.

c) Action du bâti $S_0$ sur le cerceau $S_2$ (liaison ponctuelle au point K avec frottement) :

$$\{S_0 \to S_2\} = \left(K, \vec{\mathcal{R}}_K\right) = \underset{K}{\begin{Bmatrix} T_K & 0 \\ N_K & 0 \\ 0 & 0 \end{Bmatrix}}_{\mathcal{B}_0}$$ avec $N_K > 0$ pour que le contact soit maintenu.

Il convient de noter que, sans hypothèse supplémentaire sur le glissement ou non du cerceau $S_2$ par rapport au bâti $S_0$, le signe de la composante tangentielle $T_K$ (force de frottement) n'est pas déterminé. De même, $\left|T_K\right| = f\,N_K$ dans le cas du glissement et $\left|T_K\right| \leq f\,N_K$ dans le cas du non glissement, où $f$ est le coefficient de frottement.

d) Nombre des inconnues de liaison et de position du problème

Le système comporte cinq inconnues de liaison ($X_C$, $Y_C$, $F_A$, $T_K$ et $N_K$), et deux inconnues de position ($\alpha(t)$ et $\theta(t)$), soit en tout ***sept inconnues***.

*5.1.2. Equations disponibles*

a) Le problème étant plan, l'application du PFD au système permet d'obtenir trois équations scalaires (deux pour les résultantes et une pour les moments en un point). Par suite, l'application du PFD au cerceau $S_2$ puis au système $\Sigma = \{S_1 + S_2\}$ permet d'obtenir ***six équations***.

Le nombre d'inconnues étant égal à sept, il manque une équation pour que le problème soit soluble.

b) La septième équation manquante ne peut être obtenue que sous réserve d'une hypothèse supplémentaire :
- soit l'hypothèse de non glissement au point $K$, ce qui permet d'écrire une condition de roulement sans glissement qui fournit une équation supplémentaire,
- soit l'hypothèse de glissement au point $K$, ce qui permet d'écrire la deuxième loi de Coulomb $\left|T_K\right| = f\,N_K$ qui fournit l'équation manquante.

Il convient de noter à ce stade que l'application du PFD permet d'obtenir alors toutes les inconnues du problème, mais qu'il n'est pas possible d'obtenir les équations du mouvement sans également déterminer les actions de liaison.

## 5.2. Application du Principe Fondamental de la Dynamique (PFD)

*5.2.1. Etude du cerceau $S_2$*

*a) Inventaire des actions mécaniques extérieures exercées sur le cerceau $S_2$ (figure 6.7)*

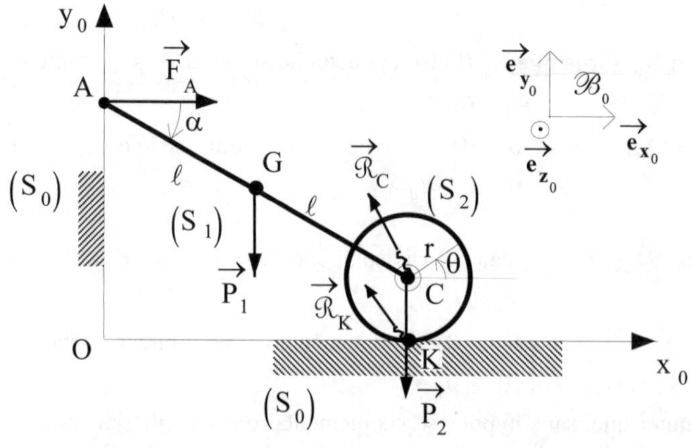


*Figure 6.7 : Inventaire des actions mécaniques de gravité et de liaison*

▪ <u>Action de la gravité</u> : $\{\varpi \to S_2\} = (C, \vec{P}_2)$ avec $\vec{P}_2 = -m g \vec{e}_{y_0}$.

▪ <u>Action du bâti $S_0$ sur le cerceau $S_2$</u> (liaison ponctuelle avec frottement, voir § VI-5.1.1.) :

$$\{S_0 \to S_2\} = \left(K, \vec{\mathfrak{R}}_K\right) = \underset{K}{\begin{Bmatrix} T_K & 0 \\ N_K & 0 \\ 0 & 0 \end{Bmatrix}}_{\mathcal{B}_0} \quad \text{avec } N_K > 0 \text{ pour que le contact soit maintenu.}$$

▪ <u>Action de la tige $S_1$ sur le cerceau $S_2$</u> (liaison pivot sans frottement, voir § VI-5.1.1.) :

$$\{S_1 \to S_2\} = \left(C, \vec{\mathfrak{R}}_C\right) = \underset{C}{\begin{Bmatrix} X_C & 0 \\ Y_C & 0 \\ 0 & 0 \end{Bmatrix}}_{\mathcal{B}_0} .$$

Par suite, le torseur des actions extérieures exercées sur le cerceau $S_2$ est donné par

$$\{ext \to S_2\} = \{\varpi \to S_2\} + \{S_0 \to S_2\} + \{S_1 \to S_2\} . \tag{6.70}$$

*b)i/* Le vecteur rotation $\vec{\Omega}(\mathcal{B}_2 / \mathcal{B}_0)$ associé au mouvement de la base $\mathcal{B}_2$ par rapport à la base $\mathcal{B}_0$ est tel que

$$\boxed{\vec{\Omega}(\mathcal{B}_2 / \mathcal{B}_0) = \dot{\theta} \vec{e}_{z_0}} . \tag{6.71}$$

*ii/ Accélération du point* C *par rapport au repère* $\mathcal{R}_0$

▪ Vecteur position : $\overrightarrow{OC} = \overrightarrow{OK} + \overrightarrow{KC} = 2\ell \cos\alpha \, \vec{e}_{x_0} + r \vec{e}_{y_0}$

▪ Vecteur vitesse du point C par rapport au repère $\mathcal{R}_0$ :

$$\boxed{\vec{V}(C / \mathcal{R}_0) = \left(\frac{d\overrightarrow{OC}}{dt}\right)_{/\mathcal{B}_0} = -2\ell \dot{\alpha} \sin\alpha \, \vec{e}_{x_0}} \tag{6.72}$$

▪ Vecteur accélération du point C par rapport au repère $\mathcal{R}_0$ :

$$\boxed{\vec{\Gamma}(C / \mathcal{R}_0) = \left(\frac{d\vec{V}(C / \mathcal{R}_0)}{dt}\right)_{/\mathcal{B}_0} = -2\ell\left(\ddot{\alpha} \sin\alpha + \dot{\alpha}^2 \cos\alpha\right) \vec{e}_{x_0}} , \tag{6.73}$$

*iii/ Moment d'inertie du cerceau* $S_2$ *par rapport à l'axe* $(C, \vec{e}_{z_0})$

D'après le tableau des éléments d'inertie de quelques solides usuels donné en annexe A6, § A6-6, le moment d'inertie du cerceau par rapport à l'axe $(C, \vec{e}_{z_0})$ est

$$\boxed{I_{Cz_0}(S_2) = m r^2} . \tag{6.74}$$

*iv/ Moment dynamique* $\vec{\delta}_C(S_2 / \mathcal{R}_0)$ *au point* C *du cerceau* $S_2$ *par rapport au repère* $\mathcal{R}_0$

Le moment dynamique $\vec{\delta}_C(S_2 / \mathcal{R}_0)$ est donné par la relation

$$\vec{\delta}_C(S_2 / \mathcal{R}_0) = \mathcal{I}_C(S_2)\left\{\left(\frac{d\vec{\Omega}(\mathcal{B}_2 / \mathcal{B}_0)}{dt}\right)_{/\mathcal{B}_0}\right\} + \vec{\Omega}(\mathcal{B}_2 / \mathcal{B}_0) \wedge \mathcal{I}_C(S_2)\left\{\vec{\Omega}(\mathcal{B}_2 / \mathcal{B}_0)\right\} , \tag{6.75}$$

où $\mathscr{I}_C(S_2)$ désigne l'opérateur d'inertie au point C du cerceau $S_2$. Le repère $\mathscr{R}_2$ étant repère principal d'inertie, cet opérateur est diagonal et peut s'écrire sous la forme

$$\mathscr{I}_C(S_2)\Bigg|_{\mathscr{B}_2} = \begin{bmatrix} A_2 & 0 & 0 \\ 0 & A_2 & 0 \\ 0 & 0 & C_2 \end{bmatrix}, \tag{6.76}$$

où la notation $C_2$ désigne classiquement le moment d'inertie $I_{Cz_0}(S_2)$ donné par l'équation (6.74) (et non pas le point C appartenant au solide $S_2$ ).

Par suite, le moment dynamique s'écrit

$$\boxed{\vec{\delta}_C(S_2/\mathscr{R}_0) = C_2\ddot{\theta}\vec{e}_{z_0} = m r^2 \ddot{\theta}\vec{e}_{z_0}} \, . \tag{6.77}$$

*c) Application du Principe Fondamental de la Dynamique au cerceau* $S_2$

- PFD pour les résultantes

La résultante de tous les efforts extérieurs exercés sur le cerceau $S_2$, notée $\vec{\mathfrak{R}}(ext \to S_2)$ est égale à la masse de ce point multipliée par l'accélération du point par rapport à un repère galiléen $\mathscr{R}_0$. Le PFD pour les résultantes s'écrit donc

$$\vec{\mathfrak{R}}(ext \to S_2) = m\vec{\Gamma}(C/\mathscr{R}_0) \, ,$$

soit

$$\vec{P}_2 + \vec{\mathfrak{R}}_K + \vec{\mathfrak{R}}_C = m\vec{\Gamma}(C/\mathscr{R}_0) \, ,$$

ce qui conduit à deux équations scalaires

$$\boxed{\begin{cases} T_K + X_C = -2m\ell(\ddot{\alpha}\sin\alpha + \dot{\alpha}^2\cos\alpha), & (6.78\text{-a}) \\ N_K + Y_C = mg \, . & (6.78\text{-b}) \end{cases}}$$

- PFD pour les moments au point C

Le moment au point C de tous les efforts extérieurs exercés sur le cerceau $S_2$, noté $\vec{\mathfrak{M}}_C(ext \to S_2)$ est égal au moment dynamique au point C du cerceau $S_2$ par rapport à un repère galiléen $\mathscr{R}_0$, noté $\vec{\delta}_C(S_2/\mathscr{R}_0)$. Le PFD pour les moments au point C s'écrit donc

$$\vec{\mathfrak{M}}_C(ext \to S_2) = \vec{\delta}_C(S_2/\mathscr{R}_0) \, ,$$

soit

$$\vec{\mathfrak{M}}_C(\varpi \to S_2) + \vec{\mathfrak{M}}_C(S_0 \to S_2) + \vec{\mathfrak{M}}_C(S_1 \to S_2) = \vec{\delta}_C(S_2/\mathscr{R}_0) \, ,$$

soit

$$\vec{0} + \overrightarrow{CK} \wedge \vec{\mathfrak{R}}_K + \vec{0} = \vec{\delta}_C(S_2/\mathscr{R}_0) \, ,$$

ou encore

$$\begin{vmatrix} 0 \\ -r \\ 0 \end{vmatrix}_{\mathscr{B}_0} \wedge \begin{vmatrix} T_K \\ N_K \\ 0 \end{vmatrix}_{\mathscr{B}_0} = m r^2 \ddot{\theta}\,\vec{e}_{z_0} \, ,$$

ce qui conduit à une équation scalaire :

$$\boxed{T_K = m r \ddot{\theta}} \, . \tag{6.78-c}$$

*5.2.2. Etude du système* $\Sigma = \{S_1 + S_2\}$

*a) Inventaire des actions mécaniques extérieures exercées sur le système* $\Sigma$ *(figure 6.7)*

- Action de la gravité : $\{\varpi \to S_1\} = (G, \vec{P}_1)$ avec $\vec{P}_1 = -Mg\vec{e}_{y_0}$ ,

  et $\{\varpi \to S_2\} = (C, \vec{P}_2)$ avec $\vec{P}_2 = -mg\vec{e}_{y_0}$ .

- Action du bâti $S_0$ sur le la tige $S_1$ (liaison ponctuelle sans frottement, voir § VI-5.1.1.) :

$$\{S_0 \to S_1\} = (A, \vec{F}_A) = \left\{\begin{matrix} F_A & 0 \\ 0 & 0 \\ 0 & 0 \end{matrix}\right\}_{A\ \mathscr{B}_0}$$ avec $F_A > 0$ pour que le contact soit maintenu.

- Action du bâti $S_0$ sur le cerceau $S_2$ (liaison ponctuelle avec frottement, voir § VI-5.1.1.) :

$$\{S_0 \to S_2\} = \left(K, \vec{\mathscr{R}}_K\right) = \left\{\begin{matrix} T_K & 0 \\ N_K & 0 \\ 0 & 0 \end{matrix}\right\}_{K\ \mathscr{B}_0}$$ avec $N_K > 0$ pour que le contact soit maintenu.

Par suite, le torseur des actions extérieures exercées sur le système $\Sigma$ est donné par

$$\{ext \to \Sigma\} = \{\varpi \to S_1\} + \{\varpi \to S_2\} + \{S_0 \to S_1\} + \{S_0 \to S_2\} \ . \tag{6.79}$$

*b)i/* Le vecteur rotation $\vec{\Omega}(\mathscr{B}_1 / \mathscr{B}_0)$ associé au mouvement de la base $\mathscr{B}_1$ par rapport à la base $\mathscr{B}_0$ est tel que

$$\boxed{\vec{\Omega}(\mathscr{B}_1 / \mathscr{B}_0) = \dot{\alpha}\,\vec{e}_{z_0}} \ . \tag{6.80}$$

*ii/ Accélération du point* G *par rapport au repère* $\mathscr{R}_0$

- Vecteur position : $\overrightarrow{OG} = \overrightarrow{OA} + \overrightarrow{AG} = \ell\cos\alpha\,\vec{e}_{x_0} + (r - \ell\sin\alpha)\vec{e}_{y_0}$ avec $\alpha < 0$.
- Vecteur vitesse du point G par rapport au repère $\mathscr{R}_0$ :

$$\boxed{\vec{V}(G / \mathscr{R}_0) = \left(\frac{d\overrightarrow{OG}}{dt}\right)_{/\mathscr{B}_0} = -\ell\dot{\alpha}\sin\alpha\,\vec{e}_{x_0} - \ell\dot{\alpha}\cos\alpha\,\vec{e}_{y_0}} \ . \tag{6.81}$$

- Vecteur accélération du point G par rapport au repère $\mathscr{R}_0$ :

$$\boxed{\vec{\Gamma}(G / \mathscr{R}_0) = \left(\frac{d\vec{V}(G / \mathscr{R}_0)}{dt}\right)_{/\mathscr{B}_0} \underset{\mathscr{B}_0}{=} \left|\begin{matrix} -\ell\left(\ddot{\alpha}\sin\alpha + \dot{\alpha}^2\cos\alpha\right) \\ -\ell\left(\ddot{\alpha}\cos\alpha - \dot{\alpha}^2\sin\alpha\right) \\ 0 \end{matrix}\right.} \ . \tag{6.82}$$

- Résultante dynamique $\vec{d}(\Sigma / \mathscr{R}_0)$ du système $\Sigma$ par rapport au repère $\mathscr{R}_0$ :

$$\vec{d}(\Sigma / \mathscr{R}_0) = \vec{d}(S_1 / \mathscr{R}_0) + \vec{d}(S_2 / \mathscr{R}_0) \ ,$$

soit

$$\vec{d}(\Sigma / \mathscr{R}_0) = M\vec{\Gamma}(G / \mathscr{R}_0) + m\vec{\Gamma}(C / \mathscr{R}_0) \ ,$$

soit, en faisant usage de l'expression (6.73) de l'accélération $\vec{\Gamma}(C/\mathcal{R}_0)$,

$$\vec{d}(\Sigma/\mathcal{R}_0) = \begin{vmatrix} -\ell(M+2m)(\ddot{\alpha}\sin\alpha + \dot{\alpha}^2\cos\alpha) \\ -M\ell(\ddot{\alpha}\cos\alpha - \dot{\alpha}^2\sin\alpha) \\ 0 \end{vmatrix}_{\mathcal{B}_0} . \tag{6.83}$$

*iii/ Moment d'inertie de la tige* $S_1$ *par rapport à l'axe* $(G, \vec{e}_{z_0})$

D'après la tableau des éléments d'inertie de quelques solides usuels donné en annexe A6, § A6-6, le moment d'inertie de la tige par rapport à l'axe $(G, \vec{e}_{z_0})$ est

$$I_{Gz_0}(S_1) = \frac{M\ell^2}{3} . \tag{6.84}$$

*iv/ Moment dynamique* $\vec{\delta}_K(S_1/\mathcal{R}_0)$ *au point* K *de la tige* $S_1$ *par rapport au repère* $\mathcal{R}_0$

- Le moment dynamique $\vec{\delta}_G(S_1/\mathcal{R}_0)$ au point G est donné par la relation

$$\vec{\delta}_G(S_1/\mathcal{R}_0) = \mathcal{I}_G(S_1)\left\{\left(\frac{d\vec{\Omega}(\mathcal{B}_1/\mathcal{B}_0)}{dt}\right)_{/\mathcal{B}_0}\right\} + \vec{\Omega}(\mathcal{B}_1/\mathcal{B}_0) \wedge \mathcal{I}_G(S_1)\{\vec{\Omega}(\mathcal{B}_1/\mathcal{B}_0)\} , \tag{6.85}$$

où $\mathcal{I}_G(S_1)$ désigne l'opérateur d'inertie au point G de la tige $S_1$. Le repère $\mathcal{R}_1$ étant repère principal d'inertie, cet opérateur est diagonal et peut s'écrire sous la forme

$$\mathcal{I}_G(S_1)\Big|_{\mathcal{B}_1} = \begin{bmatrix} 0 & 0 & 0 \\ 0 & C_1 & 0 \\ 0 & 0 & C_1 \end{bmatrix} , \tag{6.86}$$

où la notation $C_1$ désigne classiquement le moment d'inertie $I_{Gz_0}(S_1)$ donné par l'équation (6.84).

Par suite, le moment dynamique au point G s'écrit

$$\vec{\delta}_G(S_1/\mathcal{R}_0) = C_1\ddot{\alpha}\vec{e}_{z_0} = \frac{M\ell^2}{3}\ddot{\alpha}\vec{e}_{z_0} . \tag{6.87}$$

- Le moment dynamique $\vec{\delta}_K(S_1/\mathcal{R}_0)$ au point K se déduit du moment au point G par la formule de changement de point, l'ensemble de la résultante dynamique $\vec{d}(S_1/\mathcal{R}_0) = M\vec{\Gamma}(G/\mathcal{R}_0)$ et du moment dynamique $\vec{\delta}_K(S_1/\mathcal{R}_0)$ formant les éléments de réduction du torseur dynamique $\mathcal{D}(S_1/\mathcal{R}_0)$ de $S_1$ par rapport au repère $\mathcal{R}_0$ :

$$\vec{\delta}_K(S_1/\mathcal{R}_0) = \vec{\delta}_G(S_1/\mathcal{R}_0) + \overrightarrow{KG} \wedge \vec{d}(S_1/\mathcal{R}_0) ,$$

soit
$$\vec{\delta}_K(S_1/\mathcal{R}_0) = \frac{M\ell^2}{3}\ddot{\alpha}\vec{e}_{z_0} + \begin{vmatrix} -\ell\cos\alpha \\ r-\ell\sin\alpha \\ 0 \end{vmatrix}_{\mathcal{B}_0} \wedge \begin{vmatrix} -M\ell(\ddot{\alpha}\sin\alpha + \dot{\alpha}^2\cos\alpha) \\ -M\ell(\ddot{\alpha}\cos\alpha - \dot{\alpha}^2\sin\alpha) \\ 0 \end{vmatrix}_{\mathcal{B}_0} ,$$

d'où, tous calculs faits,

$$\vec{\delta}_K(S_1/\mathcal{R}_0) = \left\{\frac{M\ell^2}{3}\ddot{\alpha} + M\ell^2(\ddot{\alpha}\cos 2\alpha - \dot{\alpha}^2\sin 2\alpha) + M\ell r(\ddot{\alpha}\sin\alpha + \dot{\alpha}^2\cos\alpha)\right\}\vec{e}_{z_0} . \tag{6.88}$$

*v/ Moment dynamique* $\vec{\delta}_K(S_2/\mathscr{R}_0)$ *au point* K *du cerceau* $S_2$ *par rapport au repère* $\mathscr{R}_0$

▪ De même que précédemment, le moment dynamique $\vec{\delta}_K(S_2/\mathscr{R}_0)$ au point K se déduit du moment au point C par la formule de changement de point, l'ensemble de la résultante dynamique $\vec{d}(S_2/\mathscr{R}_0)=m\vec{\Gamma}(C/\mathscr{R}_0)$ et du moment dynamique $\vec{\delta}_K(S_2/\mathscr{R}_0)$ formant les éléments de réduction du torseur dynamique $\mathscr{D}(S_2/\mathscr{R}_0)$ de $S_2$ par rapport au repère $\mathscr{R}_0$ :

$$\vec{\delta}_K(S_2/\mathscr{R}_0)=\vec{\delta}_C(S_2/\mathscr{R}_0)+\overrightarrow{KC}\wedge\vec{d}(S_2/\mathscr{R}_0) \ ,$$

soit
$$\vec{\delta}_K(S_2/\mathscr{R}_0)=m r^2\ddot{\theta}\,\vec{e}_{z_0}+\begin{array}{c|c}& 0\\ & r\\ \mathscr{B}_0 & 0\end{array}\wedge\begin{array}{c|c}& -2m\ell(\ddot{\alpha}\sin\alpha+\dot{\alpha}^2\cos\alpha)\\ & 0\\ \mathscr{B}_0 & 0\end{array} \ ,$$

d'où
$$\boxed{\vec{\delta}_K(S_2/\mathscr{R}_0)=\left\{m r^2\ddot{\theta}+2m r\ell(\ddot{\alpha}\sin\alpha+\dot{\alpha}^2\cos\alpha)\right\}\vec{e}_{z_0}} \ . \qquad (6.89)$$

*vi/ Moment dynamique* $\vec{\delta}_K(\Sigma/\mathscr{R}_0)$ *au point* K *du système* $\Sigma$ *par rapport au repère* $\mathscr{R}_0$

Le moment dynamique au point K du système $\Sigma=\{S_1+S_2\}$ par rapport au repère $\mathscr{R}_0$ est la somme des moments dynamiques au même point de chacun des solides constituant le système, soit

$$\vec{\delta}_K(\Sigma/\mathscr{R}_0)=\vec{\delta}_K(S_1/\mathscr{R}_0)+\vec{\delta}_K(S_2/\mathscr{R}_0) \ ,$$

d'où

$$\boxed{\begin{aligned}\vec{\delta}_K(\Sigma/\mathscr{R}_0)=\Big\{&\frac{M\ell^2}{3}\ddot{\alpha}+m r^2\ddot{\theta}+(M+2m)\ell r(\ddot{\alpha}\sin\alpha+\dot{\alpha}^2\cos\alpha)\\ &+M\ell^2(\ddot{\alpha}\cos 2\alpha-\dot{\alpha}^2\sin 2\alpha)\Big\}\vec{e}_{z_0} \ .\end{aligned}} \qquad (6.90)$$

*c) Application du Principe Fondamental de la Dynamique au système* $\Sigma$

▪ <u>PFD pour les résultantes</u>

La résultante de tous les efforts extérieurs exercés sur le système $\Sigma$, notée $\vec{\mathfrak{R}}(\text{ext}\to\Sigma)$ est égale à la résultante dynamique $\vec{d}(\Sigma/\mathscr{R}_0)$ dont l'expression est donnée par l'équation (6.83). Le PFD pour les résultantes s'écrit donc

$$\vec{\mathfrak{R}}(\text{ext}\to\Sigma)=\vec{d}(\Sigma/\mathscr{R}_0) \ ,$$

soit
$$\vec{P}_1+\vec{P}_2+\vec{\mathfrak{R}}_K+\vec{F}_A=\vec{d}(\Sigma/\mathscr{R}_0) \ ,$$

ce qui conduit à deux équations scalaires

$$\boxed{\begin{cases} T_K+F_A=-\ell(M+2m)(\ddot{\alpha}\sin\alpha+\dot{\alpha}^2\cos\alpha), & (6.91\text{-a})\\ N_K-(m+M)g=-M\ell(\ddot{\alpha}\cos\alpha-\dot{\alpha}^2\sin\alpha). & (6.91\text{-b})\end{cases}}$$

▪ <u>PFD pour les moments au point K</u>

Le moment au point K de tous les efforts extérieurs exercés sur le système $\Sigma$, noté $\vec{\mathcal{M}}_K(\text{ext}\to\Sigma)$ est égal au moment dynamique au point K du système $\Sigma$ par rapport à un repère galiléen $\mathscr{R}_0$, donné par son expression (6.90). Le PFD pour les moments au point K s'écrit donc

$$\vec{\mathfrak{M}}_{K}(\text{ext}\to\Sigma)=\vec{\delta}_K(\Sigma/\mathscr{R}_0)\ ,$$

soit $$\vec{\mathfrak{M}}_{K}(\varpi\to S_1)+\vec{\mathfrak{M}}_{K}(\varpi\to S_2)+\vec{\mathfrak{M}}_{K}(S_0\to S_1)+\vec{\mathfrak{M}}_{K}(S_0\to S_2)=\vec{\delta}_K(\Sigma/\mathscr{R}_0)\ ,$$

soit $$\overrightarrow{KG}\wedge\vec{P}_1+\overrightarrow{KC}\wedge\vec{P}_2+\overrightarrow{KA}\wedge\vec{F}_A+\vec{0}=\vec{\delta}_K(\Sigma/\mathscr{R}_0)\ ,$$

ou encore

$$\underset{\mathscr{B}_0}{\left|\begin{array}{l}-\ell\cos\alpha\\ r-\ell\sin\alpha\\ 0\end{array}\right.}\wedge\underset{\mathscr{B}_0}{\left|\begin{array}{c}0\\ -Mg\\ 0\end{array}\right.}+\underset{\mathscr{B}_0}{\left|\begin{array}{c}0\\ r\\ 0\end{array}\right.}\wedge\underset{\mathscr{B}_0}{\left|\begin{array}{c}0\\ -mg\\ 0\end{array}\right.}+\underset{\mathscr{B}_0}{\left|\begin{array}{l}-2\ell\cos\alpha\\ r-2\ell\sin\alpha\\ 0\end{array}\right.}\wedge\underset{\mathscr{B}_0}{\left|\begin{array}{c}F_A\\ 0\\ 0\end{array}\right.}=\underset{\mathscr{B}_0}{\left|\begin{array}{c}0\\ 0\\ \vec{\delta}_K(\Sigma/\mathscr{R}_0)\cdot\vec{e}_{z_0}\end{array}\right.}\ ,$$

ce qui conduit à une équation scalaire :

$$\boxed{\begin{aligned}Mg\ell\cos\alpha-(r-2\ell\sin\alpha)F_A=\frac{M\ell^2}{3}\ddot{\alpha}+mr^2\ddot{\theta}+(M+2m)\ell r\left(\ddot{\alpha}\sin\alpha+\dot{\alpha}^2\cos\alpha\right)\\ +M\ell^2\left(\ddot{\alpha}\cos2\alpha-\dot{\alpha}^2\sin2\alpha\right).\end{aligned}}\qquad(6.91\text{-c})$$

L'ensemble des équations (6.78) et (6.91) constitue le système de six équations à sept inconnues, qui ne peut être résolu qu'en lui adjoignant soit une condition de roulement sans glissement, soit la deuxième loi de Coulomb (voir § VI-5.1.1.b).

## 5.3. Application du Théorème de l'Energie Cinétique (TEC)

### *5.3.1. Etude du cerceau* $S_2$

a) ▪ L'énergie cinétique du cerceau $S_2$ par rapport au repère $\mathscr{R}_0$ s'écrit

$$T(S_2/\mathscr{R}_0)=\frac{1}{2}m\left[\vec{V}(C/\mathscr{R}_0)\right]^2+\frac{1}{2}\vec{\Omega}(\mathscr{B}_2/\mathscr{B}_0)\cdot\mathscr{I}_C(S_2)\left\{\vec{\Omega}(\mathscr{B}_2/\mathscr{B}_0)\right\}\ ,$$

soit, en faisant usage des expressions (6.72), (6.71), (6.76) et (6.74) respectivement des vitesse, vecteur rotation, opérateur d'inertie et moment d'inertie,

$$\boxed{T(S_2/\mathscr{R}_0)=2m\ell^2\dot{\alpha}^2\sin^2\alpha+\frac{1}{2}mr^2\dot{\theta}^2}\ .\qquad(6.92)$$

▪ La dérivée par rapport au temps de l'expression (6.92) conduit à

$$\boxed{\frac{dT(S_2/\mathscr{R}_0)}{dt}=4m\ell^2\left(\dot{\alpha}\ddot{\alpha}\sin^2\alpha+\dot{\alpha}^3\sin\alpha\cos\alpha\right)+mr^2\dot{\theta}\ddot{\theta}}\ .\qquad(6.93)$$

b) La puissance des efforts extérieurs exercés sur le cerceau $S_2$ par rapport au repère $\mathscr{R}_0$ est donnée par (voir § VI-5.2.1. pour l'inventaire des actions mécaniques extérieures)

$$\mathscr{P}(\text{ext}\to S_2/\mathscr{R}_0)=\mathscr{P}(\varpi\to S_2/\mathscr{R}_0)+\mathscr{P}(S_0\to S_2/\mathscr{R}_0)+\mathscr{P}(S_1\to S_2/\mathscr{R}_0)\ ,$$

soit $$\mathscr{P}(\text{ext}\to S_2/\mathscr{R}_0)=\vec{P}_2\cdot\vec{V}(C_2/\mathscr{R}_0)+\vec{\mathfrak{R}}_K\cdot\vec{V}(K_2/\mathscr{R}_0)+\vec{\mathfrak{R}}_C\cdot\vec{V}(C_2/\mathscr{R}_0)\ .$$

Le fait que la liaison entre la tige $S_1$ et le cerceau $S_2$ soit une liaison parfaite implique que la puissance $\mathscr{P}(S_1\to S_2/\mathscr{R}_1)$ des actions de $S_1$ sur $S_2$ par rapport au repère $\mathscr{R}_1$ est nulle, mais n'implique pas que la puissance $\mathscr{P}(S_1\to S_2/\mathscr{R}_0)$ des même actions par rapport au repère $\mathscr{R}_0$ le soit.

La vitesse du point K appartenant au cerceau $S_2$, noté $K_2$, par rapport au repère $\mathcal{R}_0$ est donnée par la formule de distribution des vitesses (ou formule de changement de point pour les moments du torseur distributeur des vitesses du mouvement de $\mathcal{R}_2$ par rapport à $\mathcal{R}_0$) :

$$\vec{V}(K_2/\mathcal{R}_0) = \vec{V}(C_2/\mathcal{R}_0) + \vec{\Omega}(\mathcal{B}_2/\mathcal{B}_0) \wedge \overrightarrow{CK} \ , \tag{6.94}$$

soit
$$\vec{V}(K_2/\mathcal{R}_0) = -2\ell\dot{\alpha}\sin\alpha\,\vec{e}_{x_0} + \dot{\theta}\vec{e}_{z_0} \wedge (-r\vec{e}_{y_0}) \ ,$$

d'où
$$\boxed{\vec{V}(K_2/\mathcal{R}_0) = (-2\ell\dot{\alpha}\sin\alpha + r\dot{\theta})\vec{e}_{x_0}} \ . \tag{6.95}$$

Il convient de noter que cette vitesse n'est nulle qu'en cas de non glissement entre le solide $S_2$ et le bâti $S_0$, ce qui n'est pas le cas ici.

La puissance $\mathcal{P}(\text{ext} \to S_2/\mathcal{R}_0)$ s'écrit donc

$$\mathcal{P}(\text{ext} \to S_2/\mathcal{R}_0) = 0 + (T_K\vec{e}_{x_0} + N_K\vec{e}_{y_0})\cdot(-2\ell\dot{\alpha}\sin\alpha + r\dot{\theta})\vec{e}_{x_0}$$
$$+ (X_C\vec{e}_{x_0} + Y_C\vec{e}_{y_0})\cdot(-2\ell\dot{\alpha}\sin\alpha)\vec{e}_{x_0} \ ,$$

d'où
$$\boxed{\mathcal{P}(\text{ext} \to S_2/\mathcal{R}_0) = T_K(-2\ell\dot{\alpha}\sin\alpha + r\dot{\theta}) - 2X_C\,\ell\dot{\alpha}\sin\alpha} \ . \tag{6.96}$$

c) Le théorème de l'énergie cinétique appliqué au cerceau $S_2$ s'écrit ($\mathcal{R}_0$ repère galiléen)

$$\frac{dT(S_2/\mathcal{R}_0)}{dt} = \mathcal{P}(\text{ext} \to S_2/\mathcal{R}_0) \ ,$$

soit
$$\boxed{4m\ell^2(\dot{\alpha}\ddot{\alpha}\sin^2\alpha + \dot{\alpha}^3\sin\alpha\cos\alpha) + mr^2\dot{\theta}\ddot{\theta} = T_K(-2\ell\dot{\alpha}\sin\alpha + r\dot{\theta}) - 2X_C\,\ell\dot{\alpha}\sin\alpha} \ . \tag{6.97}$$

<u>Remarque</u>. Le report dans la relation (6.97) de l'expression (6.78-a) de la composante $X_C$, soit $X_C = -T_K - 2m\ell(\ddot{\alpha}\sin\alpha + \dot{\alpha}^2\cos\alpha)$, conduit à

$$4m\ell^2(\dot{\alpha}\ddot{\alpha}\sin^2\alpha + \dot{\alpha}^3\sin\alpha\cos\alpha) + mr^2\dot{\theta}\ddot{\theta}$$
$$= T_K(-2\ell\dot{\alpha}\sin\alpha + r\dot{\theta}) + 2\left[T_K + 2m\ell(\ddot{\alpha}\sin\alpha + \dot{\alpha}^2\cos\alpha)\right]\ell\dot{\alpha}\sin\alpha \ ,$$

soit
$$\boxed{T_K = mr\ddot{\theta}} \ , \tag{6.98}$$

qui n'est autre que l'équation (6.78-c) obtenue par l'application du PFD au cerceau $S_2$ pour les moments au point C.

### 5.3.2. *Etude du système* $\{\text{ext} \to \Sigma\}$

a) ▪ L'énergie cinétique du système $\Sigma$ par rapport au repère $\mathcal{R}_0$ est la somme des énergies cinétiques de chaque solide, soit

$$T(\Sigma/\mathcal{R}_0) = T(S_1/\mathcal{R}_0) + T(S_2/\mathcal{R}_0) \ , \tag{6.99}$$

où $T(S_2/\mathcal{R}_0)$ est donnée par l'équation (6.92). L'énergie cinétique $T(S_1/\mathcal{R}_0)$ est donnée par

$$T(S_1/\mathcal{R}_0) = \frac{1}{2}M\left[\vec{V}(G/\mathcal{R}_0)\right]^2 + \frac{1}{2}\vec{\Omega}(\mathcal{B}_1/\mathcal{B}_0)\cdot\mathcal{I}_G(S_1)\left\{\vec{\Omega}(\mathcal{B}_1/\mathcal{B}_0)\right\} \ ,$$

soit, en faisant usage des expressions (6.81), (6.80), (6.86) et (6.84) respectivement des vecteur vitesse, vecteur rotation, opérateur d'inertie et moment d'inertie,

$$\boxed{T(S_1/\mathcal{R}_0) = \frac{2}{3}M\ell^2\dot{\alpha}^2} \ . \tag{6.100}$$

Le report des expressions (6.92) et (6.100) dans la relation (6.99) conduit finalement à

$$\boxed{T(\Sigma/\mathcal{R}_0)=2\left(\frac{M}{3}+m\sin^2\alpha\right)\ell^2\dot{\alpha}^2+\frac{1}{2}m r^2\dot{\theta}^2} \quad . \qquad (6.101)$$

▪ La dérivée par rapport au temps de l'expression (6.101) conduit à

$$\boxed{\frac{dT(\Sigma/\mathcal{R}_0)}{dt}=4\ell^2\left[\left(\frac{M}{3}+m\sin^2\alpha\right)\dot{\alpha}\ddot{\alpha}+m\dot{\alpha}^3\sin\alpha\cos\alpha\right]+m r^2\dot{\theta}\ddot{\theta}} \quad . \qquad (6.102)$$

b) ▪ La puissance des efforts extérieurs exercés sur le système $\Sigma$ par rapport au repère $\mathcal{R}_0$ est donnée par (voir § VI-5.2.2. pour l'inventaire des actions mécaniques extérieures)

$\mathcal{P}(ext\to\Sigma/\mathcal{R}_0)=\mathcal{P}(\varpi\to S_1/\mathcal{R}_0)+\mathcal{P}(S_0\to S_1/\mathcal{R}_0)+\mathcal{P}(\varpi\to S_2/\mathcal{R}_0)+\mathcal{P}(S_0\to S_2/\mathcal{R}_0)$,

où la puissance $\mathcal{P}(S_0\to S_1/\mathcal{R}_0)$ est nulle du fait que la liaison entre le bâti $S_0$ et la tige $S_1$ est parfaite (sans frottements), et où les puissances $\mathcal{P}(\varpi\to S_2/\mathcal{R}_0)$ et $\mathcal{P}(S_0\to S_2/\mathcal{R}_0)$ ont déjà été calculées au § VI-5.3.1.

Par suite,

$$\mathcal{P}(ext\to\Sigma/\mathcal{R}_0)=\vec{P}_1\cdot\vec{V}(G_1/\mathcal{R}_0)+0+\vec{P}_2\cdot\vec{V}(C_2/\mathcal{R}_0)+\vec{\mathcal{R}}_K\cdot\vec{V}(K_2/\mathcal{R}_0) \ ,$$

soit $\mathcal{P}(ext\to\Sigma/\mathcal{R}_0)=(-Mg\vec{e}_{y_0})\cdot(-\ell\dot{\alpha}\sin\alpha\,\vec{e}_{x_0}-\ell\dot{\alpha}\cos\alpha\,\vec{e}_{y_0})+0+T_K(-2\ell\dot{\alpha}\sin\alpha+r\dot{\theta})$,

d'où

$$\boxed{\mathcal{P}(ext\to\Sigma/\mathcal{R}_0)=Mg\ell\dot{\alpha}\cos\alpha+T_K(-2\ell\dot{\alpha}\sin\alpha+r\dot{\theta})} \quad . \qquad (6.103\text{-a})$$

▪ La puissance $\mathcal{P}(S_i\leftrightarrow S_j)$ des efforts intérieurs au système $\Sigma$ est

$$\boxed{\mathcal{P}(S_i\leftrightarrow S_j)=\mathcal{P}(S_1\leftrightarrow S_2)=0} \ , \qquad (6.103\text{-b})$$

du fait que la liaison est parfaite entre les deux solides.

c) Le théorème de l'énergie cinétique appliqué au système $\Sigma$ s'écrit ($\mathcal{R}_0$ repère galiléen)

$$\frac{dT(\Sigma/\mathcal{R}_0)}{dt}=\mathcal{P}(ext\to\Sigma/\mathcal{R}_0)+\mathcal{P}(S_i\leftrightarrow S_j) \ ,$$

soit

$$\boxed{\begin{aligned}4\ell^2\left[\left(\frac{M}{3}+m\sin^2\alpha\right)\dot{\alpha}\ddot{\alpha}+m\dot{\alpha}^3\sin\alpha\cos\alpha\right]+m r^2\dot{\theta}\ddot{\theta}\\ =Mg\ell\dot{\alpha}\cos\alpha+T_K(-2\ell\dot{\alpha}\sin\alpha+r\dot{\theta})\end{aligned}} \quad . \qquad (6.104\text{-a})$$

<u>Remarque</u>. De même que précédemment, le report, dans le terme $(T_K r\dot{\theta})$ du second membre de la relation (6.104-a), de l'expression (6.78-c) de la composante $T_K$, soit $T_K=m r\ddot{\theta}$, conduit à

$$\boxed{4\ell\left[\left(\frac{M}{3}+m\sin^2\alpha\right)\dot{\alpha}\ddot{\alpha}+m\dot{\alpha}^2\sin\alpha\cos\alpha\right]=Mg\cos\alpha-2T_K\,\ell\sin\alpha} \ , \qquad (6.104\text{-b})$$

qui est une combinaison linéaire des équations (6.78) et (6.91) provenant de l'application du PFD, et qui est également trouvée ci-dessous au § VI-5.4.d par application du Principe des Puissances Virtuelles.

Il convient de noter que l'application du Théorème de l'Energie Cinétique conduit seulement à deux équations scalaires (6.98) et (6.104-b) qui ne permettent pas, à elles seules, d'obtenir les équations du mouvement, puisqu'elles font intervenir les inconnues de liaison $T_K$ et $X_C$.

L'objet des deux paragraphes suivants VI-5.4. et VI-5.5. est de mettre en oeuvre le Principe des Puissances Virtuelles, qui conduit très rapidement aux équations du mouvement, sans faire nécessairement intervenir les actions de liaisons lorsque ces dernières sont parfaites.

### 5.4. Application du Principe des Puissances Virtuelles pour un champ de vitesses virtuel respectant la condition de contact au point A

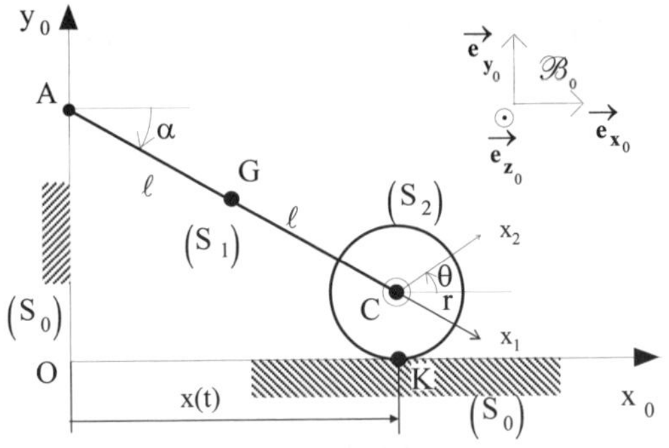


*Figure 6.8*

a) En posant $x(t)=\overline{OK}$, la condition holonôme de contact au point A s'écrit (figure 6.8) :

$$\boxed{x = 2\ell\cos\alpha} \quad . \tag{6.105}$$

b) Les paramètres de configuration indépendants sont donc au nombre de deux : soit x et $\theta$, soit $\alpha$ et $\theta$. C'est le choix de $\alpha$ et $\theta$ qui est retenu dans ce paragraphe.

*c) Application du Principe des Puissances Virtuelles au cerceau* $S_2$

- La puissance virtuelle des quantités d'accélération est donnée par (équation (3.34), § III-2.4)

$$\mathscr{A}^*_{S_2} = \left(\frac{d}{dt}\frac{\partial T}{\partial \dot\alpha} - \frac{\partial T}{\partial \alpha}\right)\dot\alpha^* + \left(\frac{d}{dt}\frac{\partial T}{\partial \dot\theta} - \frac{\partial T}{\partial \theta}\right)\dot\theta^* \quad .$$

En faisant usage de l'expression (6.92) de l'énergie cinétique $T = T(S_2/\mathscr{R}_0)$, soit

$$T = T(S_2/\mathscr{R}_0) = 2m\ell^2\dot\alpha^2\sin^2\alpha + \frac{1}{2}mr^2\dot\theta^2 \quad , \tag{6.106}$$

il vient :

$$\frac{\partial T}{\partial \alpha} = 4m\ell^2\dot\alpha^2\sin\alpha\cos\alpha \quad ,$$

$$\frac{\partial T}{\partial \dot\alpha} = 4m\ell^2\dot\alpha\sin^2\alpha \quad \text{et} \quad \frac{d}{dt}\frac{\partial T}{\partial \dot\alpha} = 4m\ell^2\left(\ddot\alpha\sin^2\alpha + 2\dot\alpha^2\sin\alpha\cos\alpha\right) \quad ,$$

$$\frac{\partial T}{\partial \theta} = 0 \quad , \quad \frac{\partial T}{\partial \dot\theta} = mr^2\dot\theta \quad \text{et} \quad \frac{d}{dt}\frac{\partial T}{\partial \dot\theta} = mr^2\ddot\theta \quad ,$$

ce qui conduit à

$$\boxed{\mathscr{A}^*_{S_2} = 4m\ell^2\left(\ddot\alpha\sin^2\alpha + \dot\alpha^2\sin\alpha\cos\alpha\right)\dot\alpha^* + mr^2\ddot\theta\dot\theta^*} \quad . \tag{6.107}$$

▪ La puissance virtuelle des actions extérieures exercées sur le cerceau $S_2$ par rapport au repère $\mathcal{R}_0$ est donnée par

$$\mathcal{P}^*_{S_2} = \mathcal{P}^*(\text{ext} \to S_2/\mathcal{R}_0) = \mathcal{P}^*(\varpi \to S_2/\mathcal{R}_0) + \mathcal{P}^*(S_0 \to S_2/\mathcal{R}_0) + \mathcal{P}^*(S_1 \to S_2/\mathcal{R}_0) \ ,$$

soit
$$\mathcal{P}^*_{S_2} = \vec{P}_2 \cdot \vec{V}^*(C_2/\mathcal{R}_0) + \vec{\mathcal{R}}_K \cdot \vec{V}^*(K_2/\mathcal{R}_0) + \vec{\mathcal{R}}_C \cdot \vec{V}^*(C_2/\mathcal{R}_0) \ ,$$

où les vitesses virtuelles $\vec{V}^*(C_2/\mathcal{R}_0)$ et $\vec{V}^*(K_2/\mathcal{R}_0)$ sont obtenues en donnant à $\dot{\alpha}$ et à $\dot{\theta}$ des valeurs arbitraires $\dot{\alpha}^*$ et $\dot{\theta}^*$ dans les expressions (6.72) et (6.95) :

$$\boxed{\vec{V}^*(C_2/\mathcal{R}_0) = -2\ell\dot{\alpha}^* \sin\alpha \, \vec{e}_{x_0} ,} \qquad (6.108)$$

et
$$\boxed{\vec{V}^*(K_2/\mathcal{R}_0) = (-2\ell\dot{\alpha}^* \sin\alpha + r\dot{\theta}^*)\vec{e}_{x_0} .} \qquad (6.109)$$

Par suite, la puissance virtuelle $\mathcal{P}^*_{S_2}$ est donnée par

$$\mathcal{P}^*_{S_2} = T_K(-2\ell\dot{\alpha}^* \sin\alpha + r\dot{\theta}^*) - 2X_C \ell\dot{\alpha}^* \sin\alpha \ ,$$

soit
$$\boxed{\mathcal{P}^*_{S_2} = -2\ell(T_K + X_C)\dot{\alpha}^* \sin\alpha + rT_K\dot{\theta}^*} \ . \qquad (6.110)$$

▪ Le Principe des Puissances Virtuelles s'écrit (voir § III-2.6.)

$$\mathcal{A}^*_{S_2} = \mathcal{P}^*_{S_2} \ , \quad \forall \dot{\alpha}^*, \dot{\theta}^* \ ,$$

soit
$$4m\ell^2(\ddot{\alpha}\sin^2\alpha + \dot{\alpha}^2 \sin\alpha\cos\alpha)\dot{\alpha}^* + mr^2\ddot{\theta}\dot{\theta}^*$$
$$= -2\ell(T_K + X_C)\dot{\alpha}^* \sin\alpha + rT_K\dot{\theta}^* \ , \quad \forall \dot{\alpha}^*, \dot{\theta}^* \ ,$$

d'où, puisque $\dot{\alpha}^*$ et $\dot{\theta}^*$ sont indépendants,

$$\begin{cases} 4m\ell^2(\ddot{\alpha}\sin^2\alpha + \dot{\alpha}^2 \sin\alpha\cos\alpha) = -2\ell(T_K + X_C)\sin\alpha \ , \\ mr^2\ddot{\theta} = rT_K \ , \end{cases}$$

ce qui s'écrit encore

$$\boxed{\begin{cases} 2m\ell(\ddot{\alpha}\sin\alpha + \dot{\alpha}^2 \cos\alpha) = -(T_K + X_C), & (6.111\text{-a}) \\ T_K = mr\ddot{\theta} . & (6.111\text{-b}) \end{cases}}$$

L'équation (6.111-b) n'est autre que l'équation (6.78-c) obtenue après application du PFD au cerceau $S_2$, ou l'équation (6.98) provenant de l'application du TEC puis report d'une équation provenant du PFD. L'équation (6.111-a) n'est autre, quant à elle, que l'équation (6.78-a) provenant de l'application du PFD. Il convient ici de noter que les équations (6.111) sont obtenues très facilement, de façon "quasi automatique" par l'application du Principe des Puissances Virtuelles, ce qui montre son efficacité, et sa facilité d'emploi qui fait oublier la physique des phénomènes.

Ces équations font cependant intervenir la composante $X_C$ de l'action de liaison de la tige $S_1$ sur le cerceau $S_2$. Du fait que cette action est intérieure au système $\Sigma = S_1 + S_2$, qu'elle est parfaite, et que le champ de vitesses virtuelles respecte la liaison, l'application du Principe des Puissances Virtuelle au système $\Sigma$ (paragraphe qui suit), permet d'obtenir l'équation du mouvement, sans la faire intervenir.

*d) Application du Principe des Puissances Virtuelles au système* $\Sigma = S_1 + S_2$

▪ La puissance virtuelle des quantités d'accélération est donnée par (équation (3.34), § III-2.4)

$$\mathcal{A}_\Sigma^* = \left(\frac{d}{dt}\frac{\partial T}{\partial \dot\alpha} - \frac{\partial T}{\partial \alpha}\right)\dot\alpha^* + \left(\frac{d}{dt}\frac{\partial T}{\partial \dot\theta} - \frac{\partial T}{\partial \theta}\right)\dot\theta^* \ .$$

En faisant usage de l'expression (6.101) de l'énergie cinétique $T = T(\Sigma/\mathcal{R}_0)$, soit

$$T = T(\Sigma/\mathcal{R}_0) = 2\left(\frac{M}{3} + m\sin^2\alpha\right)\ell^2\dot\alpha^2 + \frac{1}{2}m r^2\dot\theta^2 \ , \qquad (6.112)$$

il vient :

$$\frac{\partial T}{\partial \alpha} = 4m\ell^2\dot\alpha^2\sin\alpha\cos\alpha \ , \quad \frac{\partial T}{\partial \dot\alpha} = 4\left(\frac{M}{3} + m\sin^2\alpha\right)\ell^2\dot\alpha \ ,$$

$$\frac{d}{dt}\frac{\partial T}{\partial \dot\alpha} = 8m\ell^2\dot\alpha^2\sin\alpha\cos\alpha + 4\left(\frac{M}{3} + m\sin^2\alpha\right)\ell^2\ddot\alpha \ ,$$

$$\frac{\partial T}{\partial \theta} = 0 \ , \quad \frac{\partial T}{\partial \dot\theta} = m r^2\dot\theta \quad \text{et} \quad \frac{d}{dt}\frac{\partial T}{\partial \dot\theta} = m r^2\ddot\theta \ ,$$

ce qui conduit à

$$\boxed{\mathcal{A}_\Sigma^* = 4\ell^2\left[m\dot\alpha^2\sin\alpha\cos\alpha + \left(\frac{M}{3} + m\sin^2\alpha\right)\ddot\alpha\right]\dot\alpha^* + m r^2\ddot\theta\dot\theta^*} \ . \qquad (6.113)$$

▪ La puissance virtuelle des actions extérieures et intérieures au système $\Sigma = S_1 + S_2$ par rapport au repère $\mathcal{R}_0$ est donnée par

$$\mathcal{P}_\Sigma^* = \mathcal{P}^*(\text{ext} \to \Sigma/\mathcal{R}_0) + \mathcal{P}^*(S_1 \leftrightarrow S_2) \ ,$$

où la puissance virtuelle des efforts intérieurs au système $\Sigma$ est nulle, du fait que la liaison pivot au point C est parfaite et que le champ de vitesses virtuel est compatible avec cette liaison. Par suite,

$$\mathcal{P}_\Sigma^* = \mathcal{P}^*(\varpi \to S_1/\mathcal{R}_0) + \mathcal{P}^*(S_0 \to S_1/\mathcal{R}_0) + \mathcal{P}^*(\varpi \to S_2/\mathcal{R}_0) + \mathcal{P}^*(S_0 \to S_2/\mathcal{R}_0) \ ,$$

où la puissance virtuelle $\mathcal{P}^*(S_0 \to S_1/\mathcal{R}_0)$ est nulle du fait que la liaison est parfaite et que le champ de vitesses virtuel est compatible avec la liaison holonôme de contact au point A (ce qui n'est plus le cas au § VI-5.5. suivant).

Par suite, $\mathcal{P}_\Sigma^* = \vec{P}_1 \cdot \vec{V}^*(G_1/\mathcal{R}_0) + 0 + \vec{P}_2 \cdot \vec{V}^*(C_2/\mathcal{R}_0) + \vec{\mathcal{R}}_K \cdot \vec{V}^*(K_2/\mathcal{R}_0)$ ,

où les vitesses virtuelles $\vec{V}^*(C_2/\mathcal{R}_0)$ et $\vec{V}^*(K_2/\mathcal{R}_0)$ sont données par leurs expressions respectives (6.108) et (6.109) et où la vitesse virtuelle $\vec{V}^*(G_1/\mathcal{R}_0)$ est obtenue à partir de l'équation (6.81) en donnant à $\dot\alpha$ une valeur arbitraire $\dot\alpha^*$ :

$$\boxed{\vec{V}^*(G_1/\mathcal{R}_0) = -\ell\dot\alpha^*\sin\alpha\,\vec{e}_{x_0} - \ell\dot\alpha^*\cos\alpha\,\vec{e}_{y_0}} \ . \qquad (6.114)$$

La puissance virtuelle $\mathcal{P}_\Sigma^*$ s'écrit donc

$$\mathcal{P}_\Sigma^* = M g\ell\dot\alpha^*\cos\alpha + T_K\left(-2\ell\dot\alpha^*\sin\alpha + r\dot\theta^*\right) \ ,$$

soit

$$\boxed{\mathcal{P}_\Sigma^* = (M g\ell\cos\alpha - 2T_K\ell\sin\alpha)\dot\alpha^* + rT_K\dot\theta^*} \ . \qquad (6.115)$$

- Le Principe des Puissances Virtuelles s'écrit (voir § III-2.6.)

$$\mathcal{A}_\Sigma^* = \mathcal{P}_\Sigma^* \ , \ \forall \dot{\alpha}^*, \dot{\theta}^* \ ,$$

soit

$$4\ell^2\left[ m\dot{\alpha}^2 \sin\alpha\cos\alpha + \left(\frac{M}{3} + m\sin^2\alpha\right)\ddot{\alpha}\right]\dot{\alpha}^* + m r^2 \ddot{\theta}\dot{\theta}^*$$
$$= \left(M g \ell \cos\alpha - 2 T_K \ell \sin\alpha\right)\dot{\alpha}^* + r T_K \dot{\theta}^* \ , \ \forall \dot{\alpha}^*, \dot{\theta}^* \ ,$$

d'où, puisque $\dot{\alpha}^*$ et $\dot{\theta}^*$ sont indépendants,

$$\begin{cases} 4\ell^2\left[ m\dot{\alpha}^2 \sin\alpha\cos\alpha + \left(\frac{M}{3} + m\sin^2\alpha\right)\ddot{\alpha}\right] = \left(M g \ell \cos\alpha - 2 T_K \ell \sin\alpha\right), \\ m r^2 \ddot{\theta} = r T_K \ , \end{cases}$$

ce qui s'écrit encore

$$\boxed{\begin{cases} 4\ell\left[\left(\frac{M}{3} + m\sin^2\alpha\right)\dot{\alpha}\ddot{\alpha} + m\dot{\alpha}^2\sin\alpha\cos\alpha\right] = M g\cos\alpha - 2T_K \ell\sin\alpha \ , & (6.116\text{-a}) \\ T_K = m r \ddot{\theta} \ . & (6.116\text{-b}) \end{cases}}$$

L'équation (6.116-b) n'est autre que l'équation (6.78-c) obtenue après application du PFD au cerceau $S_2$, ou l'équation (6.98) provenant de l'application du TEC puis report d'une équation provenant du PFD, ou encore l'équation (6.111-b) provenant du PPV appliqué au cerceau $S_2$. L'équation (6.116-a) n'est autre, quant à elle, que l'équation (6.104-b) provenant à la fois de l'application du TEC au système $\Sigma$ et du report de l'équation (6.78-c). Là encore, il convient ici de noter que les équations (6.116) sont obtenues très facilement, et sont indépendantes des actions de liaisons parfaites.

L'ajout d'une condition de roulement sans glissement au point K, par exemple, issue de l'annulation de la vitesse $\vec{V}(K_2/\mathcal{R}_0)$ donnée par l'équation (6.95)

soit
$$-2\ell\dot{\alpha}\sin\alpha + r\dot{\theta} = 0 \ , \qquad (6.116\text{-c})$$
et son report dans le système (6.116) conduirait une équation du mouvement ne dépendant que de la variable $\alpha$.

## 5.5. Application du Principe des Puissances Virtuelles pour un champ de vitesses virtuel ne respectant pas la condition de contact au point A

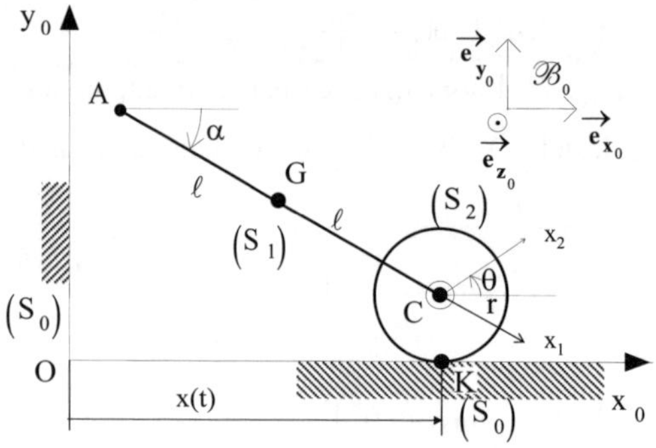


*Figure 6.9*

*a)* <u>*Paramètres de configuration*</u>

Les paramètres de configuration sont au nombre de trois : x, $\alpha$ et $\theta$ (figure 6.9). Ces trois paramètres vérifient la loi holonôme (6.105) de contact au point A, mais le champ de vitesses virtuel n'est pas compatible avec elle :

$$\dot{x}^* \neq -2\ell\dot{\alpha}^*\sin\alpha \ .$$

Ce choix de champ de vitesses virtuel, non compatible avec la liaison parfaite au point A va permettre d'obtenir une équation supplémentaire à celles déjà obtenues au § VI-5.4., en faisant intervenir l'action de liaison correspondante $\vec{F}_A = F_A \, \vec{e}_{x_0}$ dans les équations.

*b) Application du Principe des Puissances Virtuelles au cerceau* $S_2$

Le champ de vitesses virtuel restant compatible avec les liaisons aux points C et K, le PPV ne va pas apporter d'informations supplémentaires par rapport à celles déjà obtenues au § VI-5.4.

- La puissance virtuelle des quantités d'accélération est donnée par (équation (3.34), § III-2.4)

$$\mathcal{A}^*_{S_2} = \left(\frac{d}{dt}\frac{\partial T}{\partial \dot{x}} - \frac{\partial T}{\partial x}\right)\dot{x}^* + \left(\frac{d}{dt}\frac{\partial T}{\partial \dot{\alpha}} - \frac{\partial T}{\partial \alpha}\right)\dot{\alpha}^* + \left(\frac{d}{dt}\frac{\partial T}{\partial \dot{\theta}} - \frac{\partial T}{\partial \theta}\right)\dot{\theta}^* \ .$$

Il n'est ici plus possible de faire usage de l'expression (6.92) de l'énergie cinétique $T = T(S_2/\mathcal{R}_0)$ : il faut utiliser une expression des vitesses, notamment celles de $\vec{V}(C_2/\mathcal{R}_0)$ et $\vec{V}(K_2/\mathcal{R}_0)$, qui fasse intervenir le paramètre de configuration x et sa dérivée par rapport au temps $\dot{x}$.

✓ Vecteur position : $\overrightarrow{OC} = x\,\vec{e}_{x_0} + r\,\vec{e}_{y_0}$

✓ Vecteur vitesse :
$$\vec{V}(C_2/\mathcal{R}_0) = \left(\frac{d\overrightarrow{OC}}{dt}\right)_{/\mathcal{B}_0} = \dot{x}\,\vec{e}_{x_0} \ . \qquad (6.117\text{-a})$$

La vitesse virtuelle correspondante est obtenue en donnant à $\dot{x}$ une valeur arbitraire $\dot{x}^*$,
soit
$$\boxed{\vec{V}^*(C_2/\mathcal{R}_0) = \dot{x}^*\,\vec{e}_{x_0}} \ . \qquad (6.117\text{-b})$$

✓ Le champ de vitesses virtuelles devant respecter le caractère solide du cerceau $S_2$, la vitesse virtuelle du point $K_2$ par rapport au repère $\mathcal{R}_0$ est obtenue en faisant usage de la formule de distribution des vitesses :

$$\vec{V}^*(K_2/\mathcal{R}_0) = \vec{V}^*(C_2/\mathcal{R}_0) + \vec{\Omega}^*(\mathcal{B}_2/\mathcal{B}_0)\wedge\overrightarrow{CK} \ ,$$

soit
$$\vec{V}^*(K_2/\mathcal{R}_0) = \dot{x}^*\,\vec{e}_{x_0} + \dot{\theta}^*\vec{e}_{z_0}\wedge\left(-r\,\vec{e}_{y_0}\right) \ ,$$

d'où
$$\boxed{\vec{V}^*(K_2/\mathcal{R}_0) = \left(\dot{x}^* + r\,\dot{\theta}^*\right)\vec{e}_{x_0}} \ . \qquad (6.118)$$

✓ L'énergie cinétique du cerceau $S_2$ par rapport au repère $\mathcal{R}_0$ est donnée par

$$T(S_2/\mathcal{R}_0) = \frac{1}{2}m\left[\vec{V}(C/\mathcal{R}_0)\right]^2 + \frac{1}{2}\vec{\Omega}(\mathcal{B}_2/\mathcal{B}_0)\cdot\mathcal{I}_C(S_2)\left\{\vec{\Omega}(\mathcal{B}_2/\mathcal{B}_0)\right\} \ ,$$

soit, en faisant usage des expressions (6.117-a), (6.71), (6.76) et (6.74) respectivement des vitesse, vecteur rotation, opérateur d'inertie et moment d'inertie,

$$\boxed{T = T(S_2/\mathcal{R}_0) = \frac{1}{2}m\dot{x}^2 + \frac{1}{2}mr^2\dot{\theta}^2} \ . \qquad (6.119)$$

Il vient alors :

$$\frac{\partial T}{\partial x} = 0 \ , \quad \frac{\partial T}{\partial \dot{x}} = m\dot{x} \quad \text{et} \quad \frac{d}{dt}\frac{\partial T}{\partial \dot{x}} = m\ddot{x} \ ,$$

$$\frac{\partial T}{\partial \alpha} = 0 \ , \quad \frac{\partial T}{\partial \dot{\alpha}} = 0 \quad \text{et} \quad \frac{d}{dt}\frac{\partial T}{\partial \dot{\alpha}} = 0 \ ,$$

$$\frac{\partial T}{\partial \theta}=0 \quad , \quad \frac{\partial T}{\partial \dot\theta}=m r^2 \dot\theta \quad \text{et} \quad \frac{d}{dt}\frac{\partial T}{\partial \dot\theta}=m r^2 \ddot\theta \ ,$$

ce qui conduit à

$$\boxed{\mathscr{A}^*_{S_2}=m\ddot x \dot x^* + m r^2 \ddot\theta\dot\theta^*} \ . \tag{6.120}$$

▪ La puissance virtuelle des actions extérieures exercées sur le cerceau $S_2$ par rapport au repère $\mathscr{R}_0$ est donnée par

$$\mathscr{P}^*_{S_2}=\mathscr{P}^*(\text{ext}\to S_2/\mathscr{R}_0)=\mathscr{P}^*(\varpi\to S_2/\mathscr{R}_0)+\mathscr{P}^*(S_0\to S_2/\mathscr{R}_0)+\mathscr{P}^*(S_1\to S_2/\mathscr{R}_0) \ ,$$

soit

$$\mathscr{P}^*_{S_2}=\vec P_2\cdot\vec V^*(C_2/\mathscr{R}_0)+\overrightarrow{\mathfrak{R}_K}\cdot\vec V^*(K_2/\mathscr{R}_0)+\overrightarrow{\mathfrak{R}_C}\cdot\vec V^*(C_2/\mathscr{R}_0) \ ,$$

où les vitesses virtuelles $\vec V^*(C_2/\mathscr{R}_0)$ et $\vec V^*(K_2/\mathscr{R}_0)$ sont celles données par leurs expressions (6.117-b) et (6.118).

Par suite, la puissance virtuelle $\mathscr{P}^*_{S_2}$ est donnée par

$$\mathscr{P}^*_{S_2}=T_K\left(\dot x^*+r\dot\theta^*\right)+X_C\,\dot x^* \ ,$$

soit

$$\boxed{\mathscr{P}^*_{S_2}=\left(T_K+X_C\right)\dot x^*+r\,T_K\,\dot\theta^*} \ . \tag{6.121}$$

▪ Le Principe des Puissances Virtuelles s'écrit (voir § III-2.6.)

$$\mathscr{A}^*_{S_2}=\mathscr{P}^*_{S_2} \ , \ \forall \dot x^*,\dot\alpha^*,\dot\theta^* \ ,$$

soit

$$m\ddot x\dot x^*+m r^2\ddot\theta\dot\theta^*=\left(T_K+X_C\right)\dot x^*+r T_K\,\dot\theta^* \ , \ \forall\ \dot x^*,\dot\alpha^*,\dot\theta^* \ ,$$

d'où, puisque $\dot x^*$, $\dot\alpha^*$ et $\dot\theta^*$ sont indépendants,

$$\boxed{\begin{cases} m\ddot x = T_K + X_C \ , & (6.122\text{-a})\\ m r^2\ddot\theta = r T_K \ , & (6.122\text{-b})\end{cases}}$$

équations auxquelles il faut joindre la dérivée seconde par rapport au temps de la condition holonôme de contact (6.105) au point A :

$$\dot x=-2\ell\dot\alpha \ , \tag{6.123-a}$$

et

$$\ddot x=-2\ell\left(\ddot\alpha\sin\alpha+\dot\alpha^2\cos\alpha\right) \ . \tag{6.123-b}$$

Le report de l'équation (6.123-b) dans la relation (6.122-a) n'est autre que l'équation (6.111-a) déjà obtenue au § VI-5.4.

*c) Application du Principe des Puissances Virtuelles au système* $\Sigma=S_1+S_2$

▪ Vecteurs position :

$$\overrightarrow{OG}=(x-\ell\cos\alpha)\vec e_{x_0}+(r-\ell\sin\alpha)\vec e_{y_0} \ ,$$

et

$$\overrightarrow{OA}=(x-2\ell\cos\alpha)\vec e_{x_0}+(r-2\ell\sin\alpha)\vec e_{y_0} \ .$$

▪ Vecteurs vitesse (réels) des points G et A par rapport au repère $\mathscr{R}_0$

$$\vec V(G/\mathscr{R}_0)=\left(\frac{d\overrightarrow{OG}}{dt}\right)_{/\mathscr{B}_0}\ \underset{\mathscr{B}_0}{=}\ \begin{vmatrix}\dot x+\ell\dot\alpha\sin\alpha\\ -\ell\dot\alpha\cos\alpha\\ 0\end{vmatrix} \ . \tag{6.124-a}$$

et

$$\vec V(A/\mathscr{R}_0)=\left(\frac{d\overrightarrow{OA}}{dt}\right)_{/\mathscr{B}_0}\ \underset{\mathscr{B}_0}{=}\ \begin{vmatrix}\dot x+2\ell\dot\alpha\sin\alpha\\ -2\ell\dot\alpha\cos\alpha\\ 0\end{vmatrix} \ . \tag{6.124-b}$$

▪ Vecteurs vitesse virtuels des points G et A par rapport au repère $\mathcal{R}_0$

Les vitesses virtuelles sont obtenues en donnant à $\dot{x}$ et à $\dot{\alpha}$ des valeurs arbitraires notées $\dot{x}^*$ et $\dot{\alpha}^*$ (voir § III-2.2. et III-2.5.2.) :

$$\vec{V}^*(G/\mathcal{R}_0) = \begin{vmatrix} \dot{x}^* + \ell\dot{\alpha}^*\sin\alpha \\ -\ell\dot{\alpha}^*\cos\alpha \\ 0 \end{vmatrix}_{\mathcal{B}_0} , \tag{6.125-a}$$

et

$$\vec{V}^*(A/\mathcal{R}_0) = \begin{vmatrix} \dot{x}^* + 2\ell\dot{\alpha}^*\sin\alpha \\ -2\ell\dot{\alpha}^*\cos\alpha \\ 0 \end{vmatrix}_{\mathcal{B}_0} . \tag{6.125-b}$$

▪ L'énergie cinétique du système $\Sigma$ par rapport au repère $\mathcal{R}_0$ est la somme des énergies cinétiques de chacun des solides :

$$T(\Sigma/\mathcal{R}_0) = T(S_1/\mathcal{R}_0) + T(S_2/\mathcal{R}_0) ,$$

où $T(S_2/\mathcal{R}_0)$ est donnée par l'équation (6.119). L'énergie cinétique $T(S_1/\mathcal{R}_0)$ est donnée par

$$T(S_1/\mathcal{R}_0) = \frac{1}{2}M\left[\vec{V}(G/\mathcal{R}_0)\right]^2 + \frac{1}{2}\vec{\Omega}(\mathcal{B}_1/\mathcal{B}_0)\cdot\mathcal{I}_G(S_1)\left\{\vec{\Omega}(\mathcal{B}_1/\mathcal{B}_0)\right\} ,$$

soit, en faisant usage des expressions (6.124-a), (6.80), (6.86) et (6.84) respectivement des vecteur vitesse, vecteur rotation, opérateur d'inertie et moment d'inertie,

$$T(S_1/\mathcal{R}_0) = \frac{1}{2}M\left[(\dot{x} + \ell\dot{\alpha}\sin\alpha)^2 + (\ell\dot{\alpha}\cos\alpha)^2\right] + \frac{1}{2}\frac{M\ell^2}{3}\dot{\alpha}^2 ,$$

d'où

$$\boxed{T(S_1/\mathcal{R}_0) = \frac{1}{2}M\dot{x}^2 + M\ell\dot{x}\dot{\alpha}\sin\alpha + \frac{2}{3}M\ell^2\dot{\alpha}^2} .$$

L'énergie cinétique du système $\Sigma$ est finalement donnée par

$$\boxed{T(\Sigma/\mathcal{R}_0) = \frac{1}{2}(M+m)\dot{x}^2 + M\ell\dot{x}\dot{\alpha}\sin\alpha + \frac{2}{3}M\ell^2\dot{\alpha}^2 + \frac{1}{2}mr^2\dot{\theta}^2} . \tag{6.126}$$

▪ La puissance virtuelle des quantités d'accélération est donnée par (équation (3.34), § III-2.4)

$$\mathcal{A}^*_\Sigma = \left(\frac{d}{dt}\frac{\partial T}{\partial\dot{x}} - \frac{\partial T}{\partial x}\right)\dot{x}^* + \left(\frac{d}{dt}\frac{\partial T}{\partial\dot{\alpha}} - \frac{\partial T}{\partial\alpha}\right)\dot{\alpha}^* + \left(\frac{d}{dt}\frac{\partial T}{\partial\dot{\theta}} - \frac{\partial T}{\partial\theta}\right)\dot{\theta}^* .$$

En faisant usage de l'expression (6.126) de l'énergie cinétique $T = T(\Sigma/\mathcal{R}_0)$, il vient

$$\frac{\partial T}{\partial x} = 0 \quad , \quad \frac{\partial T}{\partial\dot{x}} = (M+m)\dot{x} + M\ell\dot{\alpha}\sin\alpha ,$$

$$\frac{d}{dt}\frac{\partial T}{\partial\dot{x}} = (M+m)\ddot{x} + M\ell\left(\ddot{\alpha}\sin\alpha + \dot{\alpha}^2\cos\alpha\right) ,$$

$$\frac{\partial T}{\partial\alpha} = M\ell\dot{x}\dot{\alpha}\cos\alpha \quad , \quad \frac{\partial T}{\partial\dot{\alpha}} = M\ell\dot{x}\sin\alpha + \frac{4}{3}M\ell^2\dot{\alpha} ,$$

$$\frac{d}{dt}\frac{\partial T}{\partial\dot{\alpha}} = M\ell(\ddot{x}\sin\alpha + \dot{x}\dot{\alpha}\cos\alpha) + \frac{4}{3}M\ell^2\ddot{\alpha} ,$$

$$\frac{\partial T}{\partial\theta} = 0 \quad , \quad \frac{\partial T}{\partial\dot{\theta}} = mr^2\dot{\theta} \quad \text{et} \quad \frac{d}{dt}\frac{\partial T}{\partial\dot{\theta}} = mr^2\ddot{\theta} ,$$

ce qui conduit à

$$\boxed{\mathcal{A}_\Sigma^* = \left[(M+m)\ddot{x} + M\ell\left(\ddot{\alpha}\sin\alpha + \dot{\alpha}^2\cos\alpha\right)\right]\dot{x}^* + \left[M\ell\ddot{x}\sin\alpha + \frac{4}{3}M\ell^2\ddot{\alpha}\right]\dot{\alpha}^* + m r^2\ddot{\theta}\dot{\theta}^*} \; . \tag{6.127}$$

▪ La puissance virtuelle des actions extérieures et intérieures au système $\Sigma = S_1 + S_2$ par rapport au repère $\mathcal{R}_0$ est donnée par

$$\mathcal{P}_\Sigma^* = \mathcal{P}^*\left(\text{ext} \to \Sigma/\mathcal{R}_0\right) + \mathcal{P}^*\left(S_1 \leftrightarrow S_2\right) \; ,$$

où la puissance virtuelle des efforts intérieurs au système $\Sigma$ est nulle, du fait que la liaison pivot au point C est parfaite et que le champ de vitesses virtuel est compatible avec cette liaison. Par suite,

$$\mathcal{P}_\Sigma^* = \mathcal{P}^*\left(\varpi \to S_1/\mathcal{R}_0\right) + \mathcal{P}^*\left(S_0 \to S_1/\mathcal{R}_0\right) + \mathcal{P}^*\left(\varpi \to S_2/\mathcal{R}_0\right) + \mathcal{P}^*\left(S_0 \to S_2/\mathcal{R}_0\right) \; ,$$

où la puissance virtuelle $\mathcal{P}^*\left(S_0 \to S_1/\mathcal{R}_0\right)$ n'est pas nulle (comme elle l'était au § VI-5.4. précédent), bien que la liaison soit parfaite, car le champ de vitesses virtuel n'est pas compatible avec la liaison holonôme de contact au point A .
Par suite,

$$\mathcal{P}_\Sigma^* = \vec{P}_1 \cdot \vec{V}^*\left(G_1/\mathcal{R}_0\right) + \vec{F}_A \cdot \vec{V}^*\left(A_1/\mathcal{R}_0\right) + \vec{P}_2 \cdot \vec{V}^*\left(C_2/\mathcal{R}_0\right) + \vec{\mathcal{R}}_K \cdot \vec{V}^*\left(K_2/\mathcal{R}_0\right) \; ,$$

où les vitesses virtuelles $\vec{V}^*\left(G_1/\mathcal{R}_0\right)$, $\vec{V}^*\left(A_1/\mathcal{R}_0\right)$, $\vec{V}^*\left(C_2/\mathcal{R}_0\right)$ et $\vec{V}^*\left(K_2/\mathcal{R}_0\right)$ sont données par leurs expressions respectives (6.125-a), (6.125-b), (6.117-b) et (6.118).

La puissance virtuelle $\mathcal{P}_\Sigma^*$ s'écrit donc

$$\mathcal{P}_\Sigma^* = M g \ell \dot{\alpha}^* \cos\alpha + F_A\left(\dot{x}^* + 2\ell\dot{\alpha}^*\sin\alpha\right) + T_K\left(\dot{x}^* + r\dot{\theta}^*\right) \; ,$$

soit

$$\boxed{\mathcal{P}_\Sigma^* = \left(F_A + T_K\right)\dot{x}^* + \left(M g\cos\alpha + 2F_A\sin\alpha\right)\ell\dot{\alpha}^* + r T_K\dot{\theta}^*} \; . \tag{6.128}$$

▪ Le Principe des Puissances Virtuelles s'écrit (voir § III-2.6.)

$$\mathcal{A}_\Sigma^* = \mathcal{P}_\Sigma^* \; , \; \forall \; \dot{x}^*, \dot{\alpha}^*, \dot{\theta}^* \; ,$$

soit

$$\left[(M+m)\ddot{x} + M\ell\left(\ddot{\alpha}\sin\alpha + \dot{\alpha}^2\cos\alpha\right)\right]\dot{x}^* + \left[M\ell\ddot{x}\sin\alpha + \frac{4}{3}M\ell^2\ddot{\alpha}\right]\dot{\alpha}^* + m r^2\ddot{\theta}\dot{\theta}^*$$
$$= \left(F_A + T_K\right)\dot{x}^* + \left(M g\cos\alpha + 2F_A\sin\alpha\right)\ell\dot{\alpha}^* + r T_K\dot{\theta}^* \; , \; \forall \; \dot{x}^*, \dot{\alpha}^*, \dot{\theta}^* \; ,$$

d'où, puisque $\dot{x}^*$, $\dot{\alpha}^*$ et $\dot{\theta}^*$ sont indépendants,

$$\begin{cases} (M+m)\ddot{x} + M\ell\left(\ddot{\alpha}\sin\alpha + \dot{\alpha}^2\cos\alpha\right) = F_A + T_K \, , \\ M\ell\ddot{x}\sin\alpha + \frac{4}{3}M\ell^2\ddot{\alpha} = \left(M g\cos\alpha + 2F_A\sin\alpha\right)\ell \, , \\ m r^2\ddot{\theta} = r T_K \, , \end{cases}$$

ou encore

$$\boxed{\begin{cases} (M+m)\ddot{x} + M\ell\left(\ddot{\alpha}\sin\alpha + \dot{\alpha}^2\cos\alpha\right) = F_A + T_K \, , & \text{(6.129-a)} \\ M\ddot{x}\sin\alpha + \frac{4}{3}M\ell\ddot{\alpha} = M g\cos\alpha + 2F_A\sin\alpha \, , & \text{(6.129-b)} \\ m r\ddot{\theta} = T_K \, , & \text{(6.129-c)} \end{cases}}$$

équations auxquelles il faut joindre la relation (6.123-b), dérivée seconde par rapport au temps de la condition holonôme de contact (6.105) au point A , soit $\ddot{x} = -2\ell\left(\ddot{\alpha}\sin\alpha + \dot{\alpha}^2\cos\alpha\right)$.

✓ L'équation (6.129-c) n'est autre que l'équation (6.78-c) obtenue après application du PFD au cerceau $S_2$, ou l'équation (6.98) provenant de l'application du TEC puis report d'une équation provenant du PFD, ou encore l'équation (6.111-b) provenant du PPV appliqué au cerceau $S_2$.
✓ Le report de la relation (6.123-b) dans l'équation (6.129-a) conduit à l'équation (6.91-a) provenant de l'application du PFD au système $\Sigma$ pour les résultantes.
✓ La soustraction, membre à membre, de l'équation (6.129-a) multipliée par $r$ et de l'équation (6.129-b) multipliée par $\ell$, puis le report des relations (6.123-b) et (6.129-c) dans cette soustraction, conduit à l'équation (6.91-c) provenant de l'application du PFD.

### 5.6. Introduction d'un multiplicateur de Lagrange

*a) Condition non holonôme*

La dérivée seconde par rapport au temps de la condition holonôme de contact (6.105) au point $A$ conduit à la relation (6.123-a) déjà écrite au § VI-5.5. :

$$\dot{x} + 2\ell\dot{\alpha}\sin\alpha = 0 \quad , \tag{6.130}$$

qui devient alors une condition non holonôme (ou plutôt semi-holonôme, voir § II-2.5.).

Un champ de vitesses virtuel compatible avec la liaison holonôme au point $A$ doit donc vérifier cette condition non holonôme, pour des valeurs arbitraires $\dot{x}^*$ et $\dot{\alpha}^*$ données aux dérivées $\dot{x}$ et $\dot{\alpha}$ :

$$\boxed{\dot{x}^* + 2\ell\dot{\alpha}^*\sin\alpha = 0} \; . \tag{6.131}$$

*b) Application du Principe des Puissances Virtuelles au système* $\Sigma = S_1 + S_2$

- L'expression (6.127) de la puissance des quantités d'accélération s'écrit :

$$\boxed{\mathcal{A}_\Sigma^* = \left[(M+m)\ddot{x} + M\ell\left(\ddot{\alpha}\sin\alpha + \dot{\alpha}^2\cos\alpha\right)\right]\dot{x}^* + \left[M\ell\ddot{x}\sin\alpha + \frac{4}{3}M\ell^2\ddot{\alpha}\right]\dot{\alpha}^* + m r^2\ddot{\theta}\dot{\theta}^*} \; . \tag{6.132-a}$$

- La puissance virtuelle des actions extérieures et intérieures au système $\Sigma = S_1 + S_2$ par rapport au repère $\mathcal{R}_0$ est calculée de la même manière qu'au § VI-5.5. :

$$\mathcal{P}_\Sigma^* = \mathcal{P}^*\left(\text{ext} \to \Sigma / \mathcal{R}_0\right) + \mathcal{P}^*\left(S_1 \leftrightarrow S_2\right) \; ,$$

soit

$$\mathcal{P}_\Sigma^* = \mathcal{P}^*\left(\varpi \to S_1 / \mathcal{R}_0\right) + \mathcal{P}^*\left(S_0 \to S_1 / \mathcal{R}_0\right) + \mathcal{P}^*\left(\varpi \to S_2 / \mathcal{R}_0\right) + \mathcal{P}^*\left(S_0 \to S_2 / \mathcal{R}_0\right) + \mathcal{P}^*\left(S_1 \leftrightarrow S_2\right),$$

où la puissance virtuelle des efforts intérieurs au système $\Sigma$ est nulle, du fait que la liaison pivot au point $C$ est parfaite et que le champ de vitesses virtuel est compatible avec cette liaison. En revanche, contrairement au cas du § VI-5.5., le champ de vitesses virtuel étant compatible avec la liaison sans frottements au point $A$, la puissance virtuelle $\mathcal{P}^*\left(S_0 \to S_1 / \mathcal{R}_0\right)$ est nulle. Par suite,

$$\mathcal{P}_\Sigma^* = \vec{P}_1 \cdot \vec{V}^*\left(G_1 / \mathcal{R}_0\right) + \vec{P}_2 \cdot \vec{V}^*\left(C_2 / \mathcal{R}_0\right) + \vec{\mathcal{R}}_K \cdot \vec{V}^*\left(K_2 / \mathcal{R}_0\right) \; ,$$

où les vitesses virtuelles $\vec{V}^*\left(G_1 / \mathcal{R}_0\right)$, $\vec{V}^*\left(C_2 / \mathcal{R}_0\right)$ et $\vec{V}^*\left(K_2 / \mathcal{R}_0\right)$ sont données par leurs expressions respectives (6.125-a), (6.117-b) et (6.118).

La puissance virtuelle $\mathscr{P}_\Sigma^*$ s'écrit donc

$$\mathscr{P}_\Sigma^* = M g \ell \dot{\alpha}^* \cos\alpha + T_K \left(\dot{x}^* + r\dot{\theta}^*\right) \ ,$$

soit

$$\boxed{\mathscr{P}_\Sigma^* = T_K \dot{x}^* + M g \ell \dot{\alpha}^* \cos\alpha + r T_K \dot{\theta}^*} \ . \qquad (6.132\text{-b})$$

▪ Le Principe des Puissances Virtuelles s'écrit (voir § III-2.6.)

$$\mathscr{A}_\Sigma^* = \mathscr{P}_\Sigma^* \ , \ \forall \ \dot{x}^*, \dot{\alpha}^*, \dot{\theta}^* \ ,$$

soit

$$\left[(M+m)\ddot{x} + M\ell\left(\ddot{\alpha}\sin\alpha + \dot{\alpha}^2\cos\alpha\right)\right]\dot{x}^* + \left[M\ell\ddot{x}\sin\alpha + \frac{4}{3}M\ell^2\ddot{\alpha}\right]\dot{\alpha}^* + m r^2 \ddot{\theta}\dot{\theta}^* \qquad (6.133)$$

$$= T_K \dot{x}^* + M g \ell \dot{\alpha}^* \cos\alpha + r T_K \dot{\theta}^* \ , \ \forall \ \dot{x}^*, \dot{\alpha}^*, \dot{\theta}^* \ .$$

Ici, les paramètres $\dot{x}^*$, $\dot{\alpha}^*$ et $\dot{\theta}^*$ ne sont plus indépendants puisqu'ils vérifient la condition non-holonôme (6.131)

$$\dot{x}^* + 2\ell\dot{\alpha}^* \sin\alpha = 0 \ . \qquad (6.131)$$

Par suite, il n'est plus possible d'égaler, terme à terme, les coefficients des $\dot{x}^*$, $\dot{\alpha}^*$ et $\dot{\theta}^*$ des deux membres de l'équation (6.133), et il convient d'introduire un multiplicateur de Lagrange (voir § IV-1.3.), noté $\lambda$.

⚠ L'erreur à <u>ne pas commettre</u> à ce stade est de remplacer $\dot{x}^*$ par $-2\ell\dot{\alpha}^*\sin\alpha$ dans la relation (6.133).

L'interprétation vectorielle des équations de Lagrange (voir § IV-1.3.2.) conduit, en posant

$$\vec{\ell} = \left[(M+m)\ddot{x} + M\ell\left(\ddot{\alpha}\sin\alpha + \dot{\alpha}^2\cos\alpha\right) - T_K\right]\vec{e}_1$$
$$+ \left[M\ell\ddot{x}\sin\alpha + \frac{4}{3}M\ell^2\ddot{\alpha} - M g \ell\cos\alpha\right]\vec{e}_2 + \left(m r^2\ddot{\theta} - r T_K\right)\vec{e}_3 \ , \qquad (6.134\text{-a})$$

$$\vec{q} = \dot{x}^*\vec{e}_1 + \dot{\alpha}^*\vec{e}_2 + \dot{\theta}^*\vec{e}_3 \ , \qquad (6.134\text{-b})$$

et

$$\vec{A} = \vec{e}_1 + 2\ell\sin\alpha\,\vec{e}_2 \ , \qquad (6.134\text{-c})$$

(où $\mathscr{B} = \left(\vec{e}_1, \vec{e}_2, \vec{e}_3\right)$ est la base canonique de $\mathbb{R}^3$)

à écrire l'équation (6.133) sous la forme

$$\vec{\ell}\cdot\vec{q}^* = 0 \ , \qquad (6.135\text{-a})$$

pour tous les vecteurs $\vec{q}^*$ vérifiant la relation (6.131),

soit

$$\vec{A}\cdot\vec{q}^* = 0 \ . \qquad (6.135\text{-b})$$

De même qu'au § VI-3.2., l'ensemble des vecteurs $\vec{q}^*$ tels que $\vec{A}\cdot\vec{q}^* = 0$ est le plan perpendiculaire au vecteur $\vec{A}$ dans l'espace $\mathbb{R}^3$. Le vecteur $\vec{\ell}$ est donc perpendiculaire à tous les vecteurs $\vec{q}^*$ de ce plan, ce qui implique que $\vec{\ell}$ est colinéaire à $\vec{A}$.

Par suite, il existe un scalaire $\lambda$, appelé multiplicateur de Lagrange, tel que

$$\vec{\ell} = \lambda\vec{A} \ , \qquad (6.136)$$

soit

$$\left[(M+m)\ddot{x} + M\ell\left(\ddot{\alpha}\sin\alpha + \dot{\alpha}^2\cos\alpha\right) - T_K\right]\vec{e}_1$$
$$+ \left[M\ell\ddot{x}\sin\alpha + \frac{4}{3}M\ell^2\ddot{\alpha} - M g \ell\cos\alpha\right]\vec{e}_2 + \left(m r^2\ddot{\theta} - r T_K\right)\vec{e}_3$$
$$= \lambda\left(\vec{e}_1 + 2\ell\sin\alpha\,\vec{e}_2\right),$$

ou encore

$$\begin{cases} (M+m)\ddot{x}+M\ell\left(\ddot{\alpha}\sin\alpha+\dot{\alpha}^2\cos\alpha\right)-T_K=\lambda, & (6.137\text{-a}) \\ M\ell\ddot{x}\sin\alpha+\frac{4}{3}M\ell^2\ddot{\alpha}-Mg\ell\cos\alpha=2\lambda\ell\sin\alpha, & (6.137\text{-b}) \\ mr^2\ddot{\theta}-rT_K=0, & (6.137\text{-c}) \end{cases}$$

équations auxquelles il convient de joindre, pour résoudre complètement le problème, la condition holonôme de contact (6.46) :

$$\boxed{x=2\ell\cos\alpha}\ . \qquad (6.137\text{-d})$$

La comparaison des équations (6.137) et (6.129) conduit à

$$\boxed{\lambda=F_A}\ . \qquad (6.138)$$

Remarque. Les équations (6.137) peuvent également s'obtenir par application directe des équations (4.49) écrites au § IV-1.3.4.,

soit
$$\frac{d}{dt}\frac{\partial T}{\partial \dot{q}_i}-\frac{\partial T}{\partial q_i}=Q_i+\sum_{k=1}^{p}\lambda_k a_{ki}\ , \quad i=1,\ldots,n\ ,$$

avec
$$Q_x=\frac{\partial \mathscr{P}_\Sigma^*}{\partial \dot{x}^*}=T_K\,,\ Q_\alpha=\frac{\partial \mathscr{P}_\Sigma^*}{\partial \dot{\alpha}^*}=Mg\ell\cos\alpha\,,\ Q_\theta=\frac{\partial \mathscr{P}_\Sigma^*}{\partial \dot{\theta}^*}=rT_K\,,$$

$a_{11}=1$, $a_{12}=2\ell\sin\alpha$ et $a_{13}=0$.

# 6. TOUPIE SYMETRIQUE (MOUVEMENT DE LAGRANGE-POISSON)

La toupie symétrique (S) de la figure 6.10 de masse $m$ est en liaison rotule sans frottements avec un bâti $(S_0)$ autour du point O. Son centre de masse G est situé à une distance $a$ du point O. Elle est soumise au champ de pesanteur terrestre $\vec{g} = -g\,\vec{e}_{z_0}$.

Le mouvement général de (S) peut être vu comme composé de trois mouvements de rotations autour d'une droite, la variation au cours du temps des angles d'Euler $\Psi$, $\theta$ et $\varphi$, définissant respectivement les mouvements de précession, de nutation et de rotation propre caractérise le mouvement de (S).
Les quatre repères suivants sont alors introduits :

- repère fixe $\mathscr{R}_0 = (O, \vec{e}_{x_0}, \vec{e}_{y_0}, \vec{e}_{z_0}) = (O, \mathscr{B}_0)$ lié au bâti $(S_0)$ et supposé galiléen,
- repère intermédiaire $\mathscr{R}_1 = (O, \vec{e}_{x_1}, \vec{e}_{y_1}, \vec{e}_{z_0}) = (O, \mathscr{B}_1)$, (figure 6.11-a),
- repère intermédiaire $\mathscr{R}_2 = (O, \vec{e}_{x_1}, \vec{e}_{y_2}, \vec{e}_{z_2}) = (O, \mathscr{B}_2)$, (figure 6.11-b),
- repère $\mathscr{R}_3 = (O, \vec{e}_{x_3}, \vec{e}_{y_3}, \vec{e}_{z_2}) = (O, \mathscr{B}_3)$ lié au solide (S), (figure 6.11-c),

avec $\Psi = (\vec{e}_{x_0}, \vec{e}_{x_1})$, $\theta = (\vec{e}_{y_1}, \vec{e}_{y_2})$ et $\varphi = (\vec{e}_{x_1}, \vec{e}_{x_2})$.

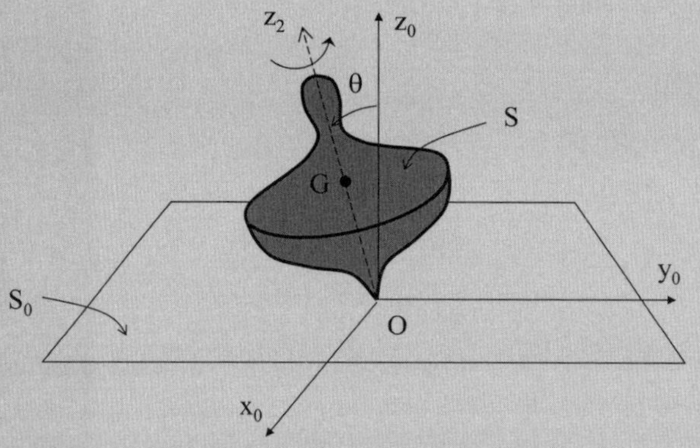


*Figure 6.10 : Toupie symétrique*

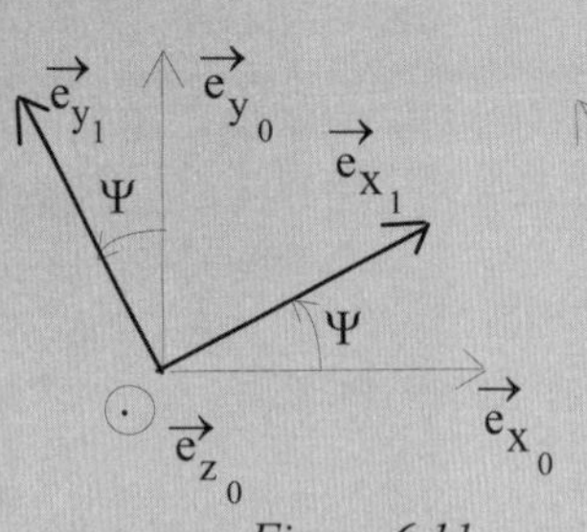

*Figure 6.11-a*
bases $\mathscr{B}_0$ et $\mathscr{B}_1$

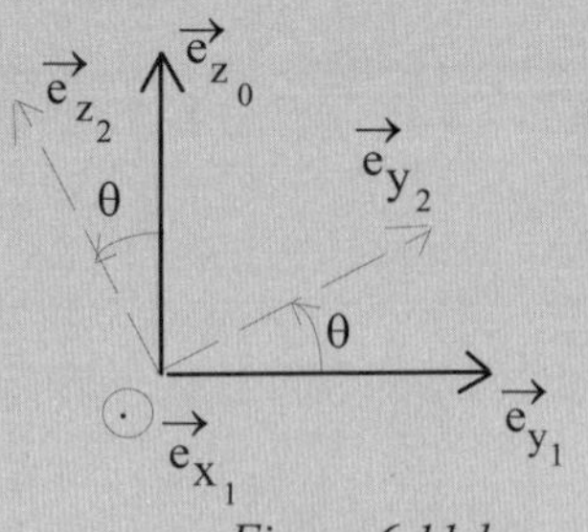

*Figure 6.11-b*
bases $\mathscr{B}_1$ et $\mathscr{B}_2$

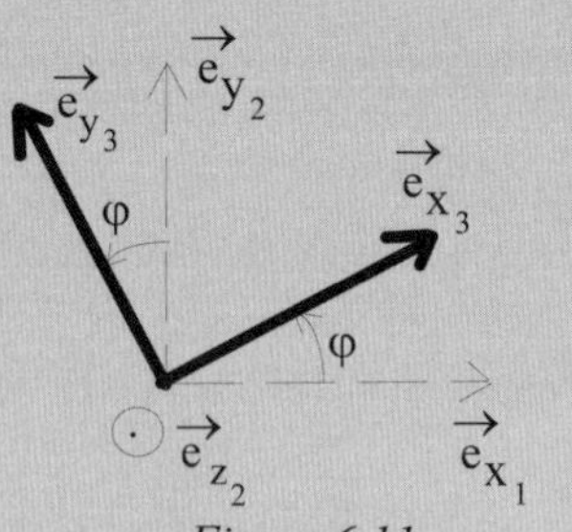

*Figure 6.11-c*
bases $\mathscr{B}_2$ et $\mathscr{B}_3$

L'opérateur d'inertie au point O de la toupie (S), exprimée dans la base $\mathscr{B}_3$ (base principale d'inertie) est de la forme suivante :

$$\left.\begin{array}{c}\mathcal{I}_O(S)\\ \\ \mathcal{B}_3\end{array}\right| = \begin{bmatrix} A & 0 & 0 \\ 0 & B & 0 \\ 0 & 0 & C \end{bmatrix} ,$$

où A , B et C désignent les moments d'inertie de la toupie par rapport aux axes respectifs $(O x_3)$, $(O y_3)$ et $(O z_2)$ avec, en raison de la symétrie autour de l'axe $(O z_2)$, $A = B$ .

Ecrire les équations du mouvement de la toupie par application
**6.1.** du Principe des Puissances Virtuelles,
**6.2.** du Principe Variationnel de Hamilton.

## 6.1. Utilisation du Principe des Puissances Virtuelles

*a) Paramètre(s) de configuration du système*

Les trois paramètres de configuration du système sont les trois angles d'Euler (voir Annexe A1) : $\psi$, $\theta$ et $\varphi$.

*b) Inventaire des actions mécaniques extérieures exercées sur la toupie* S

- Action de la gravité : $\{\varpi \to S\} = (G, \vec{P})$ avec $\vec{P} = -m g \vec{e}_{z_0} = -m g (\sin\theta \vec{e}_{y_2} + \cos\theta \vec{e}_{z_2})$.

- Action du bâti $S_0$ sur la toupie S (liaison rotule sans frottement) :

$$\{S_0 \to S\} = \left\{\begin{array}{cc} X_O & 0 \\ Y_O & 0 \\ Z_O & 0 \end{array}\right\}_{O,\ \mathcal{B}_2} = \left(O, \vec{\mathcal{R}}_O\right) \quad \text{(voir chapitre II, § II-1.1.).}$$

*c) Torseur distributeur des vitesses (réel) du mouvement de* S *par rapport à* $S_0$.

- Vecteur rotation associé au mouvement de $\mathcal{B}_3$ par rapport à $\mathcal{B}_0$

$$\vec{\Omega}(\mathcal{B}_3 / \mathcal{B}_0) = \dot{\psi} \vec{e}_{z_0} + \dot{\theta} \vec{e}_{x_1} + \dot{\varphi} \vec{e}_{z_2} , \tag{6.139-a}$$

soit, en projection sur les vecteurs de la base $\mathcal{B}_2$ :

$$\vec{\Omega}(\mathcal{B}_3 / \mathcal{B}_0) = \left.\begin{array}{c} \\ \\ \mathcal{B}_2 \end{array}\right| \begin{array}{c} \dot{\theta} \\ \dot{\psi} \sin\theta \\ \dot{\varphi} + \dot{\psi}\cos\theta \end{array} . \tag{6.139-b}$$

- Vecteur vitesse (réel) du point O par rapport au repère $\mathcal{R}_0$

La toupie S étant en liaison rotule au point O avec le bâti $S_0$, la vitesse de ce point (le point O appartenant au repère $\mathcal{R}_3$ lié à la toupie, noté $O_3$) par rapport au repère $\mathcal{R}_0$ est nulle :

$$\vec{V}(O_3 / \mathcal{R}_0) = \vec{0} . \tag{6.140}$$

- Torseur distributeur des vitesses de $\mathcal{R}_3$ par rapport à $\mathcal{R}_0$

$$\mathcal{V}(\mathcal{R}_3 / \mathcal{R}_0) = \{\vec{\Omega}(\mathcal{B}_3 / \mathcal{B}_0) ; \vec{V}(O / \mathcal{R}_0)\} ,$$

soit
$$\mathscr{V}(\mathscr{R}_3/\mathscr{R}_0)=\left\{\begin{matrix} \dot\theta & 0 \\ \dot\psi\sin\theta & 0 \\ \dot\varphi+\dot\psi\cos\theta & 0 \end{matrix}\right\}_{O,\ \mathscr{B}_2} . \tag{6.141}$$

*d) <u>Torseur distributeur des vitesses virtuel du mouvement de</u> S <u>par rapport à</u> $S_0$ :*

Le torseur distributeur des vitesses virtuel est obtenu en donnant à $\dot\psi$, $\dot\theta$ et $\dot\varphi$ des valeurs arbitraires notées $\dot\psi^*$, $\dot\theta^*$ et $\dot\varphi^*$ (voir § III-2.2. et III-2.5.2.) :
$$\mathscr{V}^*(\mathscr{R}_3/\mathscr{R}_0)=\left\{\begin{matrix} \dot\theta^* & 0 \\ \dot\psi^*\sin\theta & 0 \\ \dot\varphi^*+\dot\psi^*\cos\theta & 0 \end{matrix}\right\}_{O,\ \mathscr{B}_2} . \tag{6.142}$$
Un tel champ de vitesses virtuel est compatible avec la liaison rotule au point O et respecte le caractère solide indéformable de la toupie S.

*e) <u>Puissance virtuelle des quantités d'accélération</u>*

▪ L'énergie cinétique de la toupie S par rapport au repère $\mathscr{R}_0$ s'écrit
$$T(S/\mathscr{R}_0)=\frac{1}{2}m\left[\vec V(O_3/\mathscr{R}_0)\right]^2+\frac{1}{2}\vec\Omega(\mathscr{B}_3/\mathscr{B}_0)\cdot\mathscr{I}_O(S)\left\{\vec\Omega(\mathscr{B}_3/\mathscr{B}_0)\right\}$$
$$+m\vec V(O_3/\mathscr{R}_0)\cdot\left[\vec\Omega(\mathscr{B}_3/\mathscr{B}_0)\wedge\overrightarrow{OG}\right],$$
soit, en faisant usage de la relation (6.40),
$$T(S/\mathscr{R}_0)=\frac{1}{2}\vec\Omega(\mathscr{B}_3/\mathscr{B}_0)\cdot\mathscr{I}_O(S)\left\{\vec\Omega(\mathscr{B}_3/\mathscr{B}_0)\right\} . \tag{6.143}$$
Le report de l'expression (6.139-b) du vecteur rotation $\vec\Omega(\mathscr{B}_3/\mathscr{B}_0)$ et de la forme de l'opérateur d'inertie $\mathscr{I}_O(S)$ au point O dans la relation (6.142) s'écrit alors (notons que, puisque les moments d'inertie A et B sont égaux, l'expression dans les bases $\mathscr{B}_2$ et $\mathscr{B}_3$ de l'opérateur d'inertie sont identiques)
$$T(S/\mathscr{R}_0)=\frac{1}{2}\left[\dot\theta\vec e_{x_1}+\dot\psi\sin\theta\,\vec e_{y_2}+(\dot\varphi+\dot\psi\cos\theta)\vec e_{z_2}\right]\cdot\left(\begin{bmatrix} A & 0 & 0 \\ 0 & B & 0 \\ 0 & 0 & C \end{bmatrix}_{\mathscr{B}_2}\left|\begin{matrix} \dot\theta \\ \dot\psi\sin\theta \\ \dot\varphi+\dot\psi\cos\theta \end{matrix}\right.\right) ,$$
d'où
$$T=T(S/\mathscr{R}_0)=\frac{1}{2}A\left(\dot\theta^2+\dot\psi^2\sin^2\theta\right)+\frac{1}{2}C(\dot\varphi+\dot\psi\cos\theta)^2 , \tag{6.144-a}$$
soit
$$T=T(S/\mathscr{R}_0)=\frac{1}{2}\left[A\dot\theta^2+\left(A\sin^2\theta+C\cos^2\theta\right)\dot\psi^2+C\dot\varphi^2+2C\dot\varphi\dot\psi\cos\theta\right] . \tag{6.144-b}$$

▪ La puissance virtuelle des quantités d'accélération est donnée par (équation (3.34), § III-2.4)
$$\mathscr{A}^*=\left(\frac{d}{dt}\frac{\partial T}{\partial\dot\psi}-\frac{\partial T}{\partial\psi}\right)\dot\psi^*+\left(\frac{d}{dt}\frac{\partial T}{\partial\dot\theta}-\frac{\partial T}{\partial\theta}\right)\dot\theta^*+\left(\frac{d}{dt}\frac{\partial T}{\partial\dot\varphi}-\frac{\partial T}{\partial\varphi}\right)\dot\varphi^* .$$
En faisant usage de l'expression (6.144-b) de l'énergie cinétique, il vient :
$$\frac{\partial T}{\partial\psi}=0 \quad , \quad \frac{\partial T}{\partial\dot\psi}=\left(A\sin^2\theta+C\cos^2\theta\right)\dot\psi+C\dot\varphi\cos\theta \ ,$$
$$\frac{d}{dt}\frac{\partial T}{\partial\dot\psi}=\left(A\sin^2\theta+C\cos^2\theta\right)\ddot\psi+2\dot\psi\dot\theta(A-C)\sin\theta\cos\theta+C\ddot\varphi\cos\theta-C+C\dot\varphi\sin\theta \ ,$$

$$\frac{\partial T}{\partial \theta} = (A - C)\dot{\psi}^2 \sin\theta\cos\theta - C\dot{\varphi}\dot{\psi}\sin\theta \quad , \quad \frac{\partial T}{\partial \dot{\theta}} = A\dot{\theta} \quad , \quad \frac{d}{dt}\frac{\partial T}{\partial \dot{\theta}} = A\ddot{\theta} \quad ,$$

$$\frac{\partial T}{\partial \varphi} = 0 \quad , \quad \frac{\partial T}{\partial \dot{\varphi}} = C\dot{\varphi} + C\dot{\psi}\cos\theta \quad \text{et} \quad \frac{d}{dt}\frac{\partial T}{\partial \dot{\varphi}} = C\left(\ddot{\varphi} + \ddot{\psi}\cos\theta - \dot{\theta}\dot{\psi}\sin\theta\right) \quad ,$$

ce qui conduit à

$$\boxed{\begin{aligned}\mathcal{A}^* = &\left[\left(A\sin^2\theta + C\cos^2\theta\right)\ddot{\psi} + 2\dot{\psi}\dot{\theta}(A - C)\sin\theta\cos\theta + C\ddot{\varphi}\cos\theta - C + C\dot{\varphi}\sin\theta\right]\dot{\psi}^* \\ &+ \left(A\ddot{\theta} - (A - C)\dot{\psi}^2\sin\theta\cos\theta + C\dot{\varphi}\dot{\psi}\sin\theta\right)\dot{\theta}^* + C\left(\ddot{\varphi} + \ddot{\psi}\cos\theta - \dot{\theta}\dot{\psi}\sin\theta\right)\dot{\varphi}^*\end{aligned}} \qquad (6.145\text{-a})$$

Remarque. La puissance virtuelle des quantités d'accélération peut également se mettre sous la forme suivante, qui se prête mieux à une exploitation ultérieure des équations du mouvement :

$$\boxed{\begin{aligned}\mathcal{A}^* = &\left(\frac{d}{dt}\left[\left(A\sin^2\theta + C\cos^2\theta\right)\dot{\psi} + C\dot{\varphi}\cos\theta\right]\right)\dot{\psi}^* \\ &+ \left(A\ddot{\theta} - (A - C)\dot{\psi}^2\sin\theta\cos\theta + C\dot{\varphi}\dot{\psi}\sin\theta\right)\dot{\theta}^* + C\left(\frac{d}{dt}\left[\dot{\varphi} + \dot{\psi}\cos\theta\right]\right)\dot{\varphi}^*.\end{aligned}} \qquad (6.145\text{-b})$$

*f) Puissance virtuelle des actions extérieures à la toupie* S

La puissance virtuelle des actions extérieures exercées sur la toupie S par rapport au repère $\mathcal{R}_0$ est donnée par

$$\mathcal{P}^* = \mathcal{P}^*\left(\text{ext} \to S/\mathcal{R}_0\right) = \mathcal{P}^*\left(\varpi \to S/\mathcal{R}_0\right) + \mathcal{P}^*\left(S_0 \to S/\mathcal{R}_0\right) \; .$$

La liaison entre le bâti $S_0$ et la toupie S étant parfaite, et le champ de vitesses virtuel respectant la liaison au point O, la puissance virtuelle $\mathcal{P}^*\left(S_0 \to S/\mathcal{R}_0\right)$ est nulle. Par suite,

$$\mathcal{P}^* = \mathcal{P}^*\left(\varpi \to S/\mathcal{R}_0\right) = \vec{P}.\vec{V}^*\left(G_3/\mathcal{R}_0\right) \; ,$$

où la vitesse du centre de masse G appartenant à la toupie, donc appartenant au repère $\mathcal{R}_3$ et noté $G_3$, est donnée par la formule de distribution des vitesses, pour que le champ de vitesses virtuel respecte le caractère solide de la toupie :

$$\vec{V}^*\left(G_3/\mathcal{R}_0\right) = \vec{V}^*\left(O_3/\mathcal{R}_0\right) + \vec{\Omega}\left(\mathcal{B}_3/\mathcal{B}_0\right) \wedge \overrightarrow{OG} \; ,$$

soit
$$\vec{V}^*\left(G_3/\mathcal{R}_0\right) = \left[\dot{\theta}\vec{e}_{x_1} + \dot{\psi}\sin\theta\,\vec{e}_{y_2} + (\dot{\varphi} + \dot{\psi}\cos\theta)\vec{e}_{z_2}\right] \wedge \left(a\,\vec{e}_{z_2}\right) \; ,$$

d'où
$$\boxed{\vec{V}^*\left(G_3/\mathcal{R}_0\right) = \left|\begin{array}{l} a\,\dot{\psi}^*\sin\theta \\ -a\,\dot{\theta}^* \\ 0 \end{array}\right._{\mathcal{B}_2}} \; . \qquad (6.146)$$

Finalement
$$\mathcal{P}^* = -m\,g\left(\sin\theta\,\vec{e}_{y_2} + \cos\theta\,\vec{e}_{z_2}\right) \cdot \left|\begin{array}{l} a\,\dot{\psi}^*\sin\theta \\ -a\,\dot{\theta}^* \\ 0 \end{array}\right._{\mathcal{B}_2} \; ,$$

d'où
$$\boxed{\mathcal{P}^* = m\,g\,a\,\dot{\theta}^*\sin\theta} \; . \qquad (6.147)$$

*g) Principe des Puissances Virtuelles*

Le Principe des Puissances Virtuelles s'écrit (voir § III-2.6.)

$$\mathcal{A}^* = \mathcal{P}^* \; , \; \forall \; \dot{\psi}^*, \dot{\theta}^*, \dot{\varphi}^* \; ,$$

soit $$\left(\frac{d}{dt}\left[\left(A\sin^2\theta + C\cos^2\theta\right)\dot\psi + C\dot\varphi\cos\theta\right]\right)\dot\psi^*$$

$$+\left(A\ddot\theta - (A-C)\dot\psi^2\sin\theta\cos\theta + C\dot\varphi\dot\psi\sin\theta\right)\dot\theta^* + C\left(\frac{d}{dt}[\dot\varphi + \dot\psi\cos\theta]\right)\dot\varphi^*$$

$$= m g a\,\dot\theta^*\sin\theta\ ,\quad \forall\ \dot\psi^*, \dot\theta^*, \dot\varphi^*\ ,$$

d'où les trois équations du mouvement, qui peuvent être écrite sous la forme

$$\begin{cases} \dfrac{d}{dt}\left[\left(A\sin^2\theta + C\cos^2\theta\right)\dot\psi + C\dot\varphi\cos\theta\right] = 0, & (6.148\text{-a}) \\ A\ddot\theta - (A-C)\dot\psi^2\sin\theta\cos\theta + C\dot\varphi\dot\psi\sin\theta = m g a\sin\theta, & (6.148\text{-b}) \\ C\left(\dfrac{d}{dt}[\dot\varphi + \dot\psi\cos\theta]\right) = 0\ , & (6.148\text{-c}) \end{cases}$$

ou encore, en faisant usage de l'expression (6.145-a) de la puissance virtuelle des quantités d'accélération,

$$\begin{cases} \left(A\sin^2\theta + C\cos^2\theta\right)\ddot\psi + 2\dot\psi\dot\theta(A-C)\sin\theta\cos\theta + C\ddot\varphi\cos\theta - C + C\dot\varphi\sin\theta = 0, & (6.149\text{-a}) \\ A\ddot\theta - (A-C)\dot\psi^2\sin\theta\cos\theta + C\dot\varphi\dot\psi\sin\theta = m g a\sin\theta, & (6.149\text{-b}) \\ C\left(\ddot\varphi + \ddot\psi\cos\theta - \dot\theta\dot\psi\sin\theta\right) = 0\ . & (6.149\text{-c}) \end{cases}$$

L'intérêt de la forme (6.148) des équations du mouvement est que les équations (6.148-b) et (6.148-c) s'intègrent immédiatement :

$$\left(A\sin^2\theta + C\cos^2\theta\right)\dot\psi + C\dot\varphi\cos\theta = \left(A\sin^2\theta_0 + C\cos^2\theta_0\right)\dot\psi_0 + C\dot\varphi_0\cos\theta_0, \qquad (6.150\text{-a})$$

et
$$\dot\varphi + \dot\psi\cos\theta = \dot\varphi_0 + \dot\psi_0\cos\theta_0\ , \qquad (6.150\text{-b})$$

où $\theta_0 = \theta(0)$, $\dot\psi_0 = \dot\psi(0)$ et $\dot\varphi_0 = \dot\varphi(0)$ sont des constantes par rapport au temps, données par les conditions initiales.

La résolution de ces équations, qui permet de mettre en évidence notamment les mouvements de précession et de nutation, sort du cadre de l'exercice.

Remarque. L'utilisation du lagrangien $\mathscr{L} = T - V$ où $V$ est l'énergie potentielle de pesanteur

$$V = m g z_G = m g a\cos\theta\ , \qquad (6.151)$$

et son report dans les équations de Lagrange (3.72) (voir § III-2.6.) conduit bien évidemment aux mêmes équations du mouvement (à noter que les coefficients de puissance $\Xi_i$ des forces ne dérivant pas d'un potentiel sont tous nuls).

## 6.2. Utilisation du Principe Variationnel de Hamilton

- Les paramètres de configuration sont $\psi$, $\theta$ et $\varphi$.
- Le lagrangien du système est donné par

$$\mathscr{L} = T - V\ ,$$

où l'énergie cinétique $T$ et l'énergie potentielle $V$ (celle de pesanteur) sont données par leurs expressions respectives (6.144-a) et (6.151),

d'où
$$\mathscr{L} = \frac{1}{2}A\left(\dot\theta^2 + \dot\psi^2\sin^2\theta\right) + \frac{1}{2}C(\dot\varphi + \dot\psi\cos\theta)^2 - m g a\cos\theta \qquad (6.152)$$

▪ Les coefficients de puissance $\Xi_\psi$, $\Xi_\theta$ et $\Xi_\varphi$ des forces ne dérivant pas d'un potentiel (non conservatives) sont liés uniquement aux actions de liaison entre le bâti $S_0$ et la toupie S au point O. La liaison étant parfaite et le champ de vitesses virtuel étant compatible avec la liaison, la puissance virtuelle $\mathscr{P}^*(S_0 \to S/\mathscr{R}_0)$ des actions du bâti $S_0$ et de la toupie S est nulle (voir § VI-6.1.) et par suite,

$$\boxed{\begin{gathered}\Xi_\psi = \frac{\partial \mathscr{P}^*(0 \to M/\mathscr{R}_0)}{\partial \dot\psi^*} = 0 \ , \ \Xi_\theta = \frac{\partial \mathscr{P}^*(0 \to M/\mathscr{R}_0)}{\partial \dot\theta^*} = 0 \ , \\ \Xi_\varphi = \frac{\partial \mathscr{P}^*(0 \to M/\mathscr{R}_0)}{\partial \dot\varphi^*} = 0 \ .\end{gathered}} \tag{6.153}$$

▪ Le Principe Variationnel de Hamilton énoncé au § V-1.3. puis au § V-3.2. permet d'écrire que le mouvement du point M, dont toutes les forces ne dérivent pas d'un potentiel, depuis l'instant $t_1$ jusqu'à l'instant $t_2$ est tel que, ***quelle que soit la variation*** $\delta$ ***considérée***,

$$\int_{t_1}^{t_2} \left(\delta \mathscr{L}\left[\psi(t), \dot\psi(t), \theta(t), \dot\theta(t), \varphi(t), \dot\varphi(t), t\right] + \Xi_\psi\, \delta\psi + \Xi_\theta\, \delta\theta + \Xi_\varphi\, \delta\varphi\right) dt = 0 \ ,$$

soit, puisque $\Xi_\psi = 0$, $\Xi_\theta = 0$ et $\Xi_\varphi = 0$ ,

$$\boxed{\int_{t_1}^{t_2} \delta \mathscr{L}\left[\psi(t), \dot\psi(t), \theta(t), \dot\theta(t), \varphi(t), \dot\varphi(t), t\right]\, dt = 0} \ . \tag{6.154}$$

▪ L'opérateur variation $\delta$ ayant les mêmes propriétés que les opérateurs différentiels (voir § V-2.1.), la variation $\delta\mathscr{L}$ du lagrangien $\mathscr{L}$, donné par son expression (6.152) s'écrit

$$\delta \mathscr{L} = \frac{\partial \mathscr{L}}{\partial \psi}\delta\psi + \frac{\partial \mathscr{L}}{\partial \dot\psi}\delta\dot\psi + \frac{\partial \mathscr{L}}{\partial \theta}\delta\theta + \frac{\partial \mathscr{L}}{\partial \dot\theta}\delta\dot\theta + \frac{\partial \mathscr{L}}{\partial \varphi}\delta\varphi + \frac{\partial \mathscr{L}}{\partial \dot\varphi}\delta\dot\varphi \ ,$$

soit

$$\begin{aligned}\delta \mathscr{L} = &\left[\left(A\sin^2\theta + C\cos^2\theta\right)\dot\psi + C\dot\varphi\cos\theta\right]\delta\dot\psi + \\ &+\left[(A-C)\dot\psi^2\sin\theta\cos\theta - C\dot\varphi\dot\psi\sin\theta + m g a \sin\theta\right]\delta\theta \\ &+ A\dot\theta\,\delta\dot\theta + C(\dot\varphi + \dot\psi\cos\theta)\,\delta\dot\varphi \ .\end{aligned}$$

L'opérateur variation $\delta$ commutant avec les opérateurs différentiels (voir § V-2.1.),

$$\delta\dot\psi = \delta\left(\frac{d\psi}{dt}\right) = \frac{d}{dt}\delta\psi \quad , \quad \delta\dot\theta = \frac{d}{dt}\delta\theta \quad \text{et} \quad \delta\dot\varphi = \frac{d}{dt}\delta\varphi \ .$$

Par suite, la variation $\delta\mathscr{L}$ s'écrit

$$\boxed{\begin{aligned}\delta \mathscr{L} = &\left[\left(A\sin^2\theta + C\cos^2\theta\right)\dot\psi + C\dot\varphi\cos\theta\right]\frac{d}{dt}\delta\psi + \\ &+\left[(A-C)\dot\psi^2\sin\theta\cos\theta - C\dot\varphi\dot\psi\sin\theta + m g a \sin\theta\right]\delta\theta \\ &+ A\dot\theta\frac{d}{dt}\delta\theta + C(\dot\varphi + \dot\psi\cos\theta)\frac{d}{dt}\delta\varphi \ .\end{aligned}} \ . \tag{6.155}$$

- Le report de la variation (6.155) $\delta\mathscr{L}$, dans la relation (6.154) s'écrit alors

$$\boxed{\begin{aligned}\int_{t_1}^{t_2}\Big\{&\left[(A-C)\dot{\psi}^2\sin\theta\cos\theta - C\dot{\varphi}\dot{\psi}\sin\theta + m\,g\,a\sin\theta\right]\delta\theta \\ &+\left[\left(A\sin^2\theta + C\cos^2\theta\right)\dot{\psi} + C\dot{\varphi}\cos\theta\right]\frac{d}{dt}\delta\psi \\ &+A\dot{\theta}\frac{d}{dt}\delta\theta + C(\dot{\varphi}+\dot{\psi}\cos\theta)\frac{d}{dt}\delta\varphi\Big\}dt = 0\ ,\ \forall\ \delta\psi,\delta\theta,\delta\varphi.\end{aligned}} \qquad (6.156)$$

- L'intégration par partie du deuxième terme de l'intégrale conduit à

$$\begin{aligned}\int_{t_1}^{t_2}&\left[\left(A\sin^2\theta + C\cos^2\theta\right)\dot{\psi} + C\dot{\varphi}\cos\theta\right]\frac{d}{dt}\delta\psi\ dt \\ &= \left[\left\{\left(A\sin^2\theta + C\cos^2\theta\right)\dot{\psi} + C\dot{\varphi}\cos\theta\right\}\delta\psi\right]_{t_1}^{t_2} \\ &\quad - \int_{t_1}^{t_2}\frac{d}{dt}\left[\left(A\sin^2\theta + C\cos^2\theta\right)\dot{\psi} + C\dot{\varphi}\cos\theta\right]\delta\psi\ dt\ ,\end{aligned}$$

où, par hypothèse (voir § V-1.2.1. et V-2.2.),

$$\delta\psi(t_1) = \delta\psi(t_2) = 0\ ,$$

ce qui conduit à la nullité du terme $\left[\left\{\left(A\sin^2\theta + C\cos^2\theta\right)\dot{\psi} + C\dot{\varphi}\cos\theta\right\}\delta\psi\right]_{t_1}^{t_2}$.

Par suite,

$$\begin{aligned}\int_{t_1}^{t_2}&\left[\left(A\sin^2\theta + C\cos^2\theta\right)\dot{\psi} + C\dot{\varphi}\cos\theta\right]\frac{d}{dt}\delta\psi\ dt = \\ &-\int_{t_1}^{t_2}\frac{d}{dt}\left[\left(A\sin^2\theta + C\cos^2\theta\right)\dot{\psi} + C\dot{\varphi}\cos\theta\right]\delta\psi\ dt.\end{aligned} \qquad (6.157\text{-a})$$

- L'intégration par partie du troisième terme de l'intégrale dans l'expression (6.156) conduit à

$$\int_{t_1}^{t_2}A\dot{\theta}\frac{d}{dt}\delta\theta\ dt = \left[A\dot{\theta}\,\delta\theta\right]_{t_1}^{t_2} - \int_{t_1}^{t_2}A\ddot{\theta}\delta\theta\ dt\ ,$$

où, par hypothèse (voir § V-1.2.1. et V-2.2.),

$$\delta\theta(t_1) = \delta\theta(t_2) = 0\ ,$$

ce qui conduit à la nullité du terme $\left[A\dot{\theta}\,\delta\theta\right]_{t_1}^{t_2}$.

Par suite,

$$\boxed{\int_{t_1}^{t_2}A\dot{\theta}\frac{d}{dt}\delta\theta\ dt = -\int_{t_1}^{t_2}A\ddot{\theta}\delta\theta\ dt} \qquad (6.157\text{-b})$$

- L'intégration par partie du troisième terme de l'intégrale conduit à

$$\int_{t_1}^{t_2}C(\dot{\varphi}+\dot{\psi}\cos\theta)\frac{d}{dt}\delta\varphi\ dt = \left[C(\dot{\varphi}+\dot{\psi}\cos\theta)\,\delta\varphi\right]_{t_1}^{t_2} - \int_{t_1}^{t_2}C\frac{d}{dt}(\dot{\varphi}+\dot{\psi}\cos\theta)\ \delta\varphi\ dt\ ,$$

où, par hypothèse (voir § V-1.2.1. et V-2.2.),

$$\delta\varphi(t_1) = \delta\varphi(t_2) = 0\ ,$$

ce qui conduit à la nullité du terme $\left[C(\dot{\varphi}+\dot{\psi}\cos\theta)\,\delta\varphi\right]_{t_1}^{t_2}$.

Par suite,

$$\int_{t_1}^{t_2} C(\dot\varphi+\dot\psi\cos\theta)\,\frac{d}{dt}\delta\varphi\,dt = -\int_{t_1}^{t_2} C\frac{d}{dt}(\dot\varphi+\dot\psi\cos\theta)\;\delta\varphi\,dt \tag{6.157-c}$$

Le report des intégrales (6.157) dans la relation l'expression (6.156) s'écrit

$$\int_{t_1}^{t_2}\left\{\left[(A-C)\dot\psi^2\sin\theta\cos\theta - C\dot\varphi\dot\psi\sin\theta + m g a\sin\theta - A\ddot\theta\right]\delta\theta\right.$$
$$-\frac{d}{dt}\left[\left(A\sin^2\theta + C\cos^2\theta\right)\dot\psi + C\dot\varphi\cos\theta\right]\,\delta\psi$$
$$\left. -C\frac{d}{dt}(\dot\varphi+\dot\psi\cos\theta)\;\delta\varphi\right\}dt = 0\,,\ \forall\ \delta\psi,\delta\theta,\delta\varphi,$$

d'où

$$\begin{cases}\dfrac{d}{dt}\left[\left(A\sin^2\theta + C\cos^2\theta\right)\dot\psi + C\dot\varphi\cos\theta\right]=0, & (6.158\text{-a})\\ (A-C)\dot\psi^2\sin\theta\cos\theta - C\dot\varphi\dot\psi\sin\theta + m g a\sin\theta - A\ddot\theta = 0, & (6.158\text{-b})\\ \dfrac{d}{dt}\left[\dot\varphi+\dot\psi\cos\theta\right]=0\,, & (6.158\text{-c})\end{cases}$$

équations du mouvement (6.148) déjà obtenues par application du Principe des Puissances Virtuelles.

# 7. PENDULE SIMPLE - UTILISATION D'UNE CONDITION D'INEXTENSIBILITE POUR INTRODUIRE LES MULTIPLICATEURS DE LAGRANGE

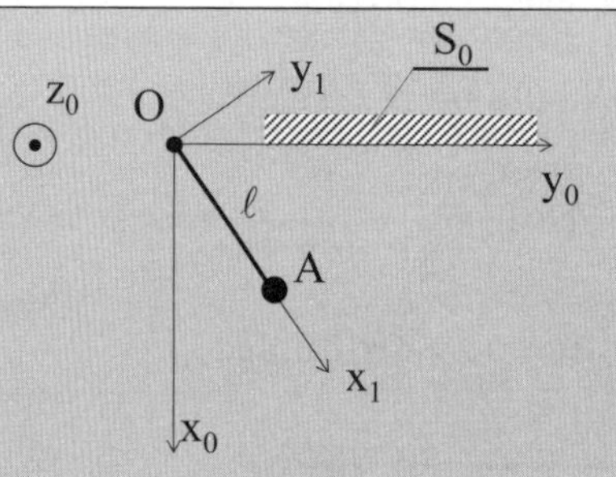


*Figure 6.12*

Un pendule simple est constitué d'une masse m considérée comme ponctuelle au point A, relié au point O par un fil sans masse inextensible de longueur $\ell$ (figure 6.12), et se déplaçant dans un plan vertical $\left(O,\vec{e}_{x_0},\vec{e}_{y_0}\right)$. On définit les repères $\mathscr{R}_0=\left(O,\vec{e}_{x_0},\vec{e}_{y_0},\vec{e}_{z_0}\right)=\left(O,\mathscr{B}_0\right)$ et $\mathscr{R}_1=\left(O,\vec{e}_{x_1},\vec{e}_{y_1},\vec{e}_{z_0}\right)=\left(O,\mathscr{B}_1\right)$, respectivement liés au bâti $S_0$ et au mouvement de A.

L'ensemble est soumis au champ de pesanteur terrestre $\vec{g}=g\,\vec{e}_{x_0}$. Le repère $\mathscr{R}_0$ est supposé galiléen.

**7.1. Expression du mouvement en coordonnées cartésiennes**

a) En supposant a priori le fil extensible, préciser les variables de situation du point A et déterminer la vitesse du point A par rapport au repère $\mathscr{R}_0$. En déduire le champ de vitesses virtuel.

b) Ecrire la condition holonôme d'inextensibilité du fil OA.

c) La dérivée par rapport au temps t de la condition d'inextensibilité du fil, obtenue à la question b) conduit à une condition non holonôme. Ecrire les équations du mouvement en utilisant le formalisme de Lagrange lorsque le champ de vitesses virtuel est compatible avec cette condition non holonôme, en introduisant un multiplicateur de Lagrange. Donner une interprétation physique de ce dernier.

**7.2. Expression du mouvement en coordonnées polaires.** Répondre aux mêmes questions que celles de la question 6.7.2., et conclure en termes d'interprétation physique des multiplicateurs de Lagrange, selon le type de variables de situation choisi.

## 7.1. Utilisation des coordonnées cartésiennes

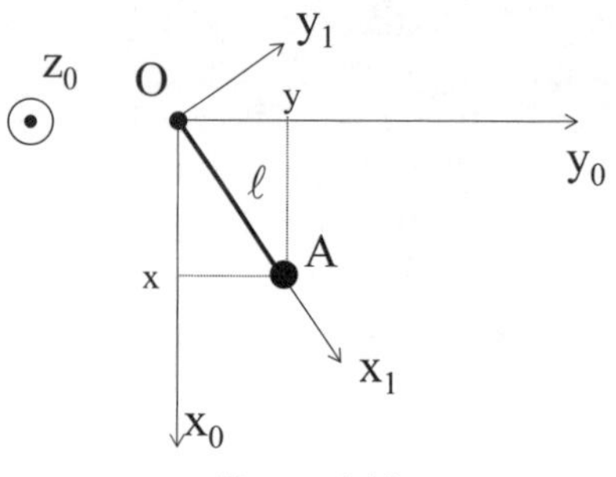


*Figure 6.13*

*a)* ▪ Si le fil est extensible, les paramètres de configuration du système peuvent être soit les coordonnées cartésiennes du point A (choix de ce paragraphe), soit les coordonnées polaires de ce point (choix du § VI-7.2.). Ici, les paramètres de configuration sont donc x et y (figure 6.13).

▪ Vecteur position : $\overrightarrow{OA}=x\,\vec{e}_{x_0}+y\,\vec{e}_{y_0}$

▪ Vecteur vitesse du point A par rapport au repère $\mathcal{R}$ :

$$\vec{V}(A/\mathcal{R}_0)=\left(\frac{d\overrightarrow{OA}}{dt}\right)_{/\mathcal{B}_0}=\dot{x}\,\vec{e}_{x_0}+\dot{y}\,\vec{e}_{y_0} \quad . \qquad (6.159)$$

▪ Vecteur vitesse virtuel du point A par rapport au repère $\mathcal{R}$

La vitesse virtuelle est obtenue en donnant à $\dot{x}$ et à $\dot{y}$ des valeurs arbitraires notées respectivement $\dot{x}^*$ et $\dot{y}^*$. Par suite,

$$\boxed{\vec{V}^*(A/\mathcal{R}_0)=\dot{x}^*\,\vec{e}_{x_0}+\dot{y}^*\,\vec{e}_{y_0}} \quad . \qquad (6.160)$$

*b) Condition d'inextensibilité du fil* OA

Le fil OA a une longueur $\ell$ constante, ce qui revient à écrire

$$\boxed{x^2+y^2=\ell^2} \quad , \qquad (6.161\text{-a})$$

condition holonôme d'inextensibilité, dont la dérivée par rapport au temps,

soit

$$\boxed{x\dot{x}+y\dot{y}=0} \quad , \qquad (6.161\text{-b})$$

est une condition non holonôme.

*c) Equations du mouvement avec multiplicateur de Lagrange*

▪ Le champ de vitesses virtuel est choisi ici comme respectant la condition holonôme d'inextensibilité (6.161-a), ce qui revient à vérifier la condition non holonôme (6.161-b),

soit

$$\boxed{x\dot{x}^*+y\dot{y}^*=0} \quad . \qquad (6.162)$$

▪ Inventaire des actions mécaniques extérieures exercées sur le point A :

✓ Action de la gravité : $\{\varpi \to A\}=(A,\vec{P})$ avec $\vec{P}=mg\,\vec{e}_{x_0}$ .

✓ Action du fil : $\{\text{fil} \to A\}=(A,\vec{F})$ avec $\vec{F}=-F\,\vec{e}_{x_1}$ avec $F>0$ .

Par suite, le torseur des actions extérieures exercées sur le point A est donné par

$$\{\text{ext} \to A\}=\{\varpi \to A\}+\{\text{fil} \to A\} \quad . \qquad (6.163)$$

▪ Puissance virtuelle des quantités d'accélération

✓ L'énergie cinétique du point A par rapport au repère $\mathcal{R}_0$ est donnée par

$$T=T(A/\mathcal{R}_0)=\frac{1}{2}m\left[\vec{V}(A/\mathcal{R}_0)\right]^2 \quad ,$$

soit

$$\boxed{T=\frac{1}{2}m\left(\dot{x}^2+\dot{y}^2\right)} \quad . \qquad (6.164)$$

✓ La puissance virtuelle des quantités d'accélération est donnée par (équation (3.34), § III-2.4)

$$\mathcal{A}^*=\left(\frac{d}{dt}\frac{\partial T}{\partial \dot{x}}-\frac{\partial T}{\partial x}\right)\dot{x}^*+\left(\frac{d}{dt}\frac{\partial T}{\partial \dot{y}}-\frac{\partial T}{\partial y}\right)\dot{y}^* \quad .$$

En faisant usage de l'expression (6.164) de l'énergie cinétique T, il vient :

$$\frac{\partial T}{\partial x}=0 \quad , \quad \frac{\partial T}{\partial \dot{x}}=m\dot{x} \quad \text{et} \quad \frac{d}{dt}\frac{\partial T}{\partial \dot{x}}=m\ddot{x} \quad ,$$

$$\frac{\partial T}{\partial y} = 0 \quad , \quad \frac{\partial T}{\partial \dot{y}} = m\dot{y} \quad \text{et} \quad \frac{d}{dt}\frac{\partial T}{\partial \dot{y}} = m\ddot{y} \quad ,$$

ce qui conduit à
$$\boxed{\mathcal{A}^* = m\ddot{x}\dot{x}^* + m\ddot{y}\dot{y}^*} \quad . \tag{6.165}$$

Il convient de noter ici que l'erreur à ne surtout pas faire est de remplacer l'une des valeurs arbitraires $\dot{x}^*$ ou $\dot{y}^*$ par son expression provenant de la condition non holonôme (161-b).

- <u>La puissance virtuelle des actions extérieures</u> exercées sur le point A par rapport au repère $\mathcal{R}_0$ est donnée par

$$\mathcal{P}^* = \mathcal{P}^*(\text{ext} \to A/\mathcal{R}_0) = \mathcal{P}^*(\varpi \to A/\mathcal{R}_0) + \mathcal{P}^*(\text{fil} \to A/\mathcal{R}_0) \ ,$$

soit
$$\mathcal{P}^* = \vec{P}\cdot\vec{V}^*(A/\mathcal{R}_0) + \vec{F}\cdot\vec{V}^*(A/\mathcal{R}_0) \ .$$

Du fait que le champ de vitesses virtuel respecte la condition d'inextensibilité du fil, il vérifie la relation non holonôme (6.162) qui peut s'interpréter comme une condition de perpendicularité entre le vecteur $\overrightarrow{OA}$ et le vecteur vitesse virtuel $\vec{V}^*(A/\mathcal{R}_0)$. Or, la tension $\vec{F}$ du fil étant colinéaire au vecteur $\overrightarrow{OA}$, par suite, le produit scalaire $\vec{F}\cdot\vec{V}^*(A/\mathcal{R}_0)$ est nul, et donc la puissance virtuelle $\mathcal{P}^*(\text{fil} \to A/\mathcal{R}_0)$ est nulle.

Ainsi,
$$\boxed{\mathcal{P}^* = mg\dot{x}^*} \quad . \tag{6.166}$$

- <u>Le Principe des Puissances Virtuelles</u> s'écrit (voir § III-2.6.)

$$\mathcal{A}^* = \mathcal{P}^* \ , \ \forall \dot{x}^*, \dot{y}^* \ ,$$

soit
$$m\ddot{x}\dot{x}^* + m\ddot{y}\dot{y}^* = mg\dot{x}^* \ , \ \forall \dot{x}^*, \dot{y}^* \ , \tag{6.167-a}$$

avec des paramètres $\dot{x}^*$ et $\dot{y}^*$ qui ne sont pas indépendants puisqu'ils vérifient la condition non-holonôme (6.162)

$$x\dot{x}^* + y\dot{y}^* = 0 \ . \tag{6.167-b}$$

Par suite, il n'est pas possible d'égaler, terme à terme, les coefficients des $\dot{x}^*$ et $\dot{y}^*$ des deux membres de l'équation (6.167-a), et il convient d'introduire un multiplicateur de Lagrange (voir § IV-1.3.), noté $\lambda$.

L'interprétation vectorielle des équations de Lagrange (voir § IV-1.3.2.) conduit, en posant

$$\vec{\ell} = (m\ddot{x} - mg)\vec{e}_1 + m\ddot{y}\vec{e}_2 \ , \tag{6.168-a}$$

$$\vec{q}^* = \dot{x}^*\vec{e}_1 + \dot{y}^*\vec{e}_2 \ , \tag{6.168-b}$$

et
$$\vec{A} = x\vec{e}_1 + y\vec{e}_2 \ , \tag{6.168-c}$$

(où $\mathcal{B} = (\vec{e}_1, \vec{e}_2)$ est la base canonique de $\mathbb{R}^2$),

à écrire l'équation (6.167-a) sous la forme

$$\vec{\ell}\cdot\vec{q}^* = 0 \ , \tag{6.169-a}$$

pour tous les vecteurs $\vec{q}^*$ vérifiant la relation (6.167-b),

soit
$$\vec{A}\cdot\vec{q}^* = 0 \ . \tag{6.169-b}$$

L'ensemble des vecteurs $\vec{q}^*$ tels que $\vec{A}\cdot\vec{q}^* = 0$ est la droite perpendiculaire au vecteur $\vec{A}$ dans l'espace $\mathbb{R}^2$. Le vecteur $\vec{\ell}$ est donc perpendiculaire à tous les vecteurs $\vec{q}^*$ de cette droite, ce qui implique que $\vec{\ell}$ est colinéaire à $\vec{A}$.

Par suite, il existe un scalaire $\lambda$, appelé multiplicateur de Lagrange, tel que

$$\vec{\ell}=\lambda\vec{A} \ , \quad (6.170)$$

soit
$$(m\ddot{x}-mg)\vec{e}_1+m\ddot{y}\vec{e}_2=\lambda(x\vec{e}_1+y\vec{e}_2) \ ,$$

d'où
$$\boxed{\begin{cases} m\ddot{x}-mg=\lambda x, & (6.171\text{-a})\\ m\ddot{y}=\lambda y, & (6.171\text{-b})\end{cases}}$$

équations auxquelles il convient d'ajouter, pour résoudre complètement le problème, la condition holonôme de contact (6.161-a) :

$$\boxed{x^2+y^2=\ell^2} \ . \quad (6.171\text{-c})$$

Le multiplicateur de Lagrange $\lambda$ peut s'interpréter comme étant la raideur du fil.

### 7.2. Utilisation des coordonnées polaires

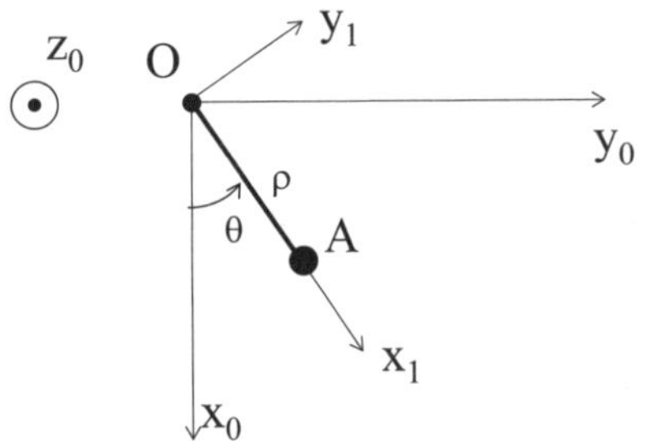


*Figure 6.14*

*b)* ▪ Comme déjà expliqué au § VI-7.1., si le fil est extensible, les paramètres de configuration du système peuvent être soit les coordonnées cartésiennes du point A (choix du § VI-7.1.), soit les coordonnées polaires de ce point (choix de ce paragraphe). Ici, les paramètres de configuration sont donc $\rho$ et $\theta$ (figure 6.14).

▪ Vecteur position : $\overrightarrow{OA}=\rho\vec{e}_{x_1}$ .

▪ Vecteur vitesse du point A par rapport au repère $\mathscr{R}$ :

$$\vec{V}(A/\mathscr{R}_0)=\left(\frac{d\overrightarrow{OA}}{dt}\right)_{/\mathscr{B}_0}=\left(\frac{d\overrightarrow{OA}}{dt}\right)_{/\mathscr{B}_1}+\vec{\Omega}(\mathscr{B}_1/\mathscr{B}_0)\wedge\overrightarrow{OA} \ ,$$

soit
$$\boxed{\vec{V}(A/\mathscr{R}_0)=\dot{\rho}\vec{e}_{x_1}+\rho\dot{\theta}\vec{e}_{y_1}} \ . \quad (6.172)$$

▪ Vecteur vitesse virtuel du point A par rapport au repère $\mathscr{R}$

La vitesse virtuelle est obtenue en donnant à $\dot{\rho}$ et à $\dot{\theta}$ des valeurs arbitraires notées respectivement $\dot{\rho}^*$ et $\dot{\theta}^*$. Par suite,

$$\boxed{\vec{V}^*(A/\mathscr{R}_0)=\dot{\rho}^*\vec{e}_{x_1}+\rho\dot{\theta}^*\vec{e}_{y_1}} \ . \quad (6.173)$$

*b) Condition d'inextensibilité du fil* OA

Le fil OA a une longueur $\ell$ constante, ce qui revient à écrire

$$\boxed{\rho=\ell} \ , \quad (6.174\text{-a})$$

condition holonôme d'inextensibilité, dont la dérivée par rapport au temps,

soit
$$\boxed{\dot{\rho}=0} \ , \quad (6.174\text{-b})$$

est une condition non holonôme.

*c) Equations du mouvement avec multiplicateur de Lagrange*

▪ Le champ de vitesses virtuel est choisi ici comme respectant la condition holonôme d'inextensibilité (6.174-a), ce qui revient à vérifier la condition non holonôme (6.174-b),

soit
$$\boxed{\dot{\rho}^*=0} \ . \quad (6.175)$$

▪ Inventaire des actions mécaniques extérieures exercées sur le point A

✓ Action de la gravité : $\{\varpi \rightarrow A\} = (A, \vec{P})$ avec $\vec{P} = m g \vec{e}_{x_0} = m g \cos\theta \vec{e}_{x_1} - m g \sin\theta \vec{e}_{y_1}$ .

✓ Action du fil : $\{\text{fil} \rightarrow A\} = (A, \vec{F})$ avec $\vec{F} = -F \vec{e}_{x_1}$ avec $F > 0$ .

Par suite, le torseur des actions extérieures exercées sur le point A est donné par

$$\{\text{ext} \rightarrow A\} = \{\varpi \rightarrow A\} + \{\text{fil} \rightarrow A\} \ . \qquad (6.176)$$

▪ Puissance virtuelle des quantités d'accélération

✓ L'énergie cinétique du point A par rapport au repère $\mathscr{R}_0$ est donnée par

$$T = T(A/\mathscr{R}_0) = \frac{1}{2} m \left[\vec{V}(A/\mathscr{R}_0)\right]^2 \ ,$$

soit

$$\boxed{T = \frac{1}{2} m \left(\dot{\rho}^2 + \rho^2 \dot{\theta}^2\right)} \ . \qquad (6.177)$$

✓ La puissance virtuelle des quantités d'accélération est donnée par (équation (3.34), § III-2.4)

$$\mathscr{A}^* = \left(\frac{d}{dt}\frac{\partial T}{\partial \dot{\rho}} - \frac{\partial T}{\partial \rho}\right)\dot{\rho}^* + \left(\frac{d}{dt}\frac{\partial T}{\partial \dot{\theta}} - \frac{\partial T}{\partial \theta}\right)\dot{\theta}^* \ .$$

En faisant usage de l'expression (6.177) de l'énergie cinétique $T$, il vient :

$$\frac{\partial T}{\partial \rho} = m \rho \dot{\theta}^2 \ , \quad \frac{\partial T}{\partial \dot{\rho}} = m \dot{\rho} \quad \text{et} \quad \frac{d}{dt}\frac{\partial T}{\partial \dot{\rho}} = m \ddot{\rho} \ ,$$

$$\frac{\partial T}{\partial \theta} = 0 \ , \quad \frac{\partial T}{\partial \dot{\theta}} = m \rho^2 \dot{\theta} \quad \text{et} \quad \frac{d}{dt}\frac{\partial T}{\partial \dot{\theta}} = 2 m \rho \dot{\rho} \dot{\theta} + m \rho^2 \ddot{\theta} \ ,$$

ce qui, en tenant compte du fait que $\dot{\rho} = 0$ et $\ddot{\rho} = 0$, conduit à

$$\boxed{\mathscr{A}^* = -m \rho \dot{\theta}^2 \dot{\rho}^* + m \rho^2 \ddot{\theta} \dot{\theta}^*} \ . \qquad (6.177)$$

⚠ Il convient de noter ici que, tout en remplaçant $\dot{\rho}$ et $\ddot{\rho}$ par $0$, il ne faut surtout pas remplacer $\dot{\rho}^*$ par $0$ (condition non holonôme (6.75)).

▪ De même que précédemment (§ VI-7.1.), la puissance virtuelle des actions extérieures exercées sur le point A par rapport au repère $\mathscr{R}_0$ est donnée par

$$\mathscr{P}^* = \mathscr{P}^*(\text{ext} \rightarrow A/\mathscr{R}_0) = \mathscr{P}^*(\varpi \rightarrow A/\mathscr{R}_0) + \mathscr{P}^*(\text{fil} \rightarrow A/\mathscr{R}_0) \ ,$$

où la puissance virtuelle $\mathscr{P}^*(\text{fil} \rightarrow A/\mathscr{R}_0)$ est nulle,

d'où

$$\boxed{\mathscr{P}^* = (m g \cos\theta)\dot{\rho}^* - (m g \rho \sin\theta)\dot{\theta}^*} \ . \qquad (6.178)$$

▪ Le Principe des Puissances Virtuelles s'écrit (voir § III-2.6.)

$$\mathscr{A}^* = \mathscr{P}^* \ , \ \forall \dot{\rho}^*, \dot{\theta}^* \ ,$$

soit

$$-m \rho \dot{\theta}^2 \dot{\rho}^* + m \rho^2 \ddot{\theta} \dot{\theta}^* = (m g \cos\theta)\dot{\rho}^* - (m g \rho \sin\theta)\dot{\theta}^* \ , \ \forall \dot{\rho}^*, \dot{\theta}^* \ , \qquad (6.179\text{-a})$$

avec des paramètres $\dot{\rho}^*$ et $\dot{\theta}^*$ qui ne sont pas indépendants puisqu'ils vérifient la condition non-holonôme (6.175)

$$\dot{\rho}^* = 0 \ . \qquad (6.179\text{-b})$$

Par suite, il n'est pas possible d'égaler, terme à terme, les coefficients des $\dot{\rho}^*$ et $\dot{\theta}^*$ des deux membres de l'équation (6.179-a), et il convient d'introduire un multiplicateur de Lagrange (voir § IV-1.3.), noté $\lambda$.

L'interprétation vectorielle des équations de Lagrange (voir § IV-1.3.2.) conduit, en posant

$$\vec{\ell} = \left(-m\rho\dot{\theta}^2 - m g\cos\theta\right)\vec{e}_1 + \left(m\rho^2\ddot{\theta} + m g\rho\sin\theta\right)\vec{e}_2 \ , \quad (6.180\text{-a})$$

$$\vec{q}^* = \dot{\rho}^*\vec{e}_1 + \dot{\theta}^*\vec{e}_2 \ , \quad (6.180\text{-b})$$

et

$$\vec{A} = \vec{e}_1 \ , \quad (6.180\text{-c})$$

(où $\mathcal{B} = \left(\vec{e}_1, \vec{e}_2\right)$ est la base canonique de $\mathbb{R}^2$),

à écrire l'équation (6.170-a) sous la forme

$$\vec{\ell}\cdot\vec{q}^* = 0 \ , \quad (6.181\text{-a})$$

pour tous les vecteurs $\vec{q}^*$ vérifiant la relation (6.179-b),

soit

$$\vec{A}\cdot\vec{q}^* = 0 \ . \quad (6.181\text{-b})$$

L'ensemble des vecteurs $\vec{q}^*$ tels que $\vec{A}\cdot\vec{q}^* = 0$ est la droite perpendiculaire au vecteur $\vec{A}$ dans l'espace $\mathbb{R}^2$. Le vecteur $\vec{\ell}$ est donc perpendiculaire à tous les vecteurs $\vec{q}^*$ de cette droite, ce qui implique que $\vec{\ell}$ est colinéaire à $\vec{A}$.

Par suite, il existe un scalaire $\lambda$, appelé multiplicateur de Lagrange, tel que

$$\vec{\ell} = \lambda\vec{A} \ , \quad (6.182)$$

soit

$$\left(-m\rho\dot{\theta}^2 - m g\cos\theta\right)\vec{e}_1 + \left(m\rho^2\ddot{\theta} + m g\rho\sin\theta\right)\vec{e}_2 = \lambda\vec{e}_1 \ ,$$

donc

$$\begin{cases} -m\rho\dot{\theta}^2 - m g\cos\theta = \lambda, \\ m\rho^2\ddot{\theta} + m g\rho\sin\theta = 0 \ , \end{cases}$$

où

$$\boxed{\begin{cases} -m\rho\dot{\theta}^2 = m g\cos\theta + \lambda, & (6.183\text{-a}) \\ \rho\ddot{\theta} = -g\sin\theta \ , & (6.183\text{-b}) \end{cases}}$$

équations auxquelles il convient de joindre, pour résoudre complètement le problème, la condition holonôme de contact (6.174-a) :

$$\boxed{\rho = \ell} \ . \quad (6.183\text{-c})$$

L'application du Principe Fondamental de la Dynamique pour les résultantes permet d'interpréter le multiplicateur de Lagrange $\lambda$ comme étant la tension du fil.

Par suite, un multiplicateur de Lagrange peut ne pas avoir la même interprétation physique, selon les variables de situation choisies ; ainsi, dans le cas du pendule simple, il s'interprète comme la raideur du fil ou comme sa tension lorsque les variables de situation sont les coordonnées respectivement cartésiennes ou polaires.

# 8. MOUVEMENT TRANSVERSAL D'UNE CORDE FLEXIBLE TENDUE (CORDE VIBRANTE)

La corde élastique de la figure 6.15, de masse linéique $\lambda$ indépendante du point, est encastrée à son extrémité A avec le bâti $S_0$ et est, à l'autre extrémité B située à une distance L de A, en liaison encastrement avec un solide rigide $S_2$ de masse m, en liaison glissière sans frottements de direction $(B,\vec{e}_y)$ avec le bâti $S_0$. La corde est soumise à une tension $\vec{F}$. Le champ de pesanteur terrestre $\vec{g}=-g\vec{e}_z$ est perpendiculaire au plan du mouvement (plan de la figure) : elle n'a donc pas d'effet sur le mouvement.

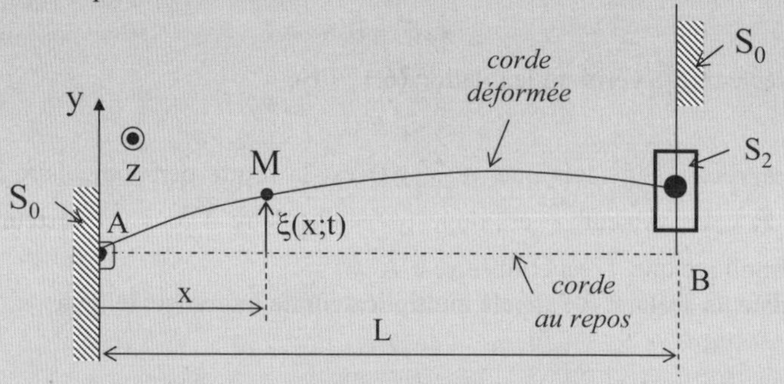


*Figure 6.15*

L'objet de l'exercice est de donner les équations du mouvement de vibrations transversales libres de la corde, mouvement qui peut être décrit la variation, en fonction de l'abscisse curviligne $s(M)=\widehat{AM}$ (ou de l'abscisse x en raison de l'hypothèse des petites déformations, voir question VI-8.1.) et du temps t, du déplacement transversal $\xi(x;t)$ suivant $\vec{e}_y$ de la corde par rapport à sa position horizontale au repos. Ce mouvement libre est engendré par des conditions initiales ($t=0$) suivantes : $\xi(x;0)=f(x)$ et $\dot{\xi}_t(x,0)=g(x)$, où $\dot{\xi}_t$ désigne la dérivée partielle de $\xi$ par rapport à t, et où $f(x)$ et $g(x)$ sont des fonctions connues qui traduisent respectivement la déformée initiale et la vitesse initiale de la corde.

Les hypothèses adoptées et leurs conséquences sont énoncées ci-dessous :

① La courbure de la corde est supposée petite ($\dot{\xi}_x(x,t)$ petit, où $\dot{\xi}_x$ désigne la dérivée partielle de $\xi$ par rapport à x). Cette hypothèse conduit notamment à confondre l'abscisse curviligne $s(M)$ avec l'abscisse x, ce qui fait l'objet de la question VI-8.1.

② La tension $\vec{F}$ dans la corde en un point M d'abscisse x (action, en un point M, de la partie de corde à droite de ce point, sur la partie de corde à gauche de ce même point), notée $\vec{F}(x;t)$, est supposée tangente à la corde au point M (angle $\alpha(x;t)$ avec l'horizontale, voir figure 6.16).

③ Les vibrations transversales sont supposées petites ($\xi(x;t)$ et $\alpha(x;t)$ petits). Cette hypothèse conduit notamment à considérer en première approximation la tension $\vec{F}$ constante en module en tout point de la corde, ce qui fait l'objet de la question VI-8.2.a).

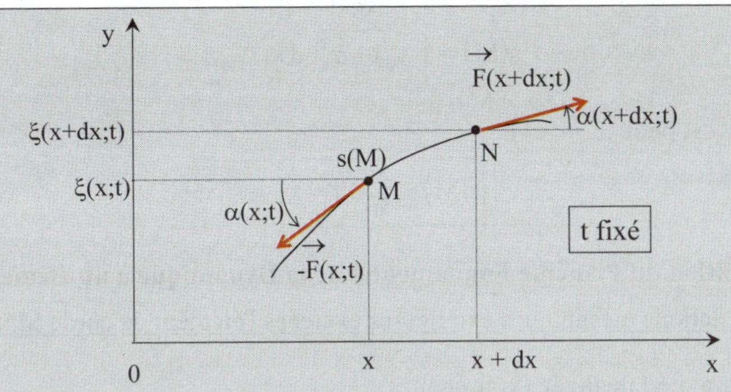


*Figure 6.16 : "Photographie", à l'instant* t *, de la géométrie et des efforts appliqués à un petit élément de corde.*

Comme toujours dans la modélisation d'un phénomène, toutes ces approximations ne valent que par la cohérence entre les résultats obtenus et ceux qui proviennent de l'expérience, compte tenu des degrés de précision souhaités et/ou accessibles....

**8.1.** En utilisant l'hypothèse ① de petite courbure de la corde, montrer que l'abscisse curviligne $s(M) = \widehat{AM}$ peut être confondue avec l'abscisse $x$.

**8.2.** Ecrire le Principe Fondamental de la Dynamique pour les résultantes à un petit élément de corde de longueur $dx$ (figure 6.16).

a) Projeter la relation vectorielle sur $\vec{e}_x$, et, en utilisant les hypothèses ③ (petits mouvements vibratoires) et ② de tangence de la tension $\vec{F}$ à la corde, montrer que cette tension peut être supposée constante en module en tout point de la corde (utiliser le schéma de la figure 6.16).

b)/ Projeter la relation vectorielle sur $\vec{e}_y$, et en déduire l'équation du mouvement transversal de la corde. Ecrire les conditions aux limites (conditions aux frontières et conditions initiales) auxquelles doit satisfaire le mouvement.

**8.3.** Déterminer l'équation du mouvement ainsi que les conditions aux frontières associées, par application du Principe Variationnel de Hamilton (partir de la formulation intégrale du Principe Variationnel et non des équations de Lagrange qui en résultent).

**8.4.** La prise en compte de la viscosité de l'air conduit à introduire un coefficient de dissipation noté $b$ et une force de frottement de la forme $-b\dfrac{\partial \xi}{\partial t}\vec{e}_y$. Déterminer, de la même manière qu'à la question VI-8.3., l'équation du mouvement ainsi que les conditions aux frontières associées, par application du Principe Variationnel de Hamilton.

## 8.1. Abscisse curviligne

Si le point courant sur la corde occupe la position M pour l'abscisse $x$, il occupe la position voisine N pour la valeur voisine $x + dx$. La distance élémentaire $|ds| = |MN|$ peut être assimilée à la longueur du segment MN, ces grandeurs étant des infiniment petits équivalents :

$$ds = \sqrt{dx^2 + d\xi^2} = \sqrt{1 + \dot{\xi}_x^2}\, dx \quad , \tag{6.184}$$

où $\dot{\xi}_x$ désigne la dérivée partielle de $\xi$ par rapport à $x$, ce qui permet de déterminer l'abscisse curviligne du point courant M par l'intégrale :

$$s(M) = \int_0^x \sqrt{1+\dot{\xi}_x^2}\, dx \quad , \qquad (6.185\text{-a})$$

soit, puisque $\dot{\xi}_x$ est petit $(\dot{\xi}_x << 1)$,

$$\boxed{s(M) \approx \int_0^x dx = x} \ . \qquad (6.185\text{-b})$$

## 8.2. Application du Principe Fondamental de la Dynamique à un élément de corde

▪ Inventaire des actions mécaniques extérieures exercées l'élément de corde MN :

✓ Action de la gravité : négligée (voir énoncé),
✓ Action de la partie droite : $\{\text{partie droite} \to MN\} = (N, \vec{F}(x+dx;t))$ ,
✓ Action de la partie gauche : $\{\text{partie gauche} \to MN\} = (M, -\vec{F}(x;t))$ .

Par suite, le torseur des actions extérieures exercées sur le segment $MN$ est donné par

$$\{ext \to MN\} = (N, -\vec{F}(x;t)) + (M, -\vec{F}(x;t)) \ .$$

▪ Résultante dynamique :

✓ L'élément de corde $MN$ a pour masse $dm = \lambda\, dx$ .
✓ Le mouvement étant essentiellement transversale, la résultante dynamique s'écrit donc

$$\vec{d}(MN/\mathscr{R}) = \lambda\, dx \left( \frac{\partial^2 \eta}{\partial t^2} \vec{e}_x + \frac{\partial^2 \xi}{\partial t^2} \vec{e}_y \right)$$

où $\eta(t)$ est le déplacement longitudinal.

▪ PFD :

Le repère $\mathscr{R}$ étant galiléen, le Principe Fondamental de la Dynamique s'écrit

$$\boxed{\vec{F}(x+dx;t) - \vec{F}(x;t) = \lambda\, dx \ddot{\eta}_{tt} \vec{e}_y + \lambda\, dx \ddot{\xi}_{tt} \vec{e}_y \ , \ \forall x \in [0, L] \ , \ \forall t} \ , \qquad (6.186)$$

où $\ddot{\eta}_{tt}$ et $\ddot{\xi}_{tt}$ désigne respectivement $\partial^2\eta/\partial t^2$ et $\partial^2\xi/\partial t^2$ .

*a) Constance du module de la tension*

La projection de la relation (6.186) sur $\vec{e}_x$ (utiliser la figure 6.16) s'écrit

$$F(x+dx;t)\cos[\alpha(x+dx;t)] - F(x;t)\cos[\alpha(x;t)] = \lambda\, dx \ddot{\eta}_{tt} \ , \ \forall x \in [0, L] \ , \ \forall t \ .$$

Les déplacements transversaux étant supposés petits (hypothèse ③), les déplacements longitudinaux sont négligés, d'où

$$\lambda\, dx \ddot{\eta}_{tt} \approx 0 ,$$

et par suite, $F(x+dx;t)\cos[\alpha(x+dx;t)] \approx F(x;t)\cos[\alpha(x;t)]$ .

Et, puisque $\cos[\alpha(x+dx;t)] \approx 1$ et $\cos[\alpha(x;t)] \approx 1$ ,
au second ordre près du petit angle $\alpha$, il vient

$$\boxed{F(x+dx;t) \approx F(x;t) \ , \ \forall x \in [0, L] \ , \ \forall t} \ , \qquad (6.187)$$

noté F dans toute la suite. Le module de la tension peut donc être considéré comme constant en tout point de la corde.

*b) Equation du mouvement transversal*

✓ La projection de la relation (6.186) sur $\vec{e}_y$ (utiliser la figure 6.16) s'écrit, en utilisant le résultat (6.187),

$$F\sin[\alpha(x+dx;t)] - F\sin[\alpha(x;t)] = \lambda\, dx\, \ddot{\xi}_{tt}(x;t)\ ,\ \forall x \in [0,L]\ ,\ \forall t\ . \quad (6.188)$$

Les déplacements transversaux sont supposés petits (hypothèse ③), le sinus des angles peuvent être assimilés à leur tangente :

$$\sin[\alpha(x+dx;t)] \approx \alpha(x+dx;t) \approx \tan[\alpha(x+dx;t)] \approx \frac{\partial\xi}{\partial x}(x+dx;t)\ , \quad (6.189\text{-a})$$

et

$$\sin[\alpha(x;t)] \approx \alpha(x;t) \approx \tan[\alpha(x;t)] \approx \frac{\partial\xi}{\partial x}(x;t)\ . \quad (6.189\text{-b})$$

Le report des relation (6.189) dans la relation (6.188) conduit à

$$F\frac{\partial\xi}{\partial x}(x+dx;t) - F\frac{\partial\xi}{\partial x}(x;t) = \lambda\, dx\, \ddot{\xi}_{tt}(x;t)\ ,\ \forall x \in [0,L]\ ,\ \forall t\ ,$$

soit

$$F\frac{\frac{\partial\xi}{\partial x}(x+dx;t) - F\frac{\partial\xi}{\partial x}(x;t)}{dx} = \lambda\, \ddot{\xi}_{tt}(x;t)\ ,\ \forall x \in [0,L]\ ,\ \forall t\ ,$$

d'où

$$\boxed{F\,\ddot{\xi}_{xx}(x;t) = \lambda\, \ddot{\xi}_{tt}(x;t)\ ,\ \forall x \in [0,L]\ ,\ \forall t}\ , \quad (6.190)$$

où $\ddot{\xi}_{xx}$ désigne $\partial^2\xi/\partial x^2$.

L'équation du mouvement (6.190) peut également s'écrire

$$\ddot{\xi}_{xx}(x;t) - \frac{1}{c^2}\ddot{\xi}_{tt}(x;t) = 0\ ,\ \forall x \in [0,L]\ ,\ \forall t, \quad (6.191\text{-a})$$

où

$$c = \sqrt{F/\lambda}\ . \quad (6.191\text{-b})$$

Ecrite sous la forme (6.191-a), l'équation du mouvement a la forme d'une équation des ondes unidimensionnelle, où $c$ a bien la dimension d'une vitesse (vitesse de propagation des ondes).

✓ La condition aux frontières (figure 6.15) au point $A$, en $x = 0$, du fait de l'encastrement, s'écrit

$$\boxed{\xi(0,t) = 0\ ,\ x = 0,\ \forall t}\ . \quad (6.191\text{-c})$$

✓ La condition aux frontières (figure 6.15) au point $B$, en $x = L$, provient de l'application du Principe Fondamental de la Dynamique au solide $S_2$ de masse $m$ (en translation d'axe $(B, e_y)$ par rapport au bâti $S_0$) :

s'écrit

$$\boxed{m\,\ddot{\xi}_{tt}(L;t) = -F\,\dot{\xi}_x(L;t)\ ,\ x = L,\ \forall t}\ , \quad (6.191\text{-d})$$

l'action de la pesanteur sur le solide $S_2$ étant négligée d'après l'hypothèse ⑤. Il convient de noter que, dans la relation (6.191-d), le signe "-" devant la tension $F$ provient du fait que, par hypothèse, la tension $+\vec{F}$ est l'action qu'exerce, en un point $M$, la partie de corde à droite de ce point, sur la partie de corde à gauche de ce même point. Ici, le système considéré est le solide $S_2$ et non la corde. Par suite, l'action de la corde sur le solide $S_2$ au point $B$, est la tension $-\vec{F}$.

✓ A ces conditions aux frontières, doivent être associées les conditions initiales

$$\xi(x;0) = f(x)\ ,\ \forall x \in [0,L]\ ,\ t = 0, \quad (6.191\text{-e})$$

et

$$\dot{\xi}_t(x,0) = g(x)\ ,\ \forall x \in [0,L]\ ,\ t = 0. \quad (6.191\text{-f})$$

Le système (6.191) constitue le problème bien posé de la vibration transversale de la corde.

### 8.3. Application du Principe Variationnel de Hamilton

- L'énergie cinétique ***linéique*** est

$$\boxed{T=\frac{1}{2}\lambda\left(\frac{\partial\xi}{\partial t}\right)^2} . \qquad (6.192)$$

- L'énergie potentielle ***linéique*** de déformation $V$ est uniquement liée à la tension dans la corde, soit, pour un élément de corde $MN$ (figure 6.16) :

$$d(V\,dx)=\vec{F}(x+dx;t)\cdot d\overrightarrow{AN}-\vec{F}(x;t)\cdot d\overrightarrow{AM} ,$$

soit, d'après l'hypothèse ② et l'équation (6.187), il vient

$$d(V\,dx)=F\,d(AN-AM)=F\,d(ds) ,$$

d'où

$$V\,dx=\int F\,d(ds)=F\int d(ds) ,$$

puisque la tension $F$ est supposée constante. La fonction $ds$ représentant en fait la variation de longueur de la corde lorsqu'elle passe de l'état au repos $(ds=dx)$ à l'état courant $\left(ds=\sqrt{[\xi(x+dx;t)-\xi(x;t)]^2+dx^2}\right)$, voir figure 6.17, il vient :

$$V\,dx=F\int_{dx}^{\sqrt{[\xi(x+dx;t)-\xi(x;t)]^2+dx^2}} d(ds) =\sqrt{[\xi(x+dx;t)-\xi(x;t)]^2+dx^2}-dx ,$$

soit,

$$V\,dx\approx F\,dx\left(\sqrt{1+\left(\frac{\partial\xi}{\partial x}\right)^2}-1\right) ,$$

d'où

$$\boxed{V\approx\frac{1}{2}F\left(\frac{\partial\xi}{\partial x}\right)^2} . \qquad (6.193)$$

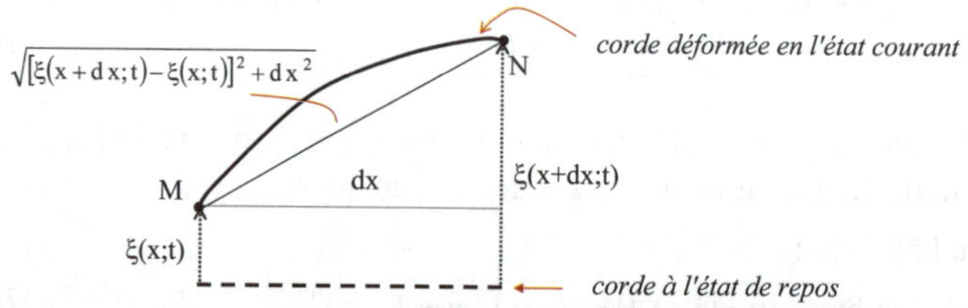


*Figure 6.17*

Le Lagrangien $\mathscr{L}_T$ du système correspondant aux déformations de la barre s'exprime donc comme la somme des Lagrangiens élémentaires $\mathscr{L}\,dx=(T-V)dx$ sur toute la barre (où $\mathscr{L}$ représente le Lagrangien linéique), soit

$$\boxed{\mathscr{L}(\xi,\dot{\xi}_t,\dot{\xi}_x,t)=\frac{1}{2}\lambda\dot{\xi}_t^2-\frac{1}{2}F\,\dot{\xi}_x^2} , \qquad (6.194\text{-a})$$

et

$$\mathscr{L}_T(\xi,\dot{\xi}_t,\dot{\xi}_x,t)=\int_0^L \mathscr{L}(\xi,\dot{\xi}_t,\dot{\xi}_x,t)dx , \qquad (6.194\text{-b})$$

où $\dot{\xi}_t$ et $\dot{\xi}_x$ désignent les dérivées partielles de $\xi$ par rapport à $t$ et à $x$ respectivement.

- Les Lagrangiens $\ell_0$ et $\ell_L$ correspondant respectivement aux conditions sur les frontières $x=0$ et $x=L$ du domaine, s'écrivent (l'énergie potentielle de pesanteur étant négligée, voir hypothèse ⑤) :

$$\ell_0\left(\xi,\dot{\xi}_t,t\right)=0 \quad , \tag{6.195-a}$$

et

$$\ell_L\left(\xi,\dot{\xi}_t,t\right)=\frac{1}{2}m\left(\frac{\partial\xi(L;t)}{\partial t}\right)^2 \quad . \tag{6.195-b}$$

- Les coefficients de puissance linéiques $\Xi_\xi(x;t)$ des forces ne dérivant pas d'un potentiel dans le domaine spatial ouvert $x\in\left]0,L\right[$ sont nuls :

$$\Xi_\xi(x;t)=0. \tag{6.196}$$

Par ailleurs, les coefficients de puissance $\mathit{\Xi}_\xi(x;t)$ des systèmes extérieurs auxquels la barre est liée sur les frontières du domaine, sont tels que

en $x=0$ $$\mathit{\Xi}_\xi(0;t)\neq 0 \text{ (encastrement)} \quad , \tag{6.197-a}$$

et en $x=L$ $$\mathit{\Xi}_\xi(L;t)=0 \quad . \tag{6.197-b}$$

- Finalement, le Principe Variationnel de Hamilton (§ V-4.1.2.) permet d'écrire que le mouvement de la corde, depuis l'instant $t_1$ jusqu'à l'instant $t_2$ et entre les positions $x=0$ et $x=L$, est tel que, ***quelle que soit la variation*** $\delta$ ***considérée*** (à $t$ fixé, quel que soit $t$),

$$\int_1^2 dt\left\{\int_0^L\left[\delta\mathscr{L}\left(\xi,\dot{\xi}_t,\dot{\xi}_x,t\right)+\Xi_\xi(x;t)\delta\xi(x;t)\right]dx\right.$$
$$\left.+\delta\ell_0\left(\xi,\dot{\xi}_t,t\right)+\delta\ell_L\left(\xi,\dot{\xi}_t,t\right)+\mathit{\Xi}_\xi(0;t)\delta\xi(0;t)+\mathit{\Xi}_\xi(L;t)\delta\xi(L;t)\right\}=0\ ,$$

soit, par report des expressions (6.195); (6.196) et (6.197),

$$\boxed{\int_{t_1}^{t_2}dt\left\{\int_0^L\delta\mathscr{L}\left(\xi,\dot{\xi}_t,\dot{\xi}_x,t\right)dx+\delta\ell_L\left(\xi,\dot{\xi}_t,t\right)+\mathit{\Xi}_\xi(0;t)\delta\xi(0;t)\right\}=0} \quad . \tag{6.198}$$

- <u>Calcul de</u> $\int_1^2 dt\int_0^L\delta\mathscr{L}\left(\xi,\dot{\xi}_t,\dot{\xi}_x,t\right)dx$

✓ $$\delta\mathscr{L}\left(\xi,\dot{\xi}_t,\dot{\xi}_x,t\right)=\frac{\partial\mathscr{L}}{\partial\xi}\delta\xi+\frac{\partial\mathscr{L}}{\partial\dot{\xi}_t}\delta\dot{\xi}_t+\frac{\partial\mathscr{L}}{\partial\dot{\xi}_x}\delta\dot{\xi}_x \quad ,$$

soit, en faisant usage de l'expression (6.194-a) du lagrangien linéique $\mathscr{L}$

$$\delta\mathscr{L}\left(\xi,\dot{\xi}_t,\dot{\xi}_x,t\right)=\lambda\dot{\xi}_t\,\delta\dot{\xi}_t-F\dot{\xi}_x\,\delta\dot{\xi}_x \quad ,$$

soit encore, puisque l'opérateur variation $\delta$ commute avec les opérateurs différentiels (voir § V-2.1.),

$$\delta\mathscr{L}\left(\xi,\dot{\xi}_t,\dot{\xi}_x,t\right)=\lambda\dot{\xi}_t\frac{\partial}{\partial t}\delta\xi-F\dot{\xi}_x\frac{\partial}{\partial x}\delta\xi \quad . \tag{6.199}$$

✓ Le report de l'expression (6.199) de la variation du lagrangien linéique $\delta\mathscr{L}$ dans l'intégrale s'écrit

$$\int_1^2 dt\int_0^L\delta\mathscr{L}\left(\xi,\dot{\xi}_t,\dot{\xi}_x,t\right)dx=\int_0^L dx\int_1^{t_2}\lambda\dot{\xi}_t\frac{\partial}{\partial t}(d\xi)dt-\int_1^2 dt\int_0^L F\dot{\xi}_x\frac{\partial}{\partial x}(d\xi)dx \quad ,$$

soit, après intégration par partie sur les variables d'espace (pour la deuxième intégrale) et du temps (pour la première intégrale)

$$\int_{1}^{2} dt \int_{0}^{L} \delta \mathscr{L}(\xi,\dot{\xi}_t,\dot{\xi}_x,t) dx = \int_{0}^{L} dx \left\{ \left[\lambda \dot{\xi}_t \, \delta\xi\right]_{t_1}^{t_2} - \int_{1}^{t_2} \lambda \ddot{\xi}_{tt} \, \delta\xi \, dt \right\}$$
$$- \int_{1}^{2} dt \left\{ \left[F \dot{\xi}_x \, \delta\xi\right]_{0}^{L} - \int_{0}^{L} F \ddot{\xi}_{xx} \, \delta\xi \, dx \right\} . \qquad (6.200)$$

✓ Or, par hypothèse $\delta\xi(x;t_1) = \delta\xi(x;t_2) = 0$ ,

ce qui conduit à la nullité du terme $\left[\lambda \dot{\xi}_t \, \delta\xi\right]_{t_1}^{t_2}$,

*MAIS* $\delta\xi(0;t) \neq 0$ et $\delta\xi(L;t) \neq 0$ ,

ce qui ne permet pas d'annuler le terme $\left[F \dot{\xi}_x \, \delta\xi\right]_{0}^{L}$.

✓ Par suite, l'expression (6.200) s'écrit

$$\boxed{\int_{1}^{2} dt \int_{0}^{L} \delta \mathscr{L}(\xi,\dot{\xi}_t,\dot{\xi}_x,t) dx = -\int_{0}^{L} dx \int_{1}^{t_2} \lambda \ddot{\xi}_{tt} \, \delta\xi \, dt - \int_{1}^{2} dt \left\{ \left[F \dot{\xi}_x \, \delta\xi\right]_{0}^{L} - \int_{0}^{L} F \ddot{\xi}_{xx} \, \delta\xi \, dx \right\}} . \qquad (6.201)$$

▪ <u>Calcul de $\int_{1}^{2} \delta \ell_L(\xi,\dot{\xi}_t,t) dt$ en $x = L$</u>

✓ $$\delta \ell_L(\xi,\dot{\xi}_t,t) = \frac{\partial \ell_L}{\partial \xi} \delta\xi + \frac{\partial \ell_L}{\partial \dot{\xi}_t} \delta\dot{\xi}_t \ ,$$

soit, en faisant usage de l'expression (6.195-b) du lagrangien $\ell_L$

$$\delta \ell_L(\xi,\dot{\xi}_t,t) = m \dot{\xi}_t(L;t) \delta\dot{\xi}_t \ ,$$

soit encore, puisque l'opérateur variation $\delta$ commute avec les opérateurs différentiels (voir § V-2.1.),

$$\delta \ell_L(\xi,\dot{\xi}_t,t) = m \dot{\xi}_t(L;t) \frac{\partial}{\partial t} \delta\xi \ . \qquad (6.202)$$

✓ Le report de l'expression (6.202) de la variation du lagrangien $\ell_L$ dans l'intégrale s'écrit

$$\int_{1}^{2} \delta \ell_L(\xi,\dot{\xi}_t,t) dt = \int_{1}^{2} m \dot{\xi}_t(L;t) \frac{\partial}{\partial t}(\delta\xi) dt \ ,$$

soit, après intégration par partie

$$\int_{1}^{2} \delta \ell_L(\xi,\dot{\xi}_t,t) dt = \left[m \dot{\xi}_t(L;t) \delta\xi(L;t)\right]_{t_1}^{t_2} - \int_{1}^{2} m \ddot{\xi}_{tt}(L;t) \delta\xi(L;t) \, dt$$

où, par hypothèse $\delta\xi(L;t_1) = \delta\xi(L;t_2) = 0$ ,

ce qui conduit à la nullité du terme $\left[\lambda \dot{\xi}_t \, d\xi\right]_{t_1}^{t_2}$.

d'où $$\boxed{\int_{1}^{2} \delta \ell_L(\xi,\dot{\xi}_t,t) dt = -\int_{1}^{2} m \ddot{\xi}_{tt} \, \delta\xi(L;t) \, dt} . \qquad (6.203)$$

▪ Le report des intégrales (6.201) et (6.203) dans l'expression (6.198) permet d'écrire que le mouvement de la corde, depuis l'instant $t_1$ jusqu'à l'instant $t_2$ et entre les positions $x = 0$ et $x = L$, est tel que, ***quelle que soit la variation*** $\delta$ ***considérée*** (à $t$ fixé, quel que soit $t$),

$$-\int_{0}^{L} dx \int_{1}^{t_2} \lambda \ddot{\xi}_{tt} \, \delta\xi \, dt - \int_{1}^{2} dt \left\{ \left[F \dot{\xi}_x \, \delta\xi\right]_{0}^{L} - \int_{0}^{L} F \ddot{\xi}_{xx} \, \delta\xi \, dx \right\}$$
$$+ \int_{1}^{2} \left[-m \ddot{\xi}_{tt}(L;t) \delta\xi(L;t) + \varXi_\xi(0;t) \delta\xi(0;t)\right] dt = 0 ,$$

soit, en regroupant les termes,

$$\boxed{\begin{aligned}&\int_{t_1}^{t_2} dt \left\{ \int_0^L \left[-\lambda \ddot{\xi}_{tt} + F \ddot{\xi}_{xx}\right] \delta\xi \, dx - \left[F \dot{\xi}_x(L;t) + m \ddot{\xi}_{tt}(L;t)\right] \delta\xi(L;t) \right.\\ &\qquad \left. + \left[F \dot{\xi}_x(0;t) + \varXi_\xi(0;t)\right] \delta\xi(0;t) \right\} = 0 \,,\\ &\forall \delta\xi(x;t), \forall \delta\xi(L;t), \forall \delta\xi(0;t), \forall x \in \left]0, L\right[, \forall t \in \left[t_1, t_2\right].\end{aligned}} \qquad (6.204)$$

Par suite,

$$\begin{cases} -\lambda \ddot{\xi}_{tt} + F \ddot{\xi}_{xx} = 0 \quad , \ \forall x \in \left]0, L\right[, \forall t \in \left[t_1, t_2\right], & (6.205\text{-a}) \\ F \dot{\xi}_x(0;t) + \varXi_\xi(0;t) = 0 \ , x = 0, \ \forall t \in \left[t_1, t_2\right], & (6.205\text{-b}) \\ F \dot{\xi}_x(L;t) + m \ddot{\xi}_{tt}(L;t) = 0 \ , x = L, \ \forall t \in \left[t_1, t_2\right]. & (6.205\text{-c}) \end{cases}$$

Nota Bene. L'équation (6.205-b) n'est pas utile pour résoudre le problème. Cette équation provient en effet du fait que la condition holonôme de liaison en $x = 0$ n'est pas respectée, et par suite, elle permet de déterminer l'effort d'encastrement $\varXi_\xi(0;t)$ en $x = 0$. Pour résoudre le problème, il faut lui substituer la condition

$$\xi(0;t) = 0 \ , \ x = 0, \ \forall t \in \left[t_1, t_2\right] \ , \qquad (6.205\text{-d})$$

et ajouter des conditions initiales.

Finalement, le problème bien posé pour obtenir la solution $\xi(x;t)$ du mouvement transversal de la corde s'écrit :

$$\boxed{\begin{cases} F \ddot{\xi}_{xx} - \lambda \ddot{\xi}_{tt} = 0 \quad , \ \forall x \in \left]0, L\right[, \forall t \in \left[t_1, t_2\right], \\ F \dot{\xi}_x(L;t) + m \ddot{\xi}_{tt}(L;t) = 0 \ , x = L, \ \forall t \in \left[t_1, t_2\right], \\ \xi(0;t) = 0 \ , \ x = 0, \ \forall t \in \left[t_1, t_2\right], \\ \xi(x;0) = f(x) \, , \, \dot{\xi}_t(x,0) = g(x) \, , \forall x \in \left[0, L\right] , \ t = 0 \, . \end{cases}} \quad \begin{matrix}(6.206\text{-a})\\(6.206\text{-b})\\(6.206\text{-c})\\(6.206\text{-d})\end{matrix}$$

Enfin, l'effort d'encastrement en $x = 0$ est donné par l'équation (6.205-b)

$$\varXi_\xi(0;t) = -F \dot{\xi}_x(0;t) \ . \qquad (6.207)$$

Remarque 1. Le report de l'expression des Lagrangiens (6.194) et (6.195) et des coefficients de puissance (6.196) et (6.197) dans le système d'équations (5.67) permet également d'obtenir les équations du mouvement quel que soit $x \in \left]0, L\right[$ , et les conditions aux frontières $x = 0$ et en $x = L$.

Remarque 2. On voit sur cet exemple toute la puissance du Principe Variationnel de Hamilton par rapport au Principe Fondamental de la Dynamique, puisqu'il permet d'obtenir, ***en une seule fois***, non seulement l'équation du mouvement, mais également les conditions aux frontières associées, ***sans risque d'erreur sur les signes***.

## 8.4. Prise en compte de la viscosité de l'air

▪ L'écriture (6.198) du Principe Variationnel de Hamilton (§ V-4.1.2.) est modifiée par le fait que les coefficients de puissance linéiques $\Xi_\xi(x;t)$ des forces ne dérivant pas d'un potentiel dans le domaine spatial ouvert $x \in ]0,L[$ ne sont plus nuls :

$$\Xi_\xi(x;t) = -b\frac{\partial \xi}{\partial t}. \qquad (6.208)$$

▪ Par suite, le Principe Variationnel de Hamilton (§ V-4.1.2.) permet d'écrire que le mouvement de la corde, depuis l'instant $t_1$ jusqu'à l'instant $t_2$ et entre les positions $x=0$ et $x=L$, est tel que, ***quelle que soit la variation*** $\delta$ ***considérée*** (à $t$ fixé, quel que soit $t$),

$$\boxed{\int_{t_1}^{t_2} dt \left\{ \int_0^L \left[ \delta\mathscr{L}(\xi,\dot\xi_t,\dot\xi_x,t) + \Xi_\xi(x;t)\delta\xi(x;t) \right] dx + \delta\ell_L(\xi,\dot\xi_t,t) + \Xi_\xi(0;t)\delta\xi(0;t) \right\} = 0}.$$

(6.209)

▪ Le report des intégrales (6.201), (6.203) et (6.208) dans l'expression (6.209) permet d'écrire que le mouvement de la corde, depuis l'instant $t_1$ jusqu'à l'instant $t_2$ et entre les positions $x=0$ et $x=L$, est tel que, ***quelle que soit la variation*** $\delta$ ***considérée*** (à $t$ fixé, quel que soit $t$),

$$\boxed{\begin{aligned} &\int_{t_1}^{t_2} dt \left\{ \int_0^L \left[ -\lambda\ddot\xi_{tt} + F\ddot\xi_{xx} - b\dot\xi_t \right]\delta\xi\, dx - \left[ F\dot\xi_x(L;t) + m\ddot\xi_{tt}(L;t) \right]\delta\xi(L;t) \right. \\ &\qquad\qquad \left. + \left[ F\dot\xi_x(0;t) + \Xi_\xi(0;t) \right]\delta\xi(0;t) \right\} = 0, \\ &\forall\delta\xi(x;t), \forall\delta\xi(L;t), \forall\delta\xi(0;t), \forall x \in ]0,L[, \forall t \in [t_1,t_2]. \end{aligned}} \qquad (6.210)$$

Par suite,

$$\begin{cases} -\lambda\ddot\xi_{tt} + F\ddot\xi_{xx} - b\dot\xi_t = 0 \ , \ \forall x \in ]0,L[, \forall t \in [t_1,t_2], & (6.211\text{-a}) \\ F\dot\xi_x(0;t) + \Xi_\xi(0;t) = 0 \ , x=0, \ \forall t \in [t_1,t_2], & (6.211\text{-b}) \\ F\dot\xi_x(L;t) + m\ddot\xi_{tt}(L;t) = 0 \ , x=L, \ \forall t \in [t_1,t_2], & (6.211\text{-c}) \end{cases}$$

soit, de même que précédemment (§ VI-8.3.)

$$\boxed{\begin{cases} F\ddot\xi_{xx} - b\dot\xi_t - \lambda\ddot\xi_{tt} = 0 \ , \ \forall x \in ]0,L[, \forall t \in [t_1,t_2], \\ F\dot\xi_x(L;t) + m\ddot\xi_{tt}(L;t) = 0 \ , x=L, \ \forall t \in [t_1,t_2], \\ \xi(0;t) = 0 \ , \ x=0, \ \forall t \in [t_1,t_2], \\ \xi(x;0) = f(x) \ , \ \dot\xi_t(x,0) = g(x), \forall x \in [0,L], \ t=0. \end{cases}} \qquad \begin{matrix} (6.212\text{-a}) \\ (6.212\text{-b}) \\ (6.212\text{-c}) \\ (6.212\text{-d}) \end{matrix}$$

# 9. BARRE EN TRACTION-COMPRESSION ENCASTREE A UNE EXTREMITE ET AVEC MASSE A L'AUTRE

Le système considéré, représenté sur la figure 6.18, est une barre homogène (suivant x) de longueur L, de section S, de masse volumique ρ et de module d'Young E (tous trois indépendants du point x considéré), encastrée à une extrémité en $x = 0$, et est, à l'autre extrémité, en $x = L$, en liaison encastrement avec un solide rigide de masse $M_L$. Le mouvement $\xi(x;t)$ longitudinal de traction-compression de cette barre (***petites déformations***) est entretenu par une force extérieure $f(t)$ appliquée au point $x = L$. Ce mouvement peut être décrit par la variation, en fonction de la position x du centre de surface G de la section droite (S) et du temps t, du paramètre $\xi(x;t)$ représentant le déplacement suivant $\vec{e}_x$ de la section droite (figure 6.18).

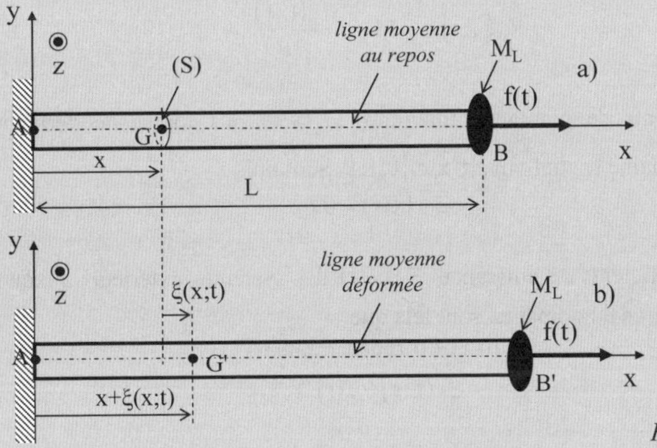


*Figure 6.17*

Les effets de la pesanteur étant négligés, déterminer l'équation du mouvement ainsi que les conditions aux frontières associées, par application du Principe Variationnel de Hamilton (partir de la formulation intégrale du Principe Variationnel et non des équations de Lagrange qui en résultent).

- L'énergie cinétique ***linéique*** est donnée par (voir § V-4.1.4.)

$$\boxed{T = \frac{1}{2}\rho S\left(\frac{\partial \xi}{\partial t}\right)^2}, \qquad (6.213)$$

où ρ et S désignent respectivement la masse volumique de la barre et l'aire de la section (S).

- Les effets de la pesanteur étant négligés, l'énergie potentielle ***linéique*** de déformation s'écrit (voir § V-4.1.4.)

$$\boxed{V = \frac{1}{2}ES\left(\frac{\partial \xi}{\partial x}\right)^2}, \qquad (6.214)$$

où E désigne le module d'Young du matériau constituant la barre.

▪ Le Lagrangien $\mathscr{L}_T$ du système correspondant aux déformations de la barre s'exprime donc comme la somme des Lagrangiens élémentaires $\mathscr{L}\,dx = (T - V)dx$ sur toute la barre (où $\mathscr{L}$ représente le Lagrangien linéique), soit

$$\boxed{\mathscr{L}(\xi,\dot{\xi}_t,\dot{\xi}_x,t) = \frac{1}{2}\rho S \dot{\xi}_t^2 - \frac{1}{2} E S\, \dot{\xi}_x^2}\ , \tag{6.215-a}$$

et

$$\mathscr{L}_T(\xi,\dot{\xi}_t,\dot{\xi}_x,t) = \int_0^L \mathscr{L}(\xi,\dot{\xi}_t,\dot{\xi}_x,t)\,dx\,, \tag{6.215-b}$$

où $\dot{\xi}_t$ et $\dot{\xi}_x$ désignent les dérivées partielles de $\xi$ par rapport à $t$ et à $x$ respectivement.

▪ Les Lagrangiens $\ell_0$ et $\ell_L$ correspondant respectivement aux conditions sur les frontières $x = 0$ et $x = L$ du domaine, s'écrivent (l'énergie potentielle de pesanteur étant négligée) :

$$\ell_0(\xi,\dot{\xi}_t,t) = 0\ , \tag{6.216-a}$$

et

$$\ell_L(\xi,\dot{\xi}_t,t) = \frac{1}{2} M_L \left(\frac{\partial \xi(L;t)}{\partial t}\right)^2 . \tag{6.216-b}$$

▪ Les coefficients de puissance linéiques $\Xi_\xi(x;t)$ des forces ne dérivant pas d'un potentiel dans le domaine spatial ouvert $x \in \,]0, L[$ sont nuls :

$$\Xi_\xi(x;t) = 0. \tag{6.217}$$

Par ailleurs, les coefficients de puissance $\mathit{\Xi}_\xi(x;t)$ des systèmes extérieurs auxquels la barre est liée sur les frontières du domaine, sont tels que

en $x = 0$ $$\mathit{\Xi}_\xi(0;t) \neq 0 \text{ (encastrement)}\ , \tag{6.218-a}$$

et en $x = L$ $$\mathit{\Xi}_\xi(L;t) = f(t)\ . \tag{6.218-b}$$

▪ Finalement, le Principe Variationnel de Hamilton (§ V-4.1.2.) permet d'écrire que le mouvement de la barre, depuis l'instant $t_1$ jusqu'à l'instant $t_2$ et entre les positions $x = 0$ et $x = L$, est tel que, ***quelle que soit la variation*** $\delta$ ***considérée*** (à $t$ fixé, quel que soit $t$),

$$\int_1^2 dt \left\{ \int_0^L \left[\delta\mathscr{L}(\xi,\dot{\xi}_t,\dot{\xi}_x,t) + \Xi_\xi(x;t)\delta\xi(x;t)\right]dx \right.$$
$$\left. + \delta\ell_0(\xi,\dot{\xi}_t,t) + \delta\ell_L(\xi,\dot{\xi}_t,t) + \mathit{\Xi}_\xi(0;t)\delta\xi(0;t) + \mathit{\Xi}_\xi(L;t)\delta\xi(L;t)\right\} = 0\,,$$

soit, par report des expressions (6.216); (6.217) et (6.218),

$$\boxed{\int_{t_1}^{t_2} dt \left\{\int_0^L \delta\mathscr{L}(\xi,\dot{\xi}_t,\dot{\xi}_x,t)\,dx + \delta\ell_L(\xi,\dot{\xi}_t,t) + \mathit{\Xi}_\xi(0;t)\delta\xi(0;t) + \mathit{\Xi}_\xi(L;t)\delta\xi(L;t)\right\} = 0}\ . \tag{6.219}$$

▪ <u>Calcul de</u> $\int_1^2 dt \int_0^L \delta\mathscr{L}(\xi,\dot{\xi}_t,\dot{\xi}_x,t)\,dx$

Ce calcul est en tous points identique à celui mené au § VI-8.3., en remplaçant $\lambda$ par $\rho S$ et $F$ par $E S$ dans les équations (6.199) à (6.201).

Par suite, l'intégrale s'écrit

$$\boxed{\int_{1}^{2} dt \int_{0}^{L} \delta \mathscr{L}\left(\xi,\dot{\xi}_t,\dot{\xi}_x,t\right)dx = -\int_{0}^{L} dx \int_{1}^{t_2} \lambda \ddot{\xi}_{tt}\,\delta\xi\, dt - \int_{1}^{2} dt\left\{\left[F\dot{\xi}_x\,\delta\xi\right]_0^L - \int_{0}^{L} F\ddot{\xi}_{xx}\,\delta\xi\, dx\right\}} \; . \tag{6.220}$$

▪ <u>Calcul de</u> $\int_{1}^{2} \delta \ell_L\left(\xi,\dot{\xi}_t,t\right)dt$ <u>en $x = L$</u>

De même qu'au § VI-8.3., en remplaçant $m$ par $M_L$ dans l'équation (6.203)

$$\boxed{\int_{1}^{2} \delta \ell_L\left(\xi,\dot{\xi}_t,t\right)dt = -\int_{1}^{2} M_L\,\ddot{\xi}_{tt}\,\delta\xi(L;t)\,dt} \; . \tag{6.221}$$

▪ Le report des intégrales (6.220) et (6.221) dans l'expression (6.219) permet d'écrire que le mouvement de la corde, depuis l'instant $t_1$ jusqu'à l'instant $t_2$ et entre les positions $x = 0$ et $x = L$, est tel que, ***quelle que soit la variation*** $\delta$ ***considérée*** (à $t$ fixé, quel que soit $t$),

$$-\int_{0}^{L} dx \int_{1}^{t_2} \rho S\ddot{\xi}_{tt}\,\delta\xi\, dt - \int_{1}^{2} dt\left\{\left[ES\dot{\xi}_x\,\delta\xi\right]_0^L - \int_{0}^{L} ES\ddot{\xi}_{xx}\,\delta\xi\, dx\right\}$$
$$+\int_{1}^{2}\left[-M_L\,\ddot{\xi}_{tt}(L;t)\delta\xi(L;t) + \Xi_\xi(0;t)\delta\xi(0;t) + f(t)\delta\xi(L;t)\right]dt = 0 \, ,$$

soit, en regroupant les termes en facteur respectivement de $\delta\xi(x;t)$, $\delta\xi(0;t)$ et $\delta\xi(L;t)$ :

$$\boxed{\begin{gathered}\int_{t_1}^{t_2} dt \left\{\int_0^L\left[-\rho S\ddot{\xi}_{tt} + ES\ddot{\xi}_{xx}\right]\delta\xi\, dx + \left[ES\dot{\xi}_x(0;t) + \Xi_\xi(0;t)\right]\delta\xi(0;t)\right. \\ \left. + \left[-ES\dot{\xi}_x(L;t) - M_L\,\ddot{\xi}_{tt}(L;t) + f(t)\right]\delta\xi(L;t)\right\} = 0 \, , \\ \forall\delta\xi(x;t), \forall\delta\xi(L;t), \forall\delta\xi(0;t), \forall x \in \left]0,L\right[, \forall t \in \left[t_1,t_2\right].\end{gathered}} \tag{6.222}$$

Par suite,

$$\begin{cases} -\rho S\ddot{\xi}_{tt} + ES\ddot{\xi}_{xx} = 0 \quad , \ \forall x \in \left]0,L\right[, \forall t \in \left[t_1,t_2\right], & (6.223\text{-a}) \\ ES\dot{\xi}_x(0;t) + \Xi_\xi(0;t) = 0 \ , x = 0, \ \forall t \in \left[t_1,t_2\right], & (6.223\text{-b}) \\ -ES\dot{\xi}_x(L;t) - M_L\,\ddot{\xi}_{tt}(L;t) + f(t) = 0 \ , x = L, \ \forall t \in \left[t_1,t_2\right] & (6.223\text{-c}) \end{cases}$$

<u>Nota Bene</u>. Comme à la question VI-8.3., l'équation (6.223-b) n'est pas utile pour résoudre le problème. Cette équation provient en effet du fait que la condition holonôme de liaison en $x = 0$ n'est pas respectée, et par suite, elle permet de déterminer l'effort d'encastrement $\Xi_\xi(0;t)$ en $x = 0$. Pour résoudre le problème, il faut lui substituer la condition

$$\xi(0;t) = 0 \ , \ x = 0, \ \forall t \in \left[t_1,t_2\right] \ , \tag{6.223-d}$$

et ajouter des conditions initiales, <u>par exemple</u>

$$\xi(x;0) = 0, \ \dot{\xi}_t(x;0) = 0, \ \forall \ x \in \left]0,L\right[ \ , \ t = 0 \ . \tag{6.223-e}$$

Finalement, le problème bien posé pour obtenir la solution $\xi(x;t)$ du mouvement longitudinal de compression/détente du la poutre s'écrit :

$$\begin{cases} \rho S\ddot{\xi}_{tt} = ES\ddot{\xi}_{xx} \quad , \ \forall x \in \left]0,L\right[, \forall t \in \left[t_1,t_2\right], & (6.224\text{-a}) \\ M_L\,\ddot{\xi}_{tt}(L;t) + ES\dot{\xi}_x(L;t) = f(t) \ , x = L, \ \forall t \in \left[t_1,t_2\right], & (6.224\text{-b}) \\ \xi(0;t) = 0 \ , \ x = 0, \ \forall t \in \left[t_1,t_2\right], & (6.224\text{-c}) \\ \xi(x;0) = 0 \ , \ \dot{\xi}_t(x,0) = 0 \ , \forall x \in \left[0,L\right], \ t = 0 \ . & (6.224\text{-d}) \end{cases}$$

Par suite, l'effort d'encastrement en $x = 0$ est donné par l'équation (6.223-b)

$$\Xi_\xi(0;t) = -ES\dot{\xi}_x(0;t) \ . \qquad (6.225)$$

<u>Remarque</u>. Le report de l'expression des Lagrangiens (6.215) et (6.216) et des coefficients de puissance (6.217) et (6.218) dans le système d'équations (5.67) permet également d'obtenir les équations du mouvement quel que soit $x \in \left]0,L\right[$ , et les conditions aux frontières $x = 0$ et en $x = L$.

# CONCLUSION

Au terme de ces six chapitres de cours et d'exercices, le lecteur doit être en mesure de déterminer lui-même sa stratégie dans la résolution d'un problème de mécanique : c'est du moins l'ambition de cet ouvrage. La mise en oeuvre de cette stratégie est présentée de façon élémentaire et par suite extrêmement réductrice au premier chapitre, dans l'espoir de faciliter l'abord des notions délicates introduites tout au long de l'ouvrage, et de permettre au lecteur de les appréhender graduellement au départ sur des exemples simples.

Au delà de la complémentarité des différentes approches de la mécanique déjà présentes au niveau de son histoire, le lien assuré dans l'ouvrage entre le formalisme classique des équations de Lagrange et le principe variationnel de Hamilton a pour objet de guider le lecteur dans le libre arbitrage de ses choix.

A l'instar de l'ensemble des disciplines scientifiques, la mécanique analytique est une école de rigueur : nul ne saurait écrire d'équations justes sur la base de schémas mal précisés ou d'hypothèses mal définies. L'usage du formalisme des équations de Lagrange et du principe variationnel n'échappe pas à cette règle, car il nécessite une bonne connaissance des principes fondamentaux de la mécanique générale.

C'est ainsi que les annexes qui suivent tentent de préciser les notions d'angles d'Euler (Annexe A1), puis d'énergie potentielle, de fonction de force et de gradient (Annexe A2). L'application du principe variationnel de Hamilton à d'autres domaines de la physique est donnée illustré par les lignes électriques (Annexe A3), et les rappels d'élasticité linéaire (Annexe A4) doivent permettre de compléter les notions de solides déformables abordées au chapitre 5, tout comme les rappels sur le théorème de Green (Annexe A5).

Enfin, les points clés du cours sont consignés en Annexe A6 sous la forme de tableaux-résumés. Ils ne se substituent à l'exposé du cours proprement dit, mais peuvent aussi bien jouer le rôle d'aide-mémoire que de support visuel pour un cours.

# Annexe A1

# LES ANGLES D'EULER

Le mouvement d'un solide $(S)$ ayant un point fixe (choisi pour origine $O_0$ du repère $\mathscr{R}_0$) peut être défini en donnant la variation de trois angles en fonction du temps.

Tout point P de $(S)$ se déplace sur une sphère de centre $O_0$. Sa position peut donc être indiquée par la donnée de deux angles. Le solide $(S)$ peut encore tourner autour de la droite $(OP)$, ce qui conduit au troisième angle. Au cours du mouvement, ces trois angles sont fonctions du temps.

Le mouvement général de $(S)$ peut alors être vu comme composé de trois mouvements successifs de rotations autour d'une droite. Si l'on désigne par $\mathscr{R}_3$ un repère lié à $(S)$, il s'agit de préciser le mouvement d'un repère mobile dont l'origine reste fixe. On y parvient par les trois rotations successives définies à partir des "*angles d'Euler*" :

$$\begin{array}{lll} \mathscr{B}_0 \equiv \left(\vec{e}_{x_0}, \vec{e}_{y_0}, \vec{e}_{z_0}\right) & \lrcorner\ \Psi & \text{autour de } \vec{e}_{z_0} : \text{mouvement de précession} \\ \mathscr{B}_1 \equiv \left(\vec{e}_{x_1}, \vec{e}_{y_1}, \vec{e}_{z_0}\right) & \lrcorner\ \theta & \text{autour de } \vec{e}_{x_1} : \text{mouvement de nutation} \\ \mathscr{B}_2 \equiv \left(\vec{e}_{x_1}, \vec{e}_{y_2}, \vec{e}_{z_2}\right) & \lrcorner\ \varphi & \text{autour de } \vec{e}_{z_2} : \text{rotation propre} \\ \mathscr{B}_3 \equiv \left(\vec{e}_{x_3}, \vec{e}_{y_3}, \vec{e}_{z_2}\right) & & \end{array} \qquad (A1.1)$$

On passe donc d'une base à une autre par rotation d'angle $\Psi$, $\theta$ ou $\varphi$ autour d'un des vecteurs de la base $\mathscr{B}_0$, $\mathscr{B}_1$ ou $\mathscr{B}_2$, ce qui peut se représenter par les dessins de la figure A1.1 ou celui de la figure A1.2 :

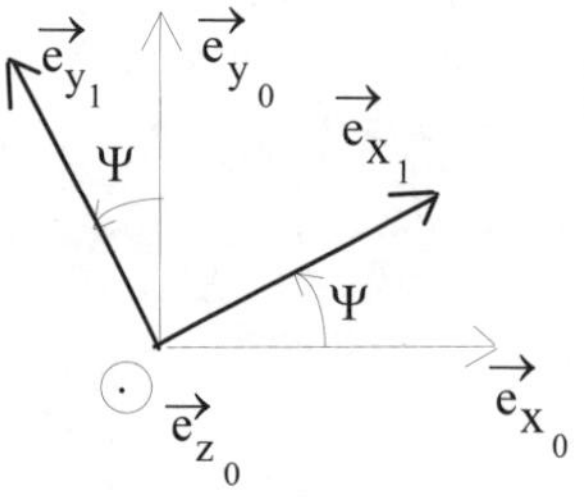


*figure A1.1-a*

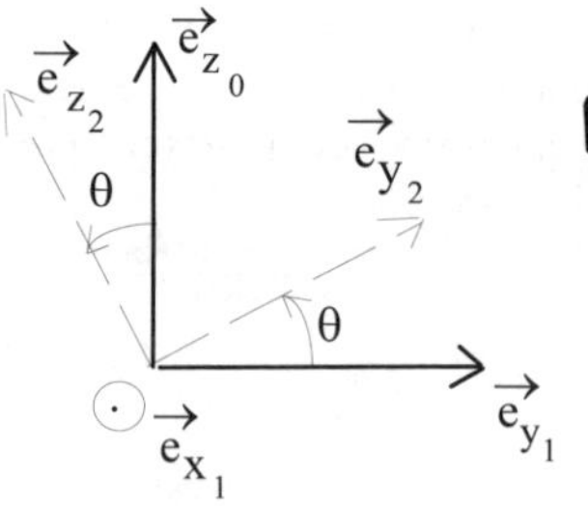


*figure A1.1-b*

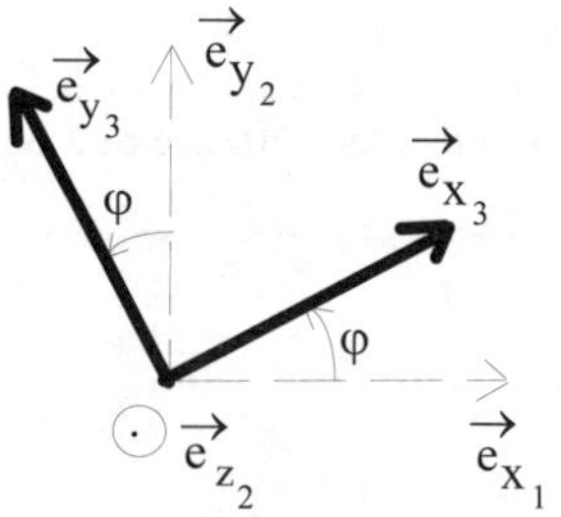


*figure A1.1-c*

Les vecteurs rotation instantanés sont donc donnés par :

$$\vec{\Omega}\left(\mathscr{B}_1 / \mathscr{B}_0\right) = \dot{\Psi}\,\vec{e}_{z_0},\ \vec{\Omega}\left(\mathscr{B}_2 / \mathscr{B}_1\right) = \dot{\theta}\,\vec{e}_{x_1} \text{ et } \vec{\Omega}\left(\mathscr{B}_3 / \mathscr{B}_2\right) = \dot{\varphi}\,\vec{e}_{z_2} \qquad (A1.2)$$

Par composition des rotations, le vecteur rotation instantanée du mouvement absolu de $\mathscr{B}_3$ par rapport à $\mathscr{B}_0$ est donné par la somme des trois vecteurs précédents :

$$\vec{\Omega}\left(\mathscr{B}_3 / \mathscr{B}_0\right) = \dot{\Psi}\,\vec{e}_{z_0} + \dot{\theta}\,\vec{e}_{x_1} + \dot{\varphi}\,\vec{e}_{z_2}. \qquad (A1.3)$$

Ses composantes sont assez simples dans les bases mobiles $\mathscr{B}_1$ ou $\mathscr{B}_2$ :

$$\vec{\Omega}(\mathscr{B}_3/\mathscr{B}_0)\left|\begin{array}{l}\dot{\theta}\\ -\dot{\varphi}\sin\theta\\ \dot{\Psi}+\dot{\varphi}\cos\theta\end{array}\right._{\mathscr{B}_1} = \vec{\Omega}(\mathscr{B}_3/\mathscr{B}_0)\left|\begin{array}{l}\dot{\theta}\\ \dot{\Psi}\sin\theta\\ \dot{\varphi}+\dot{\Psi}\cos\theta\end{array}\right._{\mathscr{B}_2} . \tag{A1.4}$$

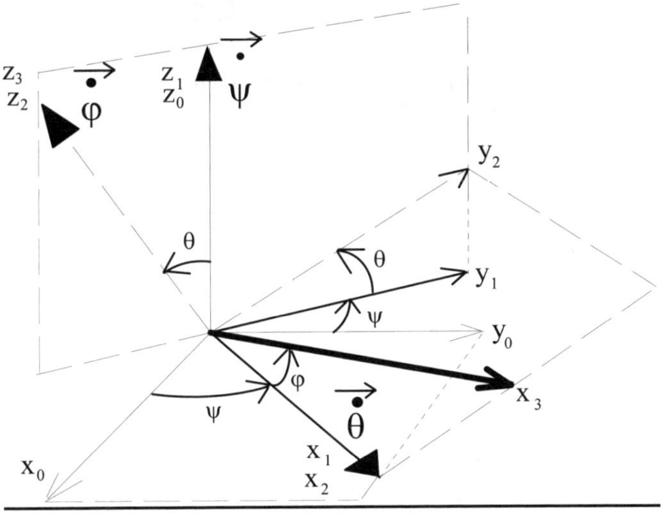


*figure A1.2*

# Annexe A2

# FONCTION DE FORCE, ENERGIE POTENTIELLE

*Cette annexe n'est autre qu'un rappel de cours de mécanique générale classique dont l'objet est de faciliter la compréhension de la notion d'énergie potentielle.*

## 1 CHAMP DE FORCES

Définition. *Lorsqu'une force $\vec{F}$ est donnée en fonction uniquement du point de l'espace $(x, y, z)$ où est située la particule sur laquelle elle s'exerce, on dit que l'on a défini un "**champ de forces**".*

Ainsi un champ de forces peut être défini par une fonction vectorielle des coordonnées spatiales du point :

$$\vec{F}(x, y, z) \ .$$

Exemples : champ de forces dû à l'attraction newtonienne d'un corps donné (le Soleil, une planète, ...), champ de forces dû au champ électrique, ... Dans le cas d'un champ de pesanteur supposé uniforme, la fonction $\vec{F}(x, y, z)$ est constante :

$$\vec{F} = -mg\,\vec{e}_{z_0} \ , \tag{A2.1}$$

si $\vec{e}_{z_0}$ est un vecteur unitaire vertical ascendant, $g$ étant le module de l'accélération de la pesanteur.

Dans le cas d'une attraction par un point fixe O, proportionnelle à la distance $r = OA$ (cas d'un système élastique isotrope) :

$$\vec{F}(O \to A) = -k\,\overrightarrow{OA} = -k\left(x\,\vec{e}_{x_0} + y\,\vec{e}_{y_0} + z\,\vec{e}_{z_0}\right) \ . \tag{A2.2}$$

Contre-exemples : la force de frottement subie par une particule en mouvement sur une surface ou dans l'air, ou la force exercée par un champ électromagnétique sur une charge en mouvement. Ces forces ne sont déterminées que si l'on connaît la vitesse de la particule.

## 2 FONCTION DE FORCE

Définition : *On dit qu'un champ de forces $\vec{F}$ **"dérive d'une fonction de force"** si ce champ de vecteurs $\vec{F}$ est à rotationnel nul. On sait alors qu'il existe une fonction $U(x, y, z)$ (définie à une constante additive près), appelée fonction de force, telle que le champ $\vec{F}$ en soit le champ de gradient. Dans une base cartésienne orthonormée $\mathscr{B}_0$, les composantes de $\vec{F}$ s'expriment sous la forme :*

$$F_x = \frac{\partial U}{\partial x} \ , \ F_y = \frac{\partial U}{\partial y} \ , \ F_z = \frac{\partial U}{\partial z} \ , \tag{A2.3}$$

soit

$$\vec{F} = \overrightarrow{\text{grad}}\,U = \frac{\partial U}{\partial x}\vec{e}_{x_0} + \frac{\partial U}{\partial y}\vec{e}_{y_0} + \frac{\partial U}{\partial z}\vec{e}_{z_0} \ . \tag{A2.4}$$

⚠ L'expression (A2.4) du gradient de la fonction U n'est valable qu'en coordonnées cartésiennes : l'expression est différente en coordonnées cylindriques ou sphériques (voir § A2-5).

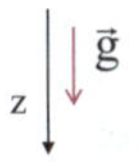


Ainsi, l'action de la gravité terrestre locale sur une masse m est-elle représentée par le poids $\vec{P}$ tel que, pour l'orientation retenue pour l'axe z (voir discussion § A2-3)

*Figure A2.1*

$$\vec{P} = m\vec{g} = \overrightarrow{\text{grad}}(mgz) \ , \qquad \text{(A2.5)}$$

où $U = mgz$ est la fonction de force dont dérive le poids $\vec{P}$ (ici $-gz$ représente un potentiel).

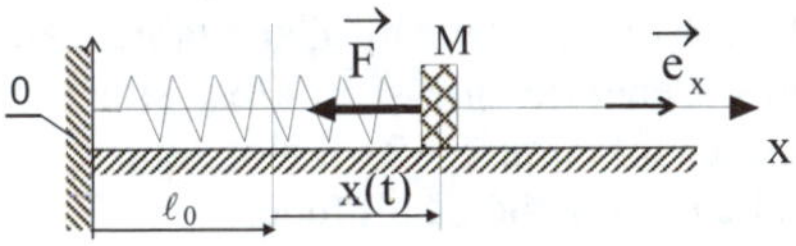


*Figure A2.2*

De même, l'action d'un ressort de raideur k sur une masse M (accrochée au ressort de longueur à vide $\ell_0$ et libre d'osciller par exemple, figure A2.2) est telle que

$$\vec{F} = -kx\vec{e}_x = \overrightarrow{\text{grad}}\left(-\tfrac{1}{2}kx^2\right) = \tfrac{d}{dx}\left(-\tfrac{1}{2}kx^2\right)\vec{e}_x \ , \qquad \text{(A2.6)}$$

où $U = -\frac{1}{2}kx^2$ est la fonction de force dont dérive la force $\vec{F}$.

# 3 ENERGIE POTENTIELLE

Dans le domaine de la mécanique, il est intéressant de considérer l'opposé de la fonction U.

*<u>Définition</u>. On appelle **"énergie potentielle"** associée au champ de force l'opposé de la fonction de force* U *:*

$$V(x,y,z) = -U(x,y,z). \qquad \text{(A2.7)}$$

*Le vecteur* $\vec{F} = \overrightarrow{\text{grad}}\,U$ *est alors dirigé des grandes valeurs de* V *vers les plus petites. On parle d'un champ de force qui **"dérive d'une fonction de force"** (voir la remarque sur la terminologie en fin de §).*

<u>Exemples</u>.

▪ <u>Champ de force d'attraction proportionnelle à la distance (par rapport à un point O choisi comme origine, ressort de raideur</u> k <u>par exemple)</u> :
La fonction de force U s'écrit

$$U = -\tfrac{1}{2}k\left(x^2 + y^2 + z^2\right) = -\tfrac{1}{2}kr^2 \ . \qquad \text{(A2.8)}$$

Ainsi, l'énergie potentielle disponible, due à la déformation élastique du ressort, est donnée par l'expression $V = \frac{1}{2}kr^2$.

▪ <u>Champ uniforme de la pesanteur</u> ($\vec{e}_{z_0}$ vertical ascendant), origine des coordonnées donnée (non spécifiée ici) :

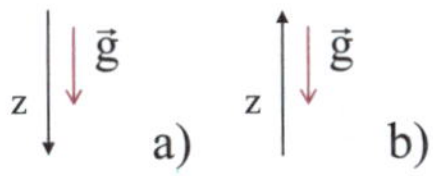


*Figure A2.3*

- Lorsque $\vec{e}_z$ est vertical descendant (figure A2.3-a), la fonction de force est $U = +mgz$, et donc l'énergie potentielle de gravité de la masse est $V = -mgz$.
- Au contraire, si $\vec{e}_z$ est vertical ascendant (figure A2.3-b), la fonction de force est $U = -mgz$, et donc l'énergie potentielle de gravité de la masse est $V = +mgz$.

Ainsi, plus la masse est située à une altitude élevée, plus son énergie potentielle est grande.

Variations de l'énergie potentielle

L'énergie potentielle (comme la fonction de force) est toujours définie à une constante additive près (dans le cas de la pesanteur, la valeur zéro de ces grandeurs a été choisie en $z = 0$, point arbitraire).

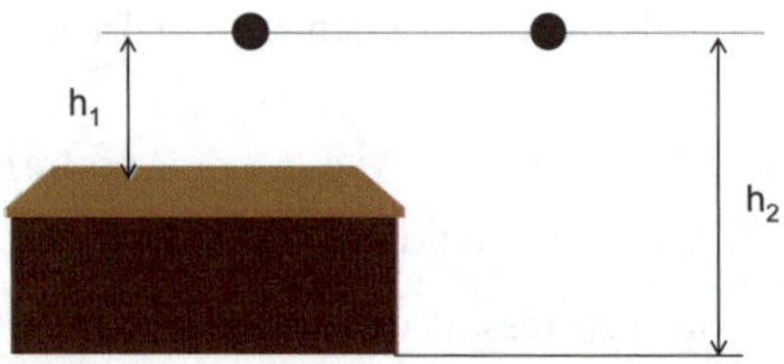


*Figure A2.4*

En pratique, les quantités d'intérêt sont les variations possibles d'énergie potentielle qui peuvent être transformées en d'autres formes d'énergies. Ainsi, plus la variation d'altitude possible de la masse est grande, plus l'énergie qu'elle peut restituer est grande. Par exemple, la masse m située à une hauteur $h_1$ d'une table peut restituer moins d'énergie que si elle est située à une hauteur $h_2$ du sol (figure A2.4), alors que dans les deux cas elle est à la même altitude.

A noter que l'énergie potentielle peut être positive ou négative en fonction du choix de la constante définissant l'origine des énergies. Par contre, la définition admise pour l'énergie cinétique impose que cette énergie soit positive ou nulle.

Remarque sur la terminologie.

Il est fréquent, en mécanique, d'appeler "**potentiel**" ce qui vient d'être défini comme étant l'**énergie potentielle** associée à un champ de forces. Ainsi, dans cette acception du terme, le potentiel $V$ est l'opposé de la fonction de forces $U$, et l'on dit couramment que le champ de forces, s'il dérive d'une fonction de forces, "**dérive d'un potentiel**".

Cependant, dans nombre de traités de physique, le terme de "potentiel" est réservé à une grandeur n'ayant pas la dimension d'une énergie. Ainsi, le potentiel électrique désigne-t-il l'énergie potentielle électrique *par unité de charge* de la particule utilisée somme sonde. De même, le potentiel gravitationnel induit par un certain nombre de corps attracteurs (de masses données) représentera l'énergie potentielle disponible pour une particule sonde *de masse unité*. Le potentiel gravitationnel, dans ce dernier cas, doit s'exprimer en Joules/kg. Dans la même logique, le terme de "champ" est introduit : le champ électrique représente la force électrique qui s'exerce sur une charge unité en un point donné ; le champ gravitationnel désigne la force d'attraction newtonienne subie par une particule de masse unité. Dans ce type de présentation, on préfère ainsi le concept de "champ" à celui de champ de forces introduit au § A2-1 : en effet, le "champ" est alors indépendant de toute propriété intrinsèque de la particule sonde.

# 4 PUISSANCE ET TRAVAIL ELEMENTAIRE

▪ Lorsque le champ dérive d'une fonction de forces, la puissance, produit scalaire du vecteur force $\vec{F}$ (équation (A2.4)) et du vecteur vitesse $\vec{V}(A/\mathscr{R}_0) = \frac{dx}{dt}\vec{e}_{x_0} + \frac{dy}{dt}\vec{e}_{y_0} + \frac{dz}{dt}\vec{e}_{z_0}$, s'exprime sous la forme (ne pas confondre le vecteur vitesse $\vec{V}(A/\mathscr{R}_0)$ avec l'énergie potentielle $V$ qui est un scalaire) :

$$\mathscr{P}(\vec{F} \to A/\mathscr{R}_0) = \vec{F}.\vec{V}(A/\mathscr{R}_0) = \frac{\partial U}{\partial x}\frac{dx}{dt} + \frac{\partial U}{\partial y}\frac{dy}{dt} + \frac{\partial U}{\partial z}\frac{dz}{dt} = \frac{dU}{dt} = -\frac{dV}{dt} \quad . \qquad \text{(A2.9)}$$

*La puissance que peut engendrer une force dérivant d'une fonction de forces apparaît donc comme la dérivée totale de la fonction de forces* U *par rapport au temps.*

Il convient de noter ici que, l'énergie potentielle ne dépendant pas explicitement du temps par définition, l'expression (A2.9) est bien (au signe près) le rapport de la différentielle $dV$ de l'énergie potentielle V sur le scalaire $dt$ (en toute rigueur $d/dt = \partial/\partial t + \vec{V}(A/\mathcal{R}_0)\cdot\overrightarrow{grad}$, avec ici $\partial V/\partial t = 0$).

▪ De même, le travail élémentaire de $\vec{F}$ peut s'écrire :

$$\delta\mathcal{W}\left(\vec{F} \to A/\mathcal{R}_0\right) = \vec{F}.d\overrightarrow{O_0A}_{/\mathcal{B}_0} = \frac{\partial U}{\partial x}dx + \frac{\partial U}{\partial y}dy + \frac{\partial U}{\partial z}dz = dU = -dV . \quad \text{(A2.10)}$$

*Ce travail élémentaire apparaît donc, dans ce cas, comme une différentielle totale exacte : la différentielle de la fonction de force* U. *Par suite, on peut énoncer le résultat fondamental suivant :*

*Dans le cas particulier où la force dérive d'une fonction de forces, le travail ne dépend que de la position initiale* $A_0$ *et de la position finale* $A_1$ *; autrement dit,* ***le travail ne dépend pas du chemin suivi*** *pour aller de* $A_0$ *à* $A_1$ *:*

$$\mathcal{W}_{A_0 \to A_1}\left(\vec{F} \to A/\mathcal{R}_0\right) = \int_{A_0}^{A_1} dU = U(A_1) - U(A_0) = -\left[V(A_1) - V(A_0)\right] . \quad \text{(A2.11)}$$

On voit alors que le travail effectué par la force est égal à la variation de l'énergie potentielle entre la position initiale et la position finale.

## 5 RAPPELS SUR LA NOTION DE GRADIENT

⚠ *Ce paragraphe est destiné à faciliter la compréhension de la notion de gradient, en vue de l'appliquer à la mécanique. Il ne remplace nullement le cours de Mathématiques sur le sujet.*

### 5.1. Définitions de base

Le gradient d'une fonction scalaire $U(x,y,z)$ (encore appelé champ scalaire) est un vecteur dont les composantes sur la base orthonormée des coordonnées cartésiennes $\mathcal{B} = (\vec{e}_x, \vec{e}_y, \vec{e}_z)$ sont données par :

$$\boxed{\overrightarrow{grad}\,U(x,y,z) = \frac{\partial U}{\partial x}\vec{e}_x + \frac{\partial U}{\partial y}\vec{e}_y + \frac{\partial U}{\partial z}\vec{e}_z} . \quad \text{(A2.12)}$$

A noter qu'en coordonnées cylindriques et sphériques, l'opérateur gradient prend une forme différente de celle de l'équation (A2.12), à savoir,

• en cylindriques,

$$\overrightarrow{grad}\,U(\rho,\varphi,z) = \frac{\partial U}{\partial \rho}\vec{e}_\rho + \frac{1}{\rho}\frac{\partial U}{\partial \varphi}\vec{e}_\varphi + \frac{\partial U}{\partial z}\vec{e}_z , \quad \text{(A2.13)}$$

• en sphériques,

$$\overrightarrow{grad}\,U(r,\theta,\varphi) = \frac{\partial U}{\partial r}\vec{e}_r + \frac{1}{r}\frac{\partial U}{\partial \theta}\vec{e}_\theta + \frac{1}{r\sin\theta}\frac{\partial U}{\partial \varphi}\vec{e}_\varphi . \quad \text{(A2.14)}$$

### 5.2. Pour aller plus loin

✓ De manière plus abstraite, le gradient d'une fonction $U(M)$ entre dans l'écriture de l'application différentielle (application linéaire tangente) associée à cette fonction au point M :

$$\boxed{dU = \left(\overrightarrow{grad}\,U\right)\cdot d\overrightarrow{M}} , \quad \text{(A2.15)}$$

où $d\overrightarrow{M}$ représente la variable vectorielle indépendante de l'application linéaire. Dans le calcul infinitésimal, $d\overrightarrow{M}$ représente la variation élémentaire de la position du point $M$.

✓ En coordonnées cartésiennes, la définition (A2.15) du gradient de la fonction $U(x,y,z)$ s'écrit, en utilisant les composantes des différents vecteurs sur la base orthonormée des coordonnées cartésiennes :

$$dU = \underbrace{\left(\frac{\partial U}{\partial x}\vec{e}_x + \frac{\partial U}{\partial y}\vec{e}_y + \frac{\partial U}{\partial z}\vec{e}_z\right)}_{\overrightarrow{\text{grad}}\,U} \cdot \underbrace{\left(dx\,\vec{e}_x + dy\,\vec{e}_y + dz\,\vec{e}_z\right)}_{d\overrightarrow{M}} \quad ,$$

et ce, quels que soient les accroissements $dx$, $dy$ et $dz$ ; la donnée de ces trois accroissements et de $\overrightarrow{\text{grad}}\,U$ permet d'en déduire la variation $dU$ de $U$.

### 5.2.1. *Raisonnement à deux dimensions*

Menons maintenant un raisonnement à deux dimensions, qui peut être généralisé sans difficultés à plus de deux dimensions.

Si les variations $dx$ et $dy$ sont choisies telles que

$$dU = 0, \tag{A2.16-a}$$

soit

$$U(x,y) = \text{constante} \quad , \tag{A2.16-b}$$

cela revient à écrire que, géométriquement, tous les vecteurs élémentaires $d\overrightarrow{M}$ tels que $dU = 0$, restent tangents en $M$ à la ligne $U(x,y) = \text{constante}$. On voit alors d'après l'expression (A2.15) de la différentielle de $U$ que $\overrightarrow{\text{grad}}\,U$ est perpendiculaire à ces vecteurs $d\overrightarrow{M}$. Les courbes du plan $(x,y)$ telles que $U(x,y) = \text{constante}$ sont classiquement appelées ***lignes de niveau*** du champ scalaire $U$, et on peut énoncer le résultat suivant :

• En tout point $(x,y)$, le vecteur $\overrightarrow{\text{grad}}\,U$ est perpendiculaire à la ligne de niveau de la fonction $U$ passant par ce point. (A2.17)

Dans l'espace à trois dimensions, en tout point $M$, le vecteur $\overrightarrow{\text{grad}}\,U$ est normal à la surface $U(x,y,z) = \text{constante}$ qui passe par ce point.

#### 5.2.1-a Les lignes de niveau : exemple d'une carte topographique

De manière générale, l'ensemble des points où un champ scalaire $U$ prend la même valeur, sont ses ***lignes*** (voire surfaces) ***de niveau***.

Les ***lignes de niveau*** reflètent toujours une réalité physique.

Ainsi, sur une carte topographique où l'on s'intéresse au relief, $x$ et $y$ représentent par exemple les axes Est-Ouest et Nord-Sud, et la fonction $U$ désigne l'altitude $z$. Sur les cartes météorologiques, la fonction $U$ désigne soit la température, soit la pression, et les lignes de niveau représentent soit les isothermes (points qui sont tous à la même température), soit les isobares (points à la même pression). Dans l'exemple qui suit, on s'intéresse aux cartes topographiques. A titre d'exemple, la figure A2.5 montre les lignes de niveau de la surface

$$U(x,y) = x\,e^{-\left(x^2+y^2\right)} \quad . \tag{A2.18}$$

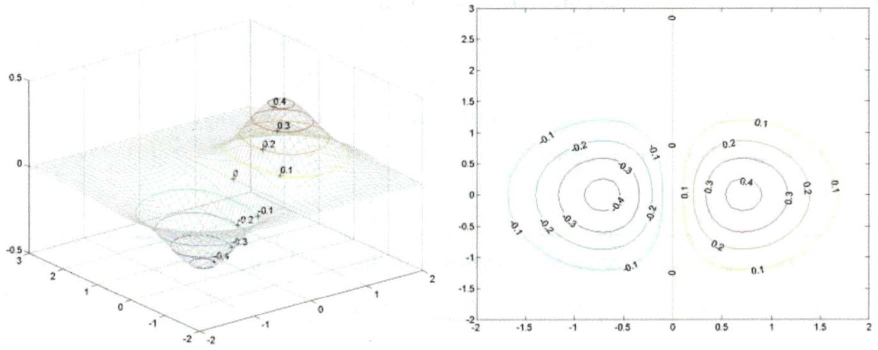

*Figure A2.5*

Sur une carte d'une région montagneuse (figure A2.6), figurent des lignes de niveau, ensemble des points situés à la même altitude, qui permettent de comprendre comment se présente le relief. Les courbes tracées en bleu représentent les torrents, qui coupent les lignes de niveau orthogonalement : les torrents coulent dans le sens des altitudes décroissantes, suivant la ***ligne de plus grande pente*** (là où ils coulent), ligne orthogonale en tout point à la ligne de niveau passant par ce point.

*Figure A2.6*

### 5.2.1-b Orientation du gradient

Dans le plan $(x, y)$, si l'on se déplace en restant constamment perpendiculaire au vecteur $\overrightarrow{\text{grad}}\,U$, on suit une ligne de niveau $U(x, y) = \text{constante}$. Par contre, la variation de la fonction $U$ est maximale si l'on se déplace en suivant les droites ou les directions qui portent le vecteur $\overrightarrow{\text{grad}}\,U$ ; la fonction $U$ croît si ce déplacement s'effectue dans le sens du vecteur $\overrightarrow{\text{grad}}\,U$ et elle décroît dans le sens opposé.

En résumé :

- $\overrightarrow{\text{grad}}\,U$ est dirigé suivant la ***direction de variation la plus rapide*** de $U$ (ligne de plus grande pente), ***dans le sens des valeurs croissantes*** de $U$. (A2.19)

### 5.2.1-c Retour sur l'énergie potentielle

Comme on l'a vu au § A2-2, une force $\vec{F}$ (fonction vectorielle) dérive d'une fonction de force, s'il existe un champ scalaire $U$ tel que

$$\vec{F} = \overrightarrow{\text{grad}}\,U \quad . \tag{A2.20}$$

D'après la propriété (A2.19), la force $\vec{F}$ est dirigée vers les valeurs croissantes du champ scalaire $U$. Si l'on définit l'énergie potentielle $V$ comme l'opposé de la fonction scalaire (champ scalaire) U, soit $V = -U$, alors la force $\vec{F}$ est orientée des grandes valeurs de $V$ vers les plus petites.

Tout ce qui vient d'être vu à deux dimensions se généralise aisément à plusieurs dimensions.

### *5.2.2. Opérateur nabla*

Le moyen de "fabriquer" un champ à partir d'un autre champ est ce que l'on appelle un ***opérateur***. L'opérateur gradient, noté $\overrightarrow{\text{grad}}$ ou encore $\vec{\nabla}$ (opérateur ***"nabla"***) est donc un opérateur vectoriel et différentiel. En coordonnées cartésiennes, cet opérateur s'écrit (à rapprocher de la relation (A2.12))

$$\vec{\nabla} = \overrightarrow{\text{grad}} = \frac{\partial}{\partial x}\vec{e}_x + \frac{\partial}{\partial y}\vec{e}_y + \frac{\partial}{\partial z}\vec{e}_z \quad . \tag{A2.21}$$

# Annexe A3

## APPLICATION DU PRINCIPE VARIATIONNEL DE HAMILTON AUX LIGNES ELECTRIQUES (exemple)

Le Principe Variationnel est un principe général de la physique : il ne s'applique pas qu'aux systèmes mécaniques. A titre d'illustration de ce propos, l'application aux lignes électriques est donnée cette annexe.

Aux fréquences suffisamment élevées pour que la longueur d'onde ne puisse pas être considérée comme grande par rapport aux dimensions du circuit, un phénomène de propagation, de la forme de celui qui correspond (par exemple) dans le chapitre V au mouvement de compresion-détente dans une barre, peut prendre place. Le problème doit alors être traité comme celui des milieux continus.

Le système étudié est constitué (figure A3.1) :
- d'une source de tension électrique idéale $E(t)$,
- d'une résistance de charge $R_\ell$,
- d'une ligne électrique bi-filaire décrite par une distribution continue (Figure A3.2)
  - ✓ d'inductances élémentaires $L(x)dx$,
  - ✓ de résistances élémentaires $R(x)dx$,
  - ✓ de capacitances élémentaires $C(x)dx$ en parallèle.

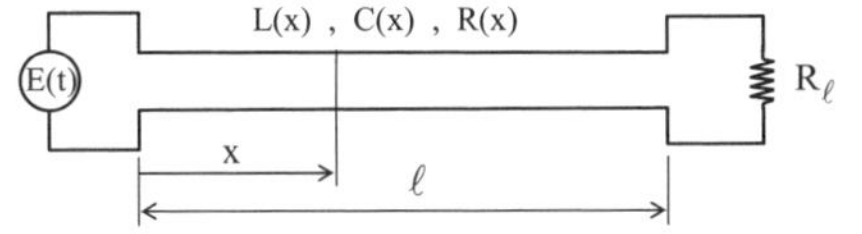


*Figure A3.1 : Ligne électrique alimentée par un générateur de tension* $E(t)$ *et fermée par une charge résistive* $R_\ell$.

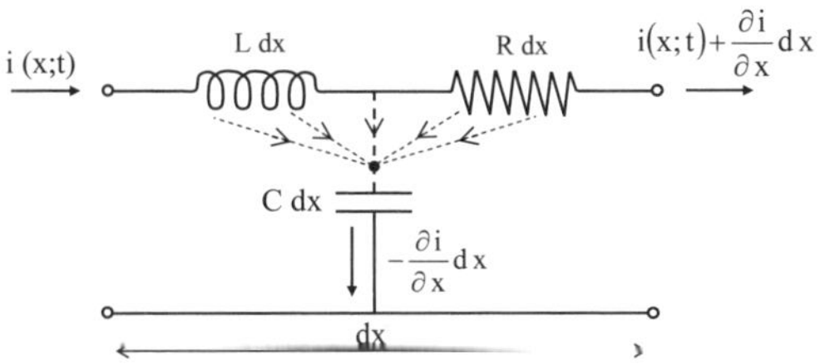


*Figure A3.2 : Elément de ligne de longueur* $dx$ *dont les caractéristiques sont schématisées par les inductance, résistance et capacitance élémentaires.*

La coordonnée généralisée choisie est la charge électrique $q(x;t)$ définie par

$$\frac{\partial q(x;t)}{\partial t} = i(x;t) \quad . \tag{A3.1}$$

Le "mouvement" compatible avec les lois fondamentales de l'électricité se traduit par la loi de conservation de la charge en fonction du temps, à savoir ici, la loi de conservation du courant : le courant de fuite élémentaire $di_C$ dû à la capacité $(C\,dx)$ doit être égal à la différence $\left(-\frac{\partial i}{\partial x}dx\right)$ entre le courant entrant $i(x;t)$ et le courant sortant $i(x;t)+\frac{\partial i}{\partial x}dx$ (figure A3.2).

A ce courant de fuite élémentaire $d\,i_C$ est associée la variation de charge du condensateur

$$d\left(\frac{\partial q_C}{\partial t}\right) = d\,i_C \ . \tag{A3.2}$$

Or
$$d\,i_C = -\frac{\partial i}{\partial x}d\,x = -\frac{\partial}{\partial x}\left(\frac{\partial q}{\partial t}\right)d\,x \ , \tag{A3.3}$$

donc
$$d\left(\frac{\partial q_C}{\partial t}\right) = \frac{\partial(d\,q_C)}{\partial t} = -\frac{\partial}{\partial x}\left(\frac{\partial q}{\partial t}\right)d\,x = -\frac{\partial}{\partial t}\left(\frac{\partial q}{\partial x}\right)d\,x \ ,$$

d'où, en intégrant par rapport au temps et en prenant la constante d'intégration nulle (courants variables)

$$d\,q_C = -\frac{\partial q}{\partial x}d\,x \ . \tag{A3.4}$$

Comme dans le domaine de la mécanique, il convient d'exprimer les énergies mises en jeu :
- l'énergie magnétique linéique (analogue de l'énergie cinétique linéique)

$$W_m = \frac{1}{2}L\,i^2 = \frac{1}{2}L\left(\frac{\partial q}{\partial t}\right)^2 \ , \tag{A3.3}$$

- l'énergie électrostatique linéique (analogue de l'énergie potentielle linéique de compression-détente dans la barre)

$$W_e = \frac{1}{2C}\left(\frac{d\,q_C}{d\,x}\right)^2 = \frac{1}{2C}\left(-\frac{\partial q}{\partial x}\right)^2 \ . \tag{A3.4}$$

Le Lagrangien $\mathscr{L}_T$ de la ligne électrique s'exprime comme la somme des Lagrangiens élémentaires $\mathscr{L}\,d\,x = (W_m - W_e)d\,x$ sur toute la ligne (où $\mathscr{L}$ représente le Lagrangien linéique), soit

$$\mathscr{L}(\dot{q}_t, \dot{q}_x, t) = \frac{1}{2}L\dot{q}_t^2 - \frac{1}{2C}\dot{q}_x^2 \ , \tag{A3.5-a}$$

et
$$\mathscr{L}_T(\dot{q}_t, \dot{q}_x, t) = \int_0^\ell \left(\frac{1}{2}L\dot{q}_t^2 - \frac{1}{2C}\dot{q}_x^2\right)d\,x \ , \tag{A3.5-b}$$

où $\dot{q}_t$ et $\dot{q}_x$ désignent les dérivées partielles de $q$ par rapport à $t$ et à $x$ respectivement.

Le Principe Variationnel de Hamilton s'écrit :

$$\int_1^2 d\,t\left\{\int_0^\ell \left[\delta\mathscr{L}(\dot{q}_t, \dot{q}_x, t) + \Xi_q\,\delta q(x;t)\right]d\,x + \mathit{\Xi}_q(0;t)\delta q(0;t) + \mathit{\Xi}_q(\ell;t)\delta q(\ell;t)\right\} = 0 \ , \tag{A3.6-a}$$

où $\Xi_q$ est le coefficient de puissance associé à la perte d'énergie dans la résistance $R(x)$ dans la ligne
$$\Xi_q(x;t) = -R(x)i(x;t) = -R(x)\dot{q}_t \ , \tag{A3.6-b}$$

$\mathit{\Xi}_q(0;t)$ est le coefficient de puissance associé à l'apport d'énergie au système provenant de la source de différence de potentiel électrique $E(t)$,

$$\mathit{\Xi}_q(0;t) = E(t) \ , \tag{A3.6-c}$$

et $\mathit{\Xi}_q(\ell;t)$ est le coefficient de puissance associé à la perte d'énergie dans le résistance de charge $R_\ell$,
$$\mathit{\Xi}_q(\ell;t) = -R_\ell\,\dot{q}_t(\ell;t) \ . \tag{A3.6-d}$$

La variation $\delta\mathscr{L}$ du Lagrangien s'écrit

$$\delta\mathscr{L}(\dot{q}_t,\dot{q}_x,t)=L\dot{q}_t\,\delta(\dot{q}_t)-\frac{1}{C}\dot{q}_x\,\delta(\dot{q}_x)=L\dot{q}_t\frac{\partial}{\partial t}(\delta q)-\frac{1}{C}\dot{q}_x\frac{\partial}{\partial x}(\delta q)\ . \qquad \text{(A3.7)}$$

Le terme $\int_{t_1}^{t_2}dt\int_{x_1}^{x_2}\delta\mathscr{L}\,dx$ de l'équation (A3.6-a), après intégration par partie conduit à

$$\int_{t_1}^{t_2}\int_0^{\ell}\delta\mathscr{L}(\dot{q}_t,\dot{q}_x,t)dx=\int_0^{\ell}\left\{\left[L\dot{q}_t\delta q\right]_{t_1}^{t_2}-\int_{t_1}^{t_2}\frac{\partial}{\partial t}(L\dot{q}_t)\delta q\,dt\right\}dx$$

$$-\int_{t_1}^{t_2}\left\{\left[\frac{1}{C}\dot{q}_x\delta q\right]_0^{\ell}-\int_0^{\ell}\frac{\partial}{\partial x}\left(\frac{1}{C}\dot{q}_x\right)\delta q\,dx\right\}dt\ ,$$

Par hypothèse, $$\delta q(x;t_1)=\delta q(x;t_2)=0\ , \qquad \text{(A3.8)}$$

ce qui conduit à la nullité du terme $\left[L\dot{q}_t\delta q\right]_{t_1}^{t_2}$.

Par suite, l'intégrale $\int_{t_1}^{t_2}dt\int_{x_1}^{x_2}\delta\mathscr{L}\,dx$ s'écrit donc

$$\int_{t_1}^{t_2}dt\ \left\{\int_0^{\ell}\left[-\frac{\partial}{\partial t}(L\dot{q}_t)+\frac{\partial}{\partial x}\left(\frac{1}{C}\dot{q}_x\right)\right]\delta q\,dx-\frac{1}{C}\dot{q}_x(\ell;t)\delta q(\ell;t)+\frac{1}{C}\dot{q}_x(0;t)\delta q(0;t)\right\}\ ,$$

et son report dans l'équation (A3.6-a) s'écrit

$$\int_{t_1}^{t_2}dt\ \left\{\int_0^{\ell}\left[-\frac{\partial}{\partial t}(L(x)\dot{q}_t)+\frac{\partial}{\partial x}\left(\frac{1}{C(x)}\dot{q}_x\right)-R(x)\dot{q}_t(x;t)\right]\delta q(x;t)dx\right.$$

$$\left.-\left[\frac{1}{C(\ell)}\dot{q}_x(\ell;t)+R_\ell\,\dot{q}_t(\ell;t)\right]\delta q(\ell;t)+\left[\frac{1}{C(0)}\dot{q}_x(0;t)+E(t)\right]\ \delta q(0;t)\right\}=0\ ,$$

$$\forall\delta q(x;t)\,,\ \forall\delta q(\ell;t)\,,\ \forall\delta q(0;t)\,.$$

Finalement

$$\begin{cases} L(x)\ddot{q}_{tt}+R(x)\dot{q}_t-\dfrac{\partial}{\partial x}\left(\dfrac{1}{C(x)}\dot{q}_x\right)=0 & ,\quad 0<x<\ell, \qquad \text{(A3.9-a)}\\ -\dfrac{1}{C(0)}\dot{q}_x(0;t)=E(t) & ,\quad x=0, \qquad \text{(A3.9-b)}\\ -\dfrac{1}{C(\ell)}\dot{q}_x(\ell;t)=R_\ell\,\dot{q}_t(\ell;t) & ,\quad x=\ell. \qquad \text{(A3.9-c)}\end{cases}$$

soit, si les caractéristiques $R$, $L$ et $C$ sont indépendantes du point,

$$\begin{cases} L\ddot{q}_{tt}+R\dot{q}_t-\dfrac{1}{C}\ddot{q}_{xx}=0 & ,\quad 0<x<\ell, \qquad \text{(A3.10-a)}\\ -\dfrac{1}{C}\dot{q}_x(0;t)=E(t) & ,\quad x=0, \qquad \text{(A3.10-b)}\\ -\dfrac{1}{C}\dot{q}_x(\ell;t)=R_\ell\,\dot{q}_t(\ell;t) & ,\quad x=\ell. \qquad \text{(A3.10-c)}\end{cases}$$

L'équation (A3.10-a) est l'équation des télégraphistes bien connue.

Remarque L'étude ci-dessus porte sur les circuits à constantes réparties (distribution continue des éléments $R$, $L$, $C$). Il est bien clair que la technique de calcul présentée s'applique de la même manière aux circuits à constantes localises classiques.

# Annexe A4

# ELASTICITE LINEAIRE, ENERGIE POTENTIELLE DE DEFORMATION

L'objet de cette annexe est de rappeler les données élémentaires d'élasticité linéaire : tenseur des déformations, tenseur des contraintes, loi de comportement en milieu isotrope et anisotrope, puis, par application des lois générales des mouvements, de donner l'expression de l'énergie potentielle de déformation des solides isotropes et anisotropes. Ces notions sont utilisées dans le chapitre V, dans la mise en oeuvre du Principe Variationnel de Hamilton pour les solides déformables.

Le solide étudié est supposé homogène, continu, isotrope (mêmes caractéristiques dans toutes les directions) et de masse constante.

## 1. TENSEUR DES CONTRAINTES ET DES DEFORMATIONS

Un solide est dit ***élastique*** lorsque, soumis à des forces extérieures, il se déforme puis reprend sa forme initiale lorsque les forces sont supprimées. Les ondes élastiques sont générées par la déformation du solide. Tant que leur longueur d'onde est grande devant les distances interatomiques, tout solide homogène est assimilable à un continuum de matière, et son état mécanique est décrit par deux tenseurs de rang deux : le ***tenseur des contraintes*** et le ***tenseur des déformations***, respectivement notés $\overline{\overline{T}}$ et $\overline{\overline{S}}$. Ces grandeurs varient dans le temps et l'espace et constituent le champ élastique, dont la propagation est régie par les équations de la mécanique.

La grandeur choisie ici pour décrire le mouvement des particules est le ***déplacement particulaire*** noté $\vec{u}$.

### 1.1. Tenseur des déformations

Dans le cadre de l'élasticité linéaire (seul considéré ici), un solide déformable subit, lorsqu'il est soumis à des sollicitations mécaniques, des ***déformations géométriques supposées petites*** : ses particules se déplacent faiblement les unes par rapport aux autres, et des contraintes apparaissent (dues aux forces intermoléculaires de liaison) qui tendent à ramener le solide dans son état de repos (antérieur à la déformation). L'objet de ce paragraphe est l'étude des déformations du solide, entre un état initial et un état donné voisin, indépendamment du temps et du chargement mécanique, pour ensuite relier entre elles contraintes et déformations au § A4-2.

#### *1.1.1. Introduction : allongement d'un fil extensible (cas unidimensionnel)*

Sous l'action d'une force uniaxiale $\vec{F}$, le fil de longueur $L$ de la figure A4.1 s'allonge globalement de la quantité $(L'-L)$ et son diamètre diminue. Cependant, chaque partie du fil n'est pas nécessairement déformée de la même manière, et il faut donc définir l'allongement d'un petit élément, puis à la limite, l'allongement au voisinage d'un point M d'abscisse $x$.

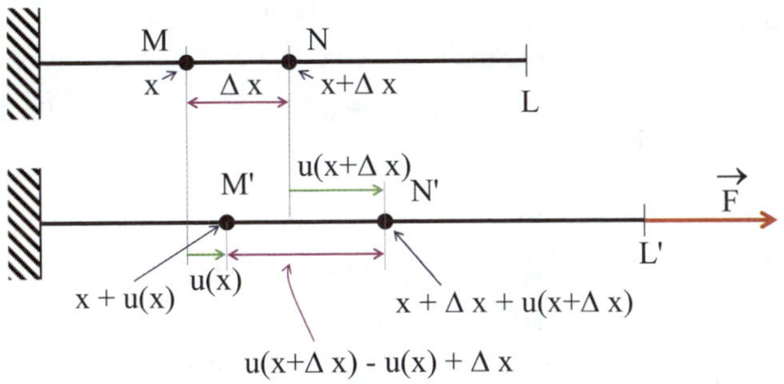


*Figure A4.1 : Allongement d'un fil extensible*

La déformation S au point M est définie par

$$S = \lim_{\Delta x \to 0} \frac{u(x + \Delta x) - u(x)}{\Delta x} = \frac{du}{dx} \quad . \tag{A4.1}$$

### *1.1.2. Déplacement et déformations autour d'un point (définitions)*

i) <u>*Le déplacement*</u>

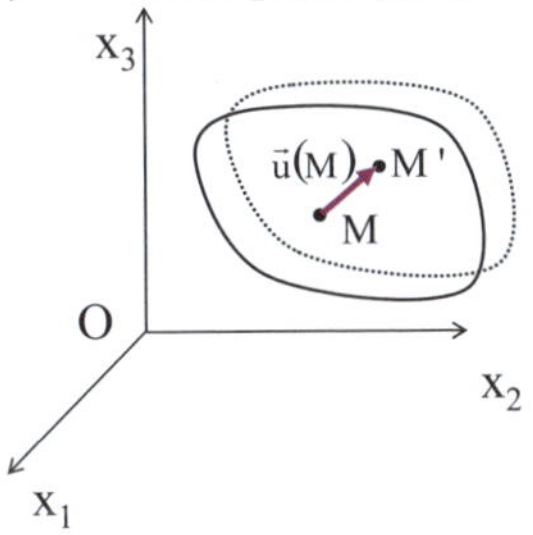


*Figure A4.2*

✓ Soit un point M d'un solide repéré dans le repère $\mathscr{R} = (O, \vec{e}_{x_1}, \vec{e}_{x_2}, \vec{e}_{x_3})$ par ses coordonnées $M(x_1, x_2, x_3)$.

Sous l'action de sollicitations mécaniques, le solide se déforme et le point M vient en M' (figure A4.2).

Le ***vecteur déplacement particulaire du point*** M est le vecteur $\vec{u}(M)$ défini par

$$\vec{u}(M) = \overrightarrow{MM'} \quad , \tag{A4.2}$$

de composantes dans la base $\mathscr{B} = (\vec{e}_{x_1}, \vec{e}_{x_2}, \vec{e}_{x_3})$

$$\vec{u}(M) = u_1(x_1, x_2, x_3)\vec{e}_{x_1} + u_2(x_1, x_2, x_3)\vec{e}_{x_2} + u_3(x_1, x_2, x_3)\vec{e}_{x_3} \quad . \tag{A4.3}$$

ii) <u>*La déformation*</u>

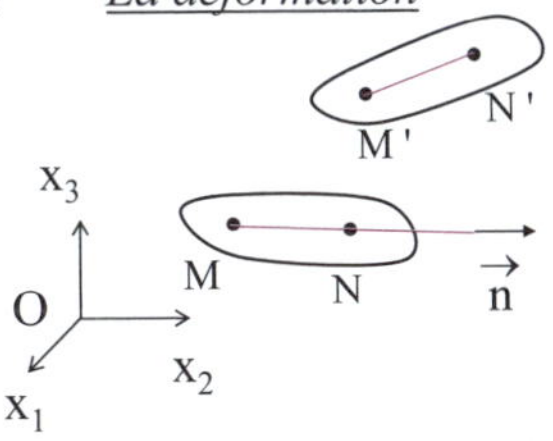


*Figure A4.3*

✓ Soient deux points voisins M et N d'un solide, et $\vec{n}$ le vecteur unitaire lié à la direction $\overrightarrow{MN}$ (figure A4.3). Le solide se déforme sous l'action de sollicitations mécaniques et les points M et N viennent respectivement en M' et N'.

La ***déformation*** au point M suivant $\vec{n}$ est la quantité $S(M, \vec{n})$ définie par

$$S(M, \vec{n}) = \lim_{N \to M} \frac{M'N' - MN}{MN} \quad . \tag{A4.4}$$

iii) *Le cisaillement*

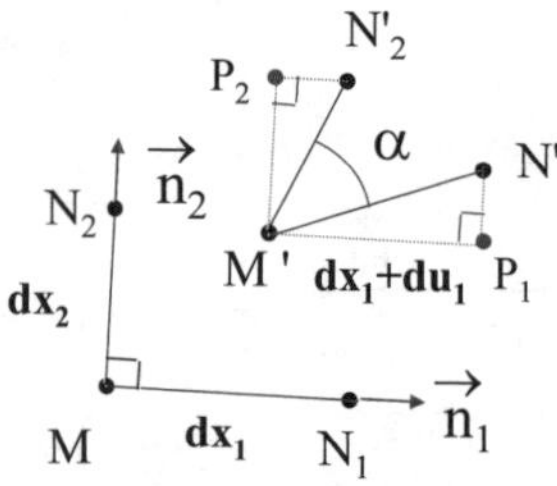


*Figure A4.4*

✓ Soient deux points $N_1$ et $N_2$ voisins de $M$ tels que $dx_1 = MN_1$ et $dx_2 = MN_2$ $(dx_1 \to 0,\ dx_2 \to 0)$ et tels que les vecteurs $\overrightarrow{MN_1}$ et $\overrightarrow{MN_2}$ soient orthogonaux. Soient $\vec{n}_1$ et $\vec{n}_2$ les vecteurs unitaires liés aux directions des vecteurs $\overrightarrow{MN_1}$ et $\overrightarrow{MN_2}$ (figure A4.4). Le solide se déforme sous l'action de sollicitations mécaniques et les points $M$, $N_1$ et $N_2$ viennent respectivement en $M'$, $N'_1$ et $N'_2$.

Le ***cisaillement*** au point $M$ suivant $\vec{n}_1$ et $\vec{n}_2$ est caractérisé par une quantité sans dimensions $\gamma(M,\vec{n}_1,\vec{n}_2)$ appelée ***distorsion*** (ou ***glissement***), et définie par

$$\gamma(M,\vec{n}_1,\vec{n}_2) = \lim_{\substack{dx_1 \to 0 \\ dx_2 \to 0}} \left( \frac{\pi}{2} - \alpha \right) , \qquad \text{(A4.5-a)}$$

où l'angle $\alpha$ est tel que $\alpha = \left(\overrightarrow{M'N'_1}, \overrightarrow{M'N'_2}\right)$.

En remarquant que

$$\begin{aligned} \frac{\pi}{2} - \alpha &= \text{Arctg}\left(P_1N'_1/M'P_1\right) + \text{Arctg}\left(P_2N'_2/M'P_2\right) \\ &\approx du_2/(dx_1 + du_1) + du_1/(dx_2 + du_2), \end{aligned} ,$$

soit $$\frac{\pi}{2} - \alpha \approx \frac{\dfrac{\partial u_2}{\partial x_1} dx_1}{dx_1 + \dfrac{\partial u_1}{\partial x_1} dx_1} + \frac{\dfrac{\partial u_1}{\partial x_2} dx_2}{dx_2 + \dfrac{\partial u_2}{\partial x_2} dx_2} = \frac{\dfrac{\partial u_2}{\partial x_1}}{1 + \dfrac{\partial u_1}{\partial x_1}} + \frac{\dfrac{\partial u_1}{\partial x_2}}{1 + \dfrac{\partial u_2}{\partial x_2}} = \frac{\partial u_2}{\partial x_1} + \frac{\partial u_1}{\partial x_2} ,$$

d'où $$\boxed{\gamma(M,\vec{n}_1,\vec{n}_2) \approx \frac{\partial u_2}{\partial x_1} + \frac{\partial u_1}{\partial x_2}} . \qquad \text{(A4.5-b)}$$

### *1.1.3. Etat de déformation en un point*

L'ensemble des grandeurs permettant de caractériser la distribution des déformations autour d'un point est appelé ***état de déformation en un point***.

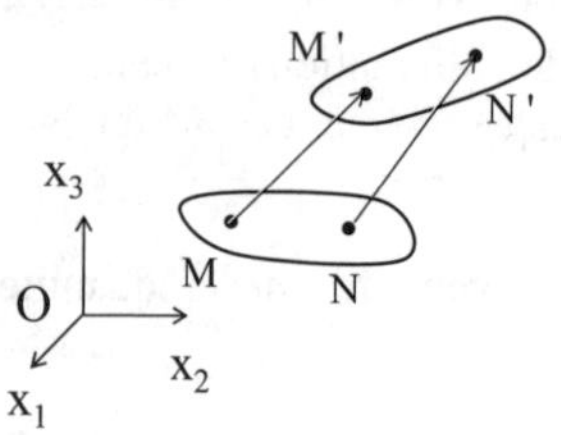


*Figure A4.5*

✓ Soit un point $M$ d'un solide repéré dans le repère $\mathscr{R} = (O, \vec{e}_{x_1}, \vec{e}_{x_2}, \vec{e}_{x_3})$ par ses coordonnées $M(x_1, x_2, x_3)$. Sous l'action de sollicitations mécaniques, le solide se déforme et le point $M$ vient en $M'$ (figure A4.5), son vecteur déplacement étant donné par les équations (A4.2) et (A4.3). Un point $N$ voisin de $M$, de coordonnées $N(x_1 + dx_1, x_2 + dx_2, x_3 + dx_3)$, où $dx_1$, $dx_2$ et $dx_3$ sont petits, vient se positionner en $N'$.

Le vecteur déplacement $\vec{u}(N)$ du point $N$ a pour composantes dans la base $\mathscr{B}$

$$\vec{u}(N) = \overrightarrow{NN'} = (u_1 + du_1)\vec{e}_{x_1} + (u_2 + du_2)\vec{e}_{x_2} + (u_3 + du_3)\vec{e}_{x_3} , \qquad \text{(A4.6)}$$

où $du_1$, $du_2$ et $du_3$ sont les différentielles des fonctions $u_1$, $u_2$ et $u_3$, assimilables à leurs petites variations puisque $dx_1$, $dx_2$ et $dx_3$ sont supposés petits :

$$du_1 = \frac{\partial u_1}{\partial x_1} dx_1 + \frac{\partial u_1}{\partial x_2} dx_2 + \frac{\partial u_1}{\partial x_3} dx_3 \ , \qquad \text{(A4.7-a)}$$

$$du_2 = \frac{\partial u_2}{\partial x_1} dx_1 + \frac{\partial u_2}{\partial x_2} dx_2 + \frac{\partial u_2}{\partial x_3} dx_3 \ , \qquad \text{(A4.7-b)}$$

et

$$du_3 = \frac{\partial u_3}{\partial x_1} dx_1 + \frac{\partial u_3}{\partial x_2} dx_2 + \frac{\partial u_3}{\partial x_3} dx_3 \ . \qquad \text{(A4.7-c)}$$

Notons que, par définition du gradient, les équations (A4.7) peuvent également s'écrire

$$du_1 = \left(\overrightarrow{\text{grad}}\, u_1\right) \cdot d\overrightarrow{OM} \ , \qquad \text{(A4.8-a)}$$

$$du_2 = \left(\overrightarrow{\text{grad}}\, u_2\right) \cdot d\overrightarrow{OM} \ , \qquad \text{(A4.8-b)}$$

et

$$du_3 = \left(\overrightarrow{\text{grad}}\, u_3\right) \cdot d\overrightarrow{OM} \ , \qquad \text{(A4.8-c)}$$

soit finalement

$$\boxed{d\vec{u} = \left(\overline{\overline{\text{grad}\, \vec{u}}}\right) \cdot d\overrightarrow{OM}} \ , \qquad \text{(A4.9-a)}$$

où $\left(\overline{\overline{\text{grad}\, \vec{u}}}\right)$ est un tenseur d'ordre deux (relativement à la base $\mathscr{B}$), tel que

$$\boxed{\left(\overline{\overline{\text{grad}\, \vec{u}}}\right) = \begin{bmatrix} \frac{\partial u_1}{\partial x_1} & \frac{\partial u_1}{\partial x_2} & \frac{\partial u_1}{\partial x_3} \\ \frac{\partial u_2}{\partial x_1} & \frac{\partial u_2}{\partial x_2} & \frac{\partial u_2}{\partial x_3} \\ \frac{\partial u_3}{\partial x_1} & \frac{\partial u_3}{\partial x_2} & \frac{\partial u_3}{\partial x_3} \end{bmatrix}} \ . \qquad \text{(A4.9-b)}$$

Le vecteur déplacement $\vec{u}(N) = \overrightarrow{NN'}$ s'écrit donc, en faisant usage des relations (A4.6) et (A4.7)

$$\vec{u}(N) - \overrightarrow{NN'} = \begin{vmatrix} u_1 + du_1 \\ u_2 + du_2 \\ u_3 + du_3 \end{vmatrix}_{\mathscr{B}} = \begin{vmatrix} u_1 \\ u_2 \\ u_3 \end{vmatrix}_{\mathscr{B}} + \begin{bmatrix} \frac{\partial u_1}{\partial x_1} & \frac{\partial u_1}{\partial x_2} & \frac{\partial u_1}{\partial x_3} \\ \frac{\partial u_2}{\partial x_1} & \frac{\partial u_2}{\partial x_2} & \frac{\partial u_2}{\partial x_3} \\ \frac{\partial u_3}{\partial x_1} & \frac{\partial u_3}{\partial x_2} & \frac{\partial u_3}{\partial x_3} \end{bmatrix}_{\mathscr{B}} \begin{vmatrix} dx_1 \\ dx_2 \\ dx_3 \end{vmatrix} \ , \qquad \text{(A4.10)}$$

soit, en utilisant les équations (A4.9) et (A4.3)

$$\boxed{\vec{u}(N) = \vec{u}(M) + \underbrace{\left(\overline{\overline{\text{grad}\, \vec{u}}}\right) \cdot d\overrightarrow{OM}}_{d\vec{u}}} \ . \qquad \text{(A4.11)}$$

### *1.1.4. Interprétation*

Le tenseur $\overline{\overline{\text{grad}\,\vec{u}}}$ peut être décomposé en la somme d'un tenseur symétrique noté $\overline{\overline{S}}$ et d'un tenseur antisymétrique noté $\overline{\overline{\Omega}}$ définis par

$$\overline{\overline{S}} = \frac{1}{2}\left(\overline{\overline{\text{grad}\,\vec{u}}} + \left(\overline{\overline{\text{grad}\,\vec{u}}}\right)^T\right) \tag{A4.12-a}$$

et

$$\overline{\overline{\Omega}} = \frac{1}{2}\left(\overline{\overline{\text{grad}\,\vec{u}}} - \left(\overline{\overline{\text{grad}\,\vec{u}}}\right)^T\right) , \tag{A4.12-b}$$

où $X^T$ désigne la transposée du tenseur $X$.

Les équations (A4.12) s'écrivent donc respectivement

$$\overline{\overline{S}} = \begin{bmatrix} \frac{\partial u_1}{\partial x_1} & \frac{1}{2}\left(\frac{\partial u_1}{\partial x_2}+\frac{\partial u_2}{\partial x_1}\right) & \frac{1}{2}\left(\frac{\partial u_1}{\partial x_3}+\frac{\partial u_3}{\partial x_1}\right) \\ \frac{1}{2}\left(\frac{\partial u_1}{\partial x_2}+\frac{\partial u_2}{\partial x_1}\right) & \frac{\partial u_2}{\partial x_2} & \frac{1}{2}\left(\frac{\partial u_2}{\partial x_3}+\frac{\partial u_3}{\partial x_2}\right) \\ \frac{1}{2}\left(\frac{\partial u_1}{\partial x_3}+\frac{\partial u_3}{\partial x_1}\right) & \frac{1}{2}\left(\frac{\partial u_2}{\partial x_3}+\frac{\partial u_3}{\partial x_2}\right) & \frac{\partial u_3}{\partial x_3} \end{bmatrix} \tag{A4.13}$$

et

$$\overline{\overline{\Omega}} = \begin{bmatrix} 0 & \frac{1}{2}\left(\frac{\partial u_1}{\partial x_2}-\frac{\partial u_2}{\partial x_1}\right) & \frac{1}{2}\left(\frac{\partial u_1}{\partial x_3}-\frac{\partial u_3}{\partial x_1}\right) \\ -\frac{1}{2}\left(\frac{\partial u_1}{\partial x_2}-\frac{\partial u_2}{\partial x_1}\right) & 0 & \frac{1}{2}\left(\frac{\partial u_2}{\partial x_3}-\frac{\partial u_3}{\partial x_2}\right) \\ -\frac{1}{2}\left(\frac{\partial u_1}{\partial x_3}-\frac{\partial u_3}{\partial x_1}\right) & -\frac{1}{2}\left(\frac{\partial u_2}{\partial x_3}-\frac{\partial u_3}{\partial x_2}\right) & 0 \end{bmatrix} = \begin{bmatrix} 0 & -\omega_3 & \omega_2 \\ \omega_3 & 0 & -\omega_1 \\ -\omega_2 & \omega_1 & 0 \end{bmatrix} . \tag{A4.14}$$

Par suite, le vecteur déplacement $\vec{u}(N) = \overrightarrow{NN'}$ s'écrit

$$\boxed{\vec{u}(N) = \vec{u}(M) + \overline{\overline{\Omega}}\cdot d\overrightarrow{OM} + \overline{\overline{S}}\cdot d\overrightarrow{OM}} . \tag{A4.15}$$

Les trois termes de la relation (A4.15) se prêtent à une compréhension physique des déplacements et déformations dans le solide ; ils représentent chacun une transformation géométrique élémentaire.

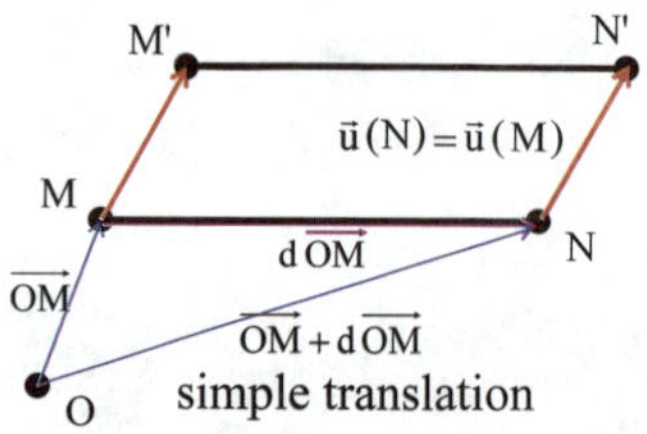


*Figure A4.6*

✓ Si seul le premier terme de la relation (A4.15) est non nul,

soit si
$$\overline{\overline{\Omega}} = \overline{\overline{0}} \text{ et } \overline{\overline{S}} = \overline{\overline{0}} , \tag{A4.16}$$
alors le vecteur déplacement $\vec{u}(N)$ se réduit à
$$\boxed{\vec{u}(N) = \vec{u}(M)} , \tag{A4.17-a}$$
soit
$$\overrightarrow{NN'} = \overrightarrow{MM'} . \tag{A4.17-b}$$
Le terme $\vec{u}(M)$ met donc en évidence, pour tous les points $N$ voisins de $M$, une ***translation*** de vecteur $\overrightarrow{MM'}$ (figure A4.6).

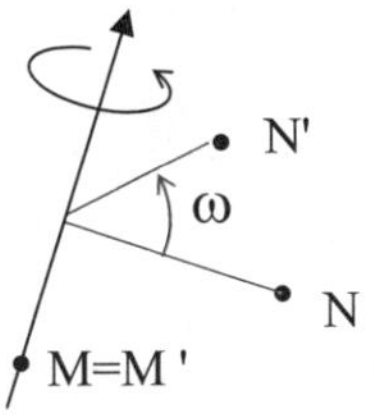


*Figure A4.7*

✓ Si seul le deuxième terme de la relation (A4.15) est non nul,

soit si $\vec{u}(M)=\vec{0}$ et $\overline{\overline{S}}=\overline{\overline{0}}$ , (A4.18)

alors le vecteur déplacement $\vec{u}(N)$ se réduit à

$$\vec{u}(N)=\overline{\overline{\Omega}}\cdot d\overrightarrow{OM} \ , \qquad (A4.19)$$

soit, en faisant usage de la relation (A4.14)

$$\vec{u}(N)= \begin{vmatrix} du_1 \\ du_2 \\ du_3 \end{vmatrix}_{\mathscr{B}} = \begin{bmatrix} 0 & -\omega_3 & \omega_2 \\ \omega_3 & 0 & -\omega_1 \\ -\omega_2 & \omega_1 & 0 \end{bmatrix}_{\mathscr{B}} \begin{vmatrix} dx_1 \\ dx_2 \\ dx_3 \end{vmatrix} = \left( \begin{vmatrix} \omega_1 \\ \omega_2 \\ \omega_3 \end{vmatrix}_{\mathscr{B}} \right) \wedge \left( \begin{vmatrix} dx_1 \\ dx_2 \\ dx_3 \end{vmatrix}_{\mathscr{B}} \right) . \qquad (A4.20)$$

En posant $\vec{\omega}=\omega_1\vec{e}_{x_1}+\omega_2\vec{e}_{x_2}+\omega_3\vec{e}_{x_3}$, la relation (A4.20) s'écrit finalement

$$\boxed{\vec{u}(N)=\vec{\omega}\wedge\overrightarrow{MN}} \ . \qquad (A4.21)$$

Le terme $\overline{\overline{\Omega}}\cdot d\overrightarrow{OM}=\vec{\omega}\wedge\overrightarrow{MN}$ met donc en évidence, pour tous les points N voisins de M, une ***rotation*** d'angle $\omega=\|\vec{\omega}\|$ autour de l'axe directeur de $\vec{\omega}$ issu de M (figure A4.7).

Les deux premiers termes de la relation (A4.15) mettent donc en évidence le ***déplacement du solide selon le sens de la mécanique du solide indéformable***, c'est-à-dire la combinaison d'une translation et d'une rotation.

✓ Si seul le troisième terme de la relation (A4.15) est non nul,

soit si $\vec{u}(M)=\vec{0}$ et $\overline{\overline{\Omega}}=\overline{\overline{0}}$ , (A4.22)

alors le vecteur déplacement $\vec{u}(N)$ se réduit à

$$\boxed{\vec{u}(N)=\overline{\overline{S}}\cdot d\overrightarrow{OM}} \ , \qquad (A4.23)$$

soit, en faisant usage de la relation (A4.13)

$$\vec{u}(N)= \begin{vmatrix} du_1 \\ du_2 \\ du_3 \end{vmatrix}_{\mathscr{B}} = \underbrace{\begin{bmatrix} \dfrac{\partial u_1}{\partial x_1} & \dfrac{1}{2}\left(\dfrac{\partial u_1}{\partial x_2}+\dfrac{\partial u_2}{\partial x_1}\right) & \dfrac{1}{2}\left(\dfrac{\partial u_1}{\partial x_3}+\dfrac{\partial u_3}{\partial x_1}\right) \\ \dfrac{1}{2}\left(\dfrac{\partial u_1}{\partial x_2}+\dfrac{\partial u_2}{\partial x_1}\right) & \dfrac{\partial u_2}{\partial x_2} & \dfrac{1}{2}\left(\dfrac{\partial u_2}{\partial x_3}+\dfrac{\partial u_3}{\partial x_2}\right) \\ \dfrac{1}{2}\left(\dfrac{\partial u_1}{\partial x_3}+\dfrac{\partial u_3}{\partial x_1}\right) & \dfrac{1}{2}\left(\dfrac{\partial u_2}{\partial x_3}+\dfrac{\partial u_3}{\partial x_2}\right) & \dfrac{\partial u_3}{\partial x_3} \end{bmatrix}_{\mathscr{B}}}_{\overline{\overline{S}}} \begin{vmatrix} dx_1 \\ dx_2 \\ dx_3 \end{vmatrix} . \qquad (A4.24)$$

Puisque les deux autres termes de la relation (A4.15), soit $\vec{u}(M)$ et $\overline{\overline{\Omega}}\cdot d\overrightarrow{OM}$ définissent le déplacement du solide, le troisième terme traduit la ***déformation*** proprement dite du solide, pouvant être appelée ***déformation pure***.

*Finalement, tout solide soumis à une petite déformation quelconque sous l'effet de sollicitations mécaniques subit un déplacement en translation et rotation et une déformation pure.*

✓ Le tenseur $\overline{\overline{S}}$, défini par la relation (A4.13), est appelé ***tenseur des déformations***. C'est un tenseur symétrique, dont les termes diagonaux $S_{ii}$ sont relatifs à la déformation $S(M,\vec{e}_{x_i})$ en M dans la direction $x_i$ (équation (A4.1)) et les termes extradiagonaux $S_{ij}$ à la demi-distorsion $\gamma(M,\vec{e}_{x_i},\vec{e}_{x_j})$ de M dans les directions $x_i$ et $x_j$ (cisaillement, § A4-1.1.2., équation (A4.5-b)). Seules les déformations pures sont considérées dans la suite (les mouvements de translation et de rotation d'ensemble ne jouant aucun rôle dans la propagation des ondes élastiques).

De plus, la trace du tenseur des déformations $\overline{\overline{S}}$ est représentative d'une variation de volume. Pour le démontrer, considérons un solide parallélépipédique élémentaire de côtés a, b et c (figure A4.8) portés par les axes du repère $\mathcal{R} = (M,\vec{e}_{x_1},\vec{e}_{x_2},\vec{e}_{x_3})$, et de volume initial

$$V = abc. \tag{A4.25-a}$$

Au cours de la déformation (supposée sans cisaillement), les côtés a, b et c du solide subissent respectivement des allongements $a' = a(1+\partial u_1/\partial x_1)$, $b' = b(1+\partial u_2/\partial x_2)$ et $c' = c(1+\partial u_3/\partial x_3)$. Le volume final vaut alors

$$V' = a'b'c', \tag{A4.25-b}$$

soit, en remplaçant a', b' et c' par leurs expressions respectives dans l'équation (A4.25-b),

$$V' = abc(1+\partial u_1/\partial x_1)(1+\partial u_2/\partial x_2)(1+\partial u_3/\partial x_3)\ . \tag{A4.26}$$

Un développement au premier ordre de la relation (A4.26) conduit à

$$V' \approx V(1+\partial u_1/\partial x_1+\partial u_2/\partial x_2+\partial u_3/\partial x_3)\ ,$$

soit $$(V'-V)/V \approx \partial u_1/\partial x_1+\partial u_2/\partial x_2+\partial u_3/\partial x_3\ ,$$

d'où $$\boxed{(V'-V)/V \approx \operatorname{div}\vec{u} = \operatorname{trace}\overline{\overline{S}}}\ . \tag{A4.27}$$

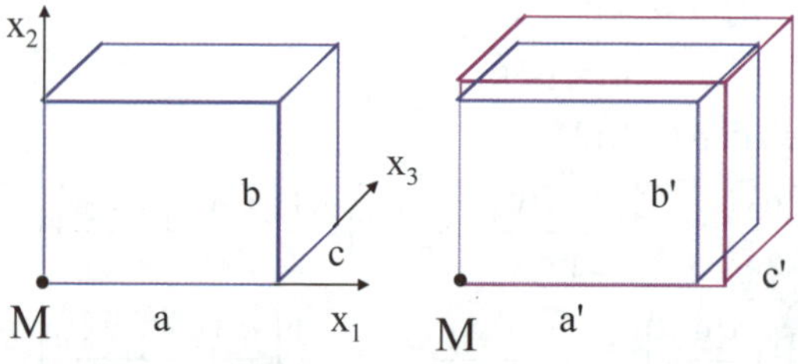


*Figure A4.8*

## 1.2. Tenseur des contraintes

### *1.2.1. Torseur des forces de cohésion - Vecteur contrainte*

Comme indiqué précédemment, les efforts auxquels sont soumis les solides considérés qui seraient à l'origine d'un mouvement d'ensemble de rotation ou de translation ne sont pas considérés dans le cadre de cette étude sur les ondes élastiques.

Dans un solide soumis à des actions mécaniques, les ***forces internes de cohésion*** sont des actions intermoléculaires qui permettent entre autres au solide de conserver globalement sa forme propre. Pour exprimer ces forces internes de cohésion et leur variation, en mécanique des milieux continus et en résistance des matériaux, il est souvent utile d'effectuer une ***coupure fictive*** du solide considéré donné (E) par un plan fictif (P), qui le divise en deux parties, notées $(E_1)$ pour la partie à gauche de la coupure, et $(E_2)$ pour celle à droite (figure A4.9-a). Le milieu extérieur au solide $(E)$ est noté $(\overline{E})$.

La partie gauche $(E_1)$ est soumise à l'action du milieu extérieur au solide $(E)$, notée $\{\overline{E} \rightarrow E_1\}$, et à l'action de la partie droite $(E_2)$, notée $\{E_2 \rightarrow E_1\}$ (figure A4.9-b). Cette dernière action correspond aux efforts de cohésion répartis dans la section droite $(S)$, et le torseur correspondant est appelé ***torseur des forces de cohésion*** et est noté $\{\mathscr{T}_{coh}\}$ :

$$\{\mathscr{T}_{coh}\} = \{E_2 \rightarrow E_1\} \ , \qquad \text{(A4.28)}$$

cette action est extérieure à $(E_1)$ mais intérieure à (E). La connaissance de ces forces de cohésion et de leur répartition à travers (S) constitue l'un des buts poursuivis par la Résistance Des Matériaux (RDM).

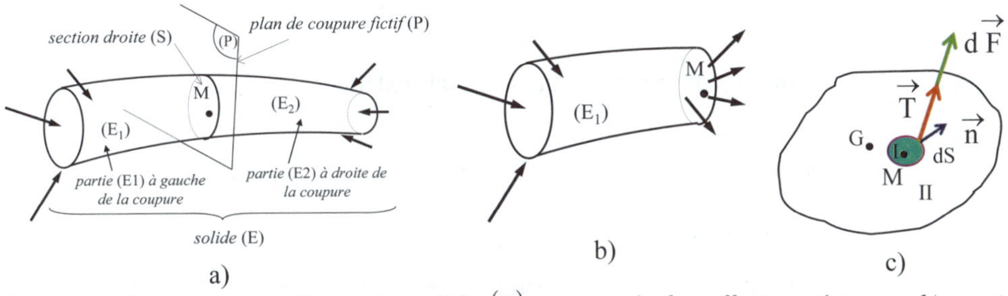


*Figure A4.9 : a) coupure fictive du solide $(E)$, soumis à des efforts extérieurs ; b) partie gauche $(E_1)$ ; c) effort élémentaire $d\vec{F}$ de $(E_2)$ sur $(E_1)$ exercé sur l'élément de surface $dS$ autour du point $M$.*

En un point M de la section droite $(S)$, d'élément de surface $dS$ et de normale $\vec{n}$ orientée positivement vers l'extérieur , la partie $(E_2)$ exerce sur la partie $(E_1)$ un effort élémentaire de cohésion, auquel correspond un vecteur contrainte (figure A4.9-c), noté $\vec{T}(M,\vec{n})$, tel que

$$\vec{T}(M,\vec{n}) = \lim_{dS \to 0} \frac{d\vec{F}}{dS} = -\vec{T}(M,-\vec{n}) \ . \qquad \text{(A4.29)}$$

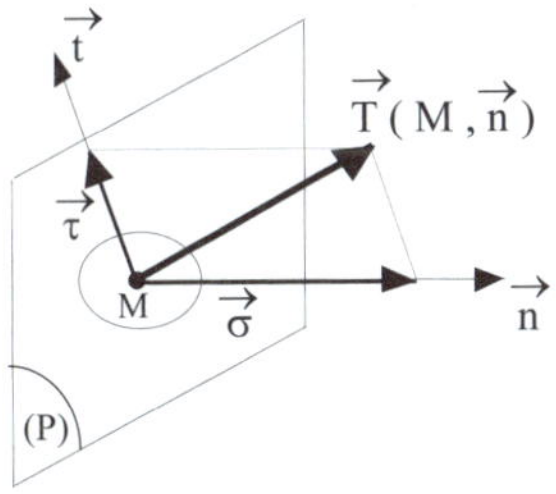


*Figure A4.10 : Décomposition du vecteur contrainte en une contrainte normale et une contrainte tangentielle*

Les projections du vecteur contrainte sur la normale $\vec{n}$ et sur le vecteur $\vec{t}$ du plan de coupure $(P)$ sont respectivement notées $\vec{\sigma}$ et $\vec{\tau}$ et sont respectivement appelées contrainte normale et contrainte tangentielle, cette dernière étant souvent appelée "contrainte de cisaillement" car elle est liée aux efforts tangents à la section considérée qui ont tendance à cisailler la matière en ce lieu (figure A4.10) :

$$\vec{T}(M,\vec{n}) = \vec{\sigma} + \vec{\tau} = \sigma\vec{n} + \tau\vec{t} \qquad \text{(A4.30-a)}$$

avec
$$\sigma = \vec{T}(M,\vec{n}) \cdot \vec{n} \ , \qquad \text{(A4.30-b)}$$

et
$$\tau = \vec{T}(M,\vec{n}) \cdot \vec{t} \ . \qquad \text{(A4.30-c)}$$

Les éléments de réduction au centre de surface G (figures A4.9-c et A4.11) du torseur des forces de cohésion $\{\mathcal{T}_{coh}\}$ sont

$$\begin{cases} \vec{\mathcal{R}}(\mathcal{T}_{coh}) = \iint_{(S)} \vec{T}(M,\vec{n})\, dS & \text{(A4.31-a)} \\ \vec{\mathcal{M}}_G(\mathcal{T}_{coh}) = \iint_{(S)} \overrightarrow{GM} \wedge \vec{T}(M,\vec{n})\, dS & \text{(A4.31-b)} \end{cases}.$$

Les composantes des éléments de réduction sur une base $\mathcal{B}$ associée à un repère $\mathcal{R}_G = (G, \mathcal{B})$ lié à la section considérée (figure A4.11) sont traditionnellement notées

$$\begin{cases} \vec{\mathcal{R}}(\mathcal{T}_{coh}) = \vec{N} + \vec{\mathcal{T}} = N\,\vec{e}_x + T_y \vec{e}_y + T_z \vec{e}_z & \text{(A4.32-a)} \\ \vec{\mathcal{M}}_G(\mathcal{T}_{coh}) = \vec{\mathcal{M}}_t + \vec{\mathcal{M}}_f = \vec{\mathcal{M}}_t + \mathcal{M}_{f_y} \vec{e}_y + \mathcal{M}_{f_z} \vec{e}_z & \text{(A4.32-b)} \end{cases},$$

avec

$\vec{N}$ : effort normal,
projection de $\vec{\mathcal{R}}(\mathcal{T}_{coh})$ sur la normale extérieure $(G, \vec{e}_x)$,

$\vec{\mathcal{T}}$ : effort tranchant,
projection de $\vec{\mathcal{R}}(\mathcal{T}_{coh})$ sur le plan de la section droite $(G, \vec{e}_y, \vec{e}_z)$,

$\vec{\mathcal{M}}_t$ : moment de torsion,
projection de $\vec{\mathcal{M}}_G(\mathcal{T}_{coh})$ sur la normale extérieure $(G, \vec{e}_x)$,

$\vec{\mathcal{M}}_f$ : moment de flexion,
projection de $\vec{\mathcal{M}}_G(\mathcal{T}_{coh})$ sur le plan de la section droite $(G, \vec{e}_y, \vec{e}_z)$.

A noter que $N$, $T_y$, $T_z$, $\mathcal{M}_t$, $\mathcal{M}_{f_y}$ et $\mathcal{M}_{f_z}$ sont des fonctions de ***l'abscisse x*** du centre de surface G de (S).

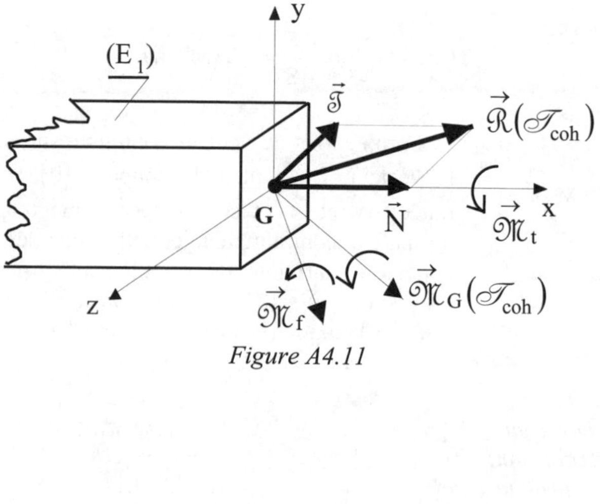


*Figure A4.11*

### *1.2.2. Tenseur des contraintes*

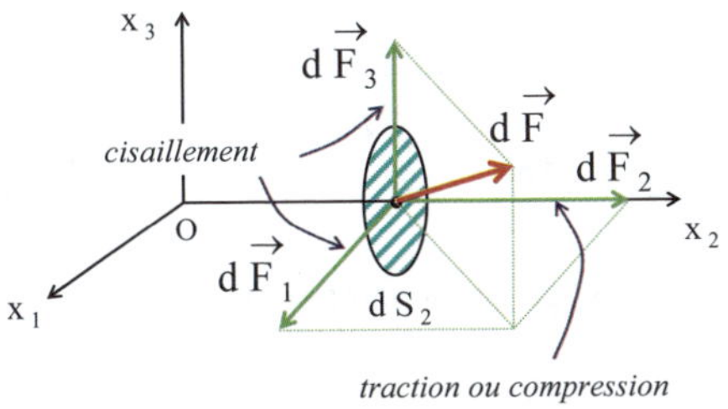


*Figure A4.12 : Décomposition du vecteur contrainte en une contrainte normale et une contrainte tangentielle*

Lorsque le solide est repéré par rapport à un repère orthonormé $\mathcal{R} = (O x_1 x_2 x_3)$, de base associée $\mathcal{B} = (\vec{e}_{x_1}, \vec{e}_{x_2}, \vec{e}_{x_3})$, les vecteurs unitaires de la base $\mathcal{B}$ définissent en un point M du solide trois facettes perpendiculaires d'éléments de surface $dS_k$, $k = 1,2,3$ (figure A4.12 pour $k = 2$). L'élément $T_{ik}$ est par définition la projection sur $\vec{e}_{x_i}$ du vecteur contrainte $\vec{T}(M, \vec{e}_{x_k})$, c'est-à-dire la contrainte exercée parallèlement à l'axe $\vec{e}_{x_i}$ sur la surface perpendiculaire à l'axe $\vec{e}_{x_k}$ (figure A4.12). La relation (A4.29) s'écrit donc dans ce cas

$$\boxed{T_{ik} = \lim_{ds_k \to 0} \frac{dF_i}{dS_k}}. \qquad \text{(A4.33)}$$

En un point M du solide déformable, l'étude de l'ensemble des vecteurs contraintes $\vec{T}(M, \vec{n})$ conduit à considérer ***tous les plans de coupure fictifs passant par ce point***, et donc tous les vecteurs normaux à ces plans. Un vecteur de contrainte $\vec{T}(M, \vec{n})$ qui s'exerce sur élément de surface d'orientation quelconque définie par sa normale unitaire $\vec{n}$, peut être exprimé en fonction des contraintes particulières $T_{ik}$ définies précédemment, qui s'exercent sur les éléments de surface liés à la base $\mathcal{B}$. Pour trouver cette relation, il suffit d'appliquer le Principe Fondamental de la Dynamique pour les résultantes au domaine élémentaire $d\mathcal{V}$ défini par le tétraèdre élémentaire $OA_1A_2A_3$, où le point M appartient à la face $A_1A_2A_3$ (figure A4.13), et d'en exprimer la limite, pour $OM \to 0$.

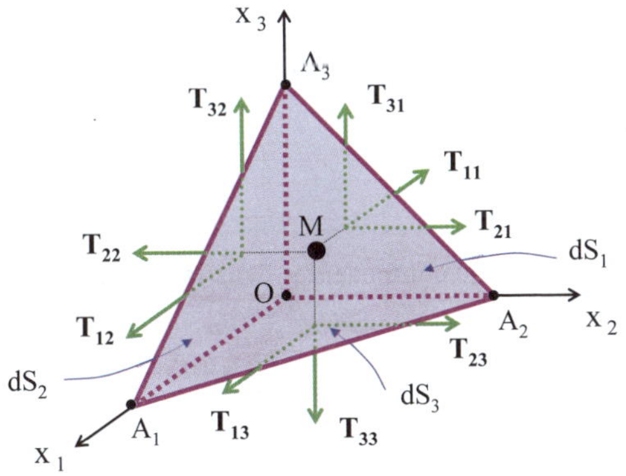


*Figure A4.13 : Eléments de volume tétraédrique de sommet O et de base $A_1A_2A_3$ soumis à un ensemble de contraintes sur chacune de ses faces $dS_1$, $dS_2$, $dS_3$ et $dS_{A_1A_2A_3}$. Le point M appartient à la base $A_1A_2A_3$ et peut être considéré comme le point de concours des trois vecteurs $T_{11}\vec{e}_{x_1}$, $T_{22}\vec{e}_{x_2}$ et $T_{33}\vec{e}_{x3}$.*

Les contraintes extérieures exercées sur le domaine $d\mathscr{V}$ étant notées $\vec{T}(M,\vec{n})$ sur la face $A_1A_2A_3$ et $\vec{T}(M,-\vec{e}_{x_k}) = -T_{1k}\vec{e}_{x_1} - T_{2k}\vec{e}_{x_2} - T_{3k}\vec{e}_{x_3} = -\sum_{i=1}^{3} T_{ik}\vec{e}_{x_i}$ sur chacune des faces de normales unitaires $(-\vec{e}_{x_k})$, cette équation, en projection sur le vecteur $\vec{e}_{x_k}$, s'écrit :

$$\rho\Gamma_i\, d\mathscr{V} = \mathscr{T}_i\, dS_{A_1A_2A_3} - \sum_{k=1}^{3} T_{ik}\, dS_k \quad , \tag{A4.34}$$

où $\mathscr{T}_i$ est la ième composante du vecteur $\vec{T}(M,\vec{n})$ sur les vecteurs de la base $\mathscr{B}$

soit

$$\boxed{\vec{T}(M,\vec{n}) = \sum_{i=1}^{3} \mathscr{T}_i\, \vec{e}_{x_i}} \quad , \tag{A4.35}$$

où $dS_{A_1A_2A_3}$ désigne la surface de la face $A_1A_2A_3$ du tétraèdre, et où $\rho$ et $\Gamma_i$ désignent respectivement la masse volumique matériau considéré et la ième composante de l'accélération de l'élément de volume $d\mathscr{V}$.

En désignant par $n_k$ les composantes sur les vecteurs de la base $\mathscr{B}$ de la normale unitaire $\vec{n}$ à la face $A_1A_2A_3$ du tétraèdre, $dS_k = n_k\, dS_{A_1A_2A_3}$, et l'équation (A4.34) devient

$$\rho\Gamma_i\, d\mathscr{V} = \left(\mathscr{T}_i - \sum_{k=1}^{3} T_{ik}\, n_k\right) dS_{A_1A_2A_3} \quad . \tag{A4.35-a}$$

Du fait que l'accélération de composantes $\Gamma_i$ est bornée, que le volume élémentaire $d\mathscr{V}$ est proportionnel à $OM^3$ et que la surface élémentaire $dS_{A_1A_2A_3}$ est proportionnelle à $OM^2$, l'équation (A4.35-a) devient

$$\lim_{OM\to 0}\left(\mathscr{T}_i - \sum_{k=1}^{3} T_{ik}\, n_k\right) = 0 \, , \tag{A4.35-b}$$

d'où la relation cherchée entre $\mathscr{T}_i$ et $T_{ik}$ :

$$\boxed{\mathscr{T}_i = T_{ik}\, n_k} \quad , \tag{A4.37}$$

avec sommation sur l'indice $k$.

Ainsi, de manière générale, le vecteur contrainte $\vec{T}(M,\vec{n})$, compte tenu du choix de base $\mathscr{B}$ retenu, est donné par la relation tensorielle

$$\boxed{\vec{T}(M,\vec{n}) = \overline{\overline{T}}.\vec{n}} \quad , \tag{A4.38}$$

où $\overline{\overline{T}}$ est le tenseur des contraintes, tenseur d'ordre deux de composantes dans la base $\mathscr{B}$

$$\boxed{\overline{\overline{T}} = \begin{bmatrix} T_{11} & T_{12} & T_{13} \\ T_{21} & T_{22} & T_{23} \\ T_{31} & T_{32} & T_{33} \end{bmatrix}} \quad . \tag{A4.39}$$

De même que l'application du Principe Fondamental de la Dynamique pour les résultantes au domaine élémentaire $d\mathcal{V}$ a conduit aux propriétés exprimées par les relations (A4.37) à (A4.39), son application pour les moments (loi d'équilibre des moments) au point M, centre de masse du volume $d\mathcal{V}$ (ici prisme droit élémentaire de solide, figure A4.14) conduit à la propriété de symétrie du tenseur des contraintes, exprimée par,

$$\boxed{T_{ki} = T_{ik}} \ , \qquad \text{(A4.40)}$$

ce qui conduit au théorème de Cauchy (voir § A4-1.2.3. ci-dessous).

Le détail de la démonstration n'est pas reproduit ici car elle ne présente pas de difficultés fondamentales.

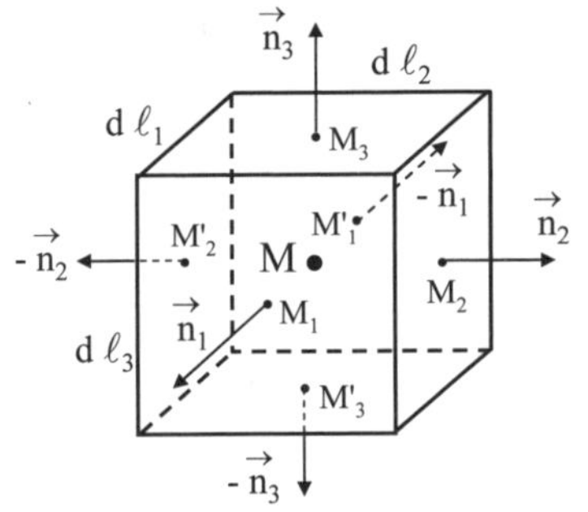


*Figure A4.14 : Prisme droit élémentaire de centre M, de côtés $d\ell_1$, $d\ell_2$ et $d\ell_3$ ($d\mathcal{V} = d\ell_1\, d\ell_2\, d\ell_3$). Chacune des six facettes est rectangulaire. Les normales extérieures des deux facettes perpendiculaires à $\vec{e}_{x_i}$ sont notées $\vec{n}_i$ et $-\vec{n}_i$ respectivement.*

### 1.2.3. *Théorème de Cauchy*

Le ***théorème de Cauchy*** (ou de ***réciprocité des contraintes tangentielles***) provenant de l'équation d'équilibre pour les moments (voir § A4-1.2.2.) peut s'exprimer de la façon suivante :

*En un point M d'un solide, si l'on considère les deux facettes perpendiculaires dont les sections sont orientées par les normales extérieures $\vec{n}_1$ et $\vec{n}_2$ auxquelles correspondent les contraintes $\vec{T}(M,\vec{n}_1)$ et $\vec{T}(M,\vec{n}_2)$, la projection de $\vec{T}(M,\vec{n}_1)$ sur $\vec{n}_2$ (notée $\tau_{12}$) est égale à la projection de $\vec{T}(M,\vec{n}_2)$ sur $\vec{n}_1$ (notée $\tau_{21}$).*

$$\tau_{12} = \tau_{21} \ . \qquad \text{(A4.41)}$$

*On dit qu'il y a réciprocité des contraintes tangentielles sur les deux facettes perpendiculaires, et les contraintes tangentielles sont ainsi disposées symétriquement par rapport à l'arête des facettes (figure A4.15).*

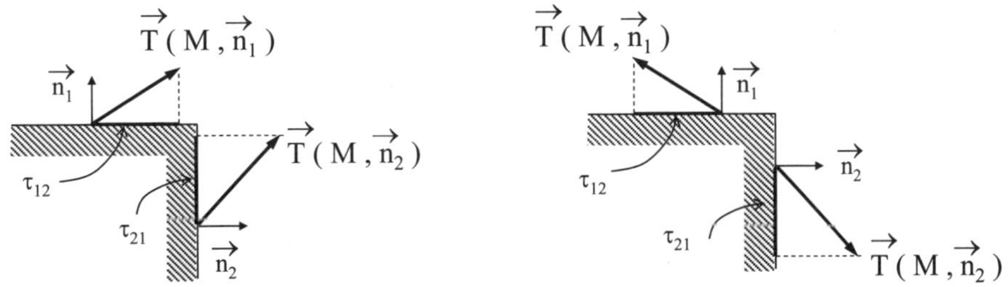


*Figure A4.15 : Illustration du théorème de réciprocité des contraintes tangentielles*

# 2. COMPORTEMENT LINEAIRE D'UN SOLIDE ELASTIQUE

## 2.1. Introduction : essai de traction

### *2.1.1. Différentes étapes d'un essai de traction*

Un essai de traction a pour but l'évaluation des caractéristiques d'un matériau. L'essai consiste à exercer sur une éprouvette de forme cylindrique normalisée (de section $S_0$ et de longueur $L_0$ au repos) des forces croissantes qui vont la déformer progressivement puis la rompre (figure A4.16).

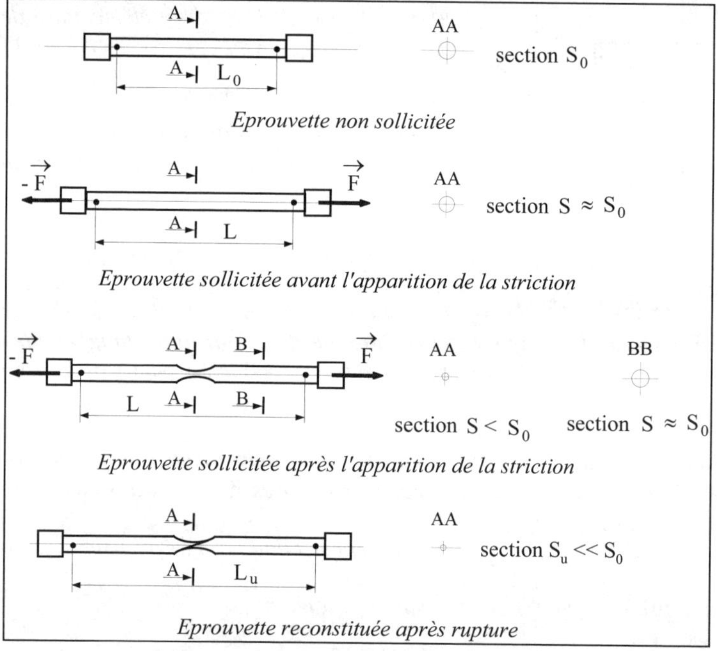


*Figure A4.16 : Différentes étapes d'un essai de traction*

### *2.1.2. Graphe d'un essai de traction*

Un enregistrement de la ***contrainte moyenne*** dans la section

$$\sigma = \frac{F}{S_0} \ , \qquad \text{(A4.42-a)}$$

en fonction de la ***déformation*** entre deux repères qui en résulte

$$\varepsilon = \frac{\Delta L}{L_0} \ , \qquad \text{(A4.42-b)}$$

où $\Delta L = L - L_0$ représente l'allongement entre ces deux repères, permet de mettre en évidence le ***comportement élastique et plastique*** du matériau qui constitue l'éprouvette (figure A4.17).

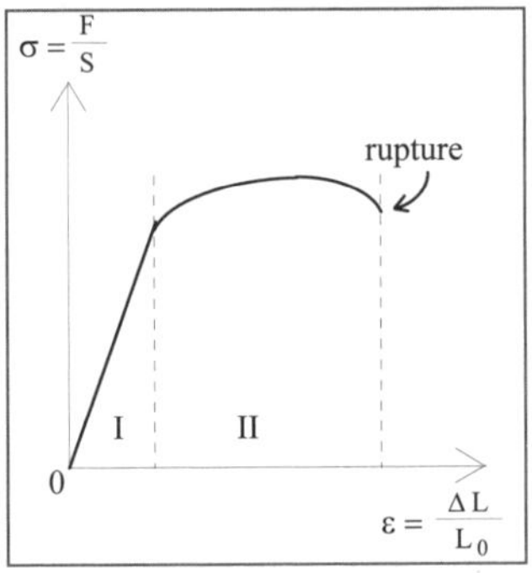

*Figure A4.17*

Cette représentation de la contrainte moyenne en fonction de la déformation permet de définir deux zones.

Zone I, zone de déformation ***élastique*** :
la ***contrainte est proportionnelle à la déformation***, phénomène traduit par la ***loi de Hooke***

$$\boxed{\sigma = \varepsilon E} \ , \qquad \text{(A4.43)}$$

où E est le module de Young (pour les aciers, $E = 2{,}1.10^5$ MPa).

Zone II, zone de déformation ***plastique*** :
elle est caractérisée par un déplacement irréversible des atomes et rupture des liaisons interatomiques, qui se traduit par un allongement qui n'est plus proportionnel à la contrainte (même si la charge est relâchée, la déformation subsiste), suivi d'une striction jusqu'à la rupture.

L'expérience montre que le comportement élastique de la plupart des matériaux est décrit correctement par la loi de Hooke (A4.43), dans l'hypothèse des petites déformations.

## 2.2. Généralisation : loi de Hooke en milieu anisotrope

Par définition, un solide anisotrope n'a pas les mêmes propriétés dans toutes les directions. A titre d'exemples, le bois, tout comme les milieux composites unidirectionnels (constitués par exemple de fibres de carbone noyées dans de la résine) sont des matériaux anisotropes dont la résistance est plus grande dans le sens de ses fibres que perpendiculairement.

Suivant que l'arrangement des molécules constituant un matériau comporte plus ou moins de symétries, son degré d'anisotropie est "moins ou plus" grand, et les propriétés de déformations élastiques font intervenir de deux (solide isotrope) à vingt-et-une constantes indépendantes. La manière dont les grandeurs physiques sont reliées entre elles par l'intermédiaire de ces coefficients s'appelle une ***loi de comportement***, ***élastique*** ici, en raison de l'hypothèse des petites déformations du solide. La loi de Hooke (A4.43), écrite dans le cas d'un essai de traction, est un exemple de loi de comportement, reliant contraintes et déformations. Cette loi de comportement élastique de milieux anisotropes (loi de Hooke généralisée) s'écrit donc de manière tensorielle :

$$\boxed{T_{ij} = c_{ijk\ell} S_{k\ell}} \ , \qquad \text{(A4.44)}$$

où $T_{ij}$, $c_{ijk\ell}$ et $S_{k\ell}$ sont respectivement les composantes du tenseur des contraintes, du tenseur des rigidités élastiques et du tenseur des déformations.

Le tenseur des rigidités élastiques $c_{ijk\ell}$ est un tenseur d'ordre 4 comportant 81 composantes. En raison de la symétrie des tenseurs contrainte et déformation, et également pour des raisons énergétiques, ces composantes sont telles que

$$c_{ijk\ell} = c_{jik\ell} = c_{ij\ell k} = c_{k\ell ij} \ . \tag{A4.45}$$

Par suite, ce tenseur ne comporte en réalité que 21 constantes indépendantes dans le cas le plus défavorable (matériau triclinique), qui peuvent être réduites à 2 (matériau isotrope) ou 1 (milieu fluide non visqueux).

## 2.3. Loi de Hooke en milieu isotrope

La déformation pure d'un solide isotrope est une combinaison linéaire de deux mouvements : un mouvement de cisaillement et une variation de volume (termes extra-diagonaux et diagonaux du tenseur des déformations $\overline{\overline{S}}$), ce qui fait intervenir ***deux coefficients d'élasticité***.

La loi de Hooke en milieu isotrope s'écrit, pour les ***contraintes normales***, les éléments $S_{ij}$ étant définis par la relation (A4.13),

$$T_{ii} = \lambda\left(S_{11} + S_{22} + S_{33}\right) + 2\mu S_{ii} \quad \text{, i fixé ,} \tag{A4.45-a}$$

soit

$$T_{ii} = \lambda\left(\partial u_1/\partial x_1 + \partial u_2/\partial x_2 + \partial u_3/\partial x_3\right) + 2\mu\, \partial u_i/\partial x_i \quad \text{, i fixé ,} \tag{A4.45-b}$$

où le terme $S_{11} + S_{22} + S_{33} = \operatorname{div}\vec{u} = \Delta V/V$ correspond à une dilatation, et où les coefficients $\lambda$ et $\mu$ sont les ***coefficients de Lamé***.

La loi de Hooke en milieu isotrope s'écrit, pour les ***contraintes tangentielles***,

$$\boxed{T_{ij} = 2\mu S_{ij} = \mu\left(\partial u_i/\partial x_j + \partial u_j/\partial x_i\right)} \ , \ i \neq j \ . \tag{A4.45-c}$$

Le coefficient $\mu$ est le seul coefficient de Lamé intervenant dans l'expression de la loi de Hooke pour les contraintes tangentielles relatives au cisaillement, et correspond donc à la réaction du milieu au cisaillement. Le coefficient $\lambda$ est, quant à lui, en facteur de la trace du tenseur des déformations dans l'expression de la loi de Hooke pour les contraintes normales, et correspond donc à la réaction du milieu aux variations de volume. Le choix de l'expression (A4.45) pour la loi de Hooke sur les contraintes normales résulte des propriétés de symétrie liées à l'isotropie du milieu. Il n'est donc pas arbitraire et résulte d'une analyse qui sort du cadre de cette annexe.

La loi de Hooke en milieu isotrope, écrite sous la forme (A4.45), fait intervenir les deux coefficients de Lamé, mais aurait tout aussi bien pu être écrite sous une forme faisant intervenir deux autres coefficients, tels le module d'Young (ou coefficient d'élasticité longitudinale) et le coefficient de Poisson. Des relations peuvent être obtenues entre les coefficients de Lamé $\lambda$ et $\mu$, le module d'Young $E$, le coefficient de Poisson $\nu$, le module d'élasticité volumique $B$ associé à une contrainte purement hydrostatique, et les deux constantes de rigidité élastiques $c_{11} = c_{1111}$ et $c_{12} = c_{1122}$ (tableau A4.1).

| | $E,\nu$ | $E,\mu$ | $\lambda,\mu$ | $c_{11},c_{12}$ |
|---|---|---|---|---|
| $\lambda$ | $\dfrac{E\nu}{(1+\nu)(1-2\nu)}$ | $\dfrac{\mu(E-2\mu)}{3\mu-E}$ | $\lambda$ | $c_{12}$ |
| $\mu$ | $\dfrac{E}{2(1+\nu)}$ | $\mu$ | $\mu$ | $\dfrac{c_{11}-c_{12}}{2}$ |
| $E$ | $E$ | $E$ | $\dfrac{\mu(3\lambda+2\mu)}{\lambda+\mu}$ | $c_{11}-2\dfrac{c_{12}^2}{c_{11}+c_{12}}$ |
| $B$ | $\dfrac{E}{3(1-2\nu)}$ | $\dfrac{\mu E}{3(3\mu-E)}$ | $\lambda+\dfrac{2}{3}\mu$ | $\dfrac{c_{11}+2c_{12}}{3}$ |
| $\nu$ | $\nu$ | $\dfrac{E-2\mu}{2\mu}$ | $\dfrac{\lambda}{2(\lambda+\mu)}$ | $\dfrac{c_{12}}{c_{11}+c_{12}}$ |

*Tableau A4.1*

# 3. EQUATIONS GENERALES DU MOUVEMENT : ENERGIE POTENTIELLE DE DEFORMATION

Le but de ce paragraphe est d'établir, par application du principe variationnel de Hamilton (voir chapitre V), les équations générales du mouvement des particules d'un domaine déformable $\mathscr{D}$ de frontière $\partial\mathscr{D}$, pour déduire l'expression de l'énergie potentielle correspondant aux déformations internes du domaine, appelée encore énergie interne de déformation. Les équations sont tout d'abord établies pour un milieu anisotrope, puis particularisées au cas d'un milieu isotrope.

## 3.1. Lagrangien total du système correspondant aux déformations du domaine

✓ Les coordonnées généralisées choisies ici sont les trois composantes $u_j, j=1,2,3$, du vecteur déplacement particulaire $\vec{u}$.

✓ L'énergie cinétique ***volumique*** est donnée par

$$T=\frac{1}{2}\rho\sum_{j=1}^{3}\dot{u}_{jt}^{2} \ , \qquad \text{(A4.46-a)}$$

où $\rho$ et $\dot{u}_{jt}$ désignent respectivement la masse volumique du volume et la dérivée partielle de $u_j$ par rapport à $t$. L'énergie cinétique totale s'écrit donc

$$T_T=\iiint_{\mathscr{D}} T\, d\mathscr{V} = \frac{1}{2}\iiint_{\mathscr{D}} \rho\left(\sum_{j=1}^{3}\dot{u}_{jt}^{2}\right) dx_1\, dx_2\, dx_3 \quad . \qquad \text{(A4.46-b)}$$

✓ Les effets de la pesanteur étant négligés, l'énergie potentielle ***volumique*** de déformation ne dépend que des composantes $S_{ij}$ du tenseur des déformations :

$$V(S_{ij}) \ , \ i,j=1,2,3 \ , \qquad \text{(A4.47-a)}$$

avec

$$S_{ij}=\frac{1}{2}\left(\dot{u}_{ix_j}+\dot{u}_{jx_i}\right) \ , \qquad \text{(A4.47-b)}$$

où $\dot{u}_{i x_j}$ désigne la dérivée partielle de $u_i$ par rapport à $x_j$. L'énergie potentielle totale s'écrit donc

$$V_T = \iiint_{\mathscr{D}} V(S_{ij}) dx_1 dx_2 dx_3 \quad , \; i,j = 1,2,3 \; . \qquad \text{(A4.47-c)}$$

Le lagrangien $\mathscr{L}_T$ du système pour le champ de déformations du domaine $\mathscr{D}$ est la somme des lagrangiens élémentaires $\mathscr{L} d\mathscr{V} = (T - V) dx_1 dx_2 dx_3$ sur tout le domaine,

où
$$\mathscr{L}[u_j(x_i;t), \dot{u}_{jt}(x_i;t), S_{ij}(x_i;t), t] = \frac{1}{2}\rho \sum_{j=1}^{3} \dot{u}_{jt}^2 - V(S_{ij}) \; , \qquad \text{(A4.48-a)}$$

représente le lagrangien volumique :

$$\mathscr{L}_T = \iiint_{\mathscr{D}} \left[ \frac{1}{2}\rho \left( \sum_{j=1}^{3} \dot{u}_{jt}^2 \right) - V(S_{ij}) \right] dx_1 dx_2 dx_3 \; . \qquad \text{(A4.48-b)}$$

### 3.2. Coefficients de puissance des forces ne dérivant pas d'une fonction de force dans le domaine $\mathscr{D}$

✓ Les coefficients de puissance volumiques $\Xi_{j_{\mathscr{D}}}(x_i;t)$ sont les forces extérieures $F_j$, exprimées par unité de volume et qui ne dérivent pas d'une fonction de force, appliquées au domaine spatial ouvert $\mathscr{D}$ : $\Xi_{j_{\mathscr{D}}}(x_i;t) = F_j$. La force extérieure de volume est écrite sous la forme d'une somme des forces extérieures élémentaires $d\vec{F} = \vec{F} d\mathscr{V}$ exercées sur le volume $d\mathscr{V}$ (où $\vec{F}$ est une force volumique), soit

$$\iiint_{\mathscr{D}} \vec{F} d\mathscr{V} = \iiint_{\mathscr{D}} \vec{F} dx_1 dx_2 dx_3 \quad . \qquad \text{(A4.49)}$$

✓ Par ailleurs, les actions exercées sur les frontières du domaine sont décrites par les coefficients de puissance surfaciques $\Xi_{j_{\partial\mathscr{D}}}(x_i;t) = \mathscr{T}_j$ (voir équation (A4.35)) des forces ne dérivant pas d'une fonction de force dans le domaine spatial ouvert $\mathscr{D}$, sont liés au forces localisées sur la frontière $d\mathscr{V}$ du volume. La force de surface est donc la somme de toutes les contraintes totales $\vec{T}$ exercées sur les éléments de surface $d\sigma$ de la frontière $\partial\mathscr{D}$ , soit

$$\iint_{\partial\mathscr{D}} \vec{T} d\sigma \quad . \qquad \text{(A4.50)}$$

Les systèmes extérieurs liés au volume $\mathscr{D}$ sur sa surface $\partial\mathscr{D}$ ne sont pas précisés. Ils ne sont donc pas décrits par un lagrangien, mais par le champ de contraintes $\mathscr{T}_j$.

### 3.3. Principe Variationnel de Hamilton

✓ Le Principe Variationnel de Hamilton permet d'écrire que le mouvement du domaine $\mathscr{D}$ de frontière $\partial\mathscr{D}$, depuis l'instant $t_1$ jusqu'à l'instant $t_2$, est tel que, ***quelle que soit la variation*** $\delta$ ***considérée (***à $t$ fixé, quel que soit $t$ ),

$$\int_{t_1}^{t_2} dt \left\{ \iiint_{\mathscr{D}} \left[ \delta\mathscr{L}\left[u_j(x_i;t), \dot{u}_{jt}(x_i;t), S_{ij}(x_i;t), t\right] + \sum_{j=1}^{3} F_j(x_i;t)\delta u_j(x_i;t) \right] dx_1 dx_2 dx_3 \right.$$
$$\left. + \iint_{\partial\mathscr{D}} \sum_{j=1}^{3} T_j(x_i;t)\delta u_j(x_i;t) d\sigma \right\} = 0 \ , \ i,j = 1,2,3 \ , \qquad \text{(A4.51)}$$

où la variation du lagrangien volumique est donnée par

$$\delta\mathscr{L} = \delta T - \delta V \ . \qquad \text{(A4.52)}$$

### 3.3.1. *Variation du lagrangien volumique*

✓ D'après les propriétés de l'opérateur variations $\delta$ énoncées au chapitre V, § V-2.1., la variation $\delta T$ de l'énergie cinétique volumique est donnée par

$$\delta T = \frac{1}{2}\rho \sum_{j=1}^{3} \delta \dot{u}_{jt}^2 = \frac{1}{2}\rho \sum_{j=1}^{3} \frac{\partial\left(\dot{u}_{jt}^2\right)}{\partial \dot{u}_{jt}} \delta \dot{u}_{jt} \ , \qquad \text{(A4.53-a)}$$

soit, puisque l'opérateur $\delta$ et l'opérateur dérivée commutent (équation (5.17-d))

$$\delta T = \frac{1}{2}\rho \sum_{j=1}^{3} \frac{\partial\left(\dot{u}_{jt}^2\right)}{\partial \dot{u}_{jt}} \frac{d}{dt} \delta u_j \ ,$$

d'où

$$\boxed{\delta T = \rho \sum_{j=1}^{3} \dot{u}_{jt} \frac{d}{dt} \delta u_j} \ . \qquad \text{(A4.53-b)}$$

✓ La variation $\delta V$ de l'énergie potentielle volumique s'écrit, en faisant usage de l'équation (A4.47-a) et des propriétés de l'opérateur variations $\delta$

$$\delta V = \sum_{i=1}^{3}\sum_{j=1}^{3} \frac{\partial V}{\partial S_{ij}} \delta S_{ij} \ , \qquad \text{(A4.54-a)}$$

avec

$$\delta S_{ij} = \frac{1}{2}\delta\left(\frac{\partial u_i}{\partial x_j} + \frac{\partial u_j}{\partial x_i}\right) = \frac{1}{2}\left(\frac{\partial(\delta u_i)}{\partial x_j} + \frac{\partial(\delta u_j)}{\partial x_i}\right) \ , \qquad \text{(A4.54-b)}$$

soit, puisque

$$S_{ij} = S_{ji} \ ,$$

$$\boxed{\delta V = \sum_{i=1}^{3}\sum_{j=1}^{3} \frac{\partial V}{\partial S_{ij}} \frac{\partial}{\partial x_i} \delta u_j} \ . \qquad \text{(A4.54-c)}$$

✓ Finalement, la variation du lagrangien volumique s'écrit

$$\boxed{\delta\mathscr{L} = \rho \sum_{j=1}^{3} \dot{u}_{jt} \frac{d}{dt} \delta u_j - \sum_{i=1}^{3}\sum_{j=1}^{3} \frac{\partial V}{\partial S_{ij}} \frac{\partial}{\partial x_i} \delta u_j} \ . \qquad \text{(A4.55)}$$

### 3.3.2. *Intégration de la variation du lagrangien volumique*

✓ Le report de la relation (A4.55) dans l'intégrale $\int_{t_1}^{t_2} dt \iiint_{\mathscr{D}} \delta\mathscr{L}\, dx_1 dx_2 dx_3$ et l'intégration par partie (par rapport au temps) du terme

$$\int_{t_1}^{t_2} dt \iiint_{\mathscr{D}} \rho \sum_{j=1}^{3} \dot{u}_{jt} \frac{d}{dt} \delta u_j \, dx_1 dx_2 dx_3 = \iiint_{\mathscr{D}} dx_1 dx_2 dx_3 \int_{t_1}^{t_2} \rho \sum_{j=1}^{3} \dot{u}_{jt} \frac{d}{dt} \delta u_j \, dt$$

conduit à

$$\int_{t_1}^{t_2} dt \iiint_{\mathscr{D}} \delta\mathscr{L}\, dx_1 dx_2 dx_3 =$$

$$\sum_{j=1}^{3} \iiint_{\mathscr{D}} dx_1 dx_2 dx_3 \left\{ \left[\rho \dot{u}_{jt}\, \delta u_j\right]_{t_1}^{t_2} - \int_{t_1}^{t_2} \rho \ddot{u}_{jtt}\, \delta u_j\, dt \right\} \tag{A4.56}$$

$$-\sum_{i=1}^{3}\sum_{j=1}^{3} \int_{t_1}^{t_2} dt \iiint_{\mathscr{D}} \frac{\partial V}{\partial S_{ij}} \frac{\partial(\delta u_j)}{\partial x_i} dx_1 dx_2 dx_3 ,$$

où $\ddot{u}_{jtt}$ désigne la dérivée seconde par rapport au temps de $u_j$.

Par hypothèse,

$$\delta u_j(x_i;t_1) = \delta u_j(x_i;t_2) = 0 , \tag{A4.57}$$

ce qui conduit à écrire $\left[\rho \dot{u}_{jt}\, \delta u_j\right]_{t_1}^{t_2} = 0$.

✓ En remarquant que

$$-\frac{\partial V}{\partial S_{ij}} \frac{\partial(\delta u_j)}{\partial x_i} = -\frac{\partial}{\partial x_i}\left(\frac{\partial V}{\partial S_{ij}} \delta u_j\right) + \frac{\partial}{\partial x_i}\left(\frac{\partial V}{\partial S_{ij}}\right)\delta u_j , \tag{A4.58}$$

la deuxième intégrale du terme (A4.56) s'écrit

$$\sum_{i=1}^{3}\sum_{j=1}^{3} \int_{t_1}^{t_2} dt \iiint_{\mathscr{D}} \left[ -\frac{\partial}{\partial x_i}\left(\frac{\partial V}{\partial S_{ij}} \delta u_j\right) + \frac{\partial}{\partial x_i}\left(\frac{\partial V}{\partial S_{ij}}\right)\delta u_j \right] dx_1 dx_2 dx_3 , \tag{A4.59}$$

soit, en faisant usage du théorème d'Ostrogradsky

$$\iiint_{\mathscr{D}} \operatorname{div} \vec{A} = \iint_{\partial\mathscr{D}} \vec{A}\cdot\vec{n}\, d\sigma , \tag{A4.60}$$

avec

$$\vec{A} = \frac{\partial V}{\partial S_{1j}} \delta u_j \vec{e}_{x_1} + \frac{\partial V}{\partial S_{2j}} \delta u_j \vec{e}_{x_2} + \frac{\partial V}{\partial S_{3j}} \delta u_j \vec{e}_{x_3} , \tag{A4.61-a}$$

et

$$\vec{n} = n_1 \vec{e}_{x_1} + n_2 \vec{e}_{x_2} + n_3 \vec{e}_{x_3} , \tag{A4.61-b}$$

$$\int_{t_1}^{t_2} dt \left( -\iint_{\partial\mathscr{D}} \sum_{j=1}^{3} \delta u_j \sum_{i=1}^{3} \frac{\partial V}{\partial S_{ij}} n_i\, d\sigma + \sum_{i=1}^{3}\sum_{j=1}^{3} \iiint_{\mathscr{D}} \delta u_j \frac{\partial}{\partial x_i}\left(\frac{\partial V}{\partial S_{ij}}\right) dx_1 dx_2 dx_3 \right) . \tag{A4.62}$$

✓ Par suite, la relation (A4.56) devient

$$\int_{t_1}^{t_2} dt \iiint_{\mathscr{D}} \delta\mathscr{L}\, dx_1 dx_2 dx_3 =$$

$$\sum_{j=1}^{3} \left( \int_{t_1}^{t_2} dt \iiint_{\mathscr{D}} dx_1 dx_2 dx_3 \left\{ -\rho \ddot{u}_{jtt}\, \delta u_j + \sum_{i=1}^{3} \delta u_j \frac{\partial}{\partial x_i}\left(\frac{\partial V}{\partial S_{ij}}\right) \right\} \right. \tag{A4.63}$$

$$\left. - \iint_{\partial\mathscr{D}} \delta u_j \sum_{i=1}^{3} \frac{\partial V}{\partial S_{ij}} n_i\, d\sigma \right) .$$

### *3.3.3. Application du Principe Variationnel de Hamilton*

Le report du terme (A4.63) dans la relation (A4.51) conduit à

$$\sum_{j=1}^{3}\left(\int_{t_1}^{t_2} dt \iiint_{\mathscr{D}} dx_1 dx_2 dx_3 \delta u_j \left\{-\rho \ddot{u}_{jtt} + \sum_{i=1}^{3}\frac{\partial}{\partial x_i}\left(\frac{\partial V}{\partial S_{ij}}\right)+F_j\right\} + \iint_{\partial\mathscr{D}} \delta u_j \left[-\sum_{i=1}^{3}\frac{\partial V}{\partial S_{ij}} n_i + \mathscr{T}_j\right] d\sigma\right) = 0 \ , \qquad \text{(A4.64)}$$

$$\forall\ \delta u_j(x_i;t),\ \forall\ x_1,x_2,x_3 \in \mathscr{D},\ \forall\ t \in [t_1,t_2].$$

Les conditions nécessaires pour que l'intégrale (A4.64) s'annule pour les variations arbitraires $\delta u_j(x_i;t)$ des paramètres $u_j$, et ce $\forall\ x_1,x_2,x_3$ et $\forall\ t$, sont données par les six équations suivantes :

$$\begin{cases} \rho \ddot{u}_{jtt} = \displaystyle\sum_{i=1}^{3}\frac{\partial}{\partial x_i}\left(\frac{\partial V}{\partial S_{ij}}\right)+F_j,\ \forall\ x_1,x_2,x_3 \in \mathscr{D}, \forall\ t \in [t_1,t_2],\ j=1,2,3\ , & \text{(A4.65-a)} \\ \displaystyle\sum_{i=1}^{3}\frac{\partial V}{\partial S_{ij}} n_i = \mathscr{T}_j \qquad ,\ \forall\ x_1,x_2,x_3 \in \partial\mathscr{D}, \forall\ t \in [t_1,t_2],\ j=1,2,3\ . & \text{(A4.65-b)} \end{cases}$$

*Conformément à la note qui suit immédiatement l'équation (5.13-g) du § V-1.3 du chapitre 5, l'intervalle de temps* $[t_1,t_2]$ *est suffisamment grand pour que tous les états par lesquels passe le système soient contenus dans cet intervalle ; en d'autres termes, ces équations sont valables quel que soit* $t$.

Dans l'équation (A4.66), $\mathscr{T}_j$ désigne la j-ème composante de la contrainte exercée sur l'élément de surface de normale $\vec{n}$, par action extérieure au domaine $\mathscr{D}$.

Dans le cas particulier où $\vec{n}$ est confondu avec la direction $x_i$, cette équation devient

$$\boxed{\frac{\partial V}{\partial S_{ij}} = T_{ij}} \ , \qquad \text{(A4.66)}$$

où $T_{ij}$ est une composante du tenseur des contraintes (voir § A4-1.2.2., équation (A4.37)).

Les équations du mouvement (A4.65) s'écrivent alors

$$\boxed{\begin{cases} \rho \ddot{u}_{jtt} - \left(\dfrac{\partial T_{1j}}{\partial x_1}+\dfrac{\partial T_{2j}}{\partial x_2}+\dfrac{\partial T_{3j}}{\partial x_3}\right) = F_j \ ,\ \forall\ x_1,x_2,x_3 \in \mathscr{D}, \forall\ t \in [t_1,t_2],\ j=1,2,3\ , \\ T_{1j}n_1 + T_{2j}n_2 + T_{3j}n_3 = \mathscr{T}_j,\ \forall\ x_1,x_2,x_3 \in \partial\mathscr{D}, \forall\ t \in [t_1,t_2],\ j=1,2,3. \end{cases}} \qquad \begin{matrix}\text{(A4.67-a)} \\ \text{(A4.67-b)}\end{matrix}$$

### 3.4. Energie potentielle élastique

✓ Le report de la loi de Hooke (A4.44) dans la relation (A4.66) conduit à

$$\frac{\partial V}{\partial S_{ij}} = T_{ij} = \sum_{k=1}^{3}\sum_{\ell=1}^{3} c_{ijk\ell}\, S_{k\ell} \ , \qquad \text{(A4.68)}$$

relation qui exprime le fait que l'énergie potentielle volumique $V$ est une forme quadratique en $S_{ij}$ : cette forme ne contient ni des termes d'ordre plus élevé en $S_{ij}$, ni des termes d'ordre 1 en $S_{ij}$). Par ailleurs, au repos, si $S_{ij}=0$, alors $V=0$, ce qui implique que l'expression du l'énergie potentielle volumique $V$ ne contient pas non plus de terme constant.

✓ Cette énergie potentielle volumique peut donc s'écrire

$$\boxed{V = \sum_{ijk\ell} \alpha_{ijk\ell}\, S_{ij}\, S_{k\ell}} \ , \qquad \text{(A4.69)}$$

où $\alpha_{ijk\ell}$ sont les composantes d'un tenseur d'ordre 4 symétrique.

✓ La dérivée de l'expression (A4.69) par rapport aux composantes $S_{\mu\nu}$ s'écrit

$$\frac{\partial V}{\partial S_{\mu\nu}} = \sum_{ij} \alpha_{ij\mu\nu}\, S_{ij} + \sum_{k\ell} \alpha_{\mu\nu k\ell}\, S_{k\ell} \ ,$$

soit, en utilisant les propriétés de symétrie du tenseur $\alpha_{ijk\ell}$,

$$\boxed{\frac{\partial V}{\partial S_{\mu\nu}} = 2\sum_{ij} \alpha_{ij\mu\nu}\, S_{ij}} \ . \qquad \text{(A4.70)}$$

✓ La relation (A4.69) peut encore s'écrire

$$V = \sum_{ijk\ell} \alpha_{ijk\ell}\, S_{ij}\, S_{k\ell} = \frac{1}{2}\sum_{k\ell}\left(2\sum_{ij} \alpha_{ijk\ell}\, S_{ij}\right) S_{k\ell} \ , \qquad \text{(A4.71)}$$

soit, en reportant la relation (A4.70) avec $(\mu\,\nu) = (k\,\ell)$ dans l'expression (A4.71) de l'énergie potentielle volumique $V$,

$$V = \frac{1}{2}\sum_{k\ell}\left(\frac{\partial V}{\partial S_{k\ell}}\right) S_{k\ell} \ . \qquad \text{(A4.72)}$$

Le report de la relation (A4.68) dans l'expression (A4.72) conduit finalement à l'expression de l'énergie potentielle élastique volumique

$$\boxed{V = \frac{1}{2}\sum_{k\ell} T_{k\ell}\, S_{k\ell} = \frac{1}{2}\sum_{ijk\ell} c_{ijk\ell}\, S_{k\ell}\, S_{ij}} \ . \qquad \text{(A4.73)}$$

Par suite, l'énergie potentielle élastique totale (ou ***énergie de déformation***) s'écrit

$$\boxed{V_T = \frac{1}{2}\iiint_{\mathscr{D}} \sum_{k\ell} T_{k\ell}\, S_{k\ell}\, d\mathscr{V} = \frac{1}{2}\iiint_{\mathscr{D}} \sum_{ijk\ell} c_{ijk\ell}\, S_{k\ell}\, S_{ij}\, d\mathscr{V}} \ . \qquad \text{(A4.74)}$$

✓ Dans le cas particulier des milieux homogènes isotropes, le report de la loi de Hooke (A4.45) dans l'expression (A4.73) de l'énergie potentielle volumique, et l'usage des relations du tableau A4.1, conduisent à

$$\boxed{V = \frac{1}{2E}\left(T_{11}^2 + T_{22}^2 + T_{33}^2\right) + \frac{1+\nu}{E}\left(T_{12}^2 + T_{23}^2 + T_{31}^2\right) - \frac{\nu}{E}\left(T_{11}\,T_{22} + T_{22}\,T_{33} + T_{33}\,T_{11}\right)} \ . \qquad \text{(A4.75)}$$

A noter que le rapport $\frac{E}{2(1+\nu)}$ est le ***coefficient de Coulomb*** noté $G$, encore appelé module d'élasticité transversale ou module d'élasticité en cisaillement.

A titre d'exemple, l'énergie potentielle surfacique de déformation pour un mouvement de flexion de plaques minces, représenté par le champ de déplacement transversal $u$ prend la forme

$$V=\frac{1}{2}D_0\left\{\left(\frac{\partial^2 u}{\partial x^2}+\frac{\partial^2 u}{\partial y^2}\right)^2-2(1-\nu)\left[\frac{\partial^2 u}{\partial x^2}\frac{\partial^2 u}{\partial y^2}-\left(\frac{\partial^2 u}{\partial x\partial y}\right)^2\right]\right\}, \quad \text{(A4.76)}$$

où la rigidité de flexion $D_0$ est exprimée en fonction de l'épaisseur $h$ de la plaque et des caractéristiques du milieu isotrope constituant la plaque (module d'Young $E$ et coefficient de Poisson $\nu$) par

$$D_0=\frac{2h^3E}{3(1-\nu^2)} . \quad \text{(A4.77)}$$

# Annexe A5

# FORMULES DE GREEN

## 1. FORMULE DE GREEN 2D

*Si* $P(x,y)$ *et* $Q(x,y)$ *sont deux fonctions continues dans le domaine à deux dimensions* $\mathscr{D}$ *et continue par morceaux sur le contour* $\mathscr{C}$ *de ce domaine, et si leurs dérivées spatiales premières sont continues dans des sous-domaines de* $\mathscr{D}$ *(en nombre fini), alors*

$$\iint_{\mathscr{D}} \left( \frac{\partial P}{\partial x} + \frac{\partial Q}{\partial y} \right) dx\,dy = \int_{\mathscr{C}} (P\,dy - Q\,dx) \quad . \tag{A5.1}$$

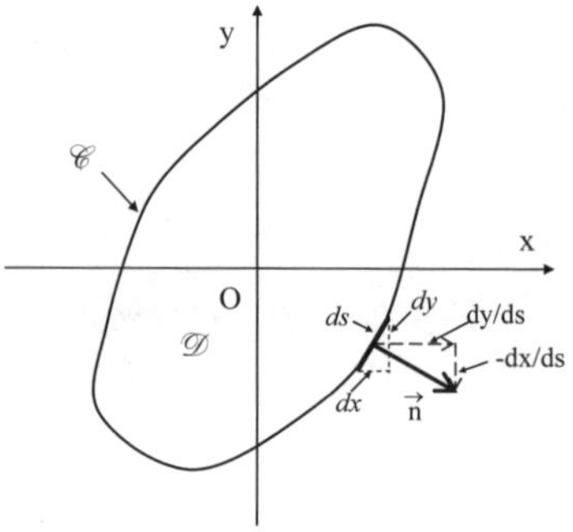


*Figure A5.1*

Avant de démontrer de "manière générale" l'équation (A5.1), notons qu'elle peut également s'interpréter comme une application du théorème de Gauss.

Pour cela, il suffit de définir le vecteur $\vec{W}$ de composantes $P(x,y)$ et $Q(x,y)$ dans la base $\mathscr{B} = (\vec{e}_x, \vec{e}_y)$ associée au repère $\mathscr{R} = (O\,x\,y)$ :

$$\vec{W} = P(x,y)\vec{e}_x + Q(x,y)\vec{e}_y \quad . \tag{A5.2}$$

La normale extérieure $\vec{n}$ en un point $M$ du contour $\mathscr{C}$, de coordonnées $(x,y)$ dans le repère $(O\,x\,y)$ et repéré par son abscisse curviligne $s$, a pour composantes dans la base $\mathscr{B}$ (figure A5.1)

$$\vec{n} = \frac{dy}{ds}\vec{e}_x - \frac{dx}{ds}\vec{e}_y \quad . \tag{A5.3}$$

L'application du théorème de Gauss (sous réserve des conditions d'application)

$$\iint_{\mathscr{D}} \operatorname{div} \vec{W} = \int_{\mathscr{C}} \vec{W} \cdot \vec{n}\,ds \quad , \tag{A5.4}$$

conduit directement à l'équation (A5.1).

Démonstration :

Le premier membre de l'équation (A5.1) s'écrit, par intégration par rapport à x pour $\dfrac{\partial P}{\partial x}$ et par rapport à y pour $\dfrac{\partial Q}{\partial y}$ :

$$\iint_{\mathscr{D}} \left(\frac{\partial P}{\partial x} + \frac{\partial Q}{\partial y}\right) d\,x\,d\,y = \int_{y_m}^{y_M} \left[P(x,y)\right]_{x_{\,inf}}^{x_{\,sup}} d\,y + \int_{x_m}^{x_M} \left[Q(x,y)\right]_{y_{\,inf}}^{y_{\,sup}} d\,x \quad , \tag{A5.5}$$

où $x_{\,inf}$, $x_{\,sup}$, $y_{\,inf}$, $y_{\,sup}$, $x_m$, $x_M$, $y_m$ et $y_M$ sont définis sur la figure A5.2.

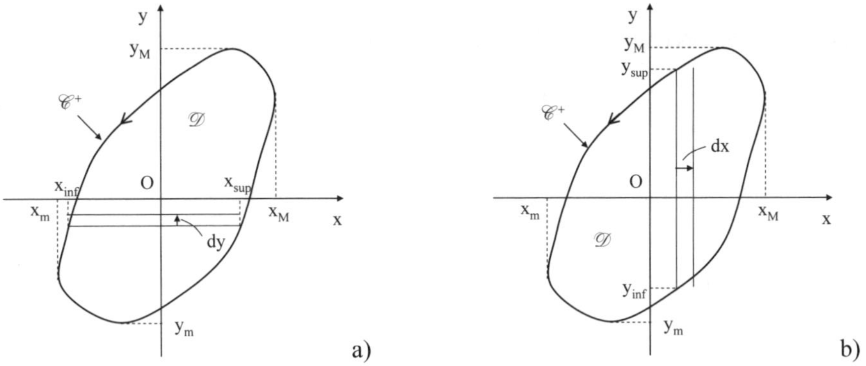


*Figure A5.2 : Intégration sur* x *en y*

La première intégrale de l'équation (A5.5) s'écrit

$$\int_{y_m}^{y_M} \left[P(x_{\,sup}, y)dy - P(x_{\,inf}, y)d\,y\right] \;,$$

soit

$$\int_{y_m}^{y_M} \left[P(x_{\,sup}, y)dy + P(x_{\,inf}, y)(-d\,y)\right] \;. \tag{A5.6}$$

L'intégration du premier terme $P(x_{\,sup}, y)$ se fait en suivant les coordonnées $x_{\,sup}$ (partie droite du contour de la figure A5.2.-a) et celle du second terme $P(x_{\,inf}, y)$ en suivant les coordonnées $x_{\,inf}$ (partie gauche du contour de la figure A5.2.-a)). Le contour du domaine est parcouru dans le sens positif de bas en haut $(+d\,y)$ en passant par la droite, puis de haut en bas $(-d\,y)$ en passant par la gauche ; le contour d'intégration est donc parcouru dans le sens trigonométrique $\mathscr{C}^+$. Par définition, l'intégrale (A5.6) est l'intégrale curviligne de $P(x,y)$ sur le contour $\mathscr{C}^+$, soit

$$\int_{y_m}^{y_M} \left[P(x_{\,sup}, y)dy + P(x_{\,inf}, y)(-d\,y)\right] = \int_{\mathscr{C}^+} P(x,y)d\,y \;. \tag{A5.7}$$

De même, la deuxième intégrale de l'équation (A5.5) s'écrit

$$\int_{x_m}^{x_M} \left[Q(x, y_{\,sup})dx - Q(x, y_{\,inf})d\,x\right] \;,$$

soit

$$-\int_{x_m}^{x_M} \left[Q(x, y_{\,sup})(-dx) + Q(x, y_{\,inf})d\,x\right] \;. \tag{A5.8}$$

L'intégration du premier terme $Q(x, y_{sup})$ se fait en suivant les coordonnées $y_{sup}$ (partie gauche du contour de la figure A5.2.-b) et celle du second terme $Q(x, y_{inf})$ en suivant les coordonnées $y_{inf}$ (partie droite du contour de la figure A5.2.-b)). Le contour du domaine est parcouru dans le sens positif de bas en haut $(+dx)$ en passant par la droite, puis de haut en bas $(-dx)$ en passant par la gauche ; le contour d'intégration est donc parcouru dans le sens trigonométrique $\mathscr{C}^+$. Par définition, l'intégrale (A5.8) est l'intégrale curviligne de $Q(x, y)$ sur le contour $\mathscr{C}^+$, soit

$$-\int_{x_m}^{x_M}\left[Q(x, y_{sup})(-dx)+Q(x, y_{inf})dx\right]=-\int_{\mathscr{C}^+} Q(x, y)dx \ . \qquad \text{(A5.9)}$$

Le report des relations (A5.7) et (A5.9) dans l'équation (A5.5) conduit à l'équation (A5.1) :

$$\iint_{\mathscr{D}}\left(\frac{\partial P}{\partial x}+\frac{\partial Q}{\partial y}\right)dx\,dy=\int_{\mathscr{C}}(P\,dy-Q\,dx) \ . \qquad \text{(A5.1)}$$

Un certain nombre d'applications sont données ci-dessous, suivant la forme imposée aux fonctions $P$ et $Q$.

**a)** $P=\eta G$ et $Q=\eta F$

$$\iint_{\mathscr{D}}\left[\left(G\frac{\partial \eta}{\partial x}+F\frac{\partial \eta}{\partial y}\right)+\eta\left(\frac{\partial G}{\partial x}+\frac{\partial F}{\partial y}\right)\right]dx\,dy=\int_{\mathscr{C}}\eta(G\,dy-F\,dx) \ . \qquad \text{(A5.10)}$$

i) $\eta=\Psi$, $G=\dfrac{\partial \Phi}{\partial x}$ et $F=\dfrac{\partial \Phi}{\partial y}$

$$\iint_{\mathscr{D}}\left[\left(\frac{\partial \Phi}{\partial x}\frac{\partial \Psi}{\partial x}+\frac{\partial \Phi}{\partial y}\frac{\partial \Psi}{\partial y}\right)+\Psi\left(\frac{\partial^2 \Phi}{\partial x^2}+\frac{\partial^2 \Phi}{\partial y^2}\right)\right]dx\,dy=\int_{\mathscr{C}}\Psi\left(\frac{\partial \Phi}{\partial x}dy-\frac{\partial \Phi}{\partial y}dx\right). \qquad \text{(A5.11)}$$

Le deuxième terme de l'équation (A5.11) peut s'écrire, en utilisant la définition (A5.3) de la normale extérieure $\vec{n}$ en un point M du contour $\mathscr{C}$ ($\vec{\nabla}$ désigne l'opérateur gradient) :

$$\int_{\mathscr{C}}\Psi\left(\vec{n}\cdot\vec{\nabla}\Phi\right)ds \ ,$$

soit

$$\int_{\mathscr{C}}\Psi\frac{\partial \Phi}{\partial n}ds \ .$$

Finalement, la relation (A5.11) s'écrit

$$\iint_{\mathscr{D}}\left[\left(\frac{\partial \Phi}{\partial x}\frac{\partial \Psi}{\partial x}+\frac{\partial \Phi}{\partial y}\frac{\partial \Psi}{\partial y}\right)+\Psi\Delta\Phi\right]dx\,dy=\int_{\mathscr{C}}\Psi\frac{\partial \Phi}{\partial n}ds \ , \qquad \text{(A5.12)}$$

où $\Delta$ désigne l'opérateur laplacien.

ii) $\eta = \Phi$, $G = \dfrac{\partial \Psi}{\partial x}$ et $F = \dfrac{\partial \Psi}{\partial y}$, puis soustraction avec la relation (A5.12)

La relation (A5.12) s'écrit, en échangeant $\Phi$ et $\Psi$

$$\iint_{\mathscr{D}} \left[ \left( \frac{\partial \Phi}{\partial x}\frac{\partial \Psi}{\partial x} + \frac{\partial \Phi}{\partial y}\frac{\partial \Psi}{\partial y} \right) + \Phi \Delta \Psi \right] dx\,dy = \int_{\mathscr{C}} \Phi \frac{\partial \Psi}{\partial n} ds \quad . \qquad \text{(A5.13)}$$

La soustraction, membre à membre, de la relation (A5.13) à la relation (A5.12) conduit à

$$\iint_{\mathscr{D}} (\Psi \Delta \Phi - \Phi \Delta \Psi)\,dx\,dy = \int_{\mathscr{C}} \left( \Psi \frac{\partial \Phi}{\partial n} - \Phi \frac{\partial \Psi}{\partial n} \right) ds \quad . \qquad \text{(A5.14)}$$

**b)** i) $Q = 0$ et $P = G\dfrac{\partial \eta}{\partial x} - \eta \dfrac{\partial G}{\partial x}$

$$\iint_{\mathscr{D}} \left( G \frac{\partial^2 \eta}{\partial x^2} - \eta \frac{\partial^2 G}{\partial x^2} \right) dx\,dy = \int_{\mathscr{C}} \left( G \frac{\partial \eta}{\partial x} - \eta \frac{\partial G}{\partial x} \right) dy \quad . \qquad \text{(A5.15)}$$

ii) $P = 0$ et $Q = G\dfrac{\partial \eta}{\partial y} - \eta \dfrac{\partial G}{\partial y}$

$$\iint_{\mathscr{D}} \left( G \frac{\partial^2 \eta}{\partial y^2} - \eta \frac{\partial^2 G}{\partial y^2} \right) dx\,dy = -\int_{\mathscr{C}} \left( G \frac{\partial \eta}{\partial y} - \eta \frac{\partial G}{\partial y} \right) dx \quad . \qquad \text{(A5.16)}$$

iii) $P = \dfrac{1}{2}\left( G\dfrac{\partial \eta}{\partial y} - \eta \dfrac{\partial G}{\partial y} \right)$ et $Q = \dfrac{1}{2}\left( G\dfrac{\partial \eta}{\partial x} - \eta \dfrac{\partial G}{\partial x} \right)$

$$\iint_{\mathscr{D}} \left( G \frac{\partial^2 \eta}{\partial x \partial y} - \eta \frac{\partial^2 G}{\partial x \partial y} \right) dx\,dy = \frac{1}{2} \int_{\mathscr{C}} \left[ \left( G \frac{\partial \eta}{\partial y} - \eta \frac{\partial G}{\partial y} \right) dy - \left( G \frac{\partial \eta}{\partial x} - \eta \frac{\partial G}{\partial x} \right) dx \right] \qquad \text{(A5.17)}$$

## 2. FORMULE DE GREEN 3D

De façon très simplifiée, ce rappel s'appuie sur les relations suivantes :

$$\begin{cases} \operatorname{div}\left[ a \left( \overrightarrow{\text{grad}}\, b \right) \right] = a \operatorname{div}\left( \overrightarrow{\text{grad}}\, b \right) + \left( \overrightarrow{\text{grad}}\, b \right) \cdot \overrightarrow{\text{grad}}\, a & \text{(A5.18)} \\ \iiint_{\mathscr{V}} \Delta w \, d\mathscr{V} = \iiint_{\mathscr{V}} \operatorname{div}\left( \overrightarrow{\text{grad}}\, w \right) d\mathscr{V} = \iint_S \overrightarrow{\text{grad}}\, w \cdot \vec{n}\, dS = \iint_S \frac{\partial w}{\partial n} dS & \text{(A5.19)} \end{cases}$$

L'intégration de la relation (A5.18) sur le domaine $\mathscr{V}$, en remplaçant $a$ et $b$, par $\Phi$ ou $\Psi$ conduit à

$$\iiint_{\mathscr{V}} \overrightarrow{\text{grad}}\,\Phi \cdot \overrightarrow{\text{grad}}\,\Psi \,\mathrm{d}\mathscr{V} = \underbrace{\iiint_{\mathscr{V}} \text{div}\left(\Psi\,\overrightarrow{\text{grad}}\,\Phi\right)\mathrm{d}\mathscr{V}}_{\iint_S \Psi\,\overrightarrow{\text{grad}}\,\Phi\cdot\vec{n}\,\mathrm{d}S} - \iiint_{\mathscr{V}} \Psi\,\underbrace{\text{div}\left(\overrightarrow{\text{grad}}\,\Phi\right)}_{\Delta\Phi}\mathrm{d}\mathscr{V} \quad ,$$

soit
$$\iiint_{\mathscr{V}} \overrightarrow{\text{grad}}\,\Phi \cdot \overrightarrow{\text{grad}}\,\Psi \,\mathrm{d}\mathscr{V} = \iint_S \Psi \frac{\partial \Phi}{\partial n}\mathrm{d}S - \iiint_{\mathscr{V}} \Psi\,\Delta\Phi\,\mathrm{d}\mathscr{V} \quad . \qquad \text{(A5.20-a)}$$

De même,
$$\iiint_{\mathscr{V}} \overrightarrow{\text{grad}}\,\Psi \cdot \overrightarrow{\text{grad}}\,\Phi \,\mathrm{d}\mathscr{V} = \iint_S \Phi \frac{\partial \Psi}{\partial n}\mathrm{d}S - \iiint_{\mathscr{V}} \Phi\,\Delta\Psi\,\mathrm{d}\mathscr{V} \quad . \qquad \text{(A5.20-b)}$$

La soustraction des équations (A5.20) conduit finalement à

$$\iiint_{\mathscr{V}} \left(\Psi\,\Delta\Phi - \Phi\,\Delta\Psi\right)\mathrm{d}\mathscr{V} = \iint_S \left(\Psi \frac{\partial \Phi}{\partial n} - \Phi \frac{\partial \Psi}{\partial n}\right)\mathrm{d}S \quad . \qquad \text{(A5.21)}$$

# Annexe A6

# TABLEAUX-RESUMES

## 1. CHAPITRE I

### HISTORIQUE (1/5)

**Galileo Galilée**
italien, (1564-1642)

- **Principe d'inertie (1638)**
  - *« Tout corps possède une certaine "inertie" qui l'oblige à conserver sa vitesse, à moins qu'une force extérieure, une force de frottement par exemple, ne l'oblige à arrêter ce mouvement, i.e. à modifier cette vitesse »*

**Isaac Newton**
anglais, (1642-1727)

- **Principe Fondamental de la Dynamique (1687)**
  - *Définition des notions de masse, de quantité de mouvement, de forces (motrice, centripète).*
  - *Introduction d'un espace et d'un temps absolus*
  - *Enoncé des principes fondamentaux de l'inertie, de l'égalité des actions réciproques*
  - *Egalité entre force et dérivée de la quantité de mouvement*

**Jean le Rond d'Alembert**
français, (1717-1783 )

- **Traité de dynamique (1743)**
  - *Principe de la conservation des forces vives ou Principe de d'Alembert, Principe de la quantité de mouvement*
  - *Comportement de systèmes de solides présentant des liaisons ou en contact mutuel*

### HISTORIQUE (2/5)

**Pierre Simon de Fermat**
français, (1601-1665)

- **Principe de Fermat (principe d'économie naturelle)**
  - *La lumière suit la trajectoire qui minimise le chemin optique.*
  - *Raisonnement exclusif sur la trajectoire.*
  - *En fait, la lumière prend toujours un chemin extrémal : minimal ou maximal*

**Pierre Louis Moreau de Maupertuis**, français, (1698-1759)

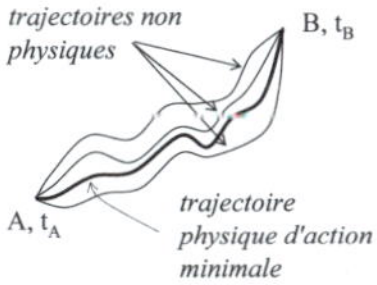


- **Principe de moindre action (1744)**
  - *L'évolution observée d'un système physique quelconque est celle qui minimise une grandeur physique appelée* ***"action"****. En optique, l'action n'est autre que le chemin optique.*
  - *Si l'on considère le mouvement d'un corps entre deux points A en $t_A$ et B en $t_B$,* ***pour une énergie totale E donnée****, la trajectoire sélectionnée par la nature est celle pour laquelle l'action* $A_A^B = \int_{A,t_A}^{B,t_B} m\vec{v}\cdot d\vec{r} = \int_A^B 2T(\vec{r};t)\,dt$ *est minimale ;*
  - **T** ***: énergie cinétique***
  - *La trajectoire physique entre deux points A et B aux instants $t_A$ et $t_B$ est celle pour laquelle l'action est minimale.*
  - *Formule erronée des lois de la réfraction*

# HISTORIQUE (3/5)

**Jacques et Jean Bernoulli**
suisses, (1654-1705) et (1667-1748)

- **La brachystochrone**
  - *trajectoire (𝒞) permettant la descente la plus rapide de $M_1$ à $M_2$ d'un point M, de masse m, soumis à la seule pesanteur.*
  - *solution des Bernoulli basée sur le principe de Fermat par analogie avec les lois de la réfraction*

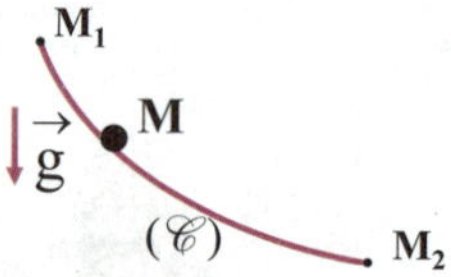

**Leonhard Euler**
suisse, (1707-1783)
élève de Jean Bernouilli

- **Calcul de variations (1753)**
  - *Enoncé très similaire à celui de Maupertuis de la grandeur à minimiser $A_A^B$ (avec énergie cinétique) mais en partant du constat que les corps tendent à adopter un état où* ***l'énergie potentielle est minimale***

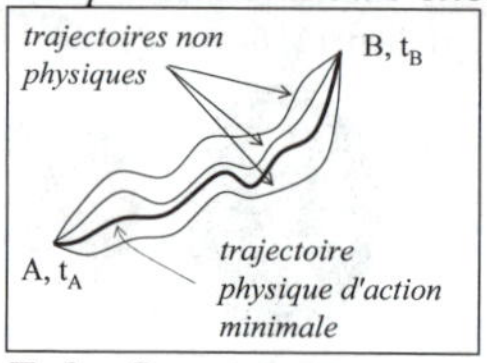


  - ***Equation d'Euler*** *dite aussi de* ***Euler-Lagrange***

# HISTORIQUE (4/5)

- L'**équation d'Euler** énonce, sous la forme d'une équation différentielle, une condition nécessaire d'extremum de la fonctionnelle F, fonction de fonctions, régissant le phénomène étudié :
- Si le problème revient à étudier les variations d'une fonction **y de la variable x** sur un intervalle [a,b], on est généralement conduit à minimiser (ou maximiser selon le phénomène étudié) une intégrale, appelée *fonctionnelle*, de la forme :

$$U = \int_a^b F(x, y, y')\,dx$$

- et on montre qu'il y aura extremum si :

$$\frac{\partial F}{\partial y} - \frac{d}{dx}\left(\frac{\partial F}{\partial y'}\right) = 0$$

# HISTORIQUE (5/5)

**Joseph Louis Lagrange (Comte de-)**
français, (1736-1813)

**William Rowan Hamilton**, irlandais, (1805-1865)

- **"Mécanique analytique" (1788)**
  - *fondé sur un nouveau principe variationnel, issu de l'association du principe des vitesses virtuelles et de celui de d'Alembert*
  - *Quantité d'action :* $S = \int_{1}^{2} \mathscr{L}(t)\,dt$
  - ***Lagrangien*** *du système :* $\mathscr{L} = T - V$
    *(T : énergie cinétique , V : énergie potentielle)*
  - *Le principe de moindre action exprime alors que pour passer d'un état à l'instant $t_1$ à un état à l'instant $t_2$, la "nature" emprunte le chemin rendant minimale l'intégrale S. Il s'agit donc de rechercher les **valeurs stationnaires de S** (extrema) : c'est un problème variationnel*
- **Calcul variationnel**
  - *Procédé consistant à :*
    - ✓ *calculer la différence entre l'action du chemin physique et celle d'un chemin infiniment proche (variation du premier ordre),*
    - ✓ *puis à annuler cette différence afin d'exprimer le fait que l'action est minimale sur le chemin physique.*
- **Hamilton "On a General Method in Dynamics" (1834)**
  - *mécanique hamiltonienne, fondement de la mécanique quantique*
  - ***Hamiltonien*** *du système :* $H = T + V$

# EXEMPLE DE BASE : SYSTEME A 1 DDL

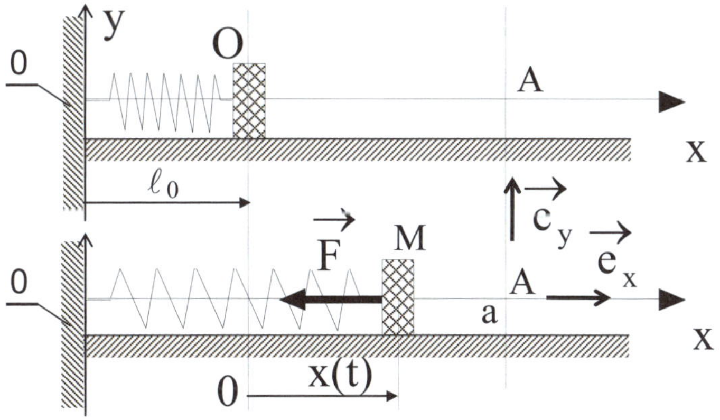

# INTRODUCTION AUX VITESSES ET DEPLACEMENTS VIRTUELS

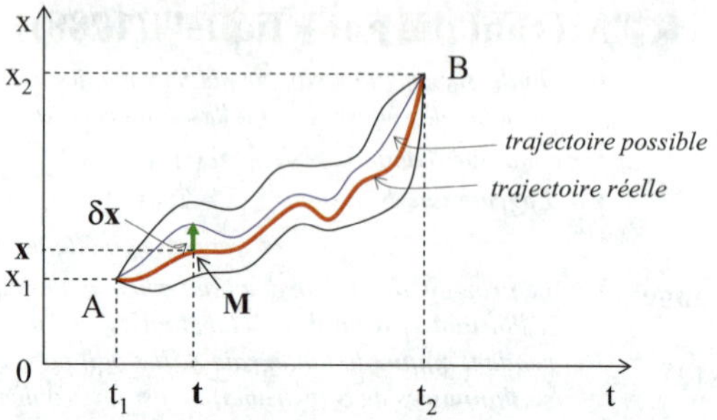


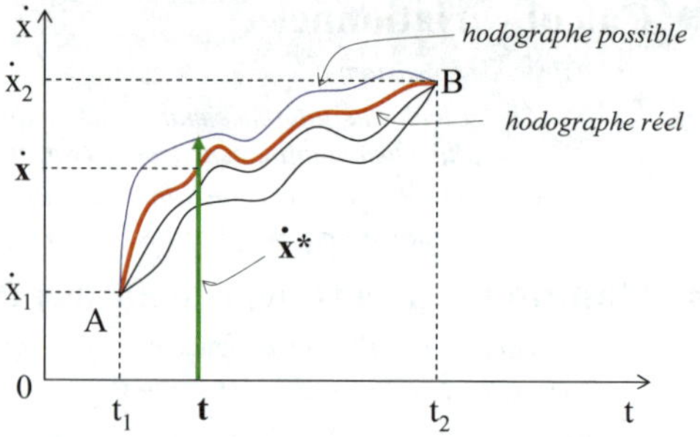

# 2. CHAPITRE II

## DEGRES DE LIBERTE D'UN SOLIDE DANS L'ESPACE

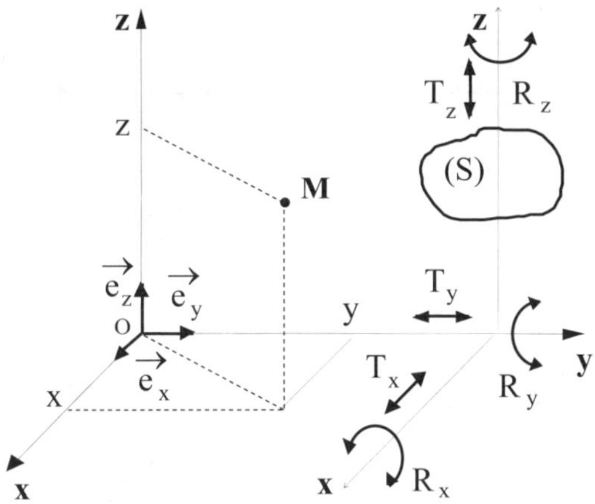


## DEGRES DE LIBERTE DES LIAISON BINAIRES

| Nom de la liaison | Représentation générale | Torseur cinématique $\mathcal{T}(\mathcal{R}_2 / \mathcal{R}_1)$ | Torseur transmissible $\{S_1 \to S_2\}$ | Forme particulière conservée |
|---|---|---|---|---|
| **Liaison encastrement** |  | $A\begin{Bmatrix}0 & 0\\ 0 & 0\\ 0 & 0\end{Bmatrix}_{\mathcal{B}}$ | $A\begin{Bmatrix}X & L\\ Y & M\\ Z & N\end{Bmatrix}_{\mathcal{B}}$ | En tout point de l'espace |
| **Liaison pivot** Centre A Axe $(A, \vec{e}_x)$ | 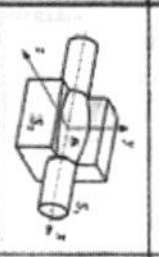 | $A\begin{Bmatrix}\omega_x & 0\\ 0 & 0\\ 0 & 0\end{Bmatrix}_{\mathcal{B}}$ | $A\begin{Bmatrix}X & 0\\ Y & M\\ Z & N\end{Bmatrix}_{\mathcal{B}}$ | En tout point de $(A, \vec{e}_x)$ |
| **Liaison glissière** Axe $(A, \vec{e}_x)$ | 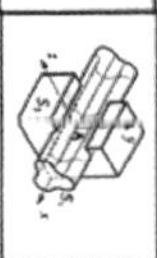 | $A\begin{Bmatrix}0 & V_x\\ 0 & 0\\ 0 & 0\end{Bmatrix}_{\mathcal{B}}$ | $A\begin{Bmatrix}0 & L\\ Y & M\\ Z & N\end{Bmatrix}_{\mathcal{B}}$ | En tout point de liespace |
| **Liaison hélicoïdale** Centre A axe $(A, \vec{e}_x)$ | 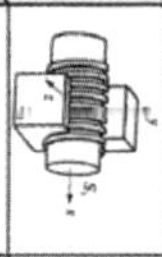 | $A\begin{Bmatrix}\omega_x & V_x\\ 0 & 0\\ 0 & 0\end{Bmatrix}_{\mathcal{B}}$ | $A\begin{Bmatrix}X & L\\ Y & M\\ Z & N\end{Bmatrix}_{\mathcal{B}}$ | En tout point de $(A, \vec{e}_x)$ $V_x = \frac{p}{2\pi}\omega_x$ $X = kL$ |
| **Liaison pivot glissant** Centre A Axe $(A, \vec{e}_x)$ | 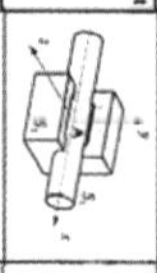 | $A\begin{Bmatrix}\omega_x & V_x\\ 0 & 0\\ 0 & 0\end{Bmatrix}_{\mathcal{B}}$ | $\begin{Bmatrix}0 & 0\\ Y & M\\ Z & N\end{Bmatrix}_{\mathcal{B}}$ | En tout point de $(A, \vec{e}_x)$ |
| **Liaison sphérique à doigt** Axe doigt $(A, \vec{e}_y)$ Rainure dans $(A, \vec{e}_x, \vec{e}_y)$ | 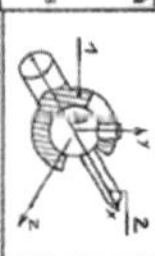 | $A\begin{Bmatrix}0 & 0\\ \omega_y & 0\\ \omega_z & 0\end{Bmatrix}_{\mathcal{B}}$ | $A\begin{Bmatrix}X & L\\ Y & 0\\ Z & 0\end{Bmatrix}_{\mathcal{B}}$ | Au point A |
| **Liaison rotule ou sphérique** Centre A |  | $A\begin{Bmatrix}\omega_x & 0\\ \omega_y & 0\\ \omega_z & 0\end{Bmatrix}_{\mathcal{B}}$ | $A\begin{Bmatrix}X & 0\\ Y & 0\\ Z & 0\end{Bmatrix}_{\mathcal{B}}$ | Au point A |
| **Liaison appui plan** Normale $(A, \vec{e}_z)$ | 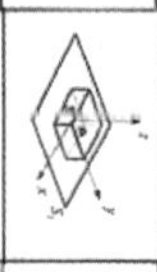 | $A\begin{Bmatrix}0 & V_x\\ 0 & V_y\\ \omega_z & 0\end{Bmatrix}_{\mathcal{B}}$ | $A\begin{Bmatrix}0 & L\\ 0 & M\\ Z & 0\end{Bmatrix}_{\mathcal{B}}$ | En tout point de l'espace |
| **Liaison linéaire annulaire (sphère-cylindre)** Centre A Axe $(A, \vec{e}_x)$ |  | $A\begin{Bmatrix}\omega_x & V_x\\ \omega_y & 0\\ \omega_z & 0\end{Bmatrix}_{\mathcal{B}}$ | $A\begin{Bmatrix}0 & 0\\ Y & 0\\ Z & 0\end{Bmatrix}_{\mathcal{B}}$ | Au point A |
| **Liaison linéaire rectiligne** Normale $(A, \vec{e}_y)$ Arête $(A, \vec{e}_x)$ | 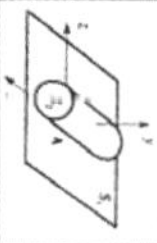 | $A\begin{Bmatrix}\omega_x & V_x\\ \omega_y & 0\\ 0 & V_z\end{Bmatrix}_{\mathcal{B}}$ | $A\begin{Bmatrix}0 & 0\\ Y & 0\\ 0 & N\end{Bmatrix}_{\mathcal{B}}$ | En tout point de $(A, \vec{e}_x, \vec{e}_y)$ |
| **Liaison ponctuelle (sphère-plan)** Centre A Normale $(A, \vec{e}_x)$ | 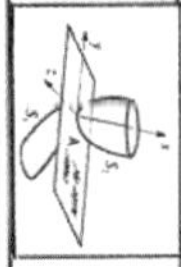 | $A\begin{Bmatrix}\omega_x & 0\\ \omega_y & V_y\\ \omega_z & V_z\end{Bmatrix}_{\mathcal{B}}$ | $A\begin{Bmatrix}X & 0\\ 0 & 0\\ 0 & 0\end{Bmatrix}_{\mathcal{B}}$ | En tout point de $(A, \vec{e}_x)$ |

# LES VARIABLES GENERALISEES (1/2)

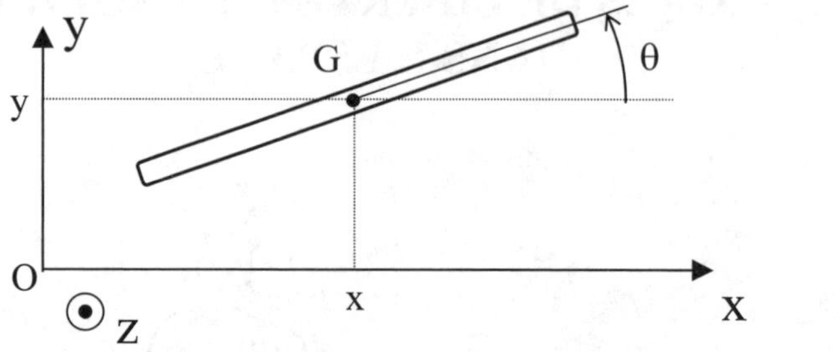


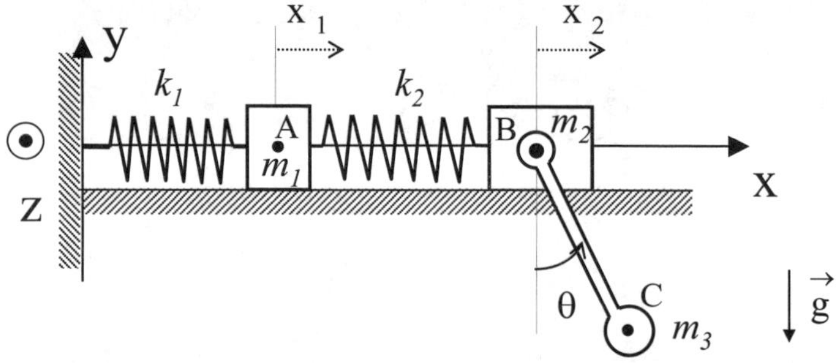


# LES VARIABLES GENERALISEES (2/2)

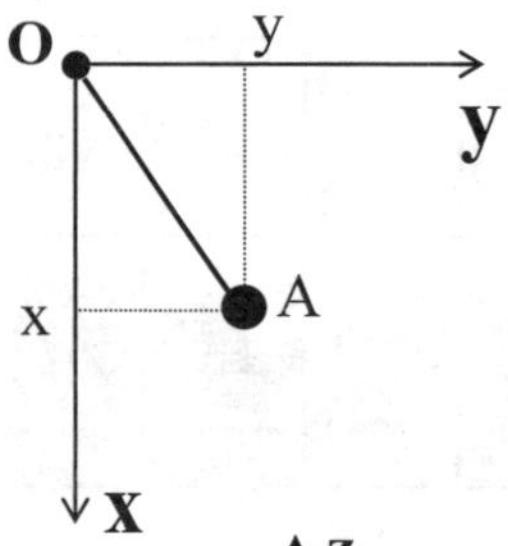


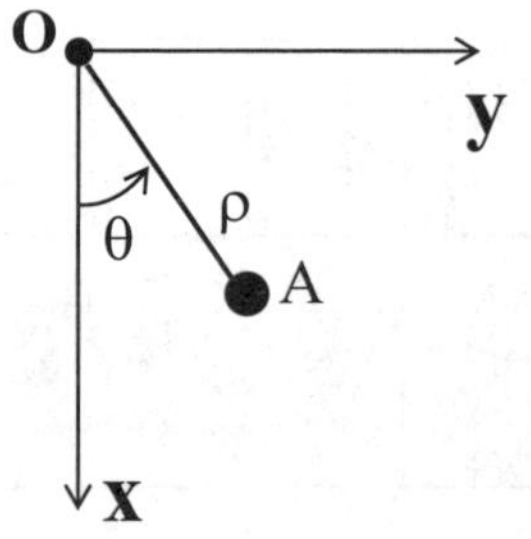


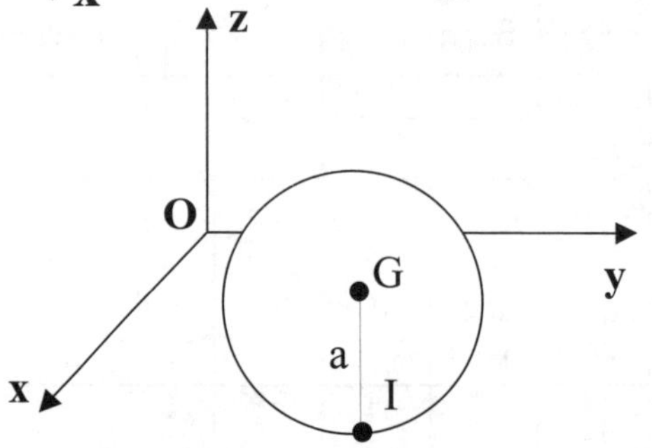

# ANGLES D'EULER

$\mathscr{R}_0 = (O, \vec{e}_{x_0}, \vec{e}_{y_0}, \vec{e}_{z_0}) = (O, \mathscr{B}_0)$ — $\Psi$ précession

$\mathscr{R}_1 = (O, \vec{e}_{x_1}, \vec{e}_{y_1}, \vec{e}_{z_0}) = (O, \mathscr{B}_1)$ — $\theta$ nutation

$\mathscr{R}_2 = (O, \vec{e}_{x_1}, \vec{e}_{y_2}, \vec{e}_{z_2}) = (O, \mathscr{B}_2)$ — $\varphi$ rotation propre

$\mathscr{R}_3 = (O, \vec{e}_{x_3}, \vec{e}_{y_3}, \vec{e}_{z_2}) = (O, \mathscr{B}_3)$

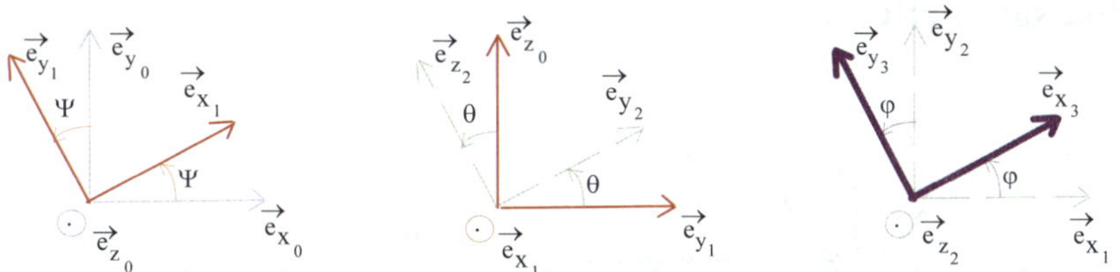

$\Psi = (\vec{e}_{x_0}, \vec{e}_{x_1})$ $\qquad$ $\theta = (\vec{e}_{y_1}, \vec{e}_{y_2})$ $\qquad$ $\varphi = (\vec{e}_{x_1}, \vec{e}_{x_2})$

$$\vec{\Omega}(\mathscr{B}_3 / \mathscr{B}_0) = \dot{\Psi}\,\vec{e}_{z_0} + \dot{\theta}\,\vec{e}_{x_1} + \dot{\varphi}\,\vec{e}_{z_2}$$

# LES LIAISONS : POINT MATERIEL

$$\vec{F}(\mathscr{S} \to M) = \vec{N}(\mathscr{S} \to M) + \vec{T}(\mathscr{S} \to M)$$

condition de contact : $r = a$

- **Liaison bilatérale**

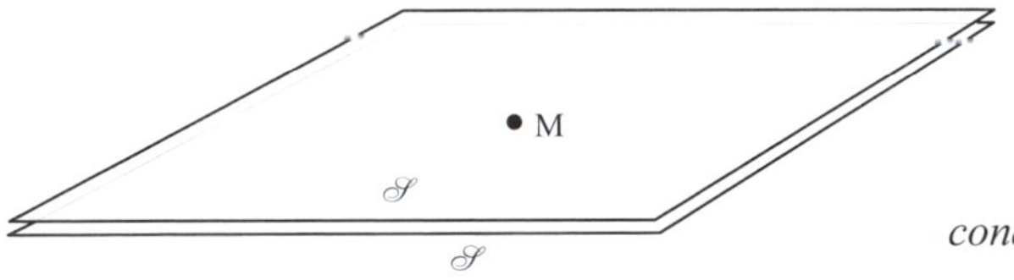


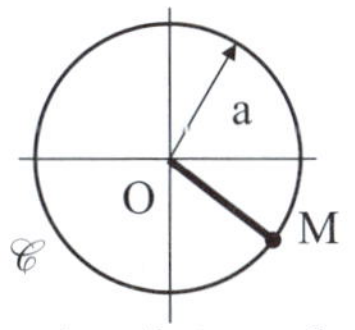


*condition géométrique de liaison*

$r = a$

- **Liaison unilatérale**

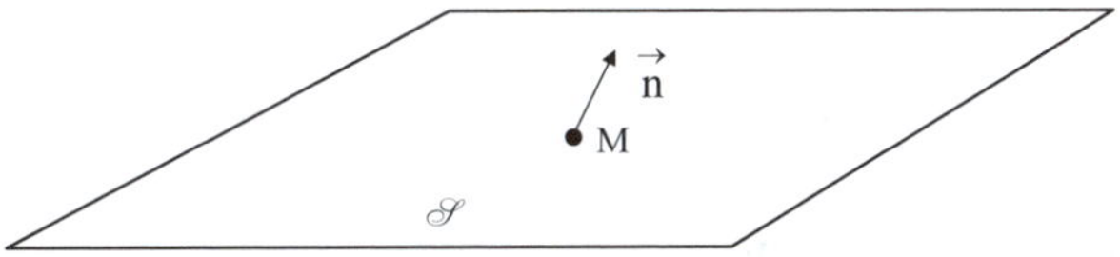


$\vec{F} . \vec{n} = N > 0$

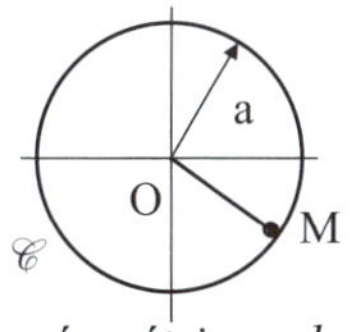


*condition géométrique de liaison*

$r \leq a$

# LES LIAISONS : SOLIDE

- **Liaison unilatérale**

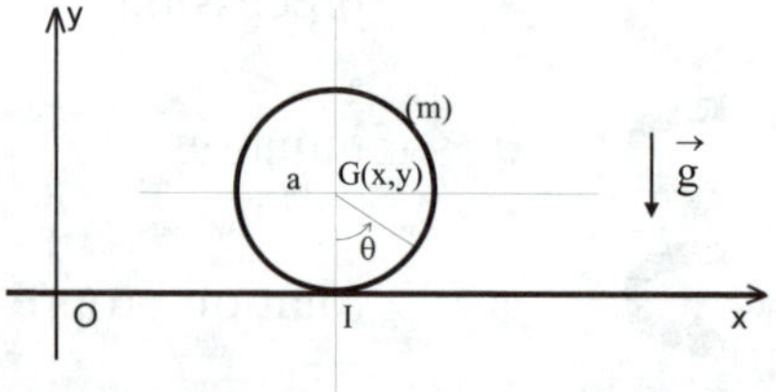


*condition géométrique de liaison*

$$y \geq a$$

<u>*loi de contact*</u> $\vec{F}(\text{bâti} \rightarrow S) \cdot \vec{e}_y \geq 0$

- **Liaison bilatérale**

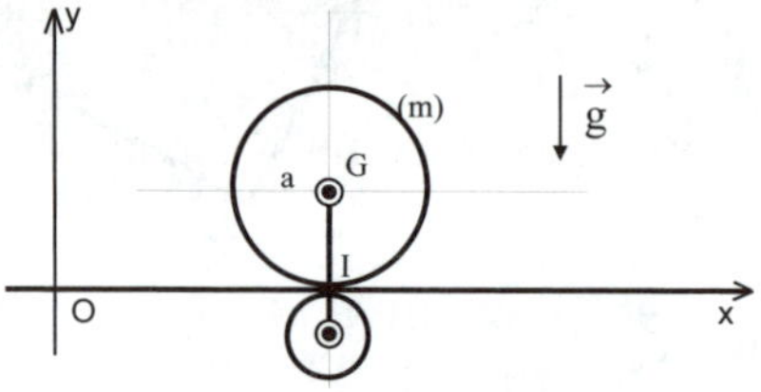


*condition géométrique de liaison*

$$y = a$$

<u>*loi de contact*</u> $\vec{F}(\text{bâti} \rightarrow S) \cdot \vec{e}_y \geq \text{ou} \leq 0$

condition de contact : y = a

# LIAISON SCLERONOME

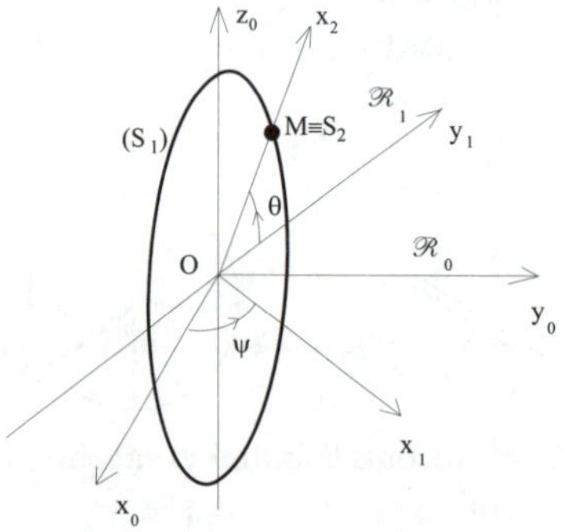


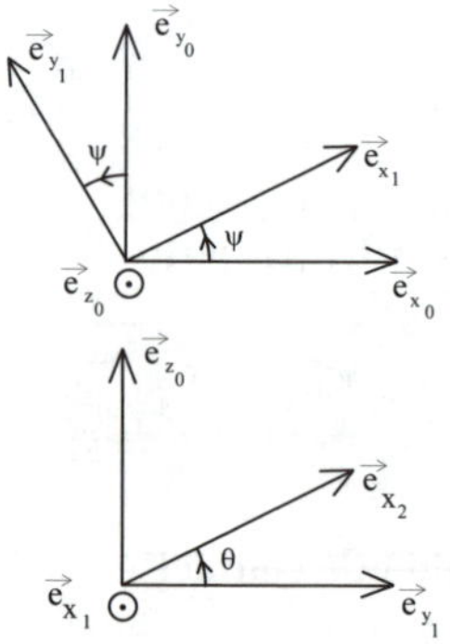


$\Psi$ = constante ➡ pendule ordinaire

Liaison indépendante du temps

*grec : skléros = dur ; nomos = loi*

## LIAISON RHEONOME

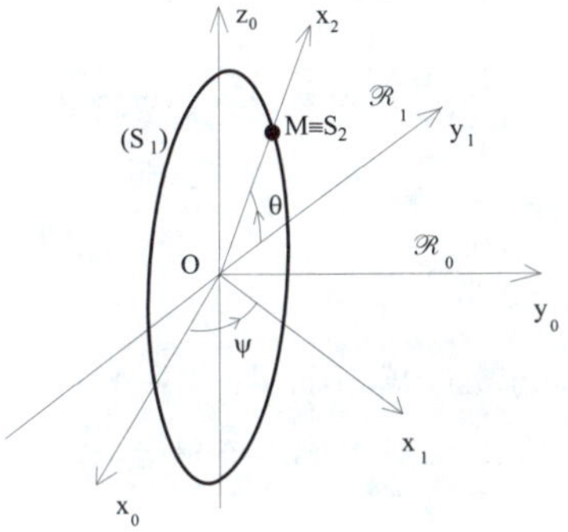


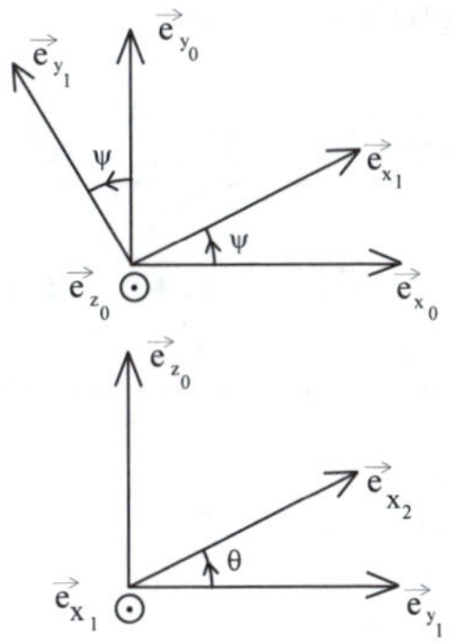

$\Psi = \omega\, t$ → mouvement connu à l'avance

**Liaison dépendant explicitement du temps**

*grec : rheô = couler ; nomos = loi*

## LIAISON HOLONOME

<u>*liaison unilatérale*</u> :

$f(q_1, q_2, \ldots, q_n, t) \leq 0$ ou $\geq 0$

<u>*liaison bilatérale*</u> :

$f(q_1, q_2, \ldots, q_n, t) = 0$

- **condition d'inextensibilité**

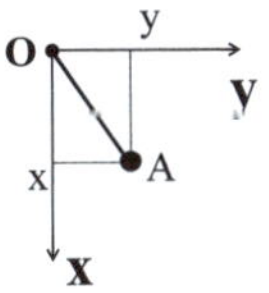


$x^2 + y^2 - \ell^2$

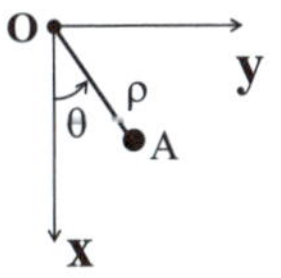


$\rho = \ell$

- **condition de contact**

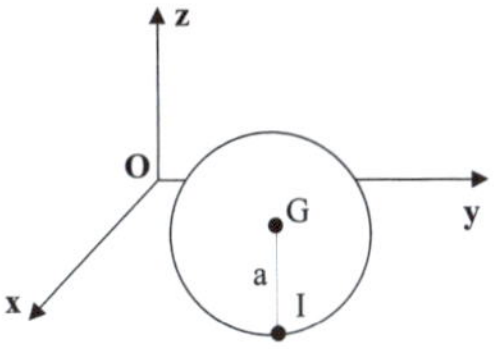


$z = a$

- **condition d'indéformabilité d'un solide**

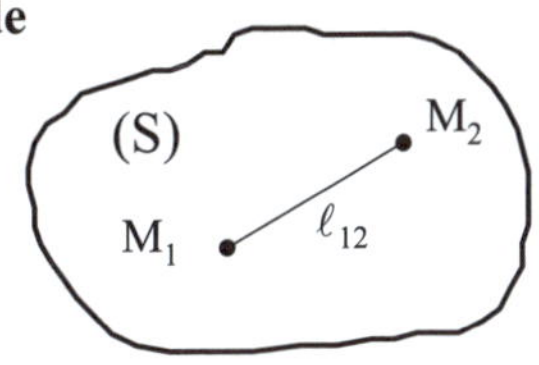


$(x_2 - x_1)^2 + (y_2 - y_1)^2 + (z_2 - z_1)^2 = \ell_{12}^2$

*grec : holos = entier ; nomos = loi*

# LIAISON NON HOLONOME

*liaison unilatérale* :

$$f(q_1, q_2, \ldots, q_n, \dot{q}_1, \dot{q}_2, \ldots, \dot{q}_n, t) \leq 0$$

*liaison bilatérale* :

$$f(q_1, q_2, \ldots, q_n, \dot{q}_1, \dot{q}_2, \ldots, \dot{q}_n, t) = 0$$

- **condition de roulement sans glissement** $\vec{V}(I \in S/\mathscr{R}) = \vec{0}$

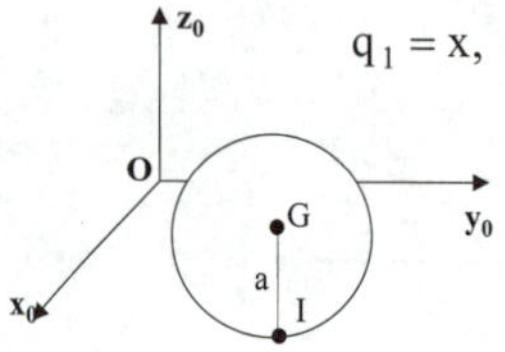


$$q_1 = x,\ q_2 = y,\ q_3 = \Psi,\ q_4 = \theta,\ q_5 = \varphi$$

$$\dot{x} - a(\dot{\theta}\sin\Psi - \dot{\varphi}\sin\theta\cos\Psi) = 0$$
$$\dot{y} + a(\dot{\theta}\cos\Psi + \dot{\varphi}\sin\theta\sin\Psi) = 0$$

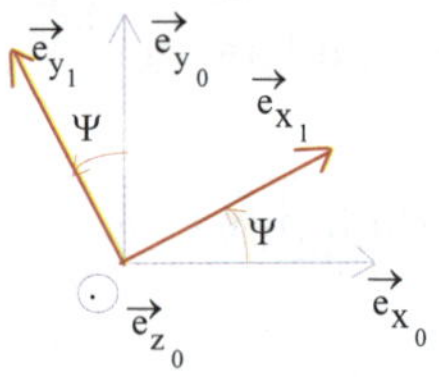

$\Psi = (\vec{e}_{x_0}, \vec{e}_{x_1})$

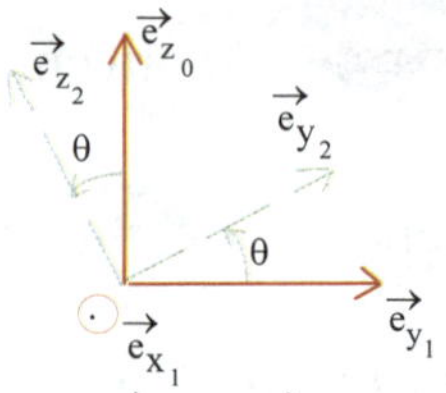

$\theta = (\vec{e}_{y_1}, \vec{e}_{y_2})$

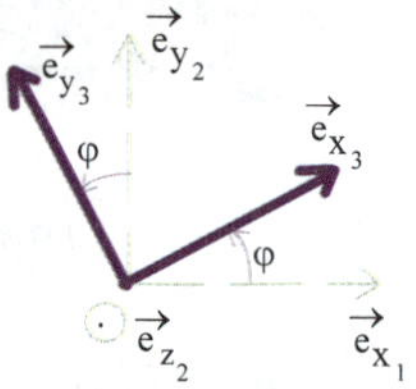

$\varphi = (\vec{e}_{x_1}, \vec{e}_{x_2})$

# LIAISON SEMI HOLONOME

$$\frac{df}{dt} = 0$$ c'est-à-dire $$f(q_1, q_2, \ldots, q_n, t) = C$$

*dépend des conditions initiales*

- **condition de roulement sans glissement** $\vec{V}(I \in S/\mathscr{R}) = \vec{0}$

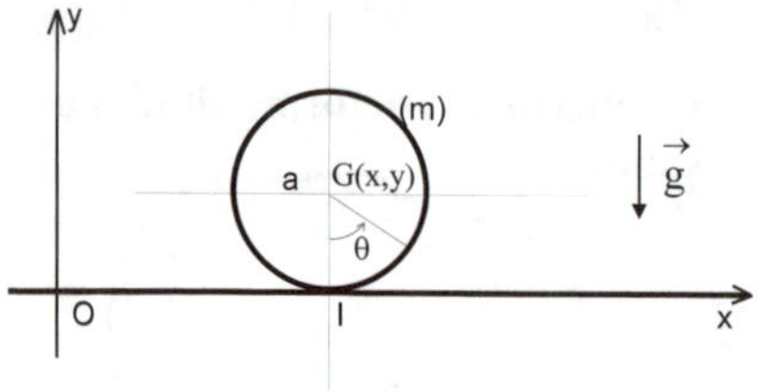


$$\dot{x} + a\dot{\theta} = 0$$

*intégration / t*

$$x + a\theta = a\theta_0$$

# 3. CHAPITRE III

## NOTATIONS

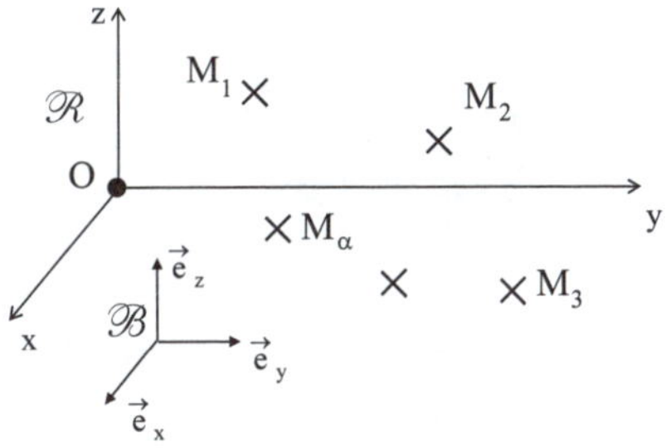


$$\Sigma = \{(M_1, m_1), \ldots, (M_N, m_N)\} = \{(M_\alpha, m_\alpha)\}$$

$$\alpha = 1, \ldots, N$$

<u>coordonnées généralisées</u> $q_i$ , i=1,...,n

$$M_\alpha(q_1, \ldots, q_n) \qquad M_\alpha(q_i)$$

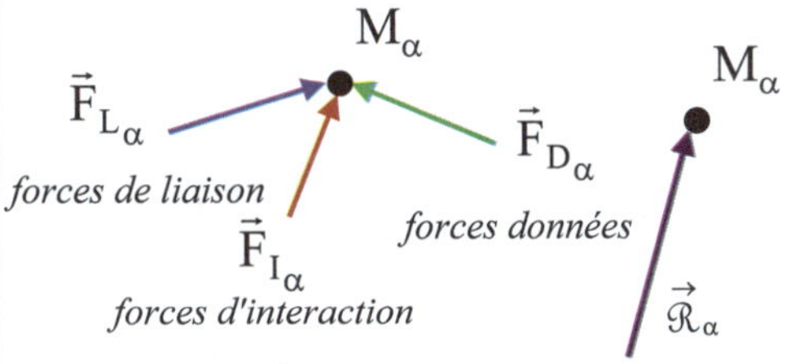


$$\overrightarrow{OM}_\alpha(q_i) \Rightarrow \vec{M}_\alpha(q_i)$$

$$\vec{V}(M_\alpha / \mathscr{R}) \Rightarrow \vec{V}_\alpha \ , \ \frac{d\vec{M}_\alpha}{dt}$$

$$\vec{\Gamma}(M_\alpha / \mathscr{R}) \Rightarrow \vec{\Gamma}_\alpha \ , \ \frac{d^2\vec{M}_\alpha}{dt^2}$$

$$\vec{\mathfrak{R}}(ext \to M_\alpha) \Rightarrow \vec{\mathfrak{R}}_\alpha$$

$$\vec{\mathfrak{R}}_\alpha = \vec{F}_{D_\alpha} + \vec{F}_{L_\alpha} + \vec{F}_{I_\alpha}$$

## MULTIPLICATION SCALAIRE DU PFD PAR UN CHAMP DE VECTEURS ARBITRAIRE

$$m_\alpha \vec{\Gamma}_\alpha = \vec{\mathfrak{R}}_\alpha \iff m_\alpha \vec{\Gamma}_\alpha \cdot \vec{u}_\alpha = \vec{\mathfrak{R}}_\alpha \cdot \vec{u}_\alpha , \quad \forall \ \vec{u}_\alpha \in \mathbb{R}^3$$

$\vec{u}_\alpha$ arbitraire

⚠ *forces d'interaction* $\vec{F}_{I_\alpha}$ donc $\sum_{\alpha=1}^{N} \vec{F}_{I_\alpha} = \vec{0}$

mais $\sum_{\alpha=1}^{N} (\vec{F}_{I_\alpha} \cdot \vec{u}_\alpha) \neq 0$, $\vec{u}_\alpha \in \mathbb{R}^3$ dans le cas général

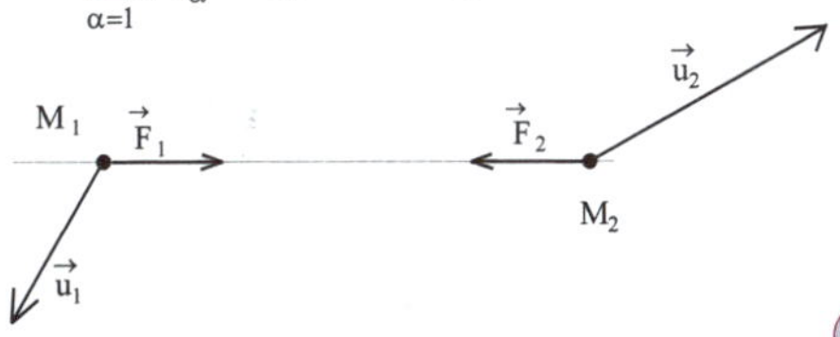


<u>*Champ équiprojectif*</u> : $\vec{u}_1 \cdot \overrightarrow{M_1M_2} = \vec{u}_2 \cdot \overrightarrow{M_1M_2} \Rightarrow \sum_{\alpha=1}^{N} (\vec{F}_{I_\alpha} \cdot \vec{u}_\alpha) = 0$

# CHOIX DU CHAMP DE VECTEURS ARBITRAIRE

*Champ équiprojectif* : $\sum_{\alpha=1}^{N}\left(\vec{F}_{I_\alpha}\cdot\vec{u}_\alpha\right)=0$

*Champ compatible avec les liaisons parfaites* : $\sum_{\alpha=1}^{N}\left(\vec{F}_{L_\alpha}\cdot\vec{u}_\alpha\right)=0$

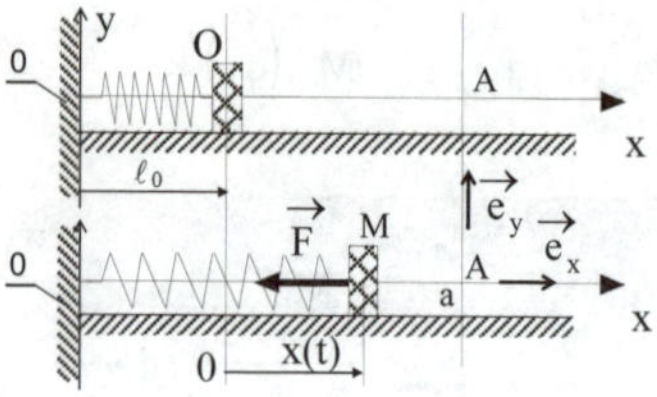


$$m\vec{\Gamma}(M/\mathscr{R})-\vec{\mathcal{R}}(\text{ext}\to M)=(m\ddot{x}+kx)\vec{e}_x+(mg-N)\vec{e}_y$$

$$\vec{u}=C\vec{e}_x\,,\ \forall\ C\in\mathbb{R}$$

$$m_\alpha\vec{\Gamma}_\alpha\cdot\vec{u}_\alpha=\vec{\mathcal{R}}_\alpha\cdot\vec{u}_\alpha\ \Rightarrow\ (m\ddot{x}+kx)C=0,\ \forall C\in\mathbb{R}$$

$$\sum_{\alpha=1}^{N}m_\alpha\vec{\Gamma}_\alpha\cdot\vec{u}_\alpha=\sum_{\alpha=1}^{N}\vec{\mathcal{R}}_\alpha\cdot\vec{u}_\alpha \iff \sum_{\alpha=1}^{N}\left(m_\alpha\vec{\Gamma}_\alpha\cdot\vec{u}_\alpha\right)=\sum_{\alpha=1}^{N}\left(\vec{F}_{D_\alpha}\cdot\vec{u}_\alpha\right)$$

*forces données*

# PRINCIPE DE D'ALEMBERT

$$\sum_{\alpha=1}^{N}m_\alpha\vec{\Gamma}_\alpha=\sum_{\alpha=1}^{N}\vec{\mathcal{R}}_\alpha \qquad \sum_{\alpha=1}^{N}\left(m_\alpha\vec{\Gamma}_\alpha-\vec{\mathcal{R}}_\alpha\right)=\vec{0}$$

**PFD** interprété comme un **PFS**

$$\sum_{\alpha=1}^{N}\left(m_\alpha\vec{\Gamma}_\alpha-\vec{\mathcal{R}}_\alpha\right)\cdot\vec{u}_\alpha=0,\quad \forall\ \vec{u}_\alpha\in\mathbb{R}^3,\ \alpha=1,\ldots,N$$

*Enoncé*

Quand un système matériel est en mouvement, pour **toute** partie du système, la somme des produits scalaires par **tout** champ de vecteurs, de toutes les forces, réelles et d'inertie, appliquées à **toutes** les particules, est nulle à **tout** instant.

# INTERPRETATION PHYSIQUE

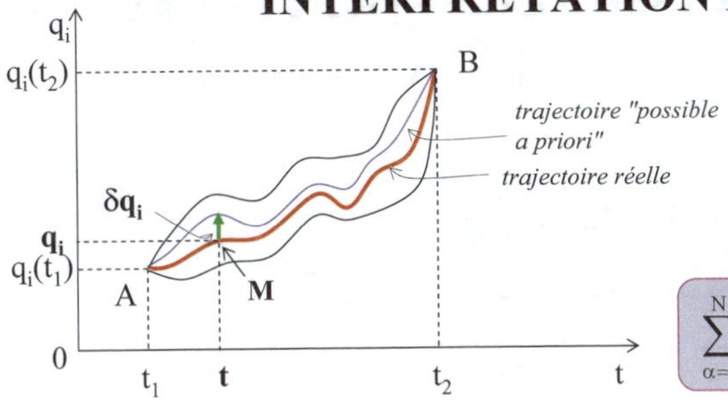


déplacement purement géométrique

$\delta \vec{M} \Rightarrow \delta q_i$

appelé **déplacement virtuel**, <u>à un instant donné</u>

$$\sum_{\alpha=1}^{N}\left(m_\alpha \vec{\Gamma}_\alpha - \vec{\mathcal{R}}_\alpha\right)\cdot \delta \vec{M}_\alpha \quad \text{: travail virtuel}$$

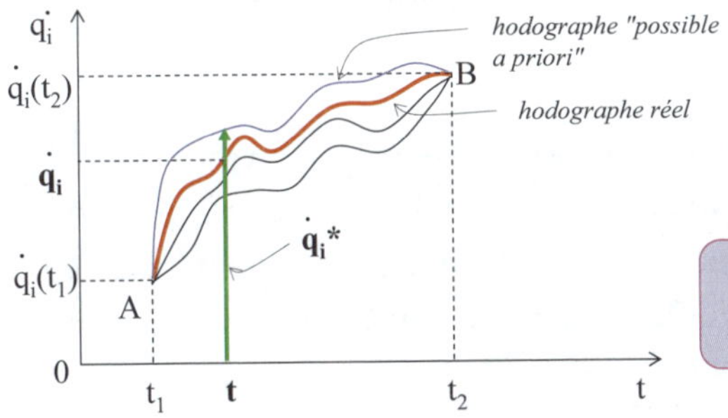


vitesse arbitraire

$\vec{V}^* \Rightarrow \dot{q}_i^*$

appelé **vitesse virtuelle**, <u>à un instant donné</u>

$$\sum_{\alpha=1}^{N}\left(m_\alpha \vec{\Gamma}_\alpha - \vec{\mathcal{R}}_\alpha\right)\cdot \vec{V}^*_\alpha \quad \text{: puissance virtuelle}$$

# PRINCIPE DES TRAVAUX VIRTUELS

**déplacement virtuel**, <u>à un instant donné</u> : $\vec{u}_\alpha = \delta \vec{M}_\alpha \Rightarrow \delta q_i$

$$\underbrace{\sum_{\alpha=1}^{N} m_\alpha \vec{\Gamma}_\alpha \cdot \delta \vec{M}_\alpha}_{\delta \mathscr{A}} = \underbrace{\sum_{\alpha=1}^{N} \vec{\mathcal{R}}_\alpha \cdot \delta \vec{M}_\alpha}_{\delta \mathscr{W}}, \quad \forall\ \delta \vec{M}_\alpha \in \mathbb{R}^3,\ \alpha = 1,\ldots,N$$

*travail virtuel des quantités d'accélération* ($\delta \mathscr{A}$)

*travail virtuel des forces extérieures et intérieures* ($\delta \mathscr{W}$)

*<u>Enoncé</u>*

Quand un système matériel est en mouvement, pour **toute** partie du système, la somme des travaux virtuels élémentaires dans **tout** ensemble de déplacements virtuels infinitésimaux, de **toutes** les forces réelles et d'inertie relatives au mouvement réel, appliquées à **toutes** les particules, est nulle à **tout** instant.

## PRINCIPE DES PUISSANCES VIRTUELLES

**vitesse virtuelle**, à un instant donné : $\vec{u}_\alpha = \vec{V}^*_\alpha \Rightarrow \dot{q}_i^*$

$$\underbrace{\sum_{\alpha=1}^{N} m_\alpha \vec{\Gamma}_\alpha \cdot \vec{V}^*_\alpha}_{\mathcal{A}^*} = \underbrace{\sum_{\alpha=1}^{N} \vec{\mathcal{R}}_\alpha \cdot \vec{V}^*_\alpha}_{\mathcal{P}^*}, \quad \forall\ \vec{V}^*_\alpha \in \mathbb{R}^3,\ \alpha = 1,\ldots,N$$

$\mathcal{A}^*$ : *puissance virtuelle des quantités d'accélération*

$\mathcal{P}^*$ : *puissance virtuelle des forces extérieures et intérieures*

*Enoncé*

Quand un système matériel est en mouvement, pour **toute** partie du système, la somme des puissances virtuelles élémentaires dans **tout** ensemble de vitesses virtuelles, de **toutes** les forces réelles et d'inertie relatives au mouvement réel, appliquées à **toutes** les particules, est nulle à **tout** instant.

## INDEPENDANCE DES COORDONNEES GENERALISEES ET DE LEURS DERIVEES

- L'état complet d'un système dépend des positions $q_i(t)$ et des vitesses $\dot{q}_i(t)$ **indépendamment** les unes des autres, bien que $\dot{q}_i(t) = dq_i/dt$

$\Rightarrow$ $q_i(t)$ , $\dot{q}_i(t)$ et $t$ sont des variables **indépendantes** au départ

- Equations fondamentales de la dynamique

$\Rightarrow$ relations entre $q_i(t)$, $\dot{q}_i(t)$ et $t$

- $M_\alpha(q_1,\ldots,q_n,t)$

$$d\vec{M}_\alpha = \frac{\partial \vec{M}_\alpha}{\partial t} dt + \sum_{i=1}^{n} \frac{\partial \vec{M}_\alpha}{\partial q_i} dq_i \quad \text{et} \quad \vec{V}_\alpha = \frac{d\vec{M}_\alpha}{dt} = \frac{\partial \vec{M}_\alpha}{\partial t} + \sum_{i=1}^{n} \frac{\partial \vec{M}_\alpha}{\partial q_i} \dot{q}_i$$

# CALCUL D'UN DEPLACEMENT VIRTUEL OU D'UNE VITESSE VIRTUELLE

- Champ de déplacement ou de vitesses réel

$$d\overrightarrow{M_\alpha} = \frac{\partial \overrightarrow{M_\alpha}}{\partial t} dt + \sum_{i=1}^{n} \frac{\partial \overrightarrow{M_\alpha}}{\partial q_i} dq_i \quad \text{et} \quad \vec{V}_\alpha = \frac{d\overrightarrow{M_\alpha}}{dt} = \frac{\partial \overrightarrow{M_\alpha}}{\partial t} + \sum_{i=1}^{n} \frac{\partial \overrightarrow{M_\alpha}}{\partial q_i} \dot{q}_i$$

- Déplacement virtuel, <u>à t fixé</u>

$$\delta\overrightarrow{M_\alpha} = \sum_{i=1}^{n} \frac{\partial \overrightarrow{M_\alpha}}{\partial q_i} \delta q_i$$

*paramètres* ***arbitraires***

- Vitesse virtuelle, <u>à t fixé</u>

$$\vec{V}^*_\alpha = \sum_{i=1}^{n} \frac{\partial \overrightarrow{M_\alpha}}{\partial q_i} \dot{q}^*_i$$

champ **arbitraire** et **équiprojectif**

*paramètres* ***arbitraires***

$\Rightarrow$ $\mathcal{P}_I^* = 0$ *puissance virtuelle des forces de cohésion*

# EXEMPLE DE CALCUL D'UNE VITESSE VIRTUELLE

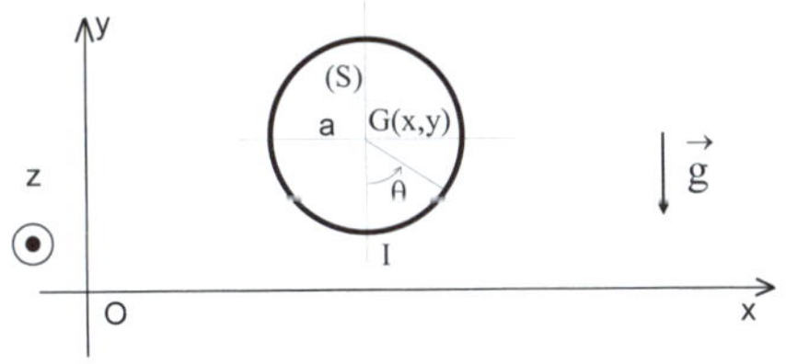


$$\mathcal{V}(S/\mathcal{R}) = \begin{Bmatrix} 0 & \dot{x} \\ 0 & \dot{y} \\ \dot{\theta} & 0 \end{Bmatrix}_{G\,\mathcal{B}} \quad \Rightarrow \quad \mathcal{V}^*(S/\mathcal{R}) = \begin{Bmatrix} 0 & \dot{x}^* \\ 0 & \dot{y}^* \\ \dot{\theta}^* & 0 \end{Bmatrix}_{G\,\mathcal{B}}$$

# RELATIONS PRELIMINAIRES

- $\vec{V} = \dfrac{d\overrightarrow{M}}{dt} = \dfrac{\partial \overrightarrow{M}}{\partial t} + \sum_{i=1}^{n} \dfrac{\partial \overrightarrow{M}}{\partial q_i}\dot{q}_i$ ⇒ $\dfrac{\partial \vec{V}}{\partial \dot{q}_j} = \dfrac{\partial \overrightarrow{M}}{\partial q_j}$ c.à.d. $\dfrac{\partial}{\partial \dot{q}_j}\dfrac{d\overrightarrow{M}}{dt} = \dfrac{\partial \overrightarrow{M}}{\partial q_j}$

- $\dfrac{d\vec{X}}{dt} = \dfrac{\partial \vec{X}}{\partial t} + \sum_{i=1}^{n} \dfrac{\partial \vec{X}}{\partial q_i}\dot{q}_i$ . Si $\vec{X} = \dfrac{\partial \overrightarrow{M}}{\partial q_j}$ alors $\dfrac{d}{dt}\dfrac{\partial \overrightarrow{M}}{\partial q_j} = \dfrac{\partial^2 \overrightarrow{M}}{\partial t \partial q_j} + \sum_{i=1}^{n} \dfrac{\partial^2 \overrightarrow{M}}{\partial q_i \partial q_j}\dot{q}_i$

- $\dfrac{\partial \vec{V}}{\partial q_j} = \dfrac{\partial^2 \overrightarrow{M}}{\partial q_j \partial t} + \sum_{i=1}^{n} \dfrac{\partial^2 \overrightarrow{M}}{\partial q_j \partial q_i}\dot{q}_i$

$$\frac{\partial \vec{V}}{\partial q_j} = \frac{d}{dt}\frac{\partial \overrightarrow{M}}{\partial q_j} \quad \text{c.à.d.} \quad \frac{\partial}{\partial q_j}\frac{d\overrightarrow{M}}{dt} = \frac{d}{dt}\frac{\partial \overrightarrow{M}}{\partial q_j}$$

⟺ indépendance des variables t et $q_j$

# PUISSANCE VIRTUELLE DES QUANTITES D'ACCELERATION (1/2)

- Répartition discontinue de masse : $\mathscr{A}^* = \sum_{\alpha=1}^{N} m_\alpha \vec{\Gamma}_\alpha \cdot \vec{V}^*_\alpha, \quad \forall\ \vec{V}^*_\alpha \in \mathbb{R}^3,\ \alpha = 1,\ldots,N$

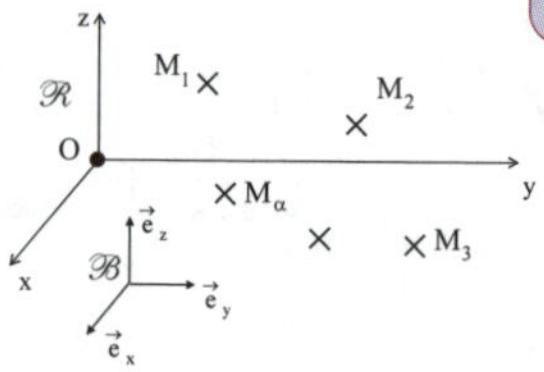


- Répartition continue de masse : $d\vec{f} = \vec{\Gamma}\, dm = \dfrac{d^2\overrightarrow{M}}{dt^2} dm$

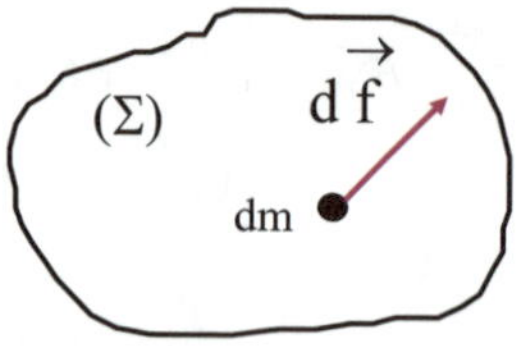


⇒ $\mathscr{A}^* = \int_\Sigma \dfrac{d^2\overrightarrow{M}}{dt^2} \cdot \vec{V}^* dm$

*champ arbitraire*

# PUISSANCE VIRTUELLE DES QUANTITES D'ACCELERATION (2/2)

- $$\mathscr{A}^* = \int_\Sigma \frac{d^2\vec{M}}{dt^2}\cdot\vec{V}^*\,dm \quad \Rightarrow \quad \mathscr{A}^* = \sum_{i=1}^{n} \dot q_i^* \int_\Sigma \frac{d^2\vec{M}}{dt^2}\cdot\frac{\partial\vec{M}}{\partial q_i}\,dm$$

  $$\vec{V}^* = \sum_{i=1}^{n}\frac{\partial\vec{M}}{\partial q_i}\dot q_i^*$$

- $$\frac{\partial\vec V}{\partial\dot q_i} \qquad \frac{\partial}{\partial q_i}\frac{d\vec M}{dt} \qquad \frac{1}{2}\frac{\partial\vec V^2}{\partial\dot q_i} \qquad \frac{1}{2}\frac{\partial\vec V^2}{\partial q_i}$$

  $$\frac{d^2\vec{M}}{dt^2}\cdot\frac{\partial\vec{M}}{\partial q_i} = \frac{d}{dt}\left(\frac{d\vec M}{dt}\cdot\frac{\partial\vec M}{\partial q_i}\right) - \frac{d\vec M}{dt}\cdot\frac{d}{dt}\left(\frac{\partial\vec M}{\partial q_i}\right) = \frac{d}{dt}\left(\vec V\cdot\frac{\partial\vec V}{\partial\dot q_i}\right) - \frac{d\vec M}{dt}\cdot\frac{\partial\vec V}{\partial q_i}$$

$$\Rightarrow \quad \mathscr{A}^* = \sum_{i=1}^{n}\dot q_i^*\left\{\underbrace{\int_\Sigma \frac{d}{dt}\left(\frac{1}{2}\frac{\partial\vec V^2}{\partial\dot q_i}\right)dm}_{\frac{d}{dt}\left[\frac{\partial}{\partial\dot q_i}\left(\frac{1}{2}\int_\Sigma\vec V^2\,dm\right)\right]} - \underbrace{\int_\Sigma\frac{1}{2}\frac{\partial\vec V^2}{\partial q_i}\,dm}_{\frac{\partial}{\partial q_i}\left(\frac{1}{2}\int_\Sigma\vec V^2\,dm\right)}\right\}$$

*avec* $$T = \frac{1}{2}\int_\Sigma \vec V^2\,dm$$

$$\Rightarrow \quad \mathscr{A}^* = \sum_{i=1}^{n}\left(\frac{d}{dt}\frac{\partial T}{\partial\dot q_i} - \frac{\partial T}{\partial q_i}\right)\dot q_i^*, \quad \forall\ \dot q_i^*\in\mathbb{R},\ i=1,\dots,n$$

*1er membre des équations de Lagrange*

# PUISSANCE VIRTUELLE DES FORCES EXTERIEURES ET INTERIEURES (1/5)

- 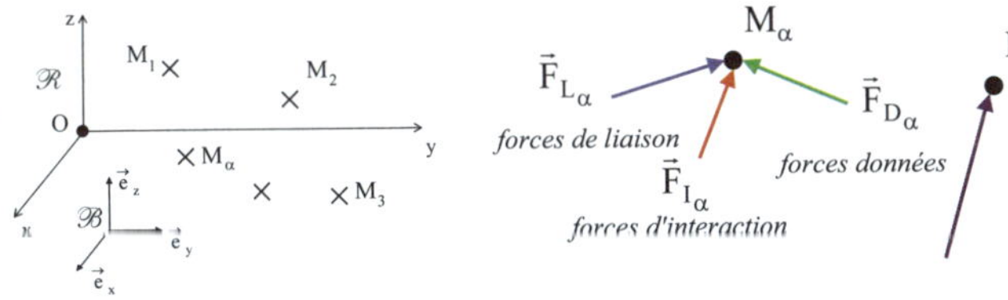


  $$\vec{\mathscr{R}}_\alpha = \vec F_{D_\alpha} + \vec F_{L_\alpha} + \vec F_{I_\alpha}$$

- $$\mathscr{P}^* = \sum_{\alpha=1}^{N}\vec{\mathscr{R}}_\alpha\cdot\vec V_\alpha^* = \sum_{\alpha=1}^{N}\left(\vec F_{D_\alpha} + \vec F_{L_\alpha} + \vec F_{I_\alpha}\right)\cdot\vec V_\alpha^* = \mathscr{P}_D^* + \mathscr{P}_L^* + \mathscr{P}_I^*, \quad \forall\ \vec V_\alpha^*\in\mathbb{R}^3,\ \alpha=1,\dots,N$$

  $$\vec V_\alpha^* = \sum_{i=1}^{n}\frac{\partial\vec M_\alpha}{\partial q_i}\dot q_i^*$$

- $$\mathscr{P}^* = \sum_{i=1}^{n}\underbrace{\left(\sum_{\alpha=1}^{N}\vec{\mathscr{R}}_\alpha\cdot\frac{\partial\vec M_\alpha}{\partial q_i}\right)}_{Q_i}\dot q_i^* = \sum_{i=1}^{n}\left[\underbrace{\sum_{\alpha=1}^{N}\vec F_{D_\alpha}\cdot\frac{\partial\vec M_\alpha}{\partial q_i}}_{Q_{i_D}} + \underbrace{\sum_{\alpha=1}^{N}\vec F_{L_\alpha}\cdot\frac{\partial\vec M_\alpha}{\partial q_i}}_{Q_{i_L}} + \underbrace{\sum_{\alpha=1}^{N}\vec F_{I_\alpha}\cdot\frac{\partial\vec M_\alpha}{\partial q_i}}_{Q_{i_I}}\right]\dot q_i^*$$

## PUISSANCE VIRTUELLE DES FORCES EXTERIEURES ET INTERIEURES (2/5)

- $$\mathscr{P}^* = \sum_{i=1}^{n} \underbrace{\left( \sum_{\alpha=1}^{N} \vec{\mathcal{R}}_\alpha \cdot \frac{\partial \overrightarrow{M_\alpha}}{\partial q_i} \right)}_{\mathbf{Q_i}} \dot{q}_i^* = \sum_{i=1}^{n} \left[ \underbrace{\sum_{\alpha=1}^{N} \vec{F}_{D_\alpha} \cdot \frac{\partial \overrightarrow{M_\alpha}}{\partial q_i}}_{\mathbf{Q_{i_D}}} + \underbrace{\sum_{\alpha=1}^{N} \vec{F}_{L_\alpha} \cdot \frac{\partial \overrightarrow{M_\alpha}}{\partial q_i}}_{\mathbf{Q_{i_L}}} + \underbrace{\sum_{\alpha=1}^{N} \vec{F}_{I_\alpha} \cdot \frac{\partial \overrightarrow{M_\alpha}}{\partial q_i}}_{\mathbf{Q_{i_I}}} \right] \dot{q}_i^*$$
- $$\mathscr{P}^* = \sum_{i=1}^{n} Q_i \, \dot{q}_i^* = \sum_{i=1}^{n} \left( Q_{i_D} + Q_{i_L} + Q_{i_I} \right) \dot{q}_i^*, \quad \forall \ \dot{q}_i^* \in \mathbb{R}, \ i = 1, \ldots, n$$
- coefficients de puissance

$$Q_i = \frac{\partial \mathscr{P}^*}{\partial \dot{q}_i^*}$$

$$Q_i = \frac{\partial \mathscr{P}_D^*}{\partial \dot{q}_i^*} + \frac{\partial \mathscr{P}_L^*}{\partial \dot{q}_i^*} + \frac{\partial \mathscr{P}_I^*}{\partial \dot{q}_i^*}$$

$$Q_i = Q_{i_D} + Q_{i_L} + Q_{i_I}$$

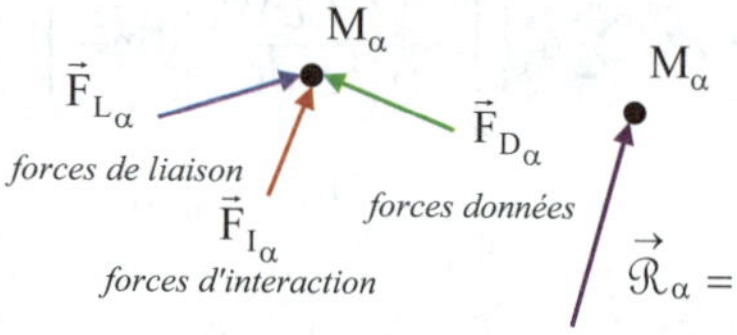


$$\vec{\mathcal{R}}_\alpha = \vec{F}_{D_\alpha} + \vec{F}_{L_\alpha} + \vec{F}_{I_\alpha}$$

$= 0$ *si* $\vec{V}_\alpha^*$ *est équiprojectif* (pour $Q_{i_I}$)

## PUISSANCE VIRTUELLE DES FORCES EXTERIEURES ET INTERIEURES (3/5)

- Cas du solide rigide

$$\mathscr{P}^* = \{\text{ext} \to S\} \cdot \mathscr{V}^*(S/\mathscr{R}) = \vec{\mathcal{R}}(\text{ext} \to S) \cdot \vec{V}^*(P \in S/\mathscr{R}) + \vec{\mathcal{M}}_P(\text{ext} \to S) \cdot \vec{\Omega}^*(\mathscr{B}_S/\mathscr{B}), \quad \forall \ P$$

$$\mathscr{P}^* = \sum_{i=1}^{n} Q_i \, \dot{q}_i^* = \sum_{i=1}^{n} \left( Q_{i_D} + Q_{i_L} \right) \dot{q}_i^*, \quad \forall \ \dot{q}_i^* \in \mathbb{R}, \ i = 1, \ldots, n$$

$\mathbf{Q_{i_I} = 0}$

$$Q_i = \frac{\partial \mathscr{P}^*}{\partial \dot{q}_i^*}$$

$$Q_i = \frac{\partial \mathscr{P}_D^*}{\partial \dot{q}_i^*} + \frac{\partial \mathscr{P}_I^*}{\partial \dot{q}_i^*}$$

$$Q_i = Q_{i_D} + Q_{i_L}$$

# EXEMPLE 1 DE CALCUL DE COEFFICIENT DE PUISSANCE

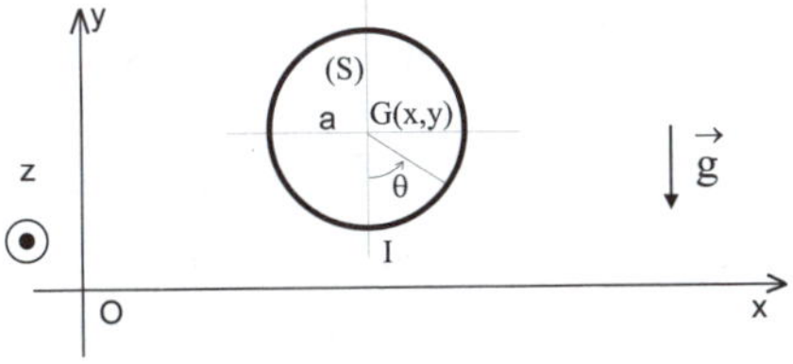


- $\mathscr{V}(S/\mathscr{R}) = \left\{\begin{matrix} 0 & \dot{x} \\ 0 & \dot{y} \\ \dot{\theta} & 0 \end{matrix}\right\}_{G,\mathscr{B}}$

$\Rightarrow$ $\mathscr{V}^*(S/\mathscr{R}) = \left\{\begin{matrix} 0 & \dot{x}^* \\ 0 & \dot{y}^* \\ \dot{\theta}^* & 0 \end{matrix}\right\}_{G,\mathscr{B}}$

- $\{ext \to S\} = \{\varpi \to S\}$
- $\mathscr{P}^* = \{\varpi \to S\} \cdot \mathscr{V}^*(S/\mathscr{R}) = \vec{P} \cdot \vec{V}^*(G \in S/\mathscr{R}) = -mg\,\dot{y}^*$
- $Q_i = \dfrac{\partial \mathscr{P}^*}{\partial \dot{q}_i^*}$

$\Rightarrow$ $Q_x = \dfrac{\partial \mathscr{P}^*}{\partial \dot{x}^*} = 0 \ ; \ Q_y = \dfrac{\partial \mathscr{P}^*}{\partial \dot{y}^*} = -mg \ ; \ Q_\theta = \dfrac{\partial \mathscr{P}^*}{\partial \dot{\theta}^*} = 0$

# EXEMPLE 2 DE CALCUL DE COEFFICIENT DE PUISSANCE (1/2)

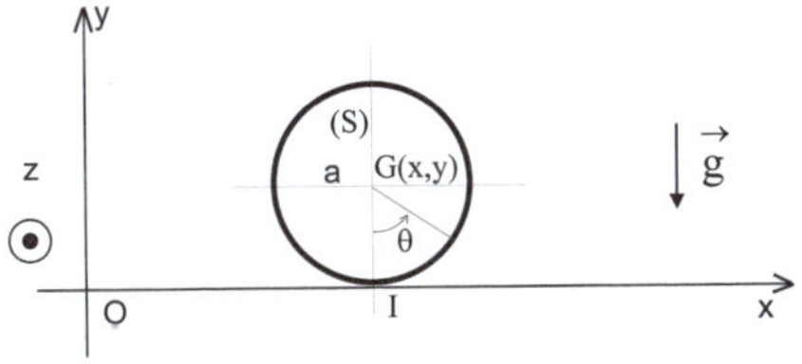


- $\{ext \to S\} = \{\varpi \to S\} + \{Ox \to S\}$

avec $\{Ox \to S\} = (I, \vec{R}_I)$ et $\vec{R}_I = X_I \vec{e}_x + Y_I \vec{e}_y$

- condition ***holonôme*** de contact : $y = a$
- torseur cinématique ***réel*** : $\mathscr{V}(S/\mathscr{R}) = \left\{\begin{matrix} 0 & \dot{x} \\ 0 & 0 \\ \dot{\theta} & 0 \end{matrix}\right\}_{G,\mathscr{B}}$
- champ de vitesse virtuel ***compatible*** avec la condition de contact $\dot{y}^* = 0$ $\quad \mathscr{V}^*(S/\mathscr{R}) = \left\{\begin{matrix} 0 & \dot{x}^* \\ 0 & 0 \\ \dot{\theta}^* & 0 \end{matrix}\right\}_{G,\mathscr{B}}$
- champ de vitesse virtuel ***non compatible*** avec la condition de contact $\dot{y}^* \neq 0$ $\quad \mathscr{V}^*(S/\mathscr{R}) = \left\{\begin{matrix} 0 & \dot{x}^* \\ 0 & \dot{y}^* \\ \dot{\theta}^* & 0 \end{matrix}\right\}_{G,\mathscr{B}}$

## EXEMPLE 2 DE CALCUL DE COEFFICIENT DE PUISSANCE (2/2)

- $\mathscr{P}^* = \{\varpi \to S\}\cdot \mathscr{V}^*(S/\mathscr{R}) + \{Ox \to S\}\cdot \mathscr{V}^*(S/\mathscr{R}) = \vec{P}\cdot \vec{V}^*(G \in S/\mathscr{R}) + \vec{R}_I \cdot \vec{V}^*(I \in S/\mathscr{R})$
- $\vec{V}^*(I \in S/\mathscr{R}) = \vec{V}^*(G \in S/\mathscr{R}) + \vec{\Omega}^*(\mathscr{B}_S/\mathscr{B}) \wedge \overrightarrow{GI}$
- champ de vitesse virtuel ***compatible*** avec la condition de contact $\dot{y}^* = 0$ $\quad \mathscr{V}^*(S/\mathscr{R}) = \left\{ \begin{matrix} 0 & \dot{x}^* \\ 0 & 0 \\ \dot{\theta}^* & 0 \end{matrix} \right\}_{G,\ \mathscr{B}}$

$\vec{V}^*(I \in S/\mathscr{R}) = (\dot{x}^* + a\dot{\theta}^*)\vec{e}_x \Rightarrow \mathscr{P}^* = X_I \dot{x}^* + X_I a \dot{\theta}^*$

$\Rightarrow Q_x = \dfrac{\partial \mathscr{P}^*}{\partial \dot{x}^*} = X_I \ ; \ Q_y = \dfrac{\partial \mathscr{P}^*}{\partial \dot{y}^*} = 0 \ ; \ Q_\theta = \dfrac{\partial \mathscr{P}^*}{\partial \dot{\theta}^*} = X_I a$ $\quad$ $Y_I$ n'intervient pas

- champ de vitesse virtuel ***non compatible*** avec la condition de contact $\dot{y}^* \neq 0$ $\quad \mathscr{V}^*(S/\mathscr{R}) = \left\{ \begin{matrix} 0 & \dot{x}^* \\ 0 & \dot{y}^* \\ \dot{\theta}^* & 0 \end{matrix} \right\}_{G,\ \mathscr{B}}$

$\vec{V}^*(I \in S/\mathscr{R}) = (\dot{x}^* + a\dot{\theta}^*)\vec{e}_x + \dot{y}^*\vec{e}_y \Rightarrow \mathscr{P}^* = X_I \dot{x}^* + (-mg + Y_I)\dot{y}^* + X_I a \dot{\theta}^*$

$\Rightarrow Q_x = \dfrac{\partial \mathscr{P}^*}{\partial \dot{x}^*} = X_I \ ; \ Q_y = \dfrac{\partial \mathscr{P}^*}{\partial \dot{y}^*} = -mg + Y_I \ ; \ Q_\theta = \dfrac{\partial \mathscr{P}^*}{\partial \dot{\theta}^*} = X_I a$ $\quad$ $Y_I$ intervient

## PUISSANCE VIRTUELLE DES FORCES EXTERIEURES ET INTERIEURES (4/5)

- Cas d'un système de solides rigides

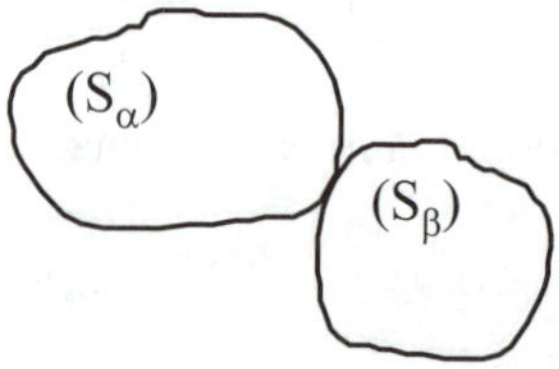


puissance virtuelle des actions mécaniques d'interaction $\mathscr{P}^*(S_\alpha \leftrightarrow S_\beta) \neq 0$

$$\mathscr{P}^*(S_\alpha \leftrightarrow S_\beta) = \{S_\alpha \to S_\beta\}\cdot \mathscr{V}^*(S_\beta/S_\alpha) = \mathscr{P}^*(S_\alpha \to S_\beta) + \mathscr{P}^*(S_\beta \to S_\alpha)$$
$$= \{S_\alpha \to S_\beta\}\cdot \mathscr{V}^*(S_\beta/\mathscr{R}') + \{S_\beta \to S_\alpha\}\cdot \mathscr{V}^*(S_\alpha/\mathscr{R}') \quad \forall \mathscr{R}'$$

$$\mathscr{P}^* = \mathscr{P}^*(\text{ext} \to \Sigma/\mathscr{R}) + \mathscr{P}^*(S_\alpha \leftrightarrow S_\beta) = \sum_{i=1}^{n} Q_i\, \dot{q}_i^*, \quad \forall\ \dot{q}_i^* \in \mathbb{R},\ i = 1, \dots, n$$

$$\Rightarrow Q_i = \frac{\partial \mathscr{P}^*}{\partial \dot{q}_i^*}$$

## PUISSANCE VIRTUELLE DES FORCES EXTERIEURES ET INTERIEURES (5/5)

- Cas où les forces données dérivent d'une fonction de force U (ou dérivent d'un potentiel par abus de langage)

$\vec{F}_D = \overrightarrow{\text{grad}}\, U$ avec $\vec{F}_D \cdot \dfrac{\partial \overrightarrow{M}}{\partial q_i} = \dfrac{\partial U}{\partial q_i}$

$$\mathscr{P}_D^* = \sum_{i=1}^{n} \vec{F}_D \cdot \frac{\partial \overrightarrow{M}}{\partial q_i}\, \dot{q}_i^* = \sum_{i=1}^{n} \frac{\partial U}{\partial q_i}\, \dot{q}_i^*$$

$V(q_i) = -U(q_i)$ énergie potentielle du champ de force

$$\Rightarrow \quad \mathscr{P}_D^* = -\sum_{i=1}^{n} \frac{\partial V}{\partial q_i}\, \dot{q}_i^*$$

$$Q_{i_D} = \frac{\partial \mathscr{P}_D^*}{\partial \dot{q}_i^*} = \frac{\partial U}{\partial q_i} = -\frac{\partial V}{\partial q_i}$$

## EQUATIONS DE LAGRANGE (1/3)

- Principe des puissances virtuelles $\mathscr{A}^* = \mathscr{P}^*, \quad \forall\ \dot{q}_i^* \in \mathbb{R},\ i = 1,\ldots,n$

avec $\mathscr{A}^* = \displaystyle\sum_{i=1}^{n} \left( \frac{d}{dt} \frac{\partial T}{\partial \dot{q}_i} - \frac{\partial T}{\partial q_i} \right) \dot{q}_i^*, \quad \forall\ \dot{q}_i^* \in \mathbb{R},\ i = 1,\ldots,n$

et $\mathscr{P}^* = \displaystyle\sum_{i=1}^{n} Q_i\, \dot{q}_i^*, \quad \forall\ \dot{q}_i^* \in \mathbb{R},\ i = 1,\ldots,n$

$$\Rightarrow \quad \sum_{i=1}^{n} \left( \frac{d}{dt} \frac{\partial T}{\partial \dot{q}_i} - \frac{\partial T}{\partial q_i} \right) \dot{q}_i^* = \sum_{i=1}^{n} Q_i\, \dot{q}_i^*, \quad \forall\ \dot{q}_i^* \in \mathbb{R},\ i = 1,\ldots,n$$

*Equations de Lagrange*

- Coefficients arbitraires $\dot{q}_i^*$ ***indépendants***

$$\frac{d}{dt} \frac{\partial T}{\partial \dot{q}_i} - \frac{\partial T}{\partial q_i} = Q_i, \quad i = 1,\ldots,n$$

# EQUATIONS DE LAGRANGE (2/3)

- Coefficients arbitraires $\dot{q}_i^*$ ***non* indépendants**

$$\sum_{i=1}^{n}\left(\frac{d}{dt}\frac{\partial T}{\partial \dot{q}_i}-\frac{\partial T}{\partial q_i}\right)\dot{q}_i^*=\sum_{i=1}^{n} Q_i\,\dot{q}_i^*,\quad \forall\ \dot{q}_i^*\in\mathbb{R},\ i=1,\ldots,n$$

$$\frac{d}{dt}\frac{\partial T}{\partial \dot{q}_i}-\frac{\partial T}{\partial q_i}=Q_i,\ i=1,\ldots,n$$

→ Utilisation des multiplicateurs de Lagrange

# EQUATIONS DE LAGRANGE (3/3)

- certaines forces dérivent d'un ***potentiel*** (énergie potentielle $V(q_i)$ )

$$\sum_{i=1}^{n}\left(\frac{d}{dt}\frac{\partial T}{\partial \dot{q}_i}-\frac{\partial T}{\partial q_i}\right)\dot{q}_i^*=-\sum_{i=1}^{n}\frac{\partial V}{\partial q_i}\,\dot{q}_i^*+\sum_{i=1}^{n}\Xi_i\,\dot{q}_i^*,\quad \forall\ \dot{q}_i^*\in\mathbb{R},\ i=1,\ldots,n$$

*coefficient de puissance des forces ne dérivant pas d'un potentiel*

$$\frac{\partial V}{\partial \dot{q}_i}=0 \quad\Rightarrow\quad \sum_{i=1}^{n}\left(\frac{d}{dt}\frac{\partial (T-V)}{\partial \dot{q}_i}-\frac{\partial (T-V)}{\partial q_i}\right)\dot{q}_i^*=\sum_{i=1}^{n}\Xi_i\,\dot{q}_i^*,\quad \forall\ \dot{q}_i^*\in\mathbb{R},\ i=1,\ldots,n$$

Lagrangien du système : $\mathcal{L}=T-V$

$$\Rightarrow\quad \sum_{i=1}^{n}\left(\frac{d}{dt}\frac{\partial \mathcal{L}}{\partial \dot{q}_i}-\frac{\partial \mathcal{L}}{\partial q_i}\right)\dot{q}_i^*=\sum_{i=1}^{n}\Xi_i\,\dot{q}_i^*,\quad \forall\ \dot{q}_i^*\in\mathbb{R},\ i=1,\ldots,n$$

*Equations de Lagrange*

***Si*** les coefficients arbitraires $\dot{q}_i^*$ sont ***indépendants*** : $\frac{d}{dt}\frac{\partial \mathcal{L}}{\partial \dot{q}_i}-\frac{\partial \mathcal{L}}{\partial q_i}=\Xi_i\ ,\ i=1,\ldots,n$

## ENERGIE POTENTIELLE (1/4)

- Un champ de forces "**dérive d'une fonction de force**" s'il existe une fonction U(x,y,z) telle que les composantes de la fonction $\vec{F}$ sur la base cartésienne orthonormée $\mathscr{B}_0$ s'expriment sous la forme

$$F_x = \frac{\partial U}{\partial x} \;;\; F_y = \frac{\partial U}{\partial y} \;;\; F_z = \frac{\partial U}{\partial z} \iff \vec{F} = \overrightarrow{\text{grad}}\, U = \frac{\partial U}{\partial x}\vec{e}_{x_0} + \frac{\partial U}{\partial y}\vec{e}_{y_0} + \frac{\partial U}{\partial z}\vec{e}_{z_0}$$

- On appelle "**énergie potentielle**" du champ de force l'opposé de la fonction U : V(x,y,z) = - U(x,y,z). Le vecteur $\vec{F}$ est alors dirigé des grandes valeurs de V vers les plus petites. De la même manière que l'on parle d'un champ de force qui **dérive d'une fonction de force**, on parle aussi (par abus de langage) d'un champ de force qui **dérive d'un potentiel**.

## ENERGIE POTENTIELLE (2/4)

- **Energie potentielle de gravité** d'une masse :

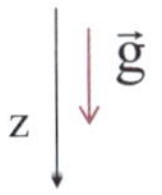


$$\vec{P} = m\vec{g} = \overrightarrow{\text{grad}}\underbrace{(mgz)}_{U}$$

U : *fonction de force*

$$V = -U = -mgz$$

- **Energie potentielle élastique** d'un ressort :

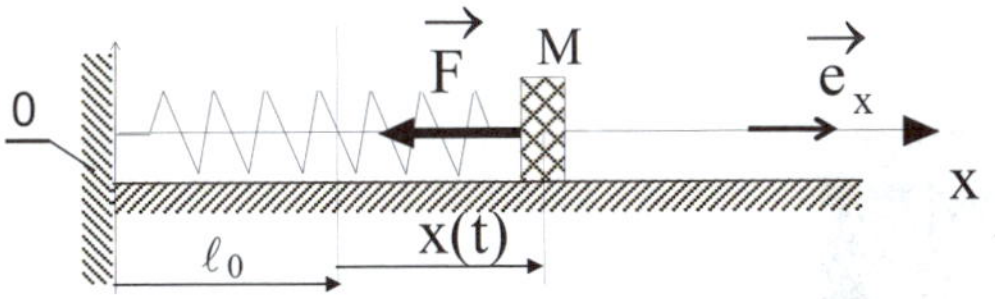


$$\vec{F} = -kx\,\vec{e}_x = \overrightarrow{\text{grad}}\underbrace{\left(-\tfrac{1}{2}kx^2\right)}_{U}$$

$$V = -U = \frac{1}{2}kx^2$$

## ENERGIE POTENTIELLE (3/4)

- La puissance d'une force dérivant d'une fonction de forces apparaît comme la dérivée totale de la fonction U par rapport au temps.

$$\mathscr{P}(\vec{F} \to A/\mathscr{R}_0) = \vec{F}.\vec{V}(A/\mathscr{R}_0) = \frac{\partial U}{\partial x}\frac{dx}{dt} + \frac{\partial U}{\partial y}\frac{dy}{dt} + \frac{\partial U}{\partial z}\frac{dz}{dt} = \frac{dU}{dt} = -\frac{dV}{dt}$$

- Le travail élémentaire d'une force dérivant d'une fonction de forces apparaît comme la différentielle totale exacte de la fonction de force

$$\delta\mathscr{W}(\vec{F} \to A/\mathscr{R}_0) = \vec{F}.d\overrightarrow{O_0A}_{/\mathscr{B}_0} = \frac{\partial U}{\partial x}dx + \frac{\partial U}{\partial y}dy + \frac{\partial U}{\partial z}dz = dU = -dV$$

- Le travail ne dépend donc pas du chemin suivi pour aller d'un point $A_0$ à un point $A_1$:

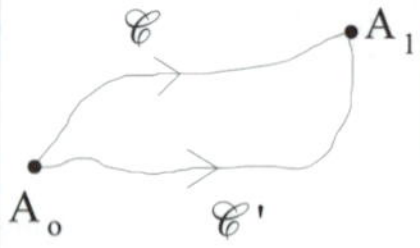


$$\mathscr{W}_{A_0 \to A_1}(\vec{F} \to A/\mathscr{R}_0) = \int_{A_0}^{A_1} dU = U(A_1) - U(A_0) = -[V(A_1) - V(A_0)]$$

## ENERGIE POTENTIELLE (4/4)

- U et V sont définies à une constante additive près

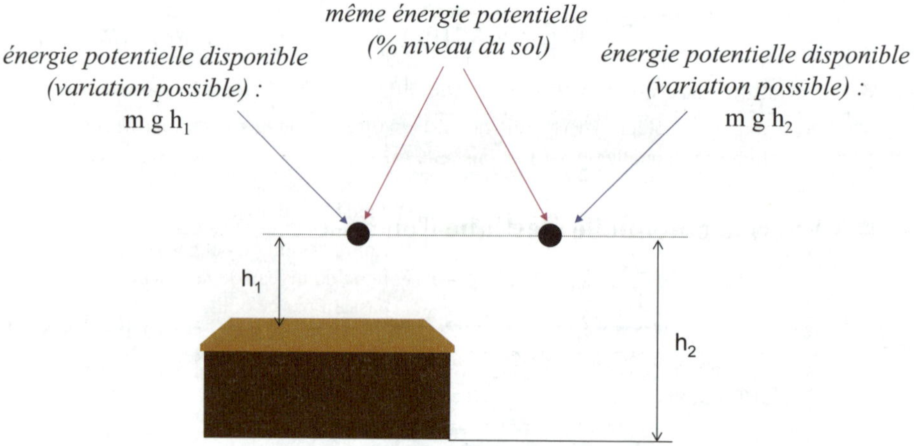

# GRADIENT D'UNE FONCTION SCALAIRE U (1/2)

- Coordonnées cartésiennes $$\overrightarrow{\text{grad}}\,U = \frac{\partial U}{\partial x}\vec{e}_x + \frac{\partial U}{\partial y}\vec{e}_y + \frac{\partial U}{\partial z}\vec{e}_z$$
- Coordonnées cylindriques $$\overrightarrow{\text{grad}}\,U(\rho,\varphi,z) = \frac{\partial U}{\partial \rho}\vec{e}_\rho + \frac{1}{\rho}\frac{\partial U}{\partial \varphi}\vec{e}_\varphi + \frac{\partial U}{\partial z}\vec{e}_z$$
- Coordonnées sphériques $$\overrightarrow{\text{grad}}\,U(r,\theta,\varphi) = \frac{\partial U}{\partial r}\vec{e}_r + \frac{1}{r}\frac{\partial U}{\partial \theta}\vec{e}_\theta + \frac{1}{r\sin\theta}\frac{\partial U}{\partial \varphi}\vec{e}_\varphi$$

*Remarque :*

$$dU = \frac{\partial U}{\partial x}dx + \frac{\partial U}{\partial y}dy + \frac{\partial U}{\partial z}dz = \underbrace{\left(\frac{\partial U}{\partial x}\vec{e}_x + \frac{\partial U}{\partial y}\vec{e}_y + \frac{\partial U}{\partial z}\vec{e}_z\right)}_{\overrightarrow{\text{grad}}\,U} \cdot \underbrace{\left(dx\,\vec{e}_x + dy\,\vec{e}_y + dz\,\vec{e}_z\right)}_{d\vec{M}}$$

$$\Rightarrow \quad dU = \left(\overrightarrow{\text{grad}}\,U\right)\cdot d\vec{M}$$

# GRADIENT D'UNE FONCTION SCALAIRE U (2/2)

- **Lignes (voire surfaces) de niveau** : ensemble des points où un champ scalaire U prend la même valeur $\Rightarrow$ U(x,y) = constante, soit d U = 0
- Voir exemple topographique à 2 dimensions
- Variations dx et dy choisies telles que dU = 0 c.à.d. U(x,y) = constante
  - tous les vecteurs $d\vec{M}$ tels que d U = 0 restent tangents en tout M à une ligne sur laquelle U(x,y) = constante
  - or $dU = \left(\overrightarrow{\text{grad}}\,U\right)\cdot d\vec{M} = 0$ $\Rightarrow$ $\overrightarrow{\text{grad}}\,U \perp d\vec{M}$ En tout point (x,y), $\overrightarrow{\text{grad}}\,U \perp$ ligne de niveau de la fonction passant par ce point
  - $\overrightarrow{\text{grad}}\,U$ dirigé suivant la direction de variation la plus rapide de U (ligne de plus grande pente), dans le sens des valeurs croissantes de U.

## EXEMPLE TOPOGRAPHIQUE (1/3)

$$U(x, y) = x\,e^{-\left(x^2+y^2\right)}$$

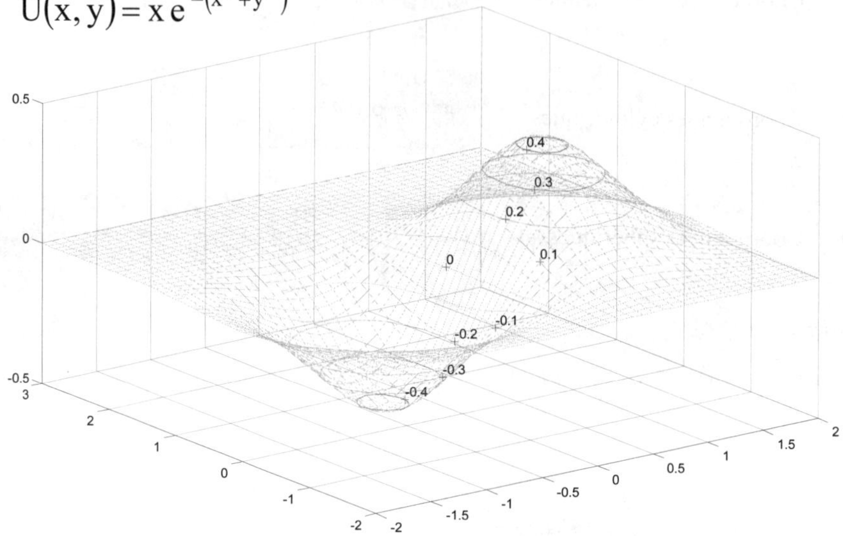


## EXEMPLE TOPOGRAPHIQUE (2/3)

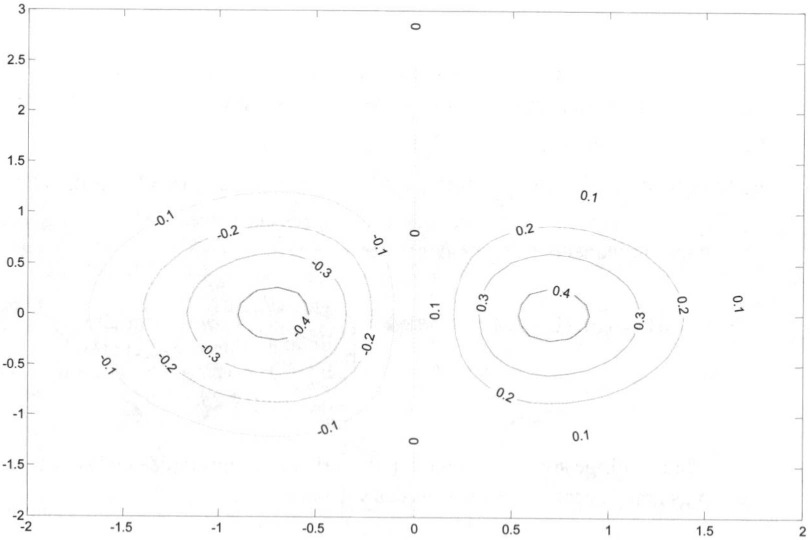


$$U(x, y) = x\,e^{-\left(x^2+y^2\right)}$$

## EXEMPLE TOPOGRAPHIQUE (3/3)

ligne de niveau

les torrents coulent dans le sens des altitudes décroissantes, suivant la ligne de plus grande pente

## 4. CHAPITRE IV

# EQUATIONS DE LAGRANGE

- Principe des puissances virtuelles $\mathscr{A}^* = \mathscr{P}^*, \quad \forall\ \dot{q}_i^* \in \mathbb{R},\ i = 1, \ldots, n$

$$\Rightarrow \quad \sum_{i=1}^{n} \left( \frac{d}{dt} \frac{\partial T}{\partial \dot{q}_i} - \frac{\partial T}{\partial q_i} \right) \dot{q}_i^* = \sum_{i=1}^{n} Q_i\, \dot{q}_i^*, \quad \forall\ \dot{q}_i^* \in \mathbb{R},\ i = 1, \ldots, n$$

*Equations de Lagrange*

- Coefficients arbitraires $\dot{q}_i^*$ ***indépendants*** $\quad \dfrac{d}{dt} \dfrac{\partial T}{\partial \dot{q}_i} - \dfrac{\partial T}{\partial q_i} = Q_i,\ i = 1, \ldots, n$

- Coefficients arbitraires $\dot{q}_i^*$ ***non indépendants***

$$\text{(barré)} \quad \frac{d}{dt} \frac{\partial T}{\partial \dot{q}_i} - \frac{\partial T}{\partial q_i} = Q_i,\ i = 1, \ldots, n$$

$\Rightarrow$ Utilisation des multiplicateurs de Lagrange

# PROBLEME DU CERCEAU

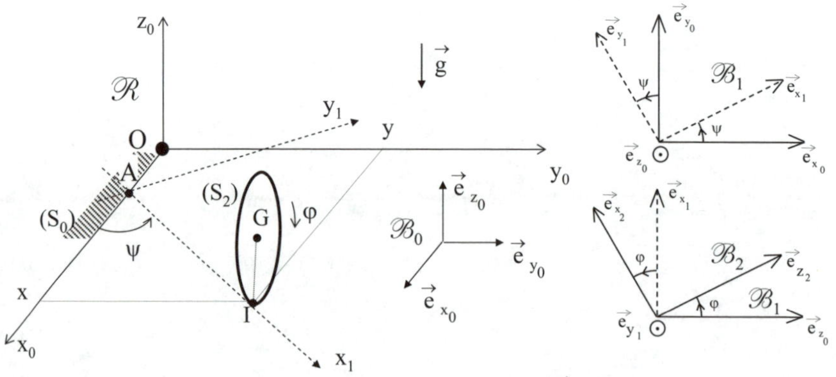


$\mathscr{R}_0 = (O, \vec{e}_{x_0}, \vec{e}_{y_0}, \vec{e}_{z_0}) = (O, \mathscr{B}_0)$

$\mathscr{R}_1 = (A, \vec{e}_{x_1}, \vec{e}_{y_1}, \vec{e}_{z_0}) = (A, \mathscr{B}_1)$

$\mathscr{R}_2 = (G, \vec{e}_{x_2}, \vec{e}_{y_1}, \vec{e}_{z_2}) = (G, \mathscr{B}_2)$

$\overrightarrow{GI} = -a\, \vec{e}_{z_0}$

$\overrightarrow{OG} = x\, \vec{e}_{x_0} + y\, \vec{e}_{y_0} + a\, \vec{e}_{z_0}$

*conditions initiales*

$\psi(0) = \psi_0 \quad \dot{\psi}(0) = \dot{\psi}_0 \quad \varphi(0) = \varphi_0 \quad \dot{\varphi}(0) = \dot{\varphi}_0$

# ENERGIE CINETIQUE D'UN SOLIDE RIGIDE

$$T(S/\mathscr{R}_0)=\frac{1}{2}m\vec{V}^2(K\in S/\mathscr{R}_0)+m\vec{V}(K\in S/\mathscr{R}_0)\cdot\left[\vec{\Omega}(S/\mathscr{B}_0)\wedge\overrightarrow{KG}\right]$$

$$+\frac{1}{2}\vec{\Omega}(S/\mathscr{B}_0)\cdot\mathscr{I}_K(S)\{\vec{\Omega}(S/\mathscr{B}_0)\}$$

où $\mathscr{I}_K(S)$ est l'opérateur d'inertie du solide S au point K

$$\mathscr{I}_K(S)\Bigg|_{\mathscr{B}}=\begin{bmatrix}A & -F & -E\\ -F & B & -D\\ -E & -D & C\end{bmatrix}$$

*moments d'inertie*

*produits d'inertie*

Voir le tableau des éléments d'inertie de quelques solides homogènes usuels au § A6.6.

# RESUME DES EQUATIONS

- Energie cinétique $T=\frac{1}{2}m\left(\dot{x}^2+\dot{y}^2+a^2\dot{\varphi}^2+\frac{1}{2}a^2\dot{\psi}^2\right)$
- Puissance virtuelle des quantités d'accélération

$$\mathscr{A}^*=m\ddot{x}\dot{x}^*+m\ddot{y}\dot{y}^*+\tfrac{1}{2}ma^2\ddot{\psi}\dot{\psi}^*+ma^2\ddot{\varphi}\dot{\varphi}^*$$

- Condition de roulement sans glissement $\vec{V}(I_2/\mathscr{R}_0)=\vec{0}$ ⇒ $\begin{cases}\dot{x}-a\dot{\varphi}\cos\psi=0\\ \dot{y}-a\dot{\varphi}\sin\psi=0\end{cases}$
- Torseur distributeur des vitesses du mouvement de $\mathscr{R}_2$ par rapport à $\mathscr{R}_1$

$$\mathscr{V}(\mathscr{R}_2/\mathscr{R}_0)=\underset{G}{\begin{Bmatrix}-\dot{\varphi}\sin\psi & \dot{x}\\ \dot{\varphi}\cos\psi & \dot{y}\\ \dot{\psi} & 0\end{Bmatrix}}_{\mathscr{B}_0} \Rightarrow \mathscr{V}^*(\mathscr{R}_2/\mathscr{R}_0)=\underset{G}{\begin{Bmatrix}-\dot{\varphi}^*\sin\psi & \dot{x}^*\\ \dot{\varphi}^*\cos\psi & \dot{y}^*\\ \dot{\psi}^* & 0\end{Bmatrix}}_{\mathscr{B}_0}$$

*torseur réel* *torseur virtuel*

- Puissance virtuelle des actions de liaison

$$\mathscr{P}^*(S_0\to S_2/\mathscr{R}_0)=\{S_0\to S_2\}\cdot\mathscr{V}^*(\mathscr{R}_2/\mathscr{R}_0)=\vec{R}_I\cdot\vec{V}^*(I_2/\mathscr{R}_0)$$

# CHOIX DU CHAMP DE VITESSES VIRTUEL

- Champ virtuel compatible avec la c.r.s.g. $\vec{V}^*(I_2/\mathcal{R}_0)=\vec{0}$

➡ $\mathcal{P}^*(S_0 \to S_2/\mathcal{R}_0)=\vec{R}_I \cdot \vec{V}^*(I_2/\mathcal{R}_0)=0$ ➡ $\vec{R}_I \begin{vmatrix} X_I \\ Y_I \\ Z_I \end{vmatrix}_{\mathcal{B}_0}$ n'intervient pas

<u>*MAIS*</u> $\begin{cases} \dot{x}^* - a\,\dot{\varphi}^* \cos\psi = 0 \\ \dot{y}^* - a\,\dot{\varphi}^* \sin\psi = 0 \end{cases}$ *2 conditions non holonômes*

➡ Coefficients arbitraires $\dot{q}_i^*$ ***<u>non</u> indépendants***

➡ ***Introduction de 2 multiplicateurs de Lagrange $\lambda_1$ et $\lambda_2$***

- Champ virtuel non compatible avec la c.r.s.g. $\vec{V}^*(I_2/\mathcal{R}_0)\neq\vec{0}$

➡ $\mathcal{P}^*(S_0 \to S_2/\mathcal{R}_0)=\vec{R}_I \cdot \vec{V}^*(I_2/\mathcal{R}_0)\neq 0$ ➡ $Y_I$ et $X_I$ interviennent

<u>*MAIS*</u> Coefficients arbitraires $\dot{q}_i^*$ ***<u>indépendants</u>***

➡ $\frac{d}{dt}\frac{\partial T}{\partial \dot{q}_i} - \frac{\partial T}{\partial q_i} = Q_i, \ i=1,\ldots,n$ ***pas besoin d'introduire les multiplicateurs de Lagrange***

# EQUATIONS - INCONNUES

- $\vec{V}^*(I_2/\mathcal{R}_0)\neq\vec{0}$

✓ 6 inconnues — 4 variables de situation : x, y, $\psi$, $\varphi$
2 composantes force de frottement : $X_I$, $Y_I$

✓ 6 équations — 4 équations de Lagrange : $\frac{d}{dt}\frac{\partial T}{\partial \dot{q}_i} - \frac{\partial T}{\partial q_i} = Q_i$

2 c.r.s.g. : $\dot{x} - a\dot{\varphi}\cos\psi = 0$ et $\dot{y} - a\dot{\varphi}\sin\psi = 0$

- $\vec{V}^*(I_2/\mathcal{R}_0)=\vec{0}$

✓ 6 inconnues — 4 variables de situation : x, y, $\psi$, $\varphi$
2 multiplicateurs de Lagrange $\lambda_1$, $\lambda_2$

✓ 6 équations — 4 équations de Lagrange *avec multiplicateurs* :

$$\frac{d}{dt}\frac{\partial T}{\partial \dot{q}_i} - \frac{\partial T}{\partial q_i} = Q_i + \lambda_1 a_{1i} + \lambda_2 a_{2i}$$

2 c.r.s.g. : $\dot{x} - a\dot{\varphi}\cos\psi = 0$ et $\dot{y} - a\dot{\varphi}\sin\psi = 0$

# INTERPRETATION VECTORIELLE DES EQUATIONS DE LAGRANGE

$$\sum_{i=1}^{n}\underbrace{\left(\frac{d}{dt}\frac{\partial T}{\partial \dot q_i}-\frac{\partial T}{\partial q_i}-Q_i\right)}_{\ell_i}\dot q_i^* = 0,\quad \forall\ \dot q_i^*\in\mathbb{R},\quad i=1,\dots,n \iff \vec\ell\cdot\vec q^* = 0,\ \forall\ \vec q^*\in\mathbb{R}^n$$

*avec* $\vec\ell=\sum_{i=1}^{n}\ell_i\vec e_i$ *et* $\vec q^*=\sum_{i=1}^{n}\dot q_i^*\vec e_i$

*le seul vecteur de* $\mathbb{R}^n$ *qui vérifie* $\forall\ \vec q^*\in\mathbb{R}^n,\ \vec\ell\perp\vec q^*$

*est* $\vec\ell=\vec 0$

$\Updownarrow$

*Equations de Lagrange*

$$\ell_i=0 \text{ soit } \frac{d}{dt}\frac{\partial T}{\partial \dot q_i}-\frac{\partial T}{\partial q_i}-Q_i=0,\quad i=1,\dots,n$$

# 1 SEULE CONDITION NON HOLONOME

- $a_1\dot q_1^*+\dots+a_n\dot q_n^*=0$ *soit* $\vec A\cdot\vec q^*=0$

  *avec* $\vec A=\sum_{i=1}^{n}a_i\vec e_i$ *et* $\vec q^*=\sum_{i=1}^{n}\dot q_i^*\vec e_i$

- Principe des puissances virtuelles

  $$\sum_{i=1}^{n}\left(\frac{d}{dt}\frac{\partial T}{\partial \dot q_i}-\frac{\partial T}{\partial q_i}-Q_i\right)\dot q_i^*=0,\quad \forall\ \dot q_i^*\in\mathbb{R},\quad i=1,\dots,n \text{ soit } \vec\ell\cdot\vec q^*=0,\ \forall\ \vec q^*\in\mathbb{R}^n$$

- Exemple : $n=3$

  - L'ensemble des vecteurs $\vec q^*$ perpendiculaires à une droite parallèle à $\vec A$ est un plan (sous-espace de dimension 2)
  - $\vec\ell\perp\vec q^* \Rightarrow \vec\ell=\lambda\vec A$

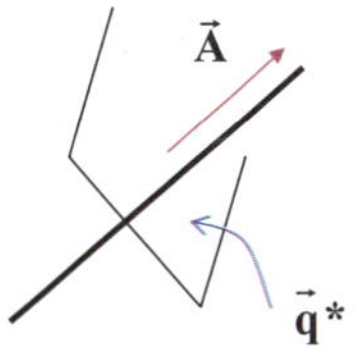


- $\vec\ell=\lambda\vec A \Rightarrow \frac{d}{dt}\frac{\partial T}{\partial \dot q_i}-\frac{\partial T}{\partial q_i}=Q_i+\lambda a_i,\quad i=1,\dots,n$

$\lambda$ : ***multiplicateur de Lagrange***

# 2 CONDITIONS NON HOLONOMES

- $$a_{11}\dot{q}_1^* + \cdots + a_{1n}\dot{q}_n^* = 0 \quad a_{21}\dot{q}_1^* + \cdots + a_{2n}\dot{q}_n^* = 0$$ *soit* $$\vec{A}_1 \cdot \vec{q}^* = 0 \quad \vec{A}_2 \cdot \vec{q}^* = 0$$ **(1)**

*avec* $\vec{A}_1 = \sum_{i=1}^{n} a_{1i}\vec{e}_i$ , $\vec{A}_2 = \sum_{i=1}^{n} a_{2i}\vec{e}_i$ *et* $\vec{q}^* = \sum_{i=1}^{n} \dot{q}_i^* \vec{e}_i$

- Principe des puissances virtuelles $\vec{\ell} \cdot \vec{q}^* = 0, \ \forall \vec{q}^* \in \mathbb{R}^n$ **(2)**

*avec* $\ell_i = \frac{d}{dt}\frac{\partial T}{\partial \dot{q}_i} - \frac{\partial T}{\partial q_i} - Q_i$

- Ensemble des vecteurs $\vec{q}^*$ vérifiant (1) : s/s espace de dimension (n-2) perpendiculaire à $\vec{A}_1$ et à $\vec{A}_2$ .

- $\vec{\ell} \perp \vec{q}^*$ ⇒ $\vec{\ell} = \lambda_1 \vec{A}_1 + \lambda_2 \vec{A}_2$ $\lambda_1, \lambda_2$ : ***multiplicateurs de Lagrange***

⇕

$$\frac{d}{dt}\frac{\partial T}{\partial \dot{q}_i} - \frac{\partial T}{\partial q_i} = Q_i + \lambda_1 a_{1i} + \lambda_2 a_{2i}, \quad i = 1, \ldots, n$$

# p CONDITIONS NON HOLONOMES (1/2)

- $$\begin{cases} a_{11}\dot{q}_1^* + \cdots + a_{1n}\dot{q}_n^* = 0 \\ \vdots \\ a_{p1}\dot{q}_1^* + \cdots + a_{pn}\dot{q}_n^* = 0 \end{cases}$$ *soit* $$\begin{cases} \vec{A}_1 \cdot \vec{q}^* = 0 \\ \vdots \\ \vec{A}_p \cdot \vec{q}^* = 0 \end{cases}$$ *soit* $$\sum_{i=1}^{n} a_{ki}\dot{q}_i^* = 0, \quad k = 1, \ldots, p$$

*avec* $\vec{A}_k = \sum_{i=1}^{n} a_{ki}\vec{e}_i$ *et* $\vec{q}^* = \sum_{i=1}^{n} \dot{q}_i^* \vec{e}_i$ *soit* $\vec{A}_k \cdot \vec{q}^* = 0$ **(1)**

- Principe des puissances virtuelles $\vec{\ell} \cdot \vec{q}^* = 0, \ \forall \vec{q}^* \in \mathbb{R}^n$

*avec* $\ell_i = \frac{d}{dt}\frac{\partial T}{\partial \dot{q}_i} - \frac{\partial T}{\partial q_i} - Q_i$

- Ensemble des vecteurs $\vec{q}^*$ vérifiant (1) : s/s espace de dimension (n-p) perpendiculaire à $\vec{A}_1, \ldots, \vec{A}_p$ .

- $\vec{\ell} \perp \vec{q}^*$ ⇒ $\vec{\ell} = \lambda_1 \vec{A}_1 + \cdots + \lambda_p \vec{A}_p$ *soit* $\ell_i = \sum_{k=1}^{p} \lambda_k a_{ki}, \quad i = 1, \ldots, n$

⇕ **$\lambda_k$, k=1,..,p : *multiplicateurs de Lagrange***

$$\frac{d}{dt}\frac{\partial T}{\partial \dot{q}_i} - \frac{\partial T}{\partial q_i} = Q_i + \sum_{k=1}^{p} \lambda_k a_{ki}, \quad i = 1, \ldots, n$$

# p CONDITIONS NON HOLONOMES (2/2)

- Mise des conditions non holonômes sous la forme

$$\underbrace{\begin{bmatrix} a_{11} & a_{12} & \cdots & a_{1n} \\ \vdots & \vdots & & \vdots \\ a_{p1} & a_{p2} & \cdots & a_{pn} \end{bmatrix}}_{A=(a_{ki})} \begin{Bmatrix} \dot{q}_1^* \\ \dot{q}_2^* \\ \vdots \\ \dot{q}_n^* \end{Bmatrix} = \begin{Bmatrix} 0 \\ \vdots \\ 0 \end{Bmatrix}$$

- Nombre d'équations disponibles

*n équations* $$\frac{d}{dt}\frac{\partial T}{\partial \dot{q}_i} - \frac{\partial T}{\partial q_i} = Q_i + \sum_{k=1}^{p} \lambda_k a_{ki}, \quad i = 1,\ldots,n$$

*p équations* $$\sum_{i=1}^{n} a_{ki}\dot{q}_i = 0, \quad k = 1,\ldots,p$$

- Lagrangien $\mathscr{L} = T - V$

$$\frac{d}{dt}\frac{\partial \mathscr{L}}{\partial \dot{q}_i} - \frac{\partial \mathscr{L}}{\partial q_i} = \Xi_i + \sum_{k=1}^{p} \lambda_k a_{ki}, \quad i = 1,\ldots,n$$

***coefficients de puissance des forces ne dérivant pas d'un potentiel***

# EXEMPLE

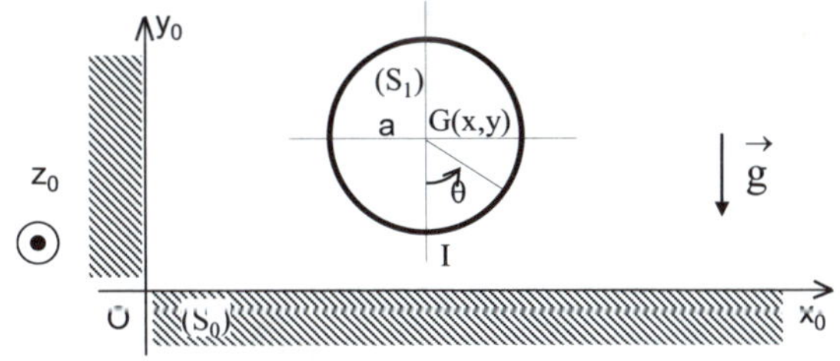


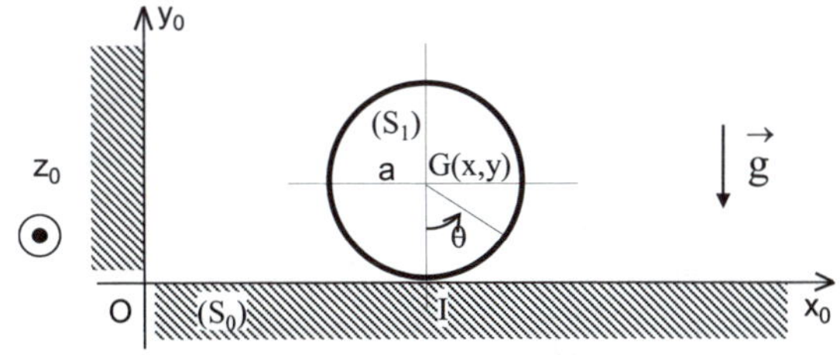

# 5. CHAPITRE V

## ESPACE DE CONFIGURATION (1/2)

A un instant donné, l'espace à n dimensions tel que la position du système soit caractérisée par un point de coordonnées $M(q_1, \ldots, q_n)$ est appelé **espace de configuration**. A chaque axe de cet espace correspond une coordonnée $q_i$.

- 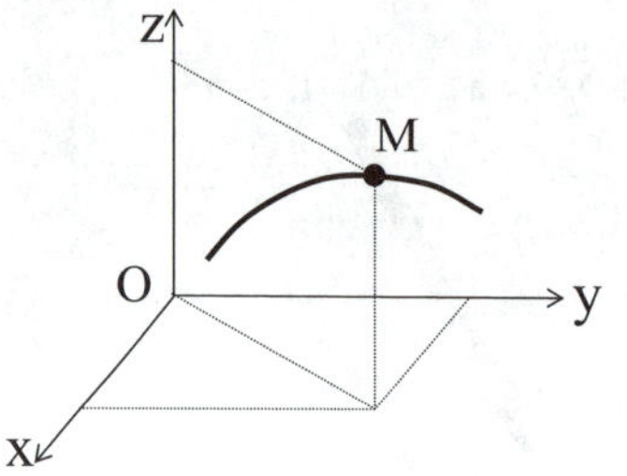


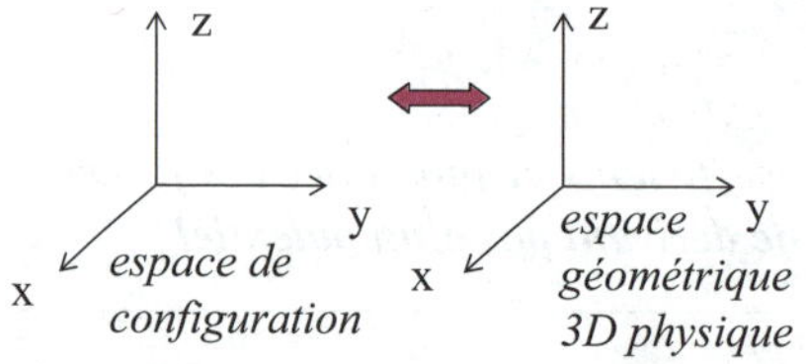


- 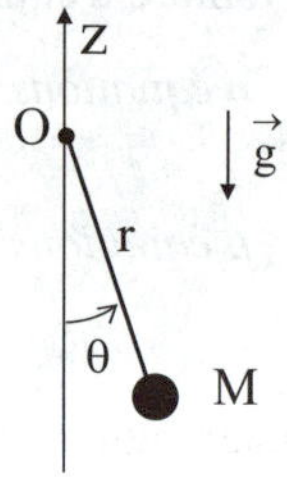


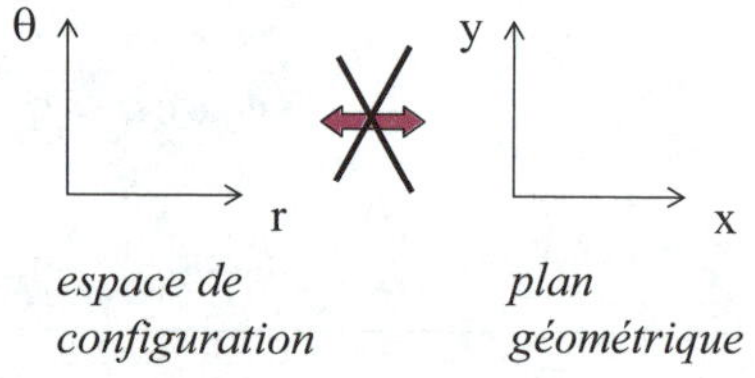


## ESPACE DE CONFIGURATION (2/2)

- 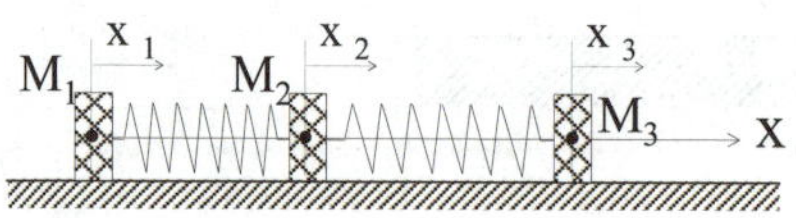


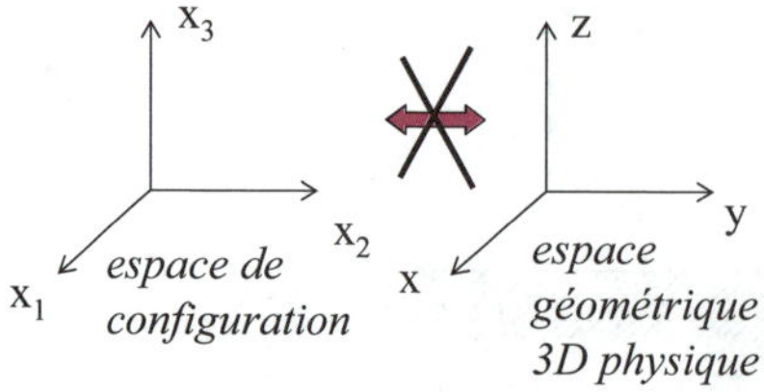


- 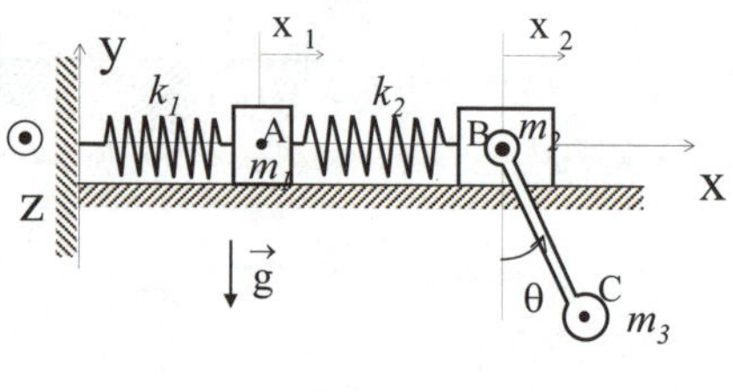


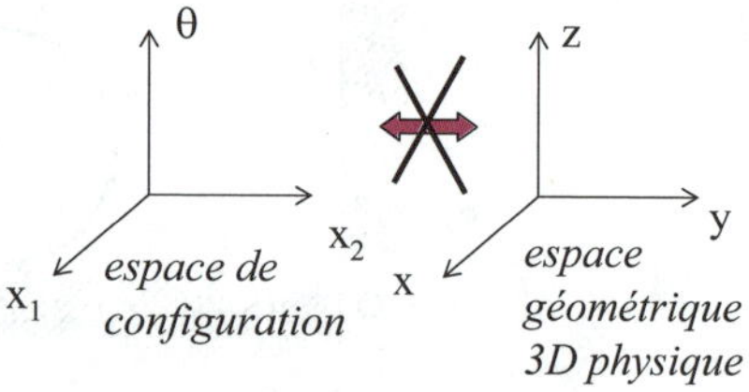

# CALCUL VARIATIONNEL

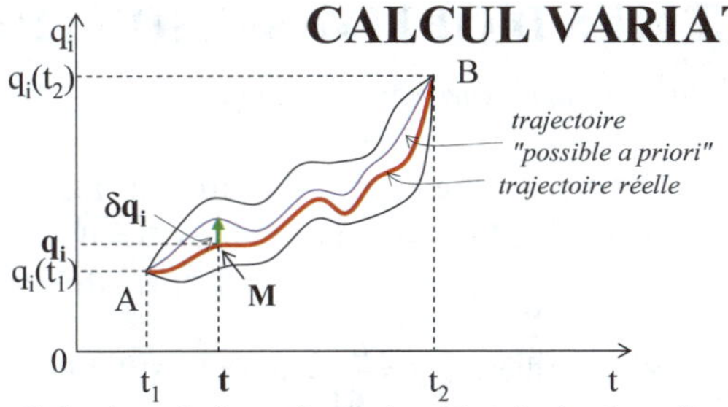


déplacement purement géométrique

$\delta \overrightarrow{M}$ ➡ $\delta q_i$

appelé **déplacement virtuel**, à un instant donné

Calcul variationnel ⬌ Extrémisation d'une quantité S (l'**action**)

➡ Identification de la trajectoire optimale, pour des conditions de mouvement données

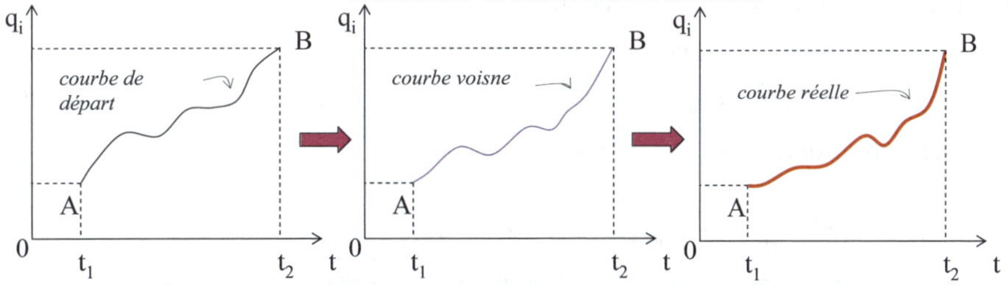


***chemins suivis ≡ états successifs par lesquels passe le système*** ➡ $q_i$ et $\dot{q}_i$

# EXEMPLES DE PROBLEMES D'OPTIMISATION (1/3)

- **Plus petite distance dans un plan**

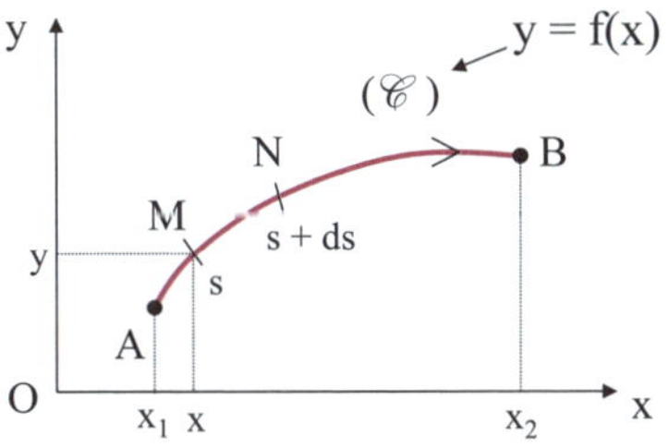


✓ abscisse curviligne $s(M) = \overset{\frown}{AM}$

✓ élément infinitésimal de longueur

$$ds = \sqrt{(dx)^2 + (dy)^2} = \sqrt{1 + \left(\frac{dy}{dx}\right)^2}\, dx$$

➡ $$ds = \sqrt{1 + f'^2}\, dx$$

✓ longueur du chemin menant de A à B

$$L = \int_A^B ds = \int_{x_1}^{x_2} \sqrt{1 + f'^2}\, dx$$

➡ Minimisation de l'intégrale d'une fonction dépendant de f '

# EXEMPLES DE PROBLEMES D'OPTIMISATION (2/3)

- **La brachistrochrone** *(brakhus = court ; khronos = le temps)*

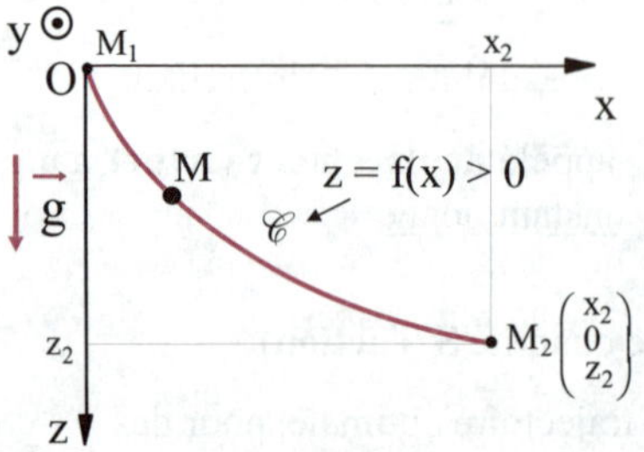


✓ liaison entre M et $\mathscr{C}$ sans frottements

✓ à $t = t_1$, $M \equiv M_1 \equiv O$ ➡ $\begin{cases} x(0) = 0 \\ z(0) = f(0) = 0 \end{cases}$

✓ à $t = t_2$, $M \equiv M_2$

✓ hypothèse : $\dot{x} = \dfrac{dx}{dt} > 0$ et $\dot{x}(0) = 0$

✓ $\overrightarrow{OM} = x\vec{e}_x + z\vec{e}_z = x\vec{e}_x + f(x)\vec{e}_z$

➡ $\vec{V}(M/\mathscr{R}) = \dot{x}\vec{e}_x + \dot{x}f'(x)\vec{e}_z$

✓ $T(M/\mathscr{R}) = \frac{1}{2}m\left[\vec{V}(M/\mathscr{R})\right]^2 = \frac{1}{2}m\dot{x}^2\left(1+f'^2\right)$

✓ $\mathscr{P}(\varpi \to M/\mathscr{R}) = \dfrac{dU}{dt}$ avec $U = mgz = mgf(x)$

✓ théorème de l'énergie cinétique : $\dfrac{d}{dt}\{T(M/\mathscr{R})\} = \mathscr{P}(\text{ext} \to M/\mathscr{R})$ ➡ $T = U + \text{cte}$

✓ conditions initiales ➡ $\frac{1}{2}m\dot{x}^2\left(1+f'^2\right) = mgf$

✓ $\dot{x} = \dfrac{dx}{dt} > 0$ ➡ $\dfrac{dx}{dt} = \sqrt{\dfrac{2gf}{1+f'^2}}$ ➡ $t_2 = \dfrac{1}{\sqrt{2g}}\displaystyle\int_{x_1=0}^{x_2}\sqrt{\dfrac{1+f'^2}{f}}\,dx$

➡ **Minimisation de l'intégrale d'une fonction dépendant de f et f '**

# EXEMPLES DE PROBLEMES D'OPTIMISATION (3/3)

- **Plus petite distance dans un plan**

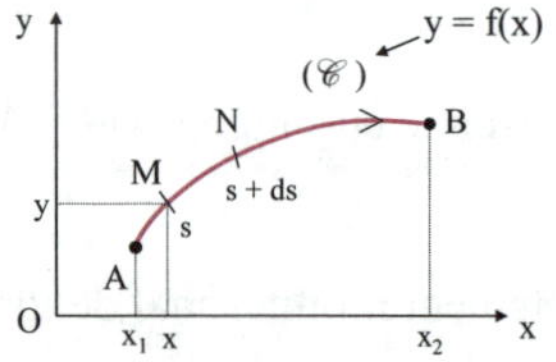


✓ longueur du chemin menant de A à B

$$L = \int_A^B ds = \int_{x_1}^{x_2}\sqrt{1+f'^2}\,dx$$

- **La brachistrochrone**

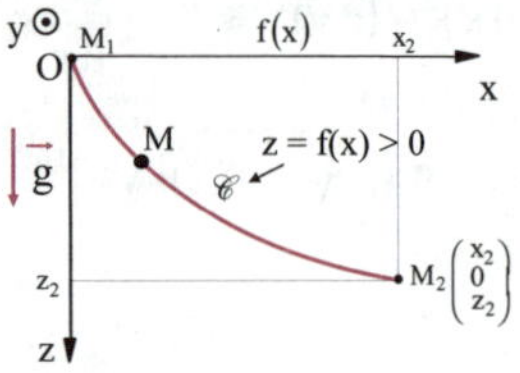


✓ temps pour aller de $M_1$ à $M_2$

$$t_2 = \frac{1}{\sqrt{2g}}\int_{x_1=0}^{x_2}\sqrt{\frac{1+f'^2}{f}}\,dx$$

- **Solution**

*fonction* f(x) *qui rend* ***stationnaire*** *une intégrale de la forme*

$$I\{f\} = \int_{x_1}^{x_2} F[f, f', x]\,dx$$

# PRINCIPE DE MOINDRE ACTION

- La "nature" choisit toujours, entre toutes les possibilités qui s'offrent à elle, celle qui est la "plus efficace"

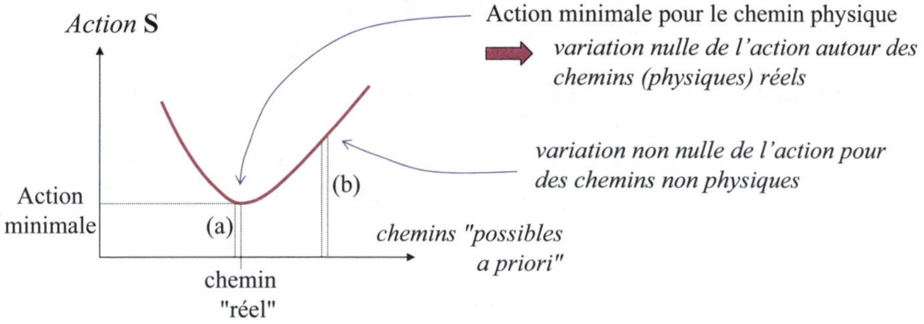


- Résolution du problème : **calcul variationnel**

$\delta S = S_{\text{chemin physique}} - S_{\text{chemin infiniment proche}}$
S minimale sur le chemin physique "réel"
$\Rightarrow \delta S = 0$

***chemins suivis ≡ états successifs par lesquels passe le système*** $\Rightarrow q_i$ et $\dot{q}_i$

## PRINCIPE VARIATIONNEL DE HAMILTON (1/2)

- Le mouvement d'un système mécanique holonôme dont toutes les forces dérivent d'un potentiel, depuis l'instant $t_1$ jusqu'à l'instant $t_2$ est tel que **l'intégrale appelée "action"**

$$S = \int_1^2 \mathscr{L}\left[q_i(t), \dot{q}_i(t), t\right] dt$$

$\mathscr{L} = T - V$ : *Lagrangien du système*

**est stationnaire** (extrémale), c'est-à-dire que toute variation $\delta S$ est nulle (à t fixé, quel que soit t) :

$$\delta S = \delta\left\{\int_1^2 \mathscr{L}\left[q_i(t), \dot{q}_i(t), t\right] dt\right\} = \int_1^2 \delta\mathscr{L}\left[q_i(t), \dot{q}_i(t), t\right] dt = 0$$

- **Systèmes non conservatifs**

$$\int_{t_1}^{t_2}\left(\delta\mathscr{L}\left[q_i(t), \dot{q}_i(t), t\right] + \sum_{i=1}^{n} \Xi_i \, \delta q_i\right) dt = 0$$

$\Xi_i$ : *coefficients de puissance des forces non conservatives*

$\sum_{i=1}^{n} \Xi_i \, \delta q_i$ : somme des travaux virtuels de toutes les forces non conservatives

## PRINCIPE VARIATIONNEL DE HAMILTON (2/2)

- p conditions non holonômes $\quad \sum_{i=1}^{n} a_{ki} \dot{q}_i = 0, \quad k = 1, \ldots, p$

$$\dot{q}_i \longrightarrow \delta q_i \quad \Rightarrow \quad \sum_{i=1}^{n} a_{ki} \, \delta q_i = 0, \quad k = 1, \ldots, p$$

**Principe variationnel :**

$$\int_{t_1}^{t_2}\left(\delta\mathscr{L}\left[q_i(t), \dot{q}_i(t), t\right] + \sum_{i=1}^{n}\left(\Xi_i + \sum_{k=1}^{p} \lambda_k a_{ki}\right)\delta q_i\right) dt = 0$$

pour toute variation $\delta$

$\lambda_k$ : *multiplicateurs de Lagrange*

- intervalle de temps $[t_1, t_2]$

doit être suffisamment grand pour que tous les états par lesquels passe le système soient contenus dans cet intervalle

- système périodique : $t_2 - t_1 \geq T$
- mouvements transitoires : $[t_1, t_2] = [t_i, +\infty[$ ($t_i$ : *instant initial*)

# CONDITION DE STATIONNARITE : EQUATION D'EULER (1/5)

$$t_2 = \frac{1}{\sqrt{2g}} \int_{x_1=0}^{x_2} \sqrt{\frac{1+f'^2}{f}}\, dx \qquad L = \int_A^B ds = \int_{x_1}^{x_2} \sqrt{1+f'^2}\, dx \qquad S = \int_1^2 \mathscr{L}\left[q_i(t), \dot{q}_i(t), t\right] dt$$

$$I\{f\} = \int_{u_1}^{u_2} F\left[f_1, \ldots, f_n, f_1', \ldots, f_n', u\right] du$$

$$I\{f\} = \int_{u_1}^{u_2} F\left[f_i, f_i', u\right] du \qquad f_i' = df_i/du$$

<u>But</u> : déterminer les fonctions $f_i(u)$ qui rendent stationnaire cette intégrale

# CONDITION DE STATIONNARITE : EQUATION D'EULER (2/5)

1 fonction f $\quad I\{f\} = \int_{u_1}^{u_2} F\left[f, f', u\right] du$

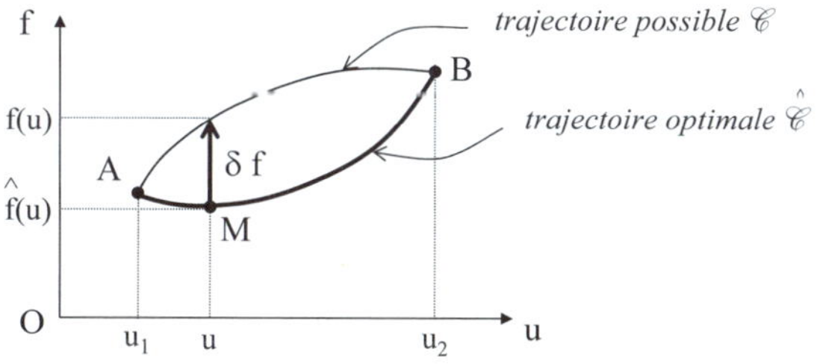


La méthode des variations consiste à faire varier f(u) jusqu'à ce que f(u) soit identique à $\hat{f}(u)$, c'est-à-dire que le chemin possible $\mathscr{C}$ coïncide avec le chemin optimal $\hat{\mathscr{C}}$ .

comparaison entre les différents chemins à u fixé, donc constant

## CONDITION DE STATIONNARITE : EQUATION D'EULER (3/5)

- $\delta f = f(u) - \hat{f}(u)$ très petit, $\forall\ u \in [u_1, u_2]$
- $\delta I = I\{f\} - I\{\hat{f}\}$
- $\delta F = F[f, f', u] - F[\hat{f}, \hat{f}', u]$

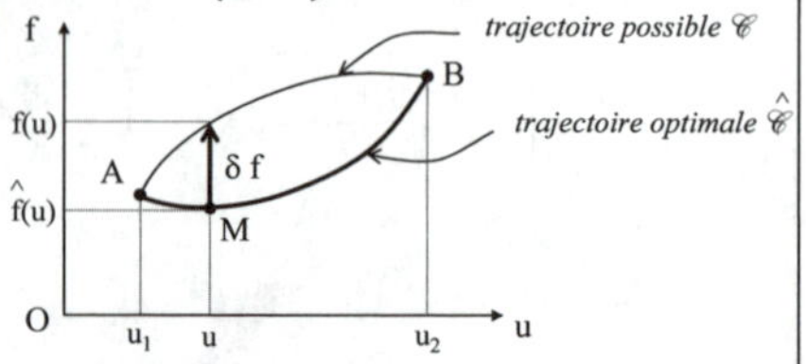


- Commutativité de l'opérateur δ avec l'opérateur dérivée

$$\delta f' = f'(u) - \hat{f}'(u) = \frac{d}{du}\underbrace{\left[f(u) - \hat{f}(u)\right]}_{\delta f} \Rightarrow \boxed{\delta \frac{df}{du} = \frac{d}{du}\delta f}$$

- Opérateur $\delta \equiv$ opérateurs différentiels $\qquad f' = \hat{f}' + \delta f' \qquad f = \hat{f} + \delta f$

$$F[f, f', u] = F\left[\hat{f} + \delta f, \hat{f}' + \delta f', u\right] \approx F\left[\hat{f}, \hat{f}', u\right] + \frac{\partial F}{\partial \hat{f}}\delta f + \frac{\partial F}{\partial \hat{f}'}\delta f'$$

$$\Rightarrow \underbrace{F[f, f', u] - F\left[\hat{f}, \hat{f}', u\right]}_{\delta F} \approx \frac{\partial F}{\partial \hat{f}}\delta f + \frac{\partial F}{\partial \hat{f}'}\delta f' \Rightarrow \boxed{\delta F = \frac{\partial F}{\partial \hat{f}}\delta f + \frac{\partial F}{\partial \hat{f}'}\delta f'}$$

*variations petites*

## CONDITION DE STATIONNARITE : EQUATION D'EULER (4/5)

$$I\{f\} = \int_{u_1}^{u_2} F[f, f', u]\,du \Rightarrow \delta I = \int_{u_1}^{u_2} \underbrace{\left\{F[f, f', u] - F\left[\hat{f}, \hat{f}', u\right]\right\}}_{\delta F} du$$

$$\delta I = \int_{u_1}^{u_2} \left(\frac{\partial F}{\partial \hat{f}}\delta f + \frac{\partial F}{\partial \hat{f}'}\underbrace{\delta f'}_{\delta \frac{df}{du}}\right) du = \int_{u_1}^{u_2} \left(\frac{\partial F}{\partial \hat{f}}\delta f + \underbrace{\frac{\partial F}{\partial \hat{f}'}\frac{d}{du}(\delta f)}_{\text{intégration par parties}}\right) du$$

$$\delta I = \int_{u_1}^{u_2} \frac{\partial F}{\partial \hat{f}}\delta f\,du + \underbrace{\left[\frac{\partial F}{\partial \hat{f}'}\delta f\right]_{u_1}^{u_2}}_{\delta f(u_1) = \delta f(u_2) = 0} - \int_{u_1}^{u_2} \frac{d}{du}\frac{\partial F}{\partial \hat{f}'}\delta f\,du$$

La fonction $\hat{f}(u)$ qui rend stationnaire l'intégrale $I\{f\}$ est celle pour laquelle

$$\delta I = 0,\ \forall\ \delta f \Leftrightarrow \int_{u_1}^{u_2} \left(\frac{\partial F}{\partial \hat{f}} - \frac{d}{du}\frac{\partial F}{\partial \hat{f}'}\right)\delta f\,du = 0,\ \forall\ \delta f \Rightarrow \boxed{\frac{\partial F}{\partial \hat{f}} - \frac{d}{du}\frac{\partial F}{\partial \hat{f}'} = 0}$$

***Equation d'Euler***

# CONDITION DE STATIONNARITE : EQUATION D'EULER (5/5)

- Généralisation : $I\{f\} = \int_{u_1}^{u_2} F\left[f_i, f_i', u\right] du, \ i = 1,\dots,n$

$$\delta F\left[f_i, f_i', u\right] = \sum_{i=1}^{n} \left( \frac{\partial F}{\partial \hat{f}_i} - \frac{d}{du} \frac{\partial F}{\partial \hat{f}_i'} \right) \delta f_i$$

Les fonctions $\hat{f}_i(u)$ qui rendent stationnaire l'intégrale $I\{f\}$ sont celles pour lesquelles

$$\delta I = \int_{u_1}^{u_2} \delta F\left[f_i, f_i', u\right] du = 0, \ \forall \, \delta f_i, \ i = 1,\dots,n$$

$$\Rightarrow \quad \frac{\partial F}{\partial \hat{f}_i} - \frac{d}{du} \frac{\partial F}{\partial \hat{f}_i'} = 0, \ i = 1,\dots,n$$

***n équations d'Euler***

# SOLUTIONS DE PROBLEMES D'OPTIMISATION (1/3)

*La fonction $\hat{f}(x)$ qui rend **stationnaire** une intégrale de la forme*

$I\{f\} = \int_{x_1}^{x_2} F[f, f', x] dx$ *est telle que* $\frac{\partial F}{\partial \hat{f}} - \frac{d}{dx} \frac{\partial F}{\partial \hat{f}'} = 0$ ***Equation d'Euler***

- **Plus petite distance dans un plan**

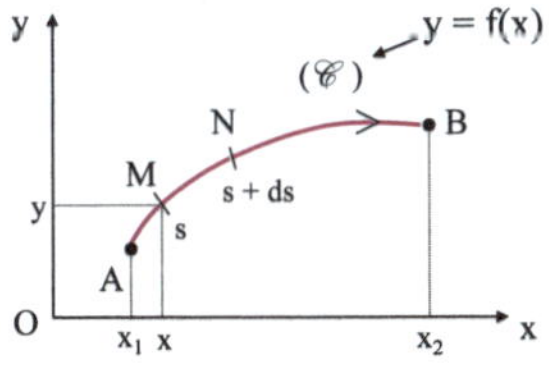


✓ longueur du chemin menant de A à B

$$L = \int_A^B ds = \int_{x_1}^{x_2} \sqrt{1 + f'^2} \, dx$$

$$\Rightarrow \ F[f, f', x] = \sqrt{1 + f'^2} \ \Rightarrow \ F\left[\hat{f}, \hat{f}', x\right] = \sqrt{1 + \hat{f}'^2}$$

$$\frac{\partial F}{\partial \hat{f}} = 0 \quad ; \quad \frac{\partial F}{\partial \hat{f}'} = \hat{f}'\left(1 + \hat{f}'^2\right)^{-1/2} \ \Rightarrow \ \frac{d}{dx} \frac{\partial F}{\partial \hat{f}'} = \hat{f}''\left(1 + \hat{f}'^2\right)^{-1/2} - \hat{f}''\hat{f}'^2\left(1 + \hat{f}'^2\right)^{-3/2}$$

***Equation d'Euler***

$$\frac{\partial F}{\partial \hat{f}} - \frac{d}{dx} \frac{\partial F}{\partial \hat{f}'} = 0 \ \Leftrightarrow \ \hat{f}''\left(1 + \hat{f}'^2\right)^{-3/2} = 0 \ \Rightarrow \ \hat{f}'' = 0$$

***Equation d'une droite***

# SOLUTIONS DE PROBLEMES D'OPTIMISATION (2/3)

- **La brachistrochrone**

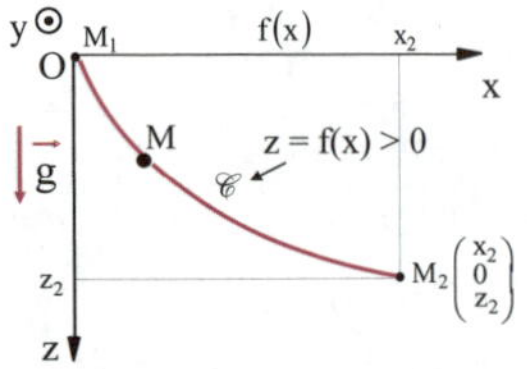


✓ temps pour aller de $M_1$ à $M_2$

$$t_2 = \frac{1}{\sqrt{2g}} \int_{x_1=0}^{x_2} \sqrt{\frac{1+f'^2}{f}}\, dx$$

*intégrale convergente si* $f'(x) > 0, \ \forall x \geq 0$

$$\Rightarrow \quad F[f, f', x] = \frac{1}{\sqrt{2g}} \sqrt{\frac{1+f'^2}{f}}$$

plus simple de choisir z comme variable indépendante ⇒ $x = v(z)$

$$\Rightarrow \quad t_2 = \frac{1}{\sqrt{2g}} \int_{z_1=0}^{z_2} \underbrace{\sqrt{\frac{1+v'^2}{z}}}_{V[v,v',z]} dz \quad \text{avec} \quad V[v, v', z] = \sqrt{\frac{1+v'^2}{z}}$$

*La fonction* $\hat{v}(z)$ *qui rend* ***stationnaire*** *une intégrale de la forme*

$J\{v\} = \int_{z_1}^{z_2} V[v, v', z]\, dz$ *est telle que* $\frac{\partial V}{\partial \hat{v}} - \frac{d}{dz}\frac{\partial V}{\partial \hat{v}'} = 0$ ***Equation d'Euler***

# SOLUTIONS DE PROBLEMES D'OPTIMISATION (3/3)

$$V[v, v', z] = \sqrt{\frac{1+v'^2}{z}} \quad \Rightarrow \quad \frac{\partial V}{\partial \hat{v}} = 0 \quad ; \quad \frac{\partial V}{\partial \hat{v}'} = \frac{\hat{v}'}{\sqrt{z(1+\hat{v}'^2)}}$$

***Equation d'Euler :***

$$\frac{\partial V}{\partial \hat{v}} - \frac{d}{dz}\frac{\partial V}{\partial \hat{v}'} = 0 \iff \frac{d}{dz}\frac{\partial V}{\partial \hat{v}'} = 0 \iff \frac{\hat{v}'}{\sqrt{z(1+\hat{v}'^2)}} = K$$

*constante / z*

$$\hat{v}' = \frac{d\hat{v}}{dz} = \sqrt{\frac{K^2 z}{1-K^2 z}} \quad \Rightarrow \quad x = v(z) = \int_{z_0=0}^{z_1} \sqrt{\frac{K^2 z}{1-K^2 z}}\, dz$$

***Changement de variable :*** $z = \frac{1}{K^2}\sin^2\frac{\theta}{2} \ \Rightarrow \ dz = \frac{1}{K^2}\sin\frac{\theta}{2}\cos\frac{\theta}{2}\, d\theta$ et $0 \leq \theta \leq \pi$

$$\Rightarrow \quad x = \frac{1}{K^2}\int_{\theta_0=0}^{\theta_1} \sin^2\frac{\theta}{2}\, dz \quad \Rightarrow \quad x(\theta) = \frac{1}{2K^2}(\theta - \sin\theta)$$

***Solution :***

$$\begin{cases} x(\theta) = a(\theta - \sin\theta) \\ z(\theta) = 2a\sin^2\frac{\theta}{2} = a(1-\cos\theta) \end{cases}$$

***cycloïde engendrée par un cercle de rayon a*** *avec* $a = 1/(2K^2)$

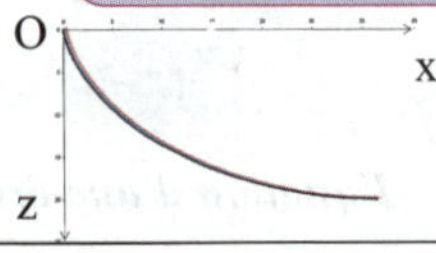

# RAPPEL : DEFINITION CINEMATIQUE DE LA CYCLOIDE

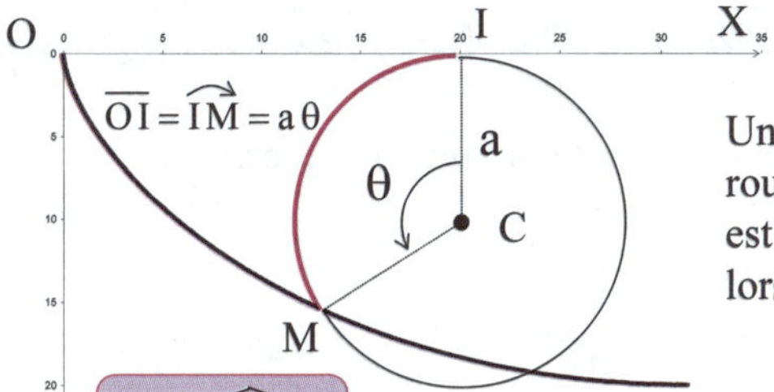


$$\theta = \left(\widehat{\overrightarrow{CI},\overrightarrow{CM}}\right)$$

Un cercle de centre C et de rayon "a" roule sans glisser sur l'axe Ox. Le point M est confondu avec le point de contact I lorsque celui-ci est au point O.

$$x_I = \overline{OI} = \overset{\frown}{IM} = a\theta$$

$$\overrightarrow{OM} = \overrightarrow{OI} + \overrightarrow{IC} + \overrightarrow{CM} \quad \Rightarrow \quad \mathscr{B}\begin{vmatrix} x \\ 0 \\ z \end{vmatrix} = \mathscr{B}\begin{vmatrix} x_I \\ 0 \\ 0 \end{vmatrix} + \mathscr{B}\begin{vmatrix} 0 \\ 0 \\ a \end{vmatrix} + \mathscr{B}\begin{vmatrix} -a\sin\theta \\ 0 \\ -a\cos\theta \end{vmatrix}$$

$$\Rightarrow \quad \begin{cases} x(\theta) = a(\theta - \sin\theta) \\ z(\theta) = a(1 - \cos\theta) \end{cases}$$

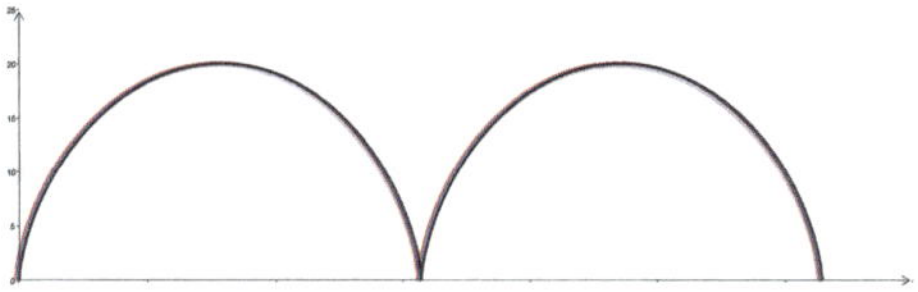

# PRINCIPE VARIATIONNEL DE HAMILTON ET EQUATIONS DE LAGRANGE ; SOLIDES RIGIDES (1/3)

## *Liaisons holonômes et forces dérivant d'un potentiel*

- Le mouvement d'un système mécanique **holonôme** dont toutes les forces dérivent d'un potentiel, depuis l'instant $t_1$ jusqu'à l'instant $t_2$, est tel toute variation δ S de l'action S est nulle (à t fixé, quel que soit t) :

$$\delta S = \delta\left\{ \int_1^2 \mathscr{L}\left[q_i(t), \dot{q}_i(t), t\right] dt \right\} = \int_1^2 \delta\mathscr{L}\left[q_i(t), \dot{q}_i(t), t\right] dt = 0$$

$\mathscr{L}$ = T - V : *Lagrangien du système*

- n équations d'Euler

$$\frac{\partial F}{\partial \hat{f}_i} - \frac{d}{du}\frac{\partial F}{\partial \hat{f}_i'} = 0, \quad i = 1, \ldots, n \quad \text{avec} \quad \begin{cases} u \to t \\ F \to \mathscr{L} \\ \hat{f}_i \to q_i \end{cases} \quad \Rightarrow \quad \frac{\partial \mathscr{L}}{\partial q_i} - \frac{d}{dt}\frac{\partial \mathscr{L}}{\partial \dot{q}_i} = 0, \quad i = 1, \ldots, n$$

*équations de Lagrange (au signe près)*

## PRINCIPE VARIATIONNEL DE HAMILTON ET EQUATIONS DE LAGRANGE ; SOLIDES RIGIDES (2/3)

### *Liaisons holonômes et certaines forces ne dérivant pas d'un potentiel*

- Le mouvement d'un système mécanique **holonôme** dont certaines forces ne dérivent pas d'un potentiel, depuis l'instant $t_1$ jusqu'à l'instant $t_2$, est tel quelle que soit la variation δ considérée :

$$\int_{t_1}^{t_2}\left(\delta\mathcal{L}\left[q_i(t),\dot{q}_i(t),t\right]+\sum_{i=1}^{n}\Xi_i\ \delta q_i\right)dt=0$$

$\Xi_i$ *: coefficients de puissance des forces non conservatives*

- $$\delta\mathcal{L}=\sum_{i=1}^{n}\left(\frac{\partial\mathcal{L}}{\partial q_i}\delta q_i+\frac{\partial\mathcal{L}}{\partial\dot{q}_i}\delta\dot{q}_i\right)=\sum_{i=1}^{n}\left(\frac{\partial\mathcal{L}}{\partial q_i}\delta q_i+\frac{\partial\mathcal{L}}{\partial\dot{q}_i}\frac{d}{dt}(\delta q_i)\right)$$

$$\Rightarrow \int_{t_1}^{t_2}\sum_{i=1}^{n}\left(\frac{\partial\mathcal{L}}{\partial q_i}+\Xi_i\right)\delta q_i\,dt+\underbrace{\left[\frac{\partial\mathcal{L}}{\partial\dot{q}_i}\delta q_i\right]_{t_1}^{t_2}}_{0\text{ car }\delta q_i(t_1)=\delta q_i(t_2)=0}-\int_{t_1}^{t_2}\sum_{i=1}^{n}\frac{d}{dt}\frac{\partial\mathcal{L}}{\partial\dot{q}_i}\delta q_i\,dt=0,\ \forall\delta q_i$$

$$\Rightarrow \int_{t_1}^{t_2}\sum_{i=1}^{n}\left(\frac{\partial\mathcal{L}}{\partial q_i}-\frac{d}{dt}\frac{\partial\mathcal{L}}{\partial\dot{q}_i}+\Xi_i\right)\delta q_i\,dt=0,\ \forall\delta q_i,\ i=1,\dots,n \Rightarrow \frac{\partial\mathcal{L}}{\partial q_i}-\frac{d}{dt}\frac{\partial\mathcal{L}}{\partial\dot{q}_i}+\Xi_i=0,\ i=1,\dots,n\quad \forall\ t\in[t_1,t_2]$$

## PRINCIPE VARIATIONNEL DE HAMILTON ET EQUATIONS DE LAGRANGE ; SOLIDES RIGIDES (3/3)

### *p conditions non holonômes*

$$\sum_{i=1}^{n}a_{ki}\,\delta q_i=0,\quad k=1,\dots,p$$

- $$\int_{t_1}^{t_2}\left(\delta\mathcal{L}\left[q_i(t),\dot{q}_i(t),t\right]+\sum_{i=1}^{n}\left(\Xi_i+\sum_{k=1}^{p}\lambda_k a_{ki}\right)\delta q_i\right)dt=0$$ pour toute variation δ

*multiplicateurs de Lagrange* ($\lambda_k$)

- même calcul :

$$\delta\mathcal{L}=\sum_{i=1}^{n}\left(\frac{\partial\mathcal{L}}{\partial q_i}\delta q_i+\frac{\partial\mathcal{L}}{\partial\dot{q}_i}\delta\dot{q}_i\right)=\sum_{i=1}^{n}\left(\frac{\partial\mathcal{L}}{\partial q_i}\delta q_i+\frac{\partial\mathcal{L}}{\partial\dot{q}_i}\frac{d}{dt}(\delta q_i)\right)$$

$$\Rightarrow \int_{t_1}^{t_2}\sum_{i=1}^{n}\left(\frac{\partial\mathcal{L}}{\partial q_i}+\Xi_i+\sum_{k=1}^{p}\lambda_k a_{ki}\right)\delta q_i\,dt+\underbrace{\left[\frac{\partial\mathcal{L}}{\partial\dot{q}_i}\delta q_i\right]_{t_1}^{t_2}}_{0\text{ car }\delta q_i(t_1)=\delta q_i(t_2)=0}-\int_{t_1}^{t_2}\sum_{i=1}^{n}\frac{d}{dt}\frac{\partial\mathcal{L}}{\partial\dot{q}_i}\delta q_i\,dt=0,\ \forall\delta q_i$$

$$\Rightarrow \int_{t_1}^{t_2}\sum_{i=1}^{n}\left(\frac{\partial\mathcal{L}}{\partial q_i}-\frac{d}{dt}\frac{\partial\mathcal{L}}{\partial\dot{q}_i}+\Xi_i+\sum_{k=1}^{p}\lambda_k a_{ki}\right)\delta q_i\,dt=0,\ \forall\delta q_i,\ i=1,\dots,n$$

$$\Rightarrow \frac{\partial\mathcal{L}}{\partial q_i}-\frac{d}{dt}\frac{\partial\mathcal{L}}{\partial\dot{q}_i}+\Xi_i+\sum_{k=1}^{p}\lambda_k a_{ki}=0,\ i=1,\dots,n\quad \forall\ t\in[t_1,t_2]$$

# LAGRANGIEN ; SYSTEMES DEFORMABLES (1/5)

- Solide rigide : $\mathscr{L}\left[q_i(t),\dot{q}_i(t),t\right]$

*dérivées temporelles d'ordre 1*

- Système déformable (poutres par exemple) : $\mathscr{L}\left[q_i(x;t),\dot{q}_{it}(x;t),\dot{q}_{ix}(x;t),t\right]$

*où* $\dot{q}_{it}(x;t)=\dfrac{\partial q_i(x;t)}{\partial t}$ *et* $\dot{q}_{ix}(x;t)=\dfrac{\partial q_i(x;t)}{\partial x}$

*dérivées temporelles et spatiales d'ordre 1*

- Système déformable (plaques par exemple) :

$$\mathscr{L}\left[q_i(x,y;t),\dot{q}_{it}(x,y;t),\dot{q}_{ix}(x,y;t),\dot{q}_{iy}(x,y;t),\ddot{q}_{ixx}(x,y;t),\ddot{q}_{iyy}(x,y;t),\ddot{q}_{ixy}(x,y;t),t\right],$$

*où* $\ddot{q}_{ixx}(x;t)=\dfrac{\partial^2 q_i(x;t)}{\partial x^2}$ *et* $\ddot{q}_{ixy}(x;t)=\dfrac{\partial^2 q_i(x;t)}{\partial x\,\partial y}$

*dérivées spatiales d'ordre 2*

# LAGRANGIEN ; SYSTEMES DEFORMABLES (2/5)

- Barre 1D homogène soumise à des mouvements de compression - détente

$$\mathscr{L}=\frac{1}{2}\rho S\left(\frac{\partial\xi}{\partial t}\right)^2-\frac{1}{2}ES\left(\frac{\partial\xi}{\partial x}\right)^2=\frac{1}{2}\rho S\dot{\xi}_t^2-\frac{1}{2}ES\dot{\xi}_x^2$$

$\mathscr{L}$ *: Lagrangien* ***linéique***

$\rho$ *: masse volumique,* S *: section,* E *: module d'Young*
$\xi(x;t)$ *: déplacement de la section de barre située en* x *à l'instant* t

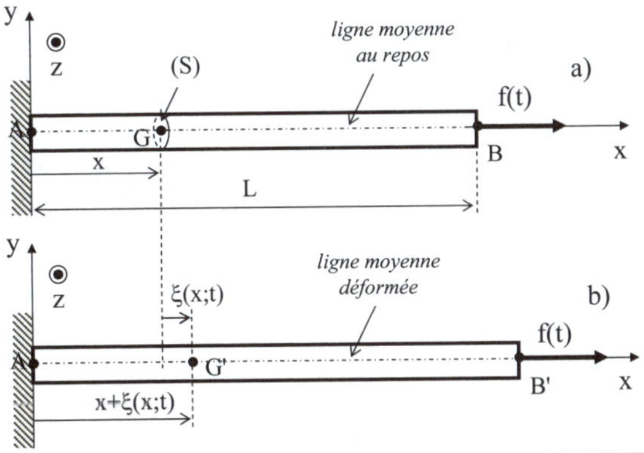

## LAGRANGIEN ; SYSTEMES DEFORMABLES (3/5)

- Barre 1D homogène soumise à des mouvements de flexion et de cisaillement

$$\mathcal{L}(\xi,\varphi,\dot{\xi}_t,\dot{\varphi}_t,\dot{\xi}_x,\dot{\varphi}_x,t)=\frac{1}{2}\rho S\dot{\xi}_t^2+\frac{1}{2}\rho I\dot{\varphi}_t^2-\frac{1}{2}EI\dot{\varphi}_x^2-\frac{1}{2}GS\left(\dot{\xi}_x-\varphi\right)^2$$

ρ *: masse volumique,* S *: section,* I *: moment quadratique de la section /* (Gz)
E *: module d'Young,* G *: module de Coulomb*
ξ(x;t) *: déplacement de la section de barre située en* x *à l'instant* t*, suivant* y
φ(x;t) *: angle de rotation de la section droite*

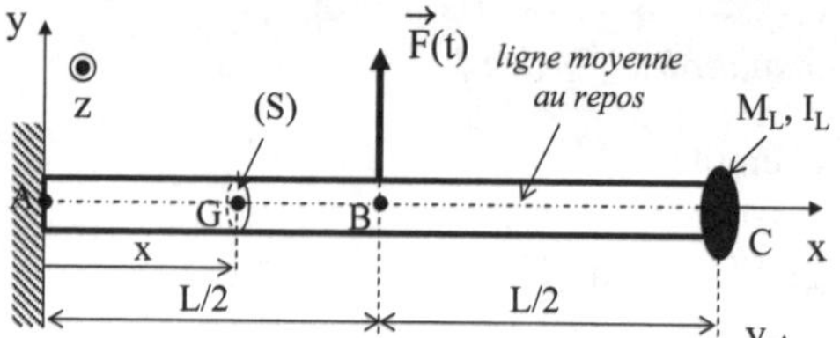


*$\mathcal{L}$ : Lagrangien* ***linéique***

(déformations internes de la barre)

$$\mathcal{L}_T(\xi,\varphi,\dot{\xi}_t,\dot{\varphi}_t,\dot{\xi}_x,\dot{\varphi}_x,t)=\int_0^L \mathcal{L}(\xi,\varphi,\dot{\xi}_t,\dot{\varphi}_t,\dot{\xi}_x,\dot{\varphi}_x,t)\,dx$$

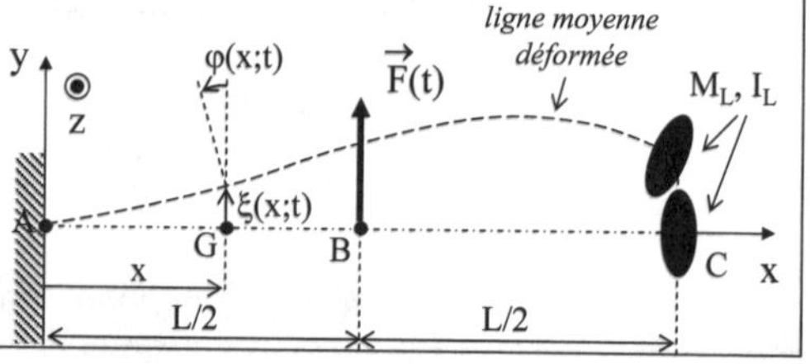


## LAGRANGIEN ; SYSTEMES DEFORMABLES (4/5)

- Lagrangiens correspondant aux conditions sur les frontières du domaine

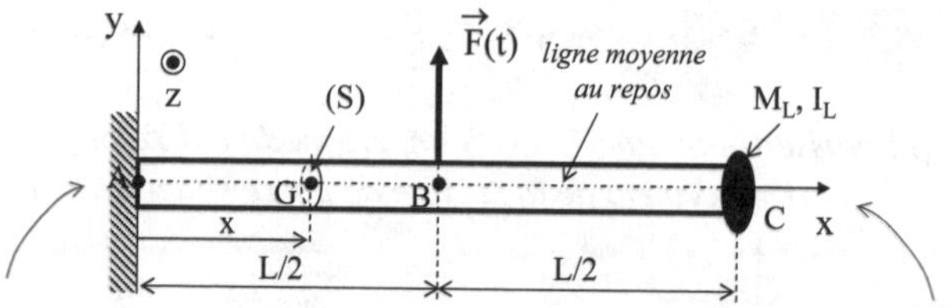


x=0

*actions de gravité négligées, encastrement*

➡ $\ell_0(\dot{\xi}_t,\dot{\varphi}_t,t)=0$

*+ facteurs de puissance :*

$\Xi_\xi(0;t)\neq 0$ *et* $\Xi_\varphi(0;t)\neq 0$
*(encastrement)*

x=L

*actions de gravité négligées*

➡ $\ell_L(\dot{\xi}_t,\dot{\varphi}_t,t)=\frac{1}{2}M_L\dot{\xi}_t^2+\frac{1}{2}I_L\dot{\varphi}_t^2$

*+ facteurs de puissance :*

$\Xi_\xi(L;t)=0$ *et* $\Xi_\varphi(L;t)=0$

# LAGRANGIEN ; SYSTEMES DEFORMABLES (5/5)

- Lagrangiens correspondant aux conditions sur les frontières du domaine

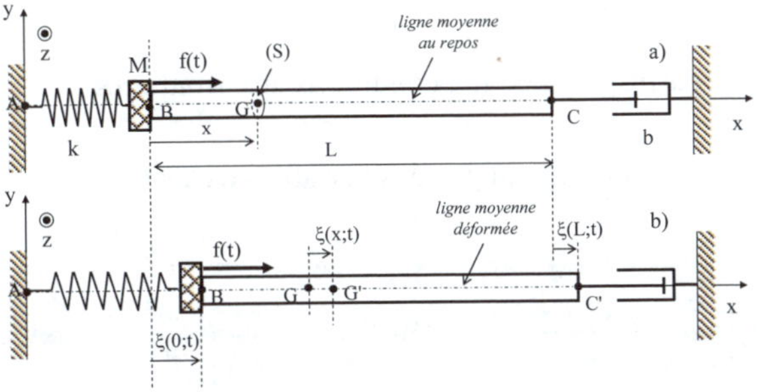


x=0

*actions de gravité négligées, ressort*

$$\ell_0\left(\xi,\dot{\xi}_t,t\right)=\frac{1}{2}M\left(\frac{\partial\xi(0;t)}{\partial t}\right)^2-\frac{1}{2}k\,\xi^2(0;t)$$

+ *facteurs de puissance :*

$$\Xi_\xi(0;t)=f(t)$$

x=L

*actions de gravité négligées amortisseur*

$$\ell_L\left(\xi,\dot{\xi}_t,t\right)=0$$

+ *facteurs de puissance :*

$$\Xi_\xi(L;t)=-b\,\frac{\partial\xi(L;t)}{\partial t}$$

# PRINCIPE VARIATIONNEL DE HAMILTON (1/4)

- Le mouvement d'un système mécanique, depuis l'instant $t_1$ jusqu'à l'instant $t_2$ et entre les positions spatiales $x_1$ et $x_2$, est tel quelle que soit la variation $\delta$ considérée, (à t fixé, quel que soit t)

$$\int_{t_1}^{t_2}dt\left\{\int_{x_1}^{x_2}\left\{\delta\mathscr{L}\left[q_i(x;t),\dot{q}_{it}(x;t),\dot{q}_{ix}(x;t),t\right]+\sum_{i=1}^{n}\Xi_i(x;t)\delta q_i(x;t)\right\}dx\right.$$
$$\left.+\sum_{\alpha=1}^{2}\left(\delta\ell_\alpha\left[q_i(x_\alpha;t),\dot{q}_{it}(x_\alpha;t);t\right]+\sum_{i=1}^{n}\Xi_i(x_\alpha;t)\delta q_i(x_\alpha;t)\right)\right\}=0$$

$\mathscr{L}$ : Lagrangien linéique (déformations internes de la barre)
$\Xi_i$ : coefficients de puissance linéiques (forces non conservatives)
$\forall\, x\in\left]x_1,x_2\right[$ , $\forall\, t\in\left]t_1,t_2\right[$

$\ell_\alpha$ : Lagrangien
$\Xi_i$ : coefficients de puissance
$x=x_\alpha\ (\alpha=1,2)$ , $\forall\, t\in\left]t_1,t_2\right[$
*caractéristiques des systèmes localisés auxquels sont liées les extrémités de la barre (conditions aux frontières)*

# PRINCIPE VARIATIONNEL DE HAMILTON (2/4)

- Lagrangien correspondant aux conditions aux frontières

$\ell = \ell_1 + \ell_2$ ne dépend pas des variables d'espace

$$\Rightarrow \quad \delta\ell = \sum_{i=1}^{n}\left\{\left(\frac{\partial \ell_1}{\partial q_i} - \frac{d}{dt}\frac{\partial \ell_1}{\partial \dot{q}_{it}}\right)(x_1;t)\,\delta q_i(x_1;t) + \left(\frac{\partial \ell_2}{\partial q_i} - \frac{d}{dt}\frac{\partial \ell_2}{\partial \dot{q}_{it}}\right)(x_2;t)\,\delta q_i(x_2;t)\right\}$$

# PRINCIPE VARIATIONNEL DE HAMILTON (3/4)

$$\mathscr{L}\left[q_i(x;t), \dot{q}_{it}(x;t), \dot{q}_{ix}(x;t), t\right] \quad \Rightarrow \quad \int_{t_1}^{t_2} dt \int_{x_1}^{x_2} \delta\mathscr{L}\, dx$$

$$\Downarrow$$

$$\delta\mathscr{L} = \sum_{i=1}^{n}\left(\frac{\partial \mathscr{L}}{\partial q_i}\delta q_i + \frac{\partial \mathscr{L}}{\partial \dot{q}_{ix}}\delta \dot{q}_{ix} + \frac{\partial \mathscr{L}}{\partial \dot{q}_{it}}\delta \dot{q}_{it}\right) = \sum_{i=1}^{n}\left(\frac{\partial \mathscr{L}}{\partial q_i}\delta q_i + \frac{\partial \mathscr{L}}{\partial \dot{q}_{ix}}\frac{\partial}{\partial x}\delta q_i + \frac{\partial \mathscr{L}}{\partial \dot{q}_{it}}\frac{d}{dt}\delta q_i\right)$$

$$\Downarrow$$

$$\int_{t_1}^{t_2} dt \int_{x_1}^{x_2} \delta\mathscr{L}\, dx = \sum_{i=1}^{n}\left(\int_{t_1}^{t_2} dt \int_{x_1}^{x_2} \frac{\partial \mathscr{L}}{\partial q_i}\delta q_i\, dx + \int_{t_1}^{t_2} dt \left\{\overbrace{\left[\frac{\partial \mathscr{L}}{\partial \dot{q}_{ix}}\delta q_i\right]_{x_1}^{x_2}}^{\neq 0} - \int_{x_1}^{x_2} \frac{\partial}{\partial x}\frac{\partial \mathscr{L}}{\partial \dot{q}_{ix}}\delta q_i\, dx\right\} + \int_{x_1}^{x_2} dx \left\{\underbrace{\left[\frac{\partial \mathscr{L}}{\partial \dot{q}_{it}}\delta q_i\right]_{t_1}^{t_2}}_{=0} - \int_{t_1}^{t_2} \frac{d}{dt}\frac{\partial \mathscr{L}}{\partial \dot{q}_{it}}\delta q_i\, dt\right\}\right).$$

# PRINCIPE VARIATIONNEL DE HAMILTON (4/4)

$$\sum_{i=1}^{n}\left(\int_{t_1}^{t_2} dt \left\{\left[\frac{\partial \mathscr{L}}{\partial \dot q_{ix}}+\frac{\partial \ell_2}{\partial q_i}-\frac{d}{dt}\frac{\partial \ell_2}{\partial \dot q_{it}}+\Xi_i\right](x_2;t)\,\delta q_i(x_2;t) + \left[-\frac{\partial\mathscr{L}}{\partial \dot q_{ix}}+\frac{\partial \ell_1}{\partial q_i}-\frac{d}{dt}\frac{\partial \ell_1}{\partial \dot q_{it}}+\Xi_i\right](x_1;t)\,\delta q_i(x_1;t) + \int_{x_1}^{x_2}\left(\frac{\partial\mathscr{L}}{\partial q_i}-\frac{\partial}{\partial x}\frac{\partial\mathscr{L}}{\partial\dot q_{ix}}-\frac{d}{dt}\frac{\partial\mathscr{L}}{\partial\dot q_{it}}+\Xi_i\right)\delta q_i(x;t)\,dx\right\}\right)=0\ ,$$

$$\forall\ \delta q_i(x;t),\ \forall\ \delta q_i(x_1;t),\ \forall\ \delta q_i(x_2;t),\ \forall\ x\in\left]x_1,x_2\right[,\ \forall\ t\in[t_1,t_2].$$

$$\Rightarrow\ \begin{cases}\dfrac{\partial\mathscr{L}}{\partial q_i}-\dfrac{\partial}{\partial x}\dfrac{\partial\mathscr{L}}{\partial\dot q_{ix}}-\dfrac{d}{dt}\dfrac{\partial\mathscr{L}}{\partial\dot q_{it}}+\Xi_i=0\ ,\ \forall\ x\in\left]x_1,x_2\right[\ ,\forall\ t\in[t_1,t_2],\ i=1,\dots,n\ ,\\[2mm] \left(\dfrac{\partial\mathscr{L}}{\partial\dot q_{ix}}+\dfrac{\partial\ell_2}{\partial q_i}-\dfrac{d}{dt}\dfrac{\partial\ell_2}{\partial\dot q_{it}}+\Xi_i\right)(x_2;t)=0\ ,\ x=x_2,\ \forall\ t\in[t_1,t_2],\ i=1,\dots,n\ ,\\[2mm] \left(-\dfrac{\partial\mathscr{L}}{\partial\dot q_{ix}}+\dfrac{\partial\ell_1}{\partial q_i}-\dfrac{d}{dt}\dfrac{\partial\ell_1}{\partial\dot q_{it}}+\Xi_i\right)(x_1;t)=0\ ,\ x=x_1\ ,\ \forall\ t\in[t_1,t_2],\ i=1,\dots,n\ .\end{cases}$$

***Equations de Lagrange généralisées***

## BARRE INHOMOGENE ET DISSIPATIVE EN TRACTION/COMPRESSION (1/3)

- Géométrie du problème et hypothèses

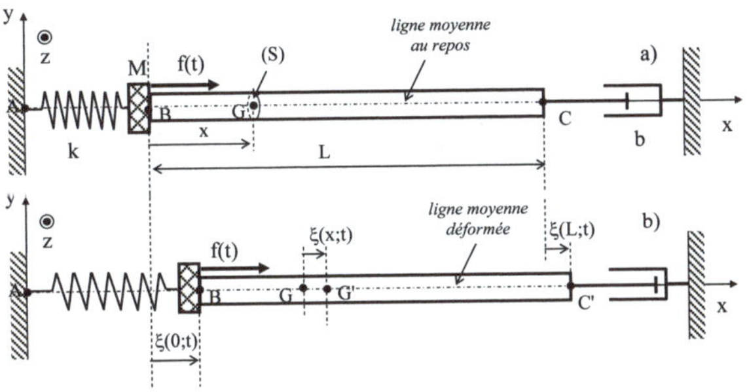


*Force de frottement :*

$$F(x;t)=-R\,\dot\xi_t(x;t)$$

$\rho(x)$ *: masse volumique,*
$S(x)$ *: section,*
$E(x)$ *: module d'Young,*
$\xi(x;t)$ *: déplacement de la section de barre située en* $x$ *à l'instant* $t$

*Effets de pesanteur négligés*

- Lagrangien linéique (déformations de la barre)

$$\mathscr{L}=\frac{1}{2}\rho S\dot\xi_t^2-\frac{1}{2}ES\dot\xi_x^2$$

$\Rightarrow$ *Lagrangien total* $\mathscr{L}_T(\xi,\dot\xi_t,\dot\xi_x,t)=\int_0^L\mathscr{L}(\xi,\dot\xi_t,\dot\xi_x,t)\,dx$

- Coefficients de puissance linéiques (forces ne dérivant pas d'un potentiel) pour $x\in\left]0,L\right[$

$$\Xi_\xi(x;t)=F(x;t)=-R\,\dot\xi_t(x;t)$$

**BARRE INHOMOGENE ET DISSIPATIVE EN TRACTION/COMPRESSION (2/3)**

- Lagrangiens correspondant aux conditions aux frontières ($\ell_0$ en x = 0 et $\ell_L$ en x = L)

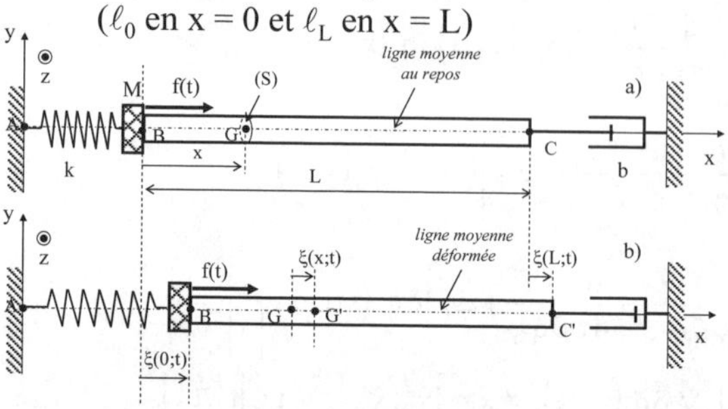


x = 0

$$\ell_0\left(\xi,\dot{\xi}_t,t\right)=\frac{1}{2}M\dot{\xi}_t^2(0;t)-\frac{1}{2}k\,\xi^2(0;t)$$

x = L

$$\ell_L\left(\xi,\dot{\xi}_t,t\right)=0$$

- Coefficients de puissance (conditions aux frontières)

x = 0 : $\varXi_\xi(0;t)=f(t)$ x = L : $\varXi_\xi(L;t)=-b\,\dot{\xi}_t(L;t)$

- Principe Variationnel de Hamilton

$$\int_{t_1}^{t_2}dt\left\{\int_0^L\left[\delta\mathscr{L}\left(\xi,\dot{\xi}_t,\dot{\xi}_x,t\right)+\Xi_\xi(x;t)\delta\xi(x;t)\right]dx\right.$$
$$\left.+\delta\ell_0\left(\xi,\dot{\xi}_t,t\right)+\delta\ell_L\left(\xi,\dot{\xi}_t,t\right)+\varXi_\xi(0;t)\delta\xi(0;t)+\varXi_\xi(L;t)\delta\xi(L;t)\right\}=0\,.$$

*quelle que soit la variation* δ *considérée, (à* t *fixé, quel que soit* t*)*

**BARRE INHOMOGENE ET DISSIPATIVE EN TRACTION/COMPRESSION (3/3)**

- Equations de Lagrange généralisées

$$\left\{\begin{array}{l}\dfrac{\partial\mathscr{L}}{\partial q_i}-\dfrac{\partial}{\partial x}\dfrac{\partial\mathscr{L}}{\partial\dot{q}_{ix}}-\dfrac{d}{dt}\dfrac{\partial\mathscr{L}}{\partial\dot{q}_{it}}+\Xi_i=0\ ,\ \forall\,x\in\,]0,L[\ ,\forall\,t\in[t_1,t_2],\ i=1,\dots,n\,,\\ \left(\dfrac{\partial\mathscr{L}}{\partial\dot{q}_{ix}}+\dfrac{\partial\ell_2}{\partial q_i}-\dfrac{d}{dt}\dfrac{\partial\ell_2}{\partial\dot{q}_{it}}+\varXi_i\right)(0;t)=0\ ,\ x=0,\ \forall\,t\in[t_1,t_2],\ i=1,\dots,n\,,\\ \left(-\dfrac{\partial\mathscr{L}}{\partial\dot{q}_{ix}}+\dfrac{\partial\ell_1}{\partial q_i}-\dfrac{d}{dt}\dfrac{\partial\ell_1}{\partial\dot{q}_{it}}+\varXi_i\right)(L;t)=0\ ,\ x=L\,,\ \forall\,t\in[t_1,t_2],\ i=1,\dots,n\,.\end{array}\right.$$

*équation du mouvement*

*conditions aux frontières associées*

*avec* $\mathscr{L}=\frac{1}{2}\rho S\dot{\xi}_t^2-\frac{1}{2}ES\dot{\xi}_x^2$ ; $\Xi_\xi(x;t)=-R\,\dot{\xi}_t(x;t)$ ; $\varXi_\xi(0;t)=f(t)$ ; $\varXi_\xi(L;t)=-b\,\dot{\xi}_t(L;t)$

$\ell_0\left(\xi,\dot{\xi}_t,t\right)=\frac{1}{2}M\dot{\xi}_t^2(0;t)-\frac{1}{2}k\,\xi^2(0;t)$ ; $\ell_L\left(\xi,\dot{\xi}_t,t\right)=0$

- Problème bien posé pour obtenir la solution ξ(x;t)

$$\frac{d}{dt}\left(\rho S\dot{\xi}_t\right)+R\,\dot{\xi}_t(x;t)=\frac{\partial}{\partial x}\left(ES\dot{\xi}_x\right),\ \forall\,x\in\,]0,L[\ ,\forall\,t$$

*équation du mouvement*

$$ES\dot{\xi}_x(L;t)=-b\dot{\xi}_t(L;t),\ x=L,\forall\,t$$
$$M\ddot{\xi}_t(0;t)+k\,\xi(0;t)=ES\dot{\xi}_x(0;t)+f(t),\ x=0,\forall\,t$$

*conditions aux frontières associées*

$$+\quad \xi(x;0)=0,\ \dot{\xi}_t(x;0)=0,\ \forall\,x\in\,]0,L[\ ,\ t=0$$

*conditions initiales*

## BARRE HOMOGENE EN FLEXION/CISAILLEMENT (1/6)

- Géométrie du problème et hypothèses

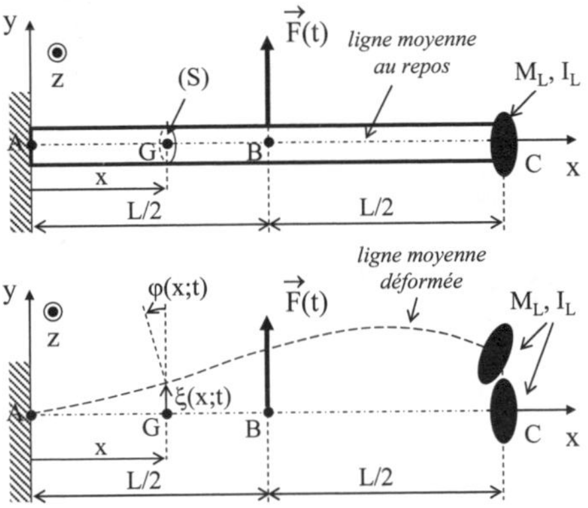


*Force extérieure ponctuelle :*

$$F(t)\delta(x-L/2)\vec{e}_y$$

dirac $\delta \neq$ opérateur variation δ

ρ *: masse volumique,*
S *: section,*
I *: moment* <u>*quadratique*</u> *de la section* / (Gz)
E *: module d'Young,*
G *: module de Coulomb*
ξ(x;t) *: déplacement de la section de barre située en* x *à l'instant* t*, suivant* y
φ(x;t) *: angle de rotation de la section droite*

*En* x = L*, solide rigide de masse* $M_L$ *et de moment d'*<u>*inertie*</u> $I_L$ / (Cz)

*Effets de pesanteur négligés*

## BARRE HOMOGENE EN FLEXION/CISAILLEMENT (2/6)

- Elément de barre de longueur dx

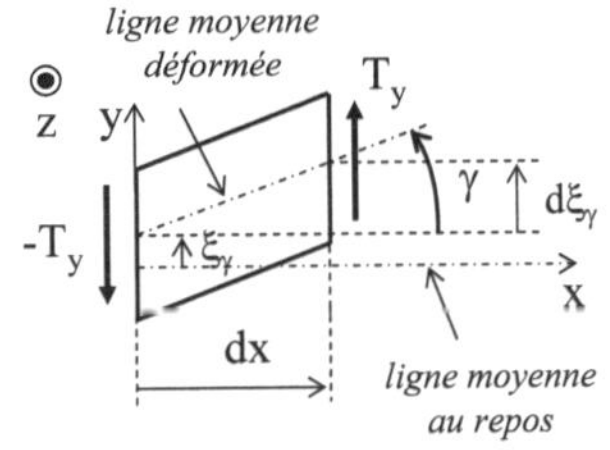


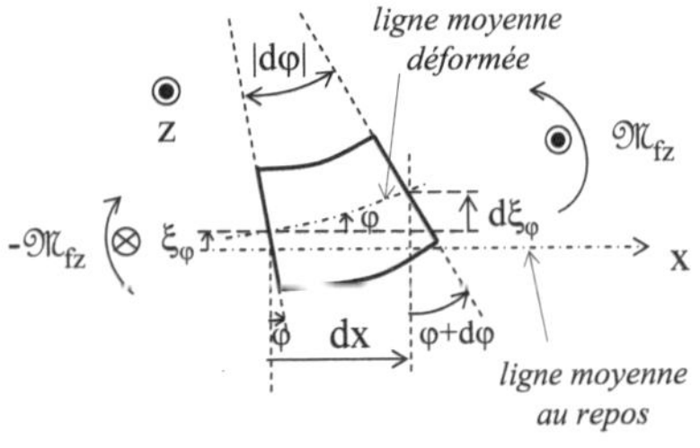


<u>*Cisaillement pur*</u> *: une fibre quelconque de l'élément subit une distorsion (ou glissement)* γ *et un déplacement* $\xi_\gamma$ *suivant* y ;
$T_y$ *: effort tranchant*

<u>*Flexion plane pure*</u> *: la fibre, comme la section droite* (S)*, tourne d'un angle* φ *et subit un déplacement* $\xi_\varphi$ *suivant* y ;
$\mathcal{M}_{fz}$ *: moment de flexion autour de* z.

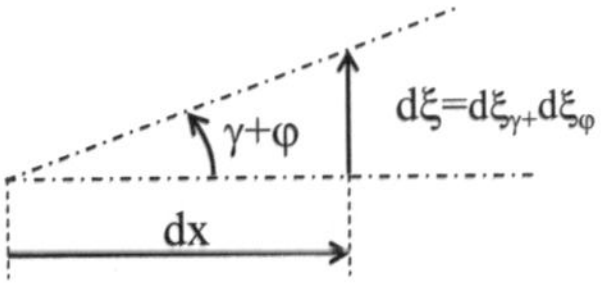


*Représentation de la variation de déplacement sur la longueur* dx *en fonction des angles* φ *et* γ*, ce qui conduit à*

$$\frac{\partial \xi}{\partial x} = \varphi + \gamma$$

## BARRE HOMOGENE EN FLEXION/CISAILLEMENT (3/6)

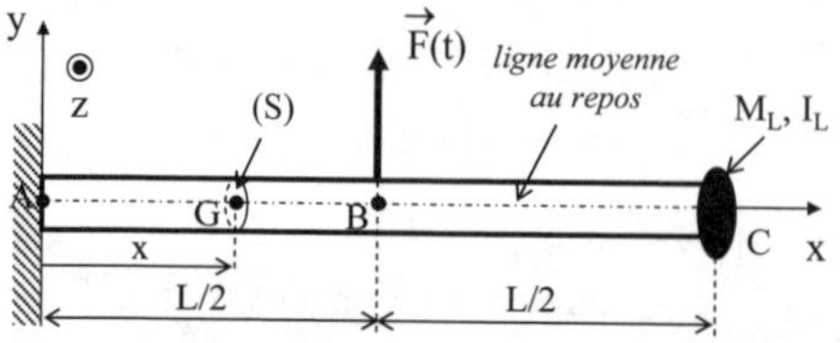


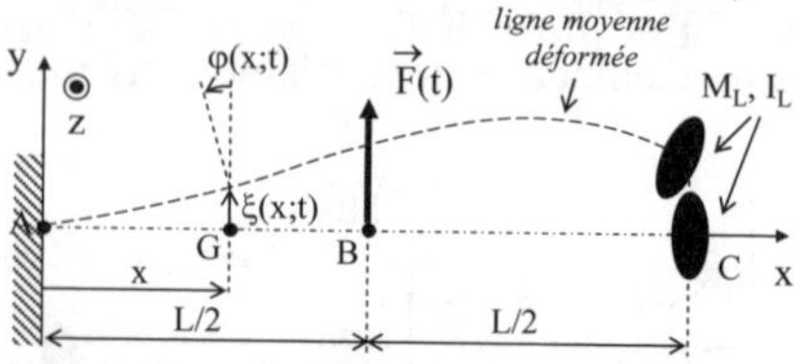


- Lagrangien linéique (déformations de la barre)

$$\mathscr{L}(\xi,\varphi,\dot\xi_t,\dot\varphi_t,\dot\xi_x,\dot\varphi_x,t)=\frac{1}{2}\rho S\dot\xi_t^2+\frac{1}{2}\rho I\dot\varphi_t^2-\frac{1}{2}EI\dot\varphi_x^2-\frac{1}{2}GS\left(\dot\xi_x-\varphi\right)^2$$

➡ *Lagrangien total* $\mathscr{L}_T(\xi,\varphi,\dot\xi_t,\dot\varphi_t,\dot\xi_x,\dot\varphi_x,t)=\int_0^L\mathscr{L}(\xi,\varphi,\dot\xi_t,\dot\varphi_t,\dot\xi_x,\dot\varphi_x,t)\,dx$

- Coefficients de puissance linéiques (forces ne dérivant pas d'un potentiel) pour $x\in\,]0,L[$

$$\Xi_\xi(x;t)=F(t)\delta(x-L/2)$$
$$\Xi_\varphi(x;t)=0$$

<u>Remarque</u> : $\int_{-\infty}^{+\infty}\delta(x)\,dx=1$ ➡ $\delta(x-L/2)$ homogène à $L^{-1}$

➡ $F(t)\delta(x-L/2)\delta\xi(x;t)$ homogène à un travail linéique

➡ $F(t)\delta(x-L/2)\delta\xi(x;t)\,dx$ homogène à une énergie

## BARRE HOMOGENE EN FLEXION/CISAILLEMENT (4/6)

- Lagrangiens correspondant aux conditions aux frontières ($\ell_0$ en x = 0 et $\ell_L$ en x = L)

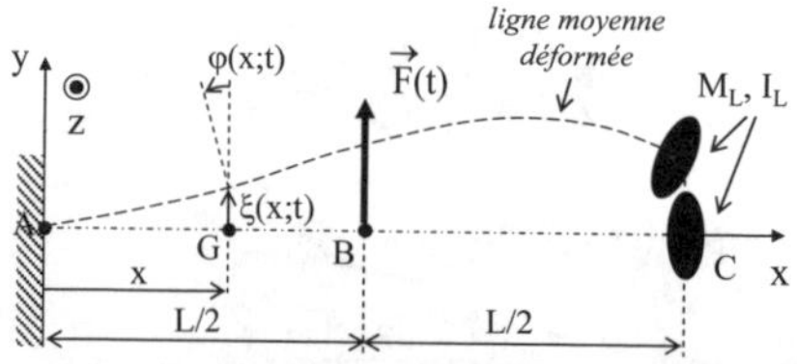


x = 0

$$\ell_0(\dot\xi_t,\dot\varphi_t,t)=0$$

x = L

$$\ell_L(\dot\xi_t,\dot\varphi_t,t)=\frac{1}{2}M_L\dot\xi_t^2+\frac{1}{2}I_L\dot\varphi_t^2$$

- Coefficients de puissance (conditions aux frontières)

x = 0 : $\Xi_\xi(0;t)\neq0\ ;\ \Xi_\varphi(0;t)\neq0$ *(encastrement)*

x = L : $\Xi_\xi(L;t)=0\ ;\ \Xi_\varphi(L;t)=0$

- Principe Variationnel de Hamilton

$$\int_1^2 dt\Big\{\int_0^L\big[\delta\mathscr{L}(\xi,\varphi,\dot\xi_t,\dot\varphi_t,\dot\xi_x,\dot\varphi_x,t)+\Xi_\xi(x;t)\delta\xi(x;t)+\Xi_\varphi(x;t)\delta\varphi(x;t)\big]dx$$
$$+\delta\ell_0(\xi,\varphi,\dot\xi_t,\dot\varphi_t,t)+\delta\ell_L(\xi,\varphi,\dot\xi_t,\dot\varphi_t,t)+\Xi_\xi(0;t)\delta\xi(0;t)+\Xi_\varphi(0;t)\delta\varphi(0;t)$$
$$+\Xi_\xi(L;t)\delta\xi(L;t)+\Xi_\varphi(L;t)\delta\varphi(L;t)\Big\}=0\,.$$

*<u>quelle que soit la variation</u> δ considérée, (à t fixé, <u>quel que soit</u> t)*

## BARRE HOMOGENE EN FLEXION/CISAILLEMENT (5/6)

- Equations de Lagrange généralisées

$$\begin{cases} \dfrac{\partial \mathcal{L}}{\partial q_i} - \dfrac{\partial}{\partial x}\dfrac{\partial \mathcal{L}}{\partial \dot{q}_{ix}} - \dfrac{d}{dt}\dfrac{\partial \mathcal{L}}{\partial \dot{q}_{it}} + \Xi_i = 0 \ , \ \forall\, x \in ]0,L[ \ , \forall\, t \in [t_1,t_2],\ i = 1,\dots,n\ , \\ \left(\dfrac{\partial \mathcal{L}}{\partial \dot{q}_{ix}} + \dfrac{\partial \ell_2}{\partial q_i} - \dfrac{d}{dt}\dfrac{\partial \ell_2}{\partial \dot{q}_{it}} + \varXi_i\right)(0;t) = 0 \ , \ x = 0,\ \forall\, t \in [t_1,t_2],\ i = 1,\dots,n\ , \\ \left(-\dfrac{\partial \mathcal{L}}{\partial \dot{q}_{ix}} + \dfrac{\partial \ell_1}{\partial q_i} - \dfrac{d}{dt}\dfrac{\partial \ell_1}{\partial \dot{q}_{it}} + \varXi_i\right)(L;t) = 0 \ , \ x = L\ , \forall\, t \in [t_1,t_2],\ i = 1,\dots,n\ . \end{cases}$$

*équations du mouvement*

*conditions aux frontières associées*

*avec* $\mathcal{L} = \frac{1}{2}\rho S \dot{\xi}_t^2 + \frac{1}{2}\rho I \dot{\varphi}_t^2 - \frac{1}{2} E I \dot{\varphi}_x^2 - \frac{1}{2} G S\left(\dot{\xi}_x - \varphi\right)^2$ ; $\Xi_\xi(x;t) = F(t)\delta(x - L/2)$ ; $\Xi_\varphi(x;t) = 0$

$\ell_0(\dot{\xi}_t, \dot{\varphi}_t, t) = 0$ ; $\ell_L(\dot{\xi}_t, \dot{\varphi}_t, t) = \frac{1}{2} M_L \dot{\xi}_t^2 + \frac{1}{2} I_L \dot{\varphi}_t^2$ ; $\varXi_\xi(0;t) \neq 0$ ; $\varXi_\varphi(0;t) \neq 0$ ; $\varXi_\xi(L;t) = 0$ ; $\varXi_\varphi(L;t) = 0$

- Problème bien posé pour obtenir les solutions $\xi(x;t)$ et $\varphi(x;t)$

$$\left.\begin{aligned} \rho S \ddot{\xi}_{tt} &= G S\left(\ddot{\xi}_{xx} - \dot{\varphi}_x\right) + F(t)\delta(x - L/2) \\ \rho I \ddot{\varphi}_{tt} &= E I \ddot{\varphi}_{xx} + G S\left(\dot{\xi}_x - \varphi\right) \end{aligned}\right\} \forall\, x \in ]0,L[ \ , \forall\, t$$

*équations du mouvement*

$$\xi(0;t) = 0,\ \varphi(0;t) = 0,\ x = 0,\ \forall\, t$$

$$\left.\begin{aligned} M_L \ddot{\xi}_{tt}(L;t) + G S\left[\dot{\xi}_x(L;t) - \varphi(L;t)\right] &= 0 \\ I_L \ddot{\varphi}_{tt}(L;t) + E I \dot{\varphi}_x(L;t) &= 0 \end{aligned}\right\} x = L, \forall\, t$$

*conditions aux frontières associées*

$$+ \quad \xi(x;0) = 0,\ \varphi(x;0) = 0,\ \dot{\xi}_t(x;0) = 0,\ \dot{\varphi}_t(x;0) = 0,\ \forall\, x \in ]0,L[\ , t = 0$$

*conditions initiales*

## BARRE HOMOGENE EN FLEXION/CISAILLEMENT (6/6)

- **Approximation de Bernoulli**
  - ✓ effets d'inertie dus à la rotation sont supposés négligeables en regard de ceux liés à l'élasticité de flexion et de cisaillement : $\rho I \ddot{\varphi}_{tt} \approx 0$

$$\begin{cases} \rho S \ddot{\xi}_{tt} = G S\left(\ddot{\xi}_{xx} - \dot{\varphi}_x\right) + F(t)\delta(x - L/2) \\ \rho I \ddot{\varphi}_{tt} = E I \ddot{\varphi}_{xx} + G S\left(\dot{\xi}_x - \varphi\right) \end{cases} \Longrightarrow E I \ddot{\varphi}_{xx} = -G S\left(\dot{\xi}_x - \varphi\right) \Rightarrow \rho S \ddot{\xi}_{tt} = -E I \frac{\partial^3 \varphi}{\partial x^3} + F(t)\delta(x - L/2)$$

  - ✓ $\gamma << \varphi$ . Or $\dot{\xi}_x = \varphi + \gamma$ donc $\dot{\xi}_x \approx \varphi$

$$\rho S \ddot{\xi}_{tt} = -E I \frac{\partial^3 \varphi}{\partial x^3} + F(t)\delta(x - L/2) \Rightarrow \rho S \ddot{\xi}_{tt} = -E I \frac{\partial^4 \xi}{\partial x^4} + F(t)\delta(x - L/2)$$

⇒ *couple d'équations du mouvement* ⇒ *1 seule équation de mouvement*

$$\left.\begin{aligned} \rho S \ddot{\xi}_{tt} &= G S\left(\ddot{\xi}_{xx} - \dot{\varphi}_x\right) + F(t)\delta(x - L/2) \\ \rho I \ddot{\varphi}_{tt} &= E I \ddot{\varphi}_{xx} + G S\left(\dot{\xi}_x - \varphi\right) \end{aligned}\right\} \Rightarrow \rho S \ddot{\xi}_{tt} = -E I \frac{\partial^4 \xi}{\partial x^4} + F(t)\delta(x - L/2)$$

  - ✓ conditions aux frontières **exactes** en x = 0 : $\xi(0;t) = 0,\ \varphi(0;t) = 0,\ x = 0,\ \forall\, t$

    or $\dot{\xi}_x \approx \varphi$ donc $\varphi(0;t) = 0 \Rightarrow \dot{\xi}_x(0;t) = 0$ *condition approchée*

⇒ $\xi(0;t) = 0,\ \dot{\xi}_x(0;t) = 0,\ x = 0,\ \forall\, t$ *conditions d'encastrement communément admises en flexion plane simple*

*exacte* *approchée*

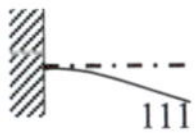

# 6. ELEMENTS D'INERTIE DE QUELQUES SOLIDES HOMOGENES USUELS

| Solide homogène de masse M | Centre de masse G | Eléments d'inertie | Solide homogène de masse M | Centre de masse G | Eléments d'inertie |
|---|---|---|---|---|---|
| 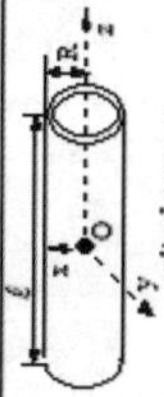 *cylindre creux* | Centre O | $I_{Ox}=I_{Oy}=\frac{1}{2}MR^2+\frac{1}{12}M\ell^2$<br>$I_{Oz}=MR^2$<br>$J_{OxOy}=J_{OxOz}=J_{OyOz}=0$ | 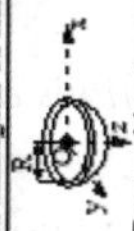 *Demi-sphère (creuse)* | $z_G=\frac{R}{2}$ | $I_{Ox}=I_{Oy}=I_{Oz}=\frac{2}{3}MR^2$<br>$J_{OxOy}=J_{OxOz}=J_{OyOz}=0$ |
| 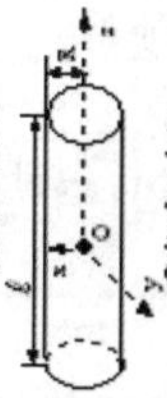 *Cylindre plein* | Centre O | $I_{Ox}=I_{Oy}=\frac{1}{4}MR^2+\frac{1}{12}M\ell^2$<br>$I_{Oz}=\frac{1}{2}MR^2$<br>$J_{OxOy}=J_{OxOz}=J_{OyOz}=0$ | 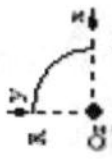 *Quart de cercle matériel* | $x_G=y_G=\frac{2R}{\pi}$ | $I_{Ox}=I_{Oy}=\frac{1}{2}MR^2$<br>$I_{Oz}=MR^2$<br>$J_{OxOy}=\frac{MR^2}{\pi}$<br>$J_{OxOz}=J_{OyOz}=0$ |
| 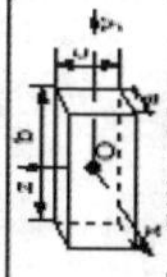 *Parallélépipède rectangle* | Centre O | $I_{Ox}=\frac{1}{12}M(b^2+c^2)$<br>$I_{Oy}=\frac{1}{12}M(a^2+c^2)$<br>$I_{Oz}=\frac{1}{12}M(a^2+b^2)$<br>$J_{OxOy}=J_{OxOz}=J_{OyOz}=0$ | 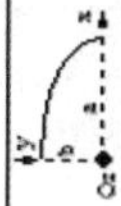 *Quart de plaque elliptique* | $x_G=\frac{4a}{3\pi}$<br>$y_G=\frac{4b}{3\pi}$ | $I_{Ox}=\frac{Mb^2}{4}$ $I_{Oy}=\frac{Ma^2}{4}$<br>$I_{Oz}=\frac{M}{4}(a^2+b^2)$<br>$J_{OxOy}=\frac{Mab}{2\pi}$<br>$J_{OxOz}=J_{OyOz}=0$ |
| 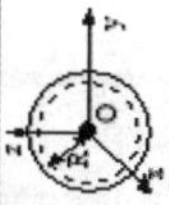 *Sphère (creuse)* | Centre O | $I_{Ox}=I_{Oy}=I_{Oz}=\frac{2}{3}MR^2$<br>$J_{OxOy}=J_{OxOz}=J_{OyOz}=0$ | 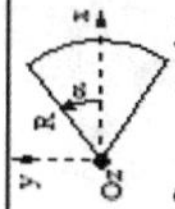 *Secteur circulaire* | $x_G=\frac{2R}{3}\frac{\sin\alpha}{\alpha}$ | $I_{Ox}=\frac{MR^2}{4}\left[1-\frac{\sin(2\alpha)}{2\alpha}\right]$<br>$I_{Oy}=\frac{MR^2}{4}\left[1+\frac{\sin(2\alpha)}{2\alpha}\right]$<br>$I_{Oz}=I_{Ox}+I_{Oy}=\frac{MR^2}{2}$<br>$J_{OxOy}=J_{OxOz}=J_{OyOz}=0$ |
| 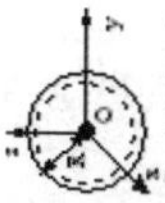 *Boule (pleine)* | Centre O | $I_{Ox}=I_{Oy}=I_{Oz}=\frac{2}{5}MR^2$<br>$J_{OxOy}=J_{OxOz}=J_{OyOz}=0$ | 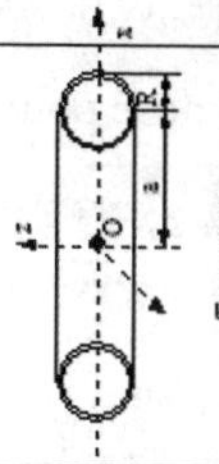 *Tore creux* | Centre O | $I_{Ox}=I_{Oy}=M\left(\frac{a^2}{2}+\frac{5R^2}{4}\right)$<br>$I_{Oz}=M\left(a^2+\frac{3R^2}{2}\right)$<br>$J_{OxOy}=J_{OxOz}=J_{OyOz}=0$ |
| 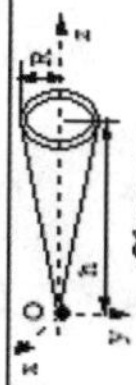 *Cône creux* | $z_G=\frac{2h}{3}$ | $I_{Ox}=I_{Oy}=\frac{1}{4}MR^2+\frac{1}{2}Mh^2$<br>$I_{Oz}=\frac{1}{2}MR^2$<br>$J_{OxOy}=J_{OxOz}=J_{OyOz}=0$ | | | |

On remarquera qu'il est possible de déduire de ce tableau d'autres résultats : Ainsi la tige s'obtient en faisant R=0 dans le cylindre plein, la plaque en faisant c=0 dans le parallélépipède rectangle, etc...

N.B. : les solides "creux" sont supposés d'épaisseur négligeable.

*Figure A6.1*

⚠ Lorsque l'on cherche un élément d'inertie en un autre point que le point O, il faut utiliser le *théorème de Huygens.*

*Théorème de Huygens pour les moments d'inertie : Le* ***moment d'inertie d'un solide par rapport à une droite*** *est égal à la somme du moment d'inertie par rapport à cette droite de la masse du solide concentrée en* G *et du moment d'inertie du solide par rapport à la droite parallèle passant par* G.

$$\boxed{I_{\Delta}(S) = I_{\Delta_G}(S) + \underbrace{I_{\Delta}(m, G)}_{m\,d^2}} \quad , \tag{A6.1}$$

où $\Delta_G$ est la droite parallèle à $\Delta$ et passant par G ,
et d est la distance entre $\Delta$ et $\Delta_G$ (figure A6.2)

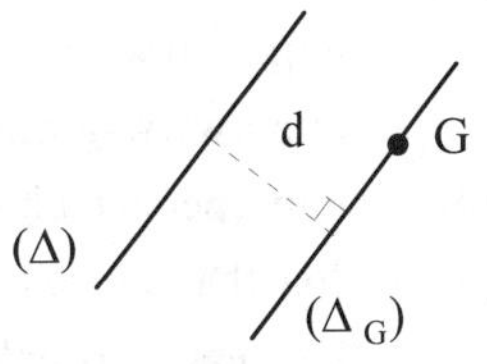

*Figure A6.2*

Exemples :

- *Solide de révolution d'axe* $(K, \vec{e}_z)$ :

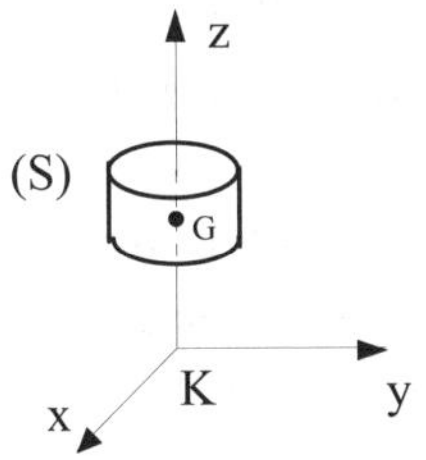

*Figure A6.3*

$\mathcal{R} = (K, \mathcal{B})$ est repère principal d'inertie.

$$\mathcal{I}_K(S)\Big|_{\mathcal{B}} = \begin{bmatrix} A & 0 & 0 \\ 0 & A & 0 \\ 0 & 0 & C \end{bmatrix}$$

D'après le tableau de la figure A6.1

$$A = I_{Gx}(S) + M\,d^2 = \frac{1}{4} M R^2 + \frac{1}{12} M \ell^2 + M z_G^2 \quad \text{et} \qquad C = \frac{1}{2} M R^2$$

- K *est centre de symétrie sphérique* :

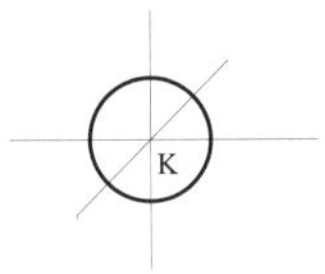

*Figure A6.4*

Tout axe passant par K est axe principal d'inertie.

$$\mathcal{I}_K(S)\Big|_{\mathcal{B}} = \begin{bmatrix} A & 0 & 0 \\ 0 & A & 0 \\ 0 & 0 & A \end{bmatrix}$$

D'après le tableau de la figure A6.1, $A = \frac{2}{5} M R^2$

# BIBLIOGRAPHIE


[1] http://www.chronomath.com/

[2] http://perso.ens-lyon.fr/brice.goglin/physique/mecanique.php

[3] http://www-groups.dcs.st-and.ac.uk/~history/BiogIndex.html
http://www-groups.dcs.st-and.ac.uk/~history/Mathematicians/Lagrange.html
http://www-groups.dcs.st-and.ac.uk/~history/Mathematicians/Hamilton.html

[4] http://perso.club-internet.fr/jac_leon/Zooms/action/action0.htm

[5] Jonathan Ferreira, *Cours de mécanique analytique*, Licence et Magistère de Physique, Université Joseph Fourier de Grenoble, 2003 (http://www-laog.obs.ujf-grenoble.fr/~ferreira)

[6] Didier Bellet, *Cours de Mécanique Générale*, Cepadues-Editions, 1988

[7] Didier Bellet, *Problèmes de mécanique rationnelle*, Cepadues-Editions, 1988

[8] Yves Talpaert, *Mécanique générale et analytique - dynamique du point, statique*, Cepadues-Editions, 1991

[9] Michel Bruneau, *Dynamique des systèmes mécaniques*, cours de Deug A2, Université du Maine, 1990. Inspiré de Crandall, S. H., D. C. Karnopp, E. F. Kurtz, Jr., and D. C. Pridmore-Brown. *Dynamics of Mechanical and Electromechanical Systems*. Malabar, FL: Krieger, 1982.

[10] Joseph Pérès, *Mécanique générale*, Masson, 1953

[11] Henri Cabannes, *Cours de Mécanique générale*, Dunod, 1966

[12] Alphonse Charlier, Alain Bérard, Marie-France Charlier, *Mécanique Analytique, du Cours aux Travaux Dirigés*, Ellipses, 1989

[13] José-Philippe Pérez, *Mécanique - points matériels, solides, fluides*, Masson, 1995

[14] Pierre Agati, Frédéric Lerouge, Marc Rossetto, *Résistance des matériaux*, Dunod, 1999

[15] Yves Noirot, Jean-Paul Parisot, Nathalie Brouillet, *Cours de physique - Mathématiques pour la physique - Cours et exercices avec solutions*, Dunod, 1997

# INDEX ALPHABETIQUE

**Vous pouvez faire part de vos remarques,**
**critiques, suggestions**
**aux auteurs à cette adresse :**

**auteurs@cepadues.com**

**Messages SAS**
111, rue Nicolas-Vauquelin – 31100 Toulouse

Imprimé en France